高等院校土木工程专业选修课教材

地下结构设计

刘增荣　主　编
罗少锋　副主编

中国建筑工业出版社

图书在版编目（CIP）数据

地下结构设计/刘增荣主编．—北京：中国建筑工业出版社，2011

高等院校土木工程专业选修课教材

ISBN 978-7-112-13328-4

Ⅰ．①地… Ⅱ．①刘… Ⅲ．①地下工程-结构设计-高等学校-教材 Ⅳ．①TU93

中国版本图书馆 CIP 数据核字（2011）第 117239 号

本书为高等院校土木工程专业的专业课教材，内容包括：地下商业街和地下停车场、地下铁道、附建式结构、地道式结构、衬砌特殊部位及细部结构、沉井式结构、盾构法装配式圆形衬砌结构、沉管结构、顶管结构、地下贮库、挡土墙、基坑围护结构和地下建筑内部结构等地下结构形式的设计原理和设计方法，目的是使学生学习掌握这些原理和方法后，在今后的工作实践中能够胜任上述各类地下结构形式的设计任务。

本书文字通俗易懂，论述由浅入深，便于自学理解；另外各章内容相对独立，自成体系，便于读者选取应用。

本书可作为高等院校土木工程专业的专业课教材，也可供相关专业的设计、施工和科研人员参考。

* * *

责任编辑：王 梅 咸大庆 刘瑞霞

责任设计：李志立

责任校对：陈晶晶 刘 钰

高等院校土木工程专业选修课教材

地下结构设计

刘增荣 主 编

罗少锋 副主编

*

中国建筑工业出版社出版、发行（北京西郊百万庄）

各地新华书店、建筑书店经销

北京千辰公司制版

北京建筑工业印刷厂印刷

*

开本：787×1092 毫米 1/16 印张：16½ 字数：397 千字

2011 年 7 月第一版 2016 年 1 月第二次印刷

定价：**28.00** 元

ISBN 978-7-112-13328-4

（20733）

版权所有 翻印必究

如有印装质量问题，可寄本社退换

（邮政编码 100037）

前　言

进入21世纪以来，随着经济的持续高速发展，我国的城市发展速度很快，城市用地愈显紧张。一方面导致高层建筑业发展迅速，另一方面导致许多基础建设设施转入地下。高层楼房越盖越高，基坑越挖越深，地表以下的结构问题越来越突出；地下商场、商业街、地下停车场、地下铁道、地下厂房、地下冷库、火药库等地下结构形式的频频出现，更是给结构工程师们带来了许多与地面建筑结构所不同的设计问题。因此，围绕目前通用的各种地下结构形式，编写一本突出结构设计原理、方法、技巧的地下结构设计教材，满足土木工程类在校学生和在职结构工程师的迫切需求，具有显著的社会和工程应用背景，亦具有重要的理论与实践意义。

本书介绍了各种地下建筑结构形式的设计方法。包括地下商业街和地下停车场、地下铁道、附建式结构、地道式结构、衬砌特殊部位及细部结构、沉井式结构、盾构法装配式圆形衬砌结构、沉管结构、顶管结构、地下贮库、挡土墙、基坑围护结构和地下建筑内部结构等。本书是土木工程专业主干课程教材，亦可作为本专业大学生的教学用书，还可供从事实际工作的地下建筑结构设计人员参考。

本书由西安建筑科技大学土木工程学院刘增荣和罗少锋主编。刘增荣编写第1、2、3、4、5、14章，罗少锋编写第7、8、11、13章，宋战平编写第6章，杨文星编写第12章，崔广芹编写第9、10章。研究生宋涛、王凯、王学广、杜立虎、祝兵伟和邱海滨等为本书绘制了部分插图。

本书在编写过程中参考了大量国内外文献，引用了一些学者的资料，这在书末的参考文献中已予列出，特在此向其作者表示感谢。

希望本书能为读者的学习和工作提供帮助。鉴于作者水平有限，书中难免有错误及不妥之处，敬请读者批评指正。

目　录

第1章　绪　　论

1.1　地下结构的概念和分类

地下结构是指在地表以下开挖出的空间中，用各种材料（砖、石、混凝土、钢材和木材等）建造的建筑物或构筑物的受力骨架体系。与地面结构不同，地下结构与周围地层相接触。与地层相接触部分，称为衬砌结构，其具有承受所开挖空间周围地层的压力、结构自重、地震、爆炸等动静荷载的承重作用；同时又具有防止所开挖空间周围地层风化、崩塌、防水、防潮等围护作用。与地层不相接触部分，称为地下结构的内部结构。地下结构的组成见图1-1。

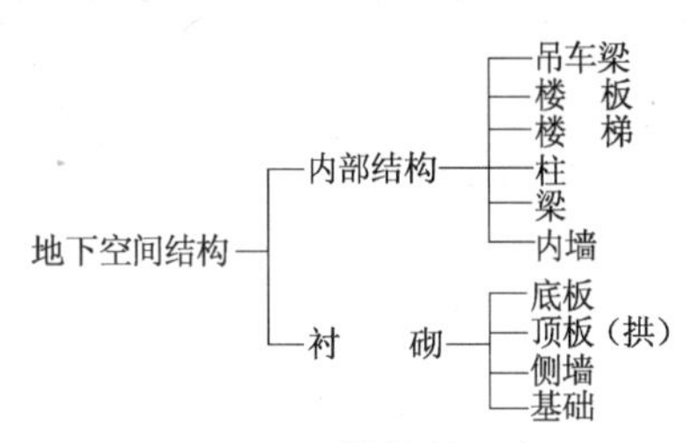

图1-1　地下结构的组成

地下结构按使用功能分类见图1-2。

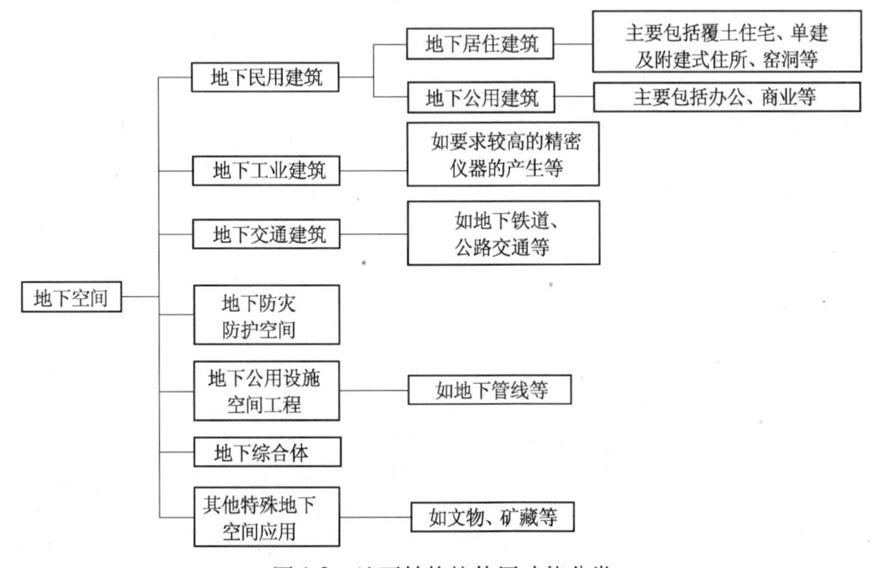

图1-2　地下结构按使用功能分类

地下结构按周围地层分类见图1-3。

由表1-1可看出：我国可供利用的地下空间资源广阔。另外，由图1-4日本清水公司提出的“大深度地下城市”构想可预测，城市地下开发与可持续发展潜力巨大。该方案以东京皇宫为中心，深度为50～60m，直径40km范围组成一座地下城市。城市组合在10km×10km的网格中，节点设一个直径100m的带有天窗的8层综合体共4万m^2的建筑面积，每隔2km设一个3层的直径30m扁球体公共设施，展示了大城市空间立体开发的设想。

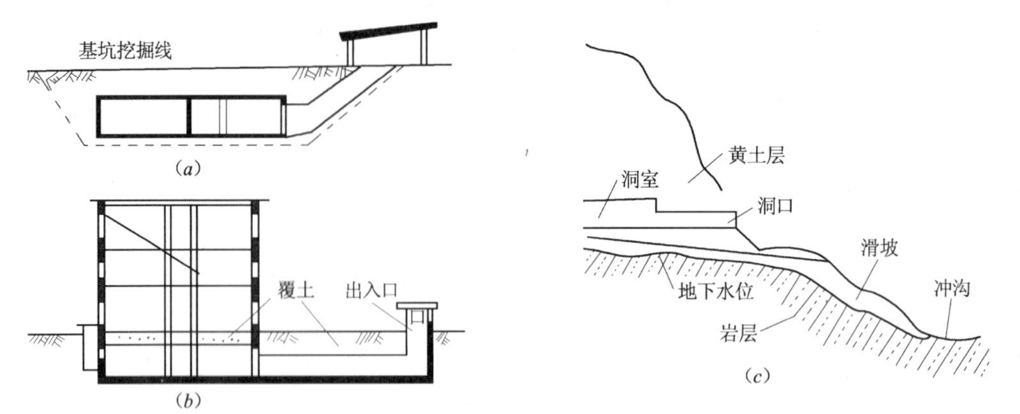

图 1-3　地下结构按周围地层分类
(a) 单建式；(b) 附建式；(c) 黄土洞

我国可供利用的地下空间资源　　**表 1-1**

开发深度（m）	可供有效利用的地下空间（m^3）	可提供的建筑面积（m^2）
2000	11.5×10^{14}	3.83×10^{14}
1000	5.8×10^{14}	1.93×10^{14}
500	2.9×10^{14}	0.97×10^{14}
100	0.58×10^{14}	0.19×10^{14}
30	0.18×10^{14}	0.06×10^{14}

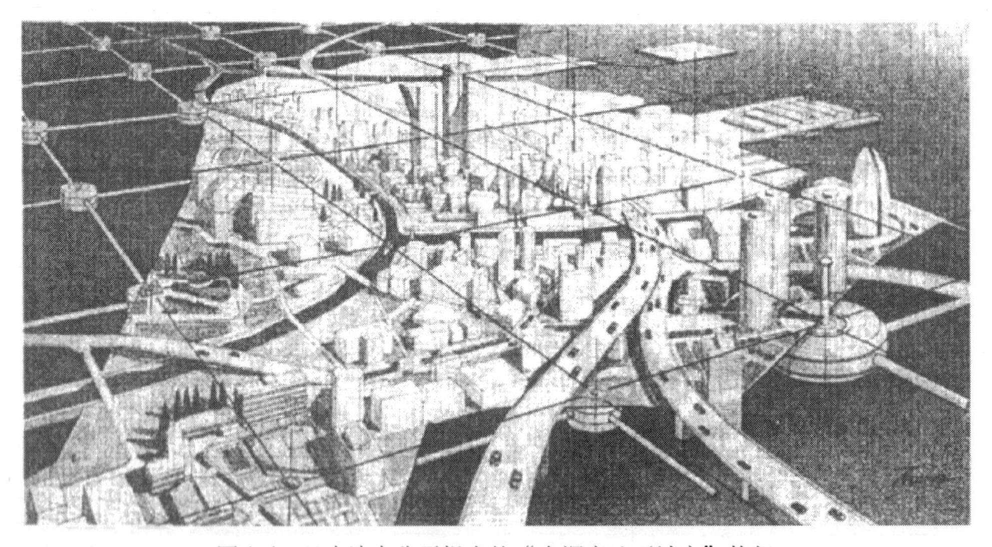

图 1-4　日本清水公司提出的“大深度地下城市”构想

1.2　地下结构的形式及选型

地下结构有附建式、浅埋式、地道式、沉井、盾构、沉管、顶管等结构形式，还有近年来兴起的地下商业街、地下停车场、地下综合体等结构形式。

地下结构的形式受地质条件、使用要求、施工方法等因素的影响，尤其是地下结构中与地层相接触部分的衬砌结构断面形式的选取，更是受这三个因素的制约。

衬砌结构的断面形式首先由受力条件来控制，即在一定地质条件下的土水压力和一定的爆炸与地震等荷载下求出合理和经济的断面形式。

与受力条件相关，地下结构中衬砌结构断面形式有如下几种：

（1）矩形（图 1-5）

适用于工业、民用、交通等建筑物的界限。但直线构件不利于抗弯，故在荷载较小、地质较好、跨度较小或埋深较浅时采用。

（2）曲线形（图 1-6）

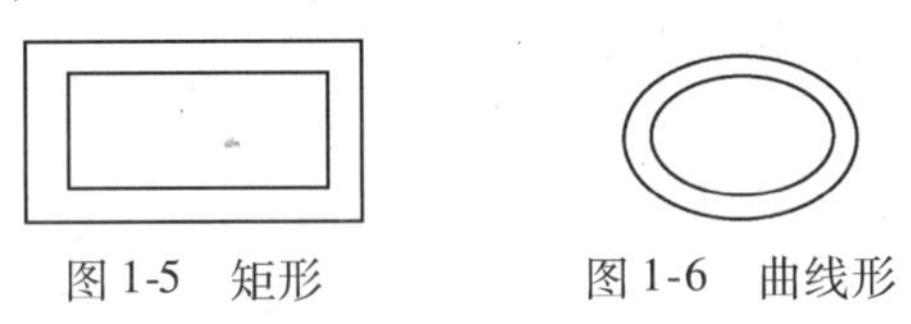

图 1-5　矩形　　图 1-6　曲线形

均匀径向受压时，弯矩为零，可充分发挥混凝土结构的抗压强度，故在地质条件较差时优先选用。

（3）其他形式（图 1-7）

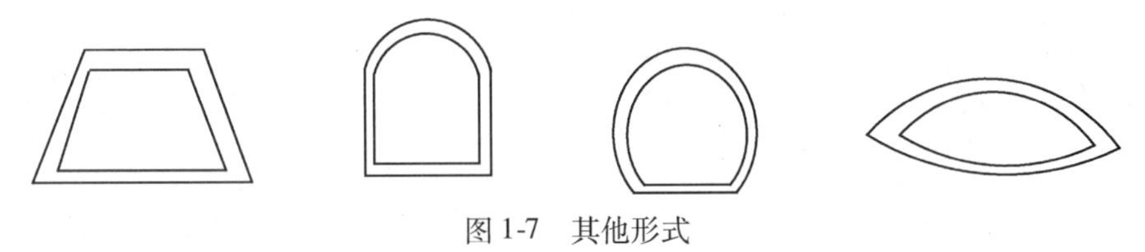

图 1-7　其他形式

介于（1）和（2）两者之间的中间情况，按具体荷载和尺寸决定。

其次，地下结构需满足使用要求，故地下结构中的衬砌结构断面形式必须考虑使用需要。

① 人行通道：单跨矩形或拱形

② 地铁车站或地下医院：多跨结构

③ 飞机库：中间不设柱、落地拱

④ 工业车间：矩形

⑤ 放置通风管道：直墙拱形或圆形

另外，在使用条件和受力条件相同的情况下，衬砌结构断面形式还因施工方法（沉井、盾构、沉管、顶管等）不同而采用不同的结构形式。

1.3　设计程序与内容

修建地下工程，必须遵循：勘察→设计→施工的基本建设程序。其中设计分为：工艺设计、规划设计、建筑设计、防护设计、结构设计、设备设计、概预算等。每一个工程经过结构方案比较，选定了结构形式和结构平面布置图后，地下结构设计还需完成：确定横断面尺寸和横向配筋的结构横向框架设计、确定纵向分段长度和纵向配筋的结构纵向设计以及地下工程的出入口设计。这三方面的设计，与地面结构设计相比，构成了明显的区别。

设计分初步设计和技术设计（包括施工图设计）两阶段。

1. 初步设计

初步设计的主要任务是满足使用要求下，解决设计方案技术上的可能性与经济上的合理性，并提出投资、材料、施工等指标。

初步设计内容：

（1）工程防护等级，三防要求与动载标准的确定；

（2）确定埋置深度与施工方法；

（3）草算荷载值；

（4）选择建筑材料；

（5）选定结构形式和结构布置；

（6）估算结构跨度、高度、顶底板及边墙厚度等主要尺寸；

（7）绘制初步设计结构图；

（8）估算工程材料数量及财务概算。

2. 技术设计

初步设计经主管部门审批后，就可进行技术设计。

技术设计的任务主要是解决结构的强度、刚度和稳定、抗震性等问题，并提供施工时结构各部件的具体细节及连接大样。

技术设计内容：

（1）计算荷载。按建筑用途、防护等级、地震级别、埋置深度和土层情况等求出作用在结构上的荷载值。

关于荷载种类：

① 静荷载，又称恒载。指长期作用在结构上且大小、方向与作用点不变的荷载（结构自重、土壤压力、地下水压力）。

② 动荷载。要求具有一定防护能力的地下建筑物，需考虑原子武器和常规武器所产生的爆炸冲击波压力荷载；抗震区需考虑地震作用。此二者均为瞬时作用的动荷载。

③ 活荷载。在结构物施工和使用期间可能存在的变动荷载，其大小和作用位置都可能变化。如地下建筑物内部的楼地面荷载（人群、物件和设备重量）、车间的吊车荷载、地面堆积物、车辆行走荷载、施工安装过程中的临时荷载等。

④ 其他作用。材料收缩、温度变化、结构沉陷、装配式结构尺寸制作上的误差等在结构上所引起的内力。

（2）计算简图。根据实际结构和计算工具情况，拟定出恰当的计算图式。

如：横向框架设计中，隧道结构沿纵向较长，一方面横断面沿纵向相同，沿纵向在一定区段上作用的荷载均匀不变；另一方面，结构的横向尺寸相对于纵长来说较小。按照力总是向短向传递的规律，可认为荷载主要由横向框架承受。综合这两方面原因，在横向框架设计时，通常沿纵向截取1m的长度作为计算单元，从而构成横向框架的计算简图（图1-8）。

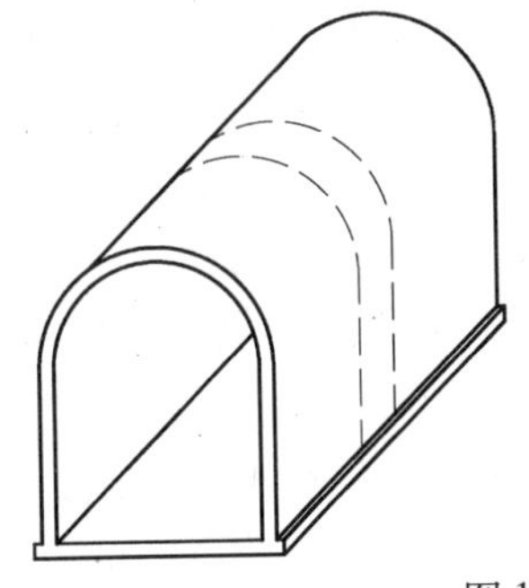
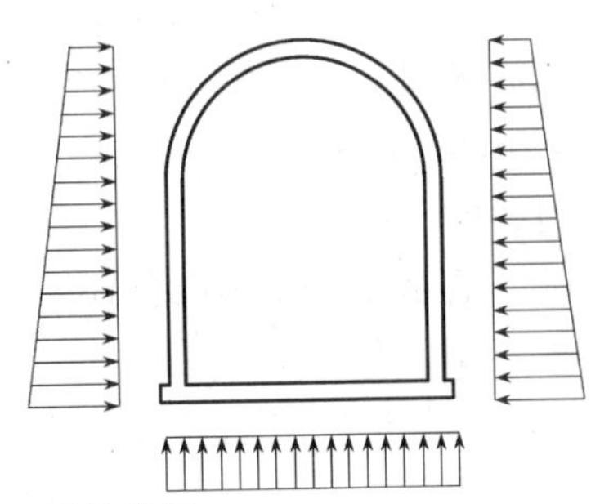

图 1-8　横向框架的计算简图

还如：隧道纵向设计中，按变形缝划分区段，每一变形缝间的区段长度 L，可视作长度为 L、截面为箱形的弹性地基梁（图 1-9）进行内力分析和截面设计。

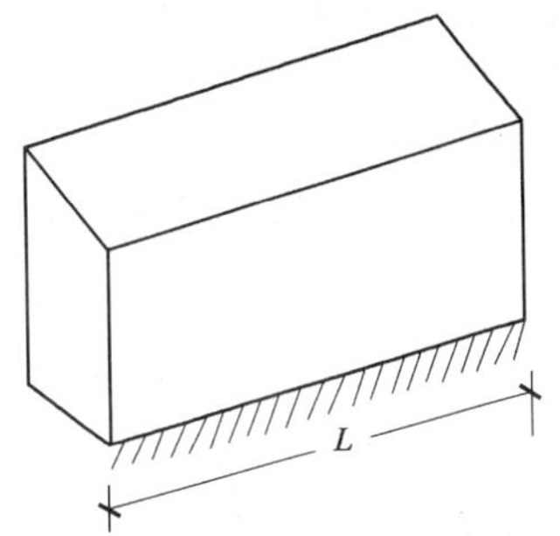

图 1-9　隧道纵向设计的计算简图

（3）内力分析。选择结构内力计算方法，得出结构可控制设计截面的内力。

关于结构内力计算方法，大致区分为两类：荷载结构法和地层结构法。

① 荷载结构法。认为地层对结构（衬砌）的作用只是产生作用在地下结构上的荷载（包括主动的地层压力和被动的地层抗力），以计算结构在荷载作用下产生的内力和变形的方法称为荷载结构法。弹性连续框架（含拱形）法、假定抗力法和弹性地基梁（含曲梁和圆环）法等可归属于荷载结构法。

② 地层结构法。认为衬砌与地层一起构成受力变形的整体，并可按连续介质力学原理来计算衬砌和周边地层的计算方法称为地层结构法。常见的关于圆形衬砌的弹性解、黏弹性解和弹塑性解等都归属于地层结构法。

荷载结构法和地层结构法都可按数值解计算。有限单元法、有限差分法、加权余量法和边界单元法都归属于数值计算方法。

（4）内力组合。在各种荷载内力计算的基础上，对最不利的可能情况进行内力组合，求出各控制截面的最大设计内力值。

最不利的荷载组合一般有以下几种情况：

① 静载；

② 静载 + 活载；

③ 静载 + 原子爆炸动载；

④ 静载 + 炮（炸）弹动载。

（5）配筋设计。通过截面强度和裂缝及变形计算得出受力钢筋，并确定必要的分布钢筋与架立钢筋。

配筋涉及沿横断面的横向配筋和沿隧道纵向的纵向配筋。

横向配筋由横向框架设计就可得到。

纵向配筋。如隧道这种地下结构，沿纵向需设置伸缩缝。隧道过长或施工养护不够时，混凝土会产生收缩，沿纵向产生环向裂缝和沉降缝（地基不均匀，两段结构的刚度或荷载悬殊产生相对沉降）。伸缩缝和沉降缝统称为变形缝。结构纵向配筋计算时，就将变形缝间的隧道区段l，视作长度为l、截面为箱形的弹性地基梁。按此弹性地基梁产生纵向弯矩，使结构底板和侧墙下部受拉考虑计算纵向配筋。

（6）绘制结构施工详图。如结构平面图，结构构件配筋图，节点详图，还有风、水、电和其他内部设备的预埋件图。

（7）材料、工程数量和工程财务预算。

3. 地下结构的计算原理和方法

地下结构的计算理论较多地应用以文克勒假定为基础的局部变形理论以及以弹性理论为基础的共同变形理论。

地下结构与地面结构不同之点在于地下结构周围都被土层包围着，在外部主动荷载作用下，衬砌发生变形，由于衬砌外围与地层紧密接触，因此衬砌向地层方向变形的部分会受到来自地层的抗力。这种抗力称为地层弹性抗力，属于被动性质，其数值大小和分布规律与衬砌的变形有关（图1-10），因而，与其他主动荷载不同。弹性抗力限制了结构的变形，故改善了结构的受力情况。地下结构既承受主动荷载又承受被动荷载的这个特性，形成了地下结构设计的重要特点。

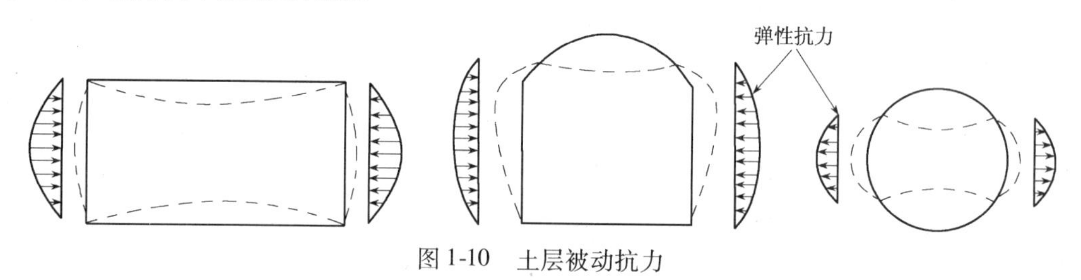

图1-10　土层被动抗力

地下结构的计算方法主要有结构力学分析法、弹性地基梁法、矩阵分析法、连续介质力学的有限单元法、弹塑性、非线性、黏弹性、黏弹塑性等计算方法。这些方法都可用数值计算方法进行分析，有限单元法、有限差分法、加权余量法和边界单元法等都归属于数值计算方法。

1.4　本课程的内容和特点

本课程为土木工程专业主修地下结构与岩土工程专业方向的主干课程。在已学习完土力学、工程地质及混凝土各类构件基本理论和设计方法的基础上，本课程主要学习地下商业街和地下停车场、地下铁道、附建式地下结构、地道式结构、衬砌特殊部位、沉井式结构、盾构法装配式圆形衬砌结构、沉管结构、顶管结构、基坑支护结构、挡土墙、地下库型结构等地下结构形式的设计原理和设计方法。目的是使学生学习掌握这些原理和方法后，在今后的工作实践中能够胜任上述各类地下结构形式的设计任务。

本课程具有以下的特点，在学习中应予以注意：

（1）本课程具有较强的实践性，有利于学生工程实践能力的培养。一方面要通过课堂学习、习题和作业来掌握地下结构设计的基本理论和方法，通过课程设计和毕业设计等实践性教学环节，学习工程计算、设计说明书的整理和编写、施工图纸的绘制等基本技能，逐步熟悉和正确运用这些知识来进行结构设计和解决工程中的技术问题；另一方面，要通过到现场参观，了解实际工程的地层特性、地下空间结构布置、衬砌结构围护特点、构件构造、施工技术等，积累工程设计经验，加强对基础理论知识的理解，培养学生综合运用理论知识解决实际工程的能力。

（2）地下结构设计是一项综合性很强的工作，有利于学生设计工作能力的培养。在形成地层特性分析、地下空间结构方案、衬砌结构选型和内部构件选型、材料选用、确定结构计算简图和分析方法以及配筋构造和施工方案等过程中，除遵循安全适用和经济合理的设计原则外，尚应综合考虑各方面因素。同一工程设计有多种方案和设计数据，不同的设计人员会有不同的选择，因此设计的构造不是唯一的。设计时应综合考虑使用功能、材料供应、施工条件、造价等各项指标，通过对各种方案的分析比较，选择最佳的设计方案。

（3）地下结构设计工作是一项创造性的工作，有利于学生创新精神的培养。地下结构设计时，需按照我国相应和相关规范与标准进行设计；由于地下结构是一门发展很快的学科，其设计理论在不断更新，地下结构设计工作不应完全被规范所束缚，这就要求在深刻理解规范设计理论的基础上，充分发挥设计者的主动性和创造性，采取先进的地下结构设计理论和技术。

第2章 地下商业街和地下停车场

2.1 概述

随着大体积住宅项目或商业综合体的出现，地下商业街和地下车库在此类建筑中成为不可缺少的一部分，其越来越被众多开发商所重视，不仅仅是其带来的商业价值，而且现在伴随着人们生活水平的提高，购买能力也随之提高，购车的人越来越多。车辆的存放问题也随之产生，现在大部分开发的住宅项目，其主楼和中庭绿化带下部都有地下停车库，商业中心地段，道路下部也可能有地下商业街的存在，地下商业街和地下停车场等新兴地下结构形式不断涌现，渐趋扩大之势。这两种结构形式的设计各具其特点，下面将分别介绍。

2.2 地下商业街

2.2.1 功能关系

城市地下商业街是建设在城市地表以下的，能为人们提供围绕商业活动所需要的各种场所，并配套相关设施的地下空间建筑。主要由地下步行道系统、地下经营（店铺）系统、辅助用房所组成，其相关功能关系见图2-1。

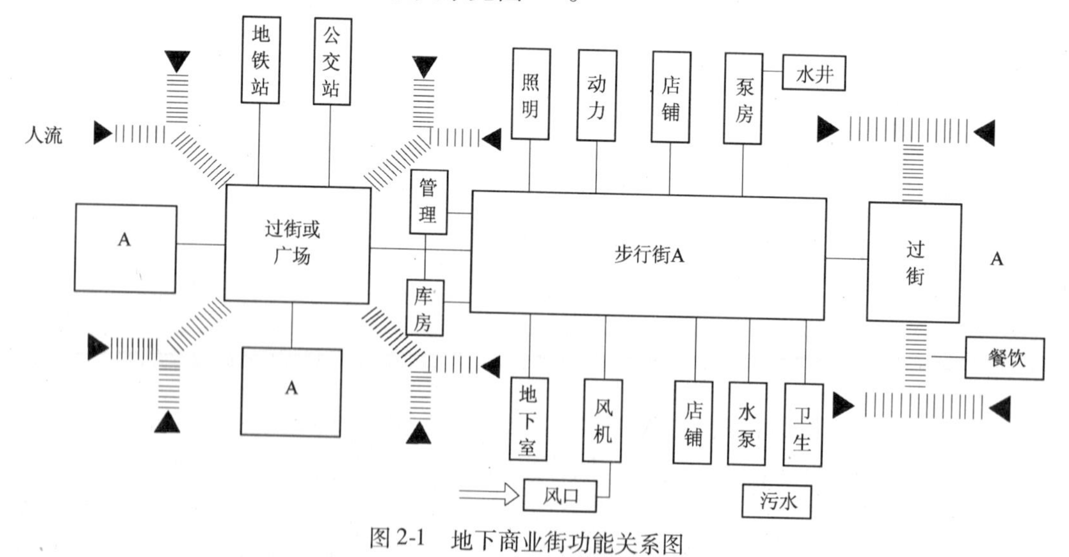

图2-1 地下商业街功能关系图

2.2.2 组合形式

1. 平面组合方式

(1) 步道式组合（图 2-2）

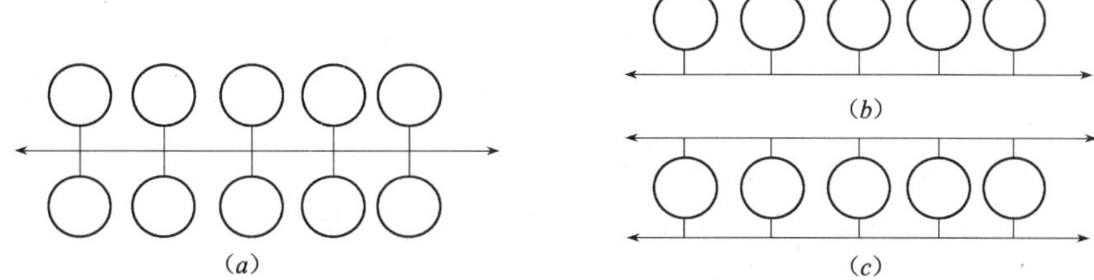

图 2-2 步道式组合的几种形式

(a) 中间步道；(b) 单侧步道；(c) 双侧步道

特点：保证步行人流畅通，且与其他人流交叉少，方便使用；方向单一，不易迷路；购物集中，与通行人流不干扰。

(2) 厅式组合（图 2-3）

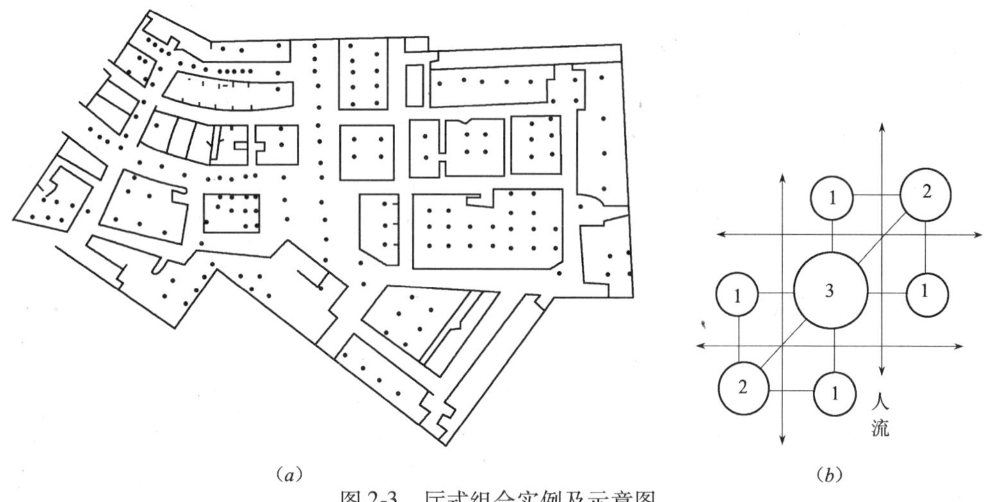

图 2-3 厅式组合实例及示意图

(a) 日本横滨东口波塔地下街实例；(b) 厅式组合示意

1，2，3—店铺规模

特点：组合灵活，可以通过内部划分出人流空间。

(3) 混合式组合（图 2-4）

特点：可以结合地面街道与广场布置；规模大，能有效解决繁华地段的人、车流拥挤；彻底解决人、车流立交问题；功能多且复杂，大多同地铁站、地下停车设施相联系，竖向设计可考虑不同功能。

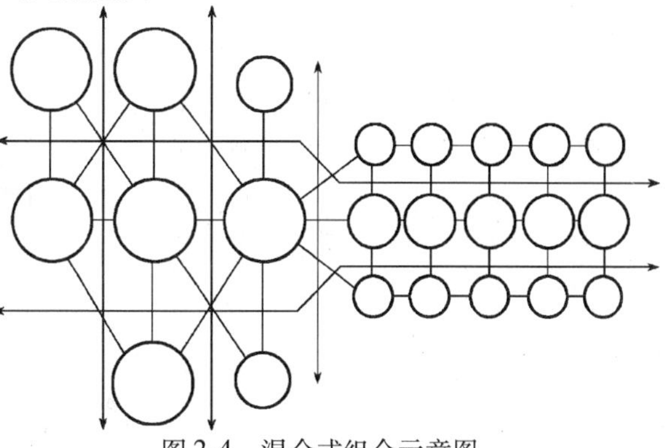

图 2-4 混合式组合示意图

2. 竖向组合设计

地下街竖向组合主要包括：

(1) 分流及营业功能（或其他经营）；

（2）出入口及过街立交；

（3）地下交通设施，如高速路或立交公路、铁路、停车场、地铁车站；

（4）市政管线，如上下水、风井、电缆沟等；

（5）出入口楼梯、电梯、坡道、廊道等。

2.2.3 平面柱网及剖面

1. 平面

地下街平面柱网主要由使用功能确定。

日本在设计地下街时，通常考虑停车柱网（停车 90°时停车最小柱距 5.3m，可停 2 台；7.6m 可停 3 台）即：(6+7+6)m×6m（停 2 台），(6+7+6)m×8m（停 3 台）。这种柱网不但满足了停车要求，对步行道及商店也是合适的。

在设计没有停车场的地下街时通常采用 7m×7m 方形柱网。

2. 剖面

地下街剖面设计大多为 2 层，极少数为 3 层。层数越多，层高越高，则造价越高。

通常建成浅埋式结构，减少覆土层厚度及整个地下街的埋置深度。

例：哈尔滨秋林地下商业街采用的跨度是 $B_1 \times B_2 \times B_3 = 5.0\text{m} \times 5.5\text{m} \times 5.0\text{m}$；柱距 $A = 6.0\text{m}$，属于双层三跨式地下商业街。

2.2.4 结构形式

地下商业街主要有矩形框架、直墙拱形、拱平顶结合三种形式（图 2-5）。

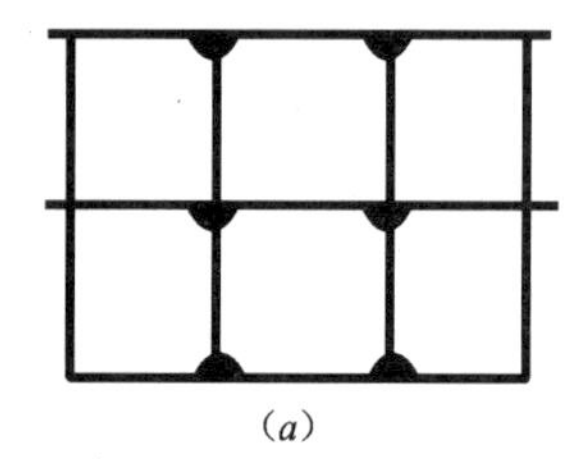

(a)

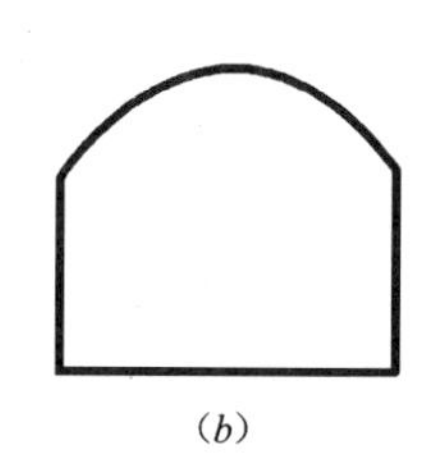

(b)

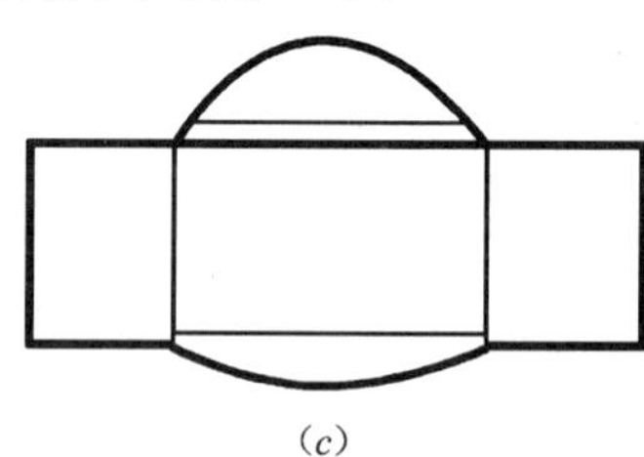

(c)

图 2-5 地下商业街的三种结构形式
（a）矩形框架；（b）直墙拱形；（c）拱平顶结合

例：哈尔滨秋林地下商业街柱网尺寸及结构剖面图（图 2-6）

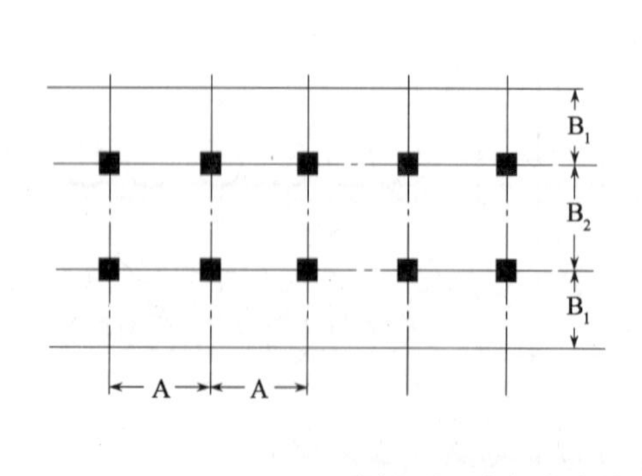

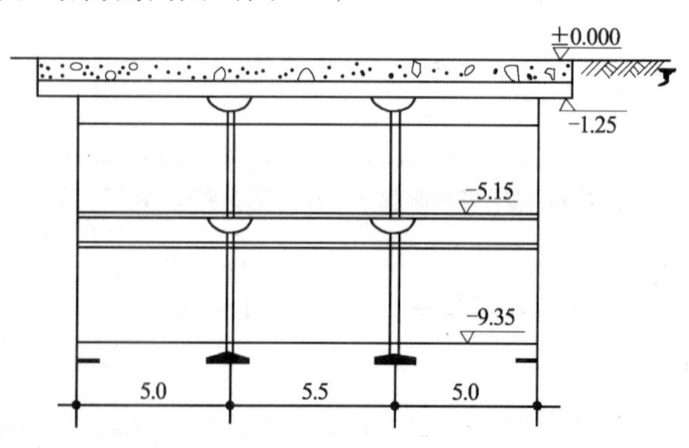

图 2-6 哈尔滨秋林地下商业街柱网尺寸及结构剖面图

2.3 地下停车场

2.3.1 分类

（1）单建式与附建式地下停车场

单建式（图 2-7）：一般建在广场、道路、绿地、空地之下。

附建式（图 2-8）：建在地面建筑地下部分的停车场。

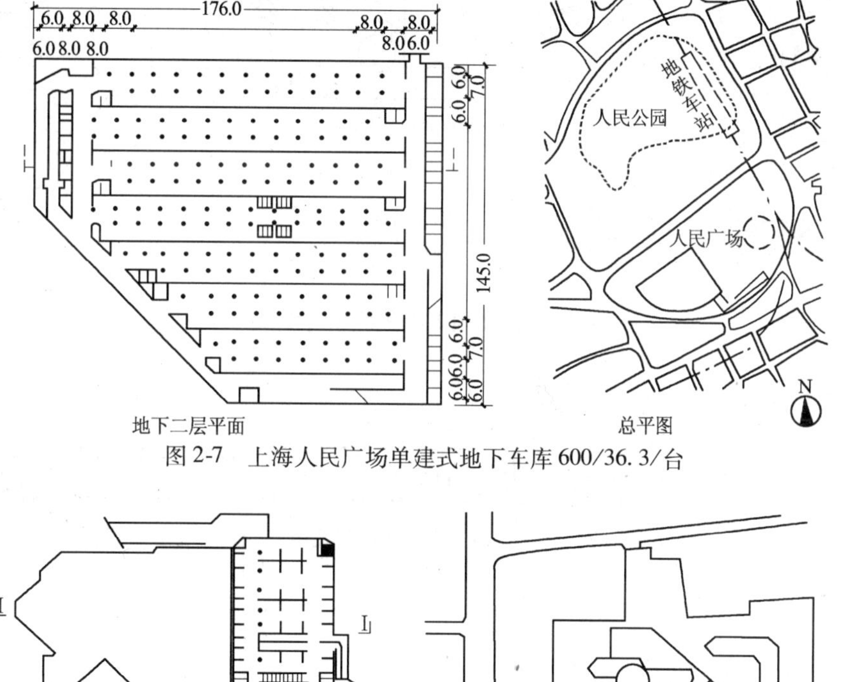

图 2-7 上海人民广场单建式地下车库 600/36. 3/台

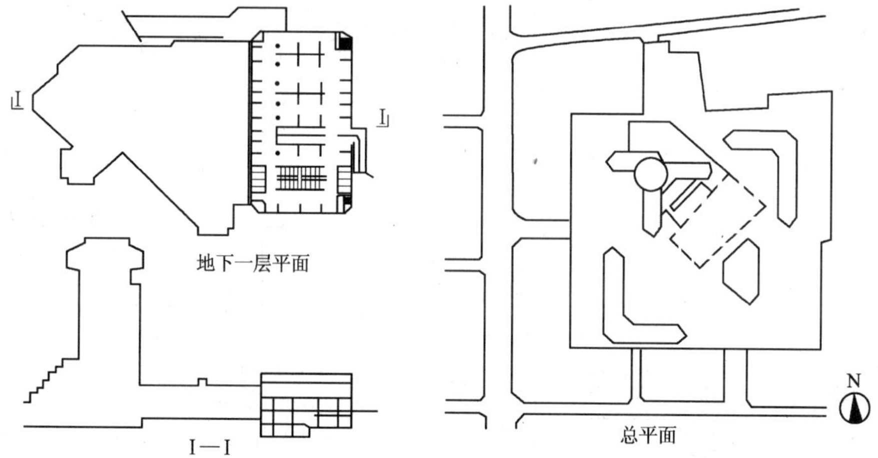

图 2-8 北京市某附建式专用停车场 266/29/台

（2）土层与岩层中地下停车场

土层中地下停车场（图 2-9）：指在土层中建造的地下停车场。施工方法：大开挖法或盾构法。

岩层中地下停车场（图 2-10）：周围以岩石为介质建造的地下停车场。施工方法：矿山法。

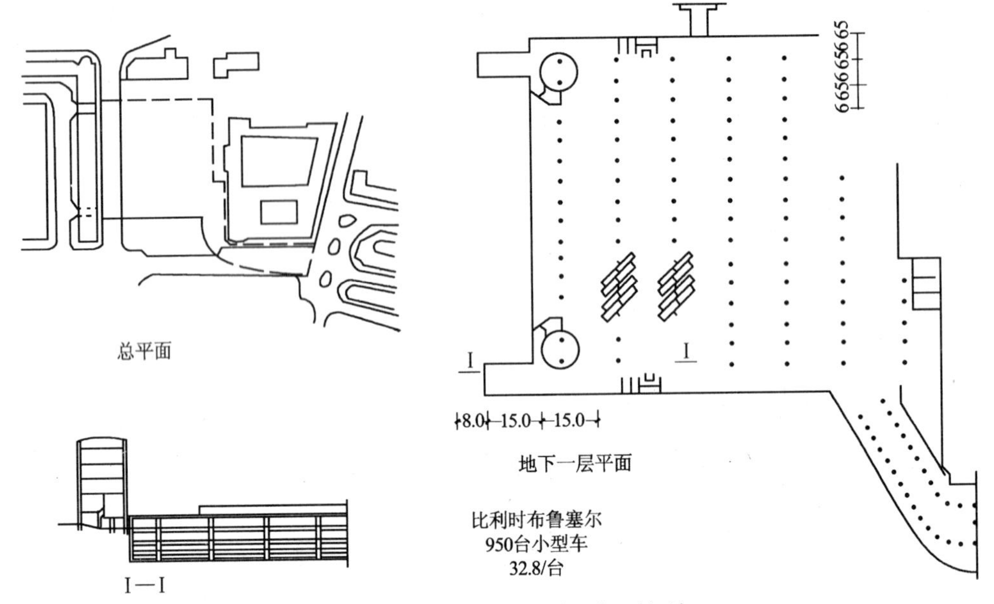

图 2-9　土层中地下停车场（比利时）

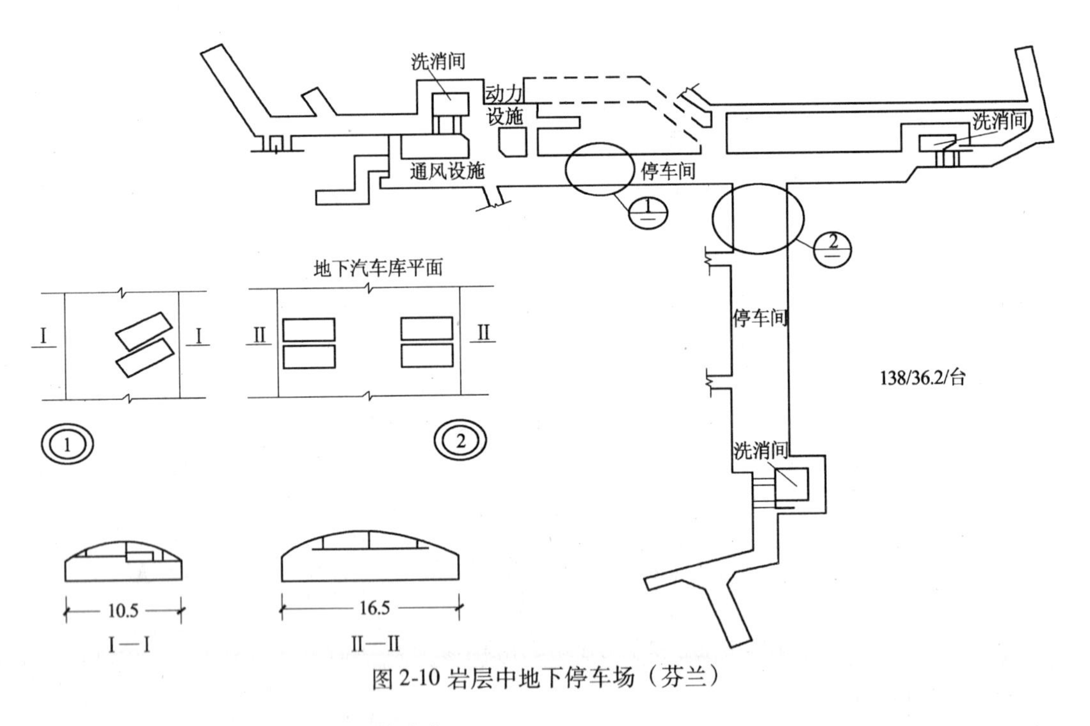

图 2-10 岩层中地下停车场（芬兰）

（3）坡道式与机械式地下停车场

坡道式（图 2-11）：利用坡道出入车辆的地下停车场。

机械式（图 2-12）：利用垂直自动运输的方式，取消坡道。

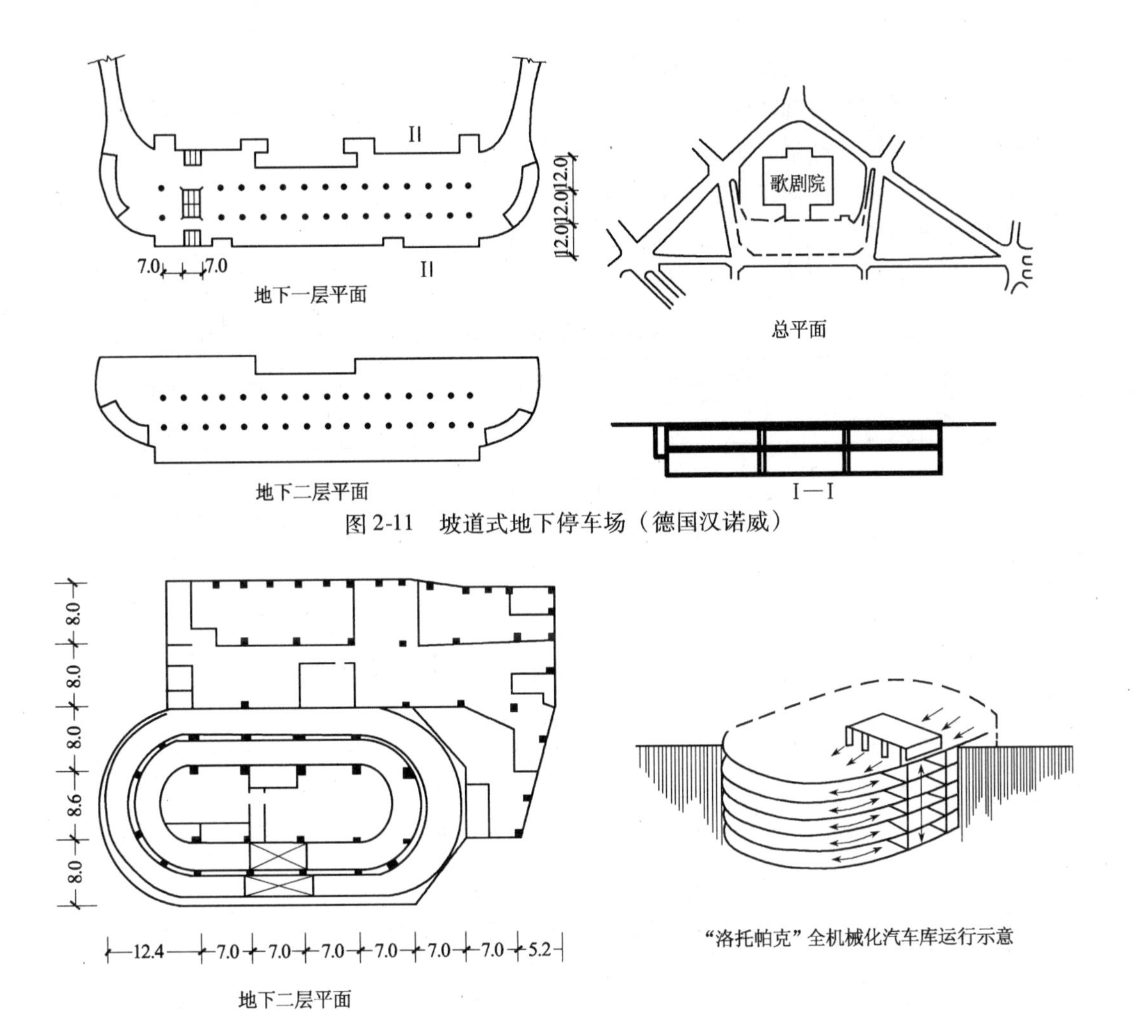

图 2-11　坡道式地下停车场（德国汉诺威）

图 2-12　机械式地下停车场（日本东京）

2.3.2　主体平面设计

1. 地下停车场的建筑组成和工艺流程

（1）地下停车场建筑组成：出入口；停车库；服务部分；管理部分；辅助部分。

（2）工艺流程（图 2-13）

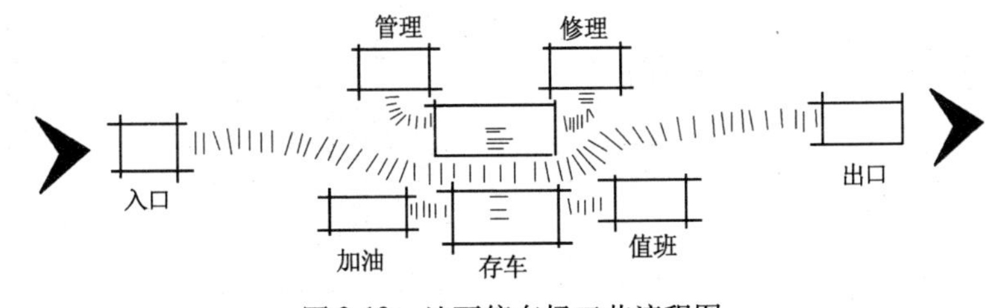

图 2-13　地下停车场工艺流程图

2. 主体平面设计基本要求

（1）适应一定车型的停放方式、通道布局，并具有一定的灵活性；

（2）保障一定的安全距离，避免遮挡和碰撞；

（3）尽量做到充分利用面积；

（4）施工方便，经济，合理；

（5）尽可能减少柱网尺寸，结构完整统一。

3. 相关参数确定

（1）面积估算（表 2-1 ~ 表 2-3）

地下专用车库面积控制指标 **表 2-1**

类　型	地下车库/地面建筑	类　型	地下车库/地面建筑
一、二级	<5%	三、四级	<10%

地下汽车库的面积指标 **表 2-2**

指标内容	小型汽车库	中型汽车库
每停一台车需要的建筑面积（m^2）	35 ~ 45	65 ~ 75
每停一台车需要的停车部分面积（m^2）	28 ~ 38	55 ~ 65
停车部分面积占总建筑面积的比例（%）	75 ~ 85	80 ~ 90

汽车库建筑分类 **表 2-3**

规　模	特大型	大　型	中　型	小　型
停车数（辆）	>500	301 ~ 500	50 ~ 300	<50

（2）车位平面尺寸（表 2-4）

车辆停放时与周围物体的安全距离 **表 2-4**

车型	停放条件	车头距前墙（门）（m）	车尾距后墙（m）	车身（有司机一侧）距侧墙或邻车（m）	车身（有司机一侧）距侧墙或邻车（m）	车身距柱边	车身之间的纵向净距	
							0°停放	30° ~ 90°停放
小型	单间停放	0.7	0.5	0.6	0.4	—	—	—
小型	开敞停放	—	0.5	0.5	0.3	0.3	1.2	0.5
中型	单间停放	0.7	0.5	0.8	0.4	—	—	—
中型	开敞停放	—	0.5	0.7	0.3	0.3	1.2	0.7

（3）停放角度与停驶方式（图 2-14、图 2-15）

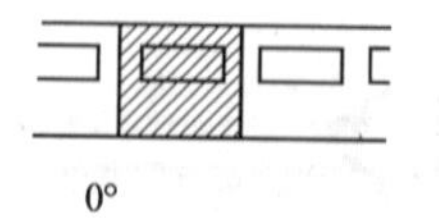

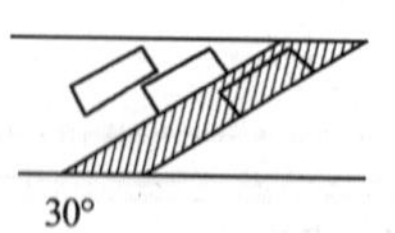

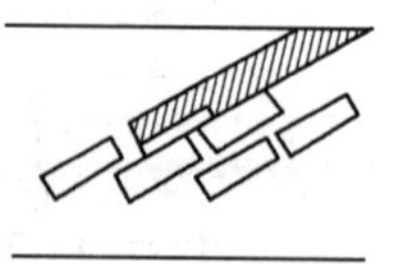

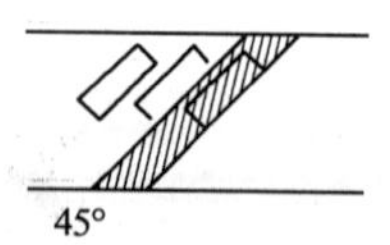

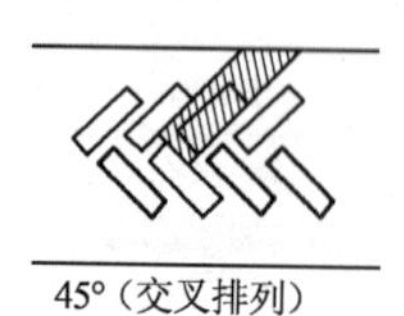

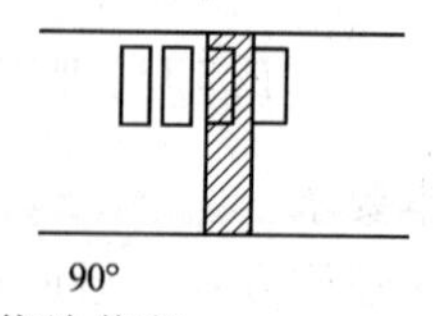

图 2-14　车辆停放角度

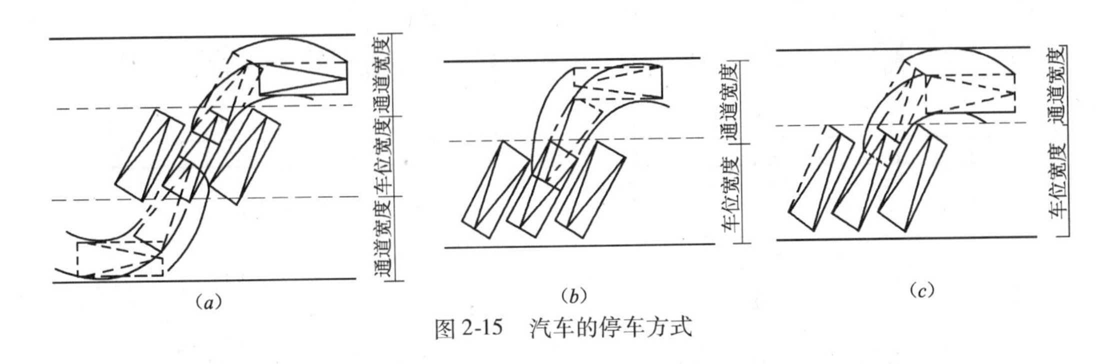

图 2-15　汽车的停车方式

2.3.3　平面柱网设计

平面柱网根据停车间柱距的最小尺寸（图 2-16）和不同停车角度所需停车面积（表 2-5）确定。

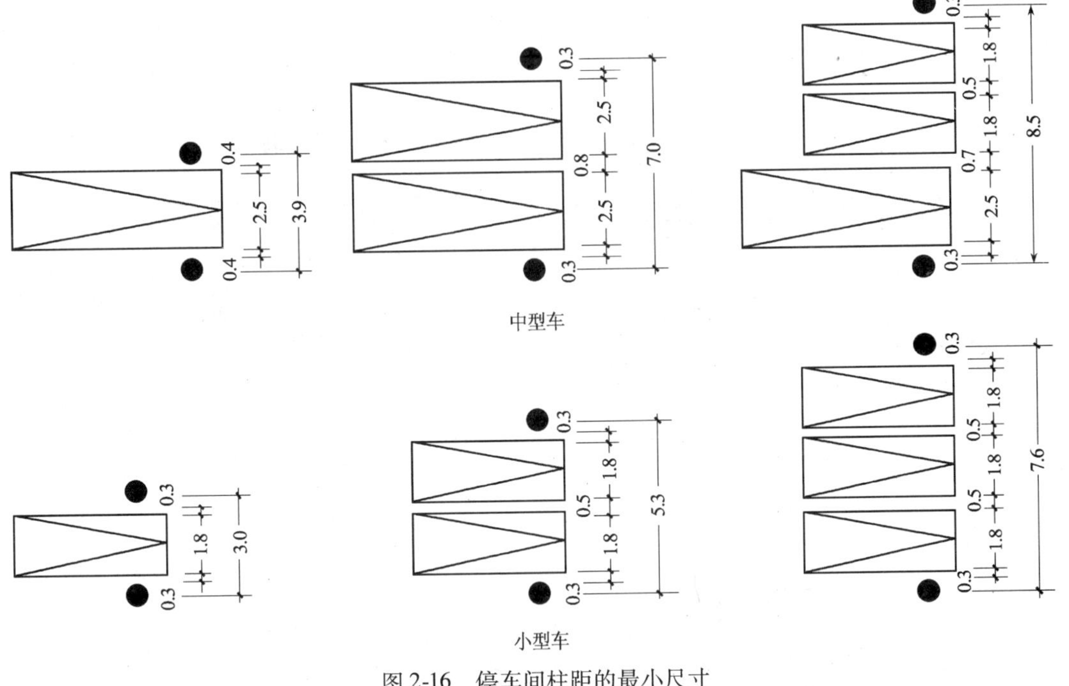

图 2-16　停车间柱距的最小尺寸

不同停车角度所需停车面积　　表 2-5

停车角度 车型	0°	30°	30° （双排）	45°	45° （交叉排列）	60°	90°
小汽车	41.4	34.5	32.2	27.6	26.0	24.6	23.5
载重车	77.7	62.6	58.2	49.6	47.1	45.3	44.9

注：此表按小型车尺寸 4.9m×1.8m，载重车 6.8m×2.5m，按无柱计算。

2.3.4　结构形式

地下停车场结构形式主要有两种：矩形结构和拱形结构。

（1）矩形结构（图 2-17）：又分为梁板结构、无梁楼盖、幕式楼盖。

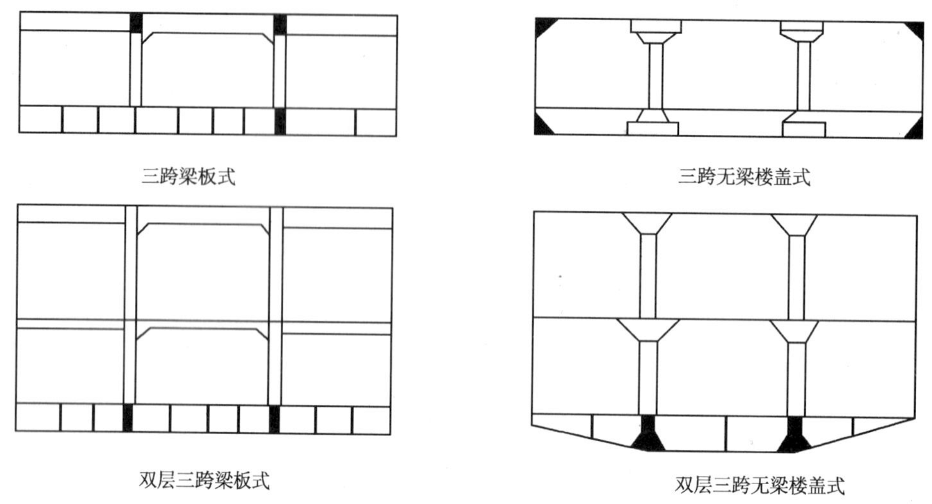

图 2-17　矩形结构

其特点：侧墙通常为钢筋混凝土墙；大多为浅埋；适合地下连续墙、大开挖建筑等施工方法。

（2）拱形结构（图 2-18）：有单距、多跨、幕式及抛物线拱、顶制拱板等多种类型。

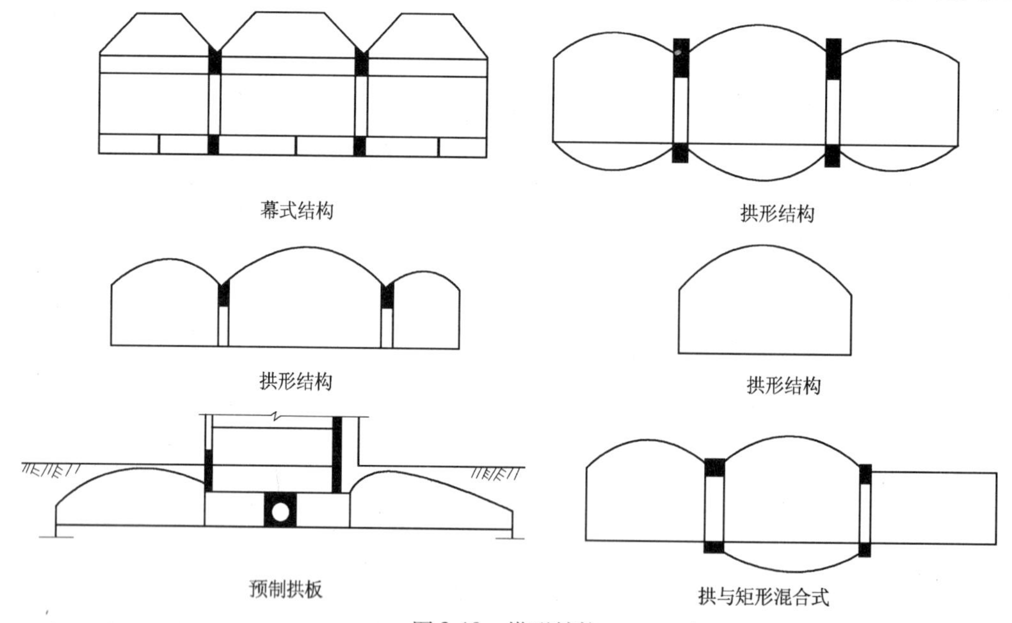

图 2-18　拱形结构

其特点：占用空间大、节省材料、受力好、施工开挖土方量大；适合深埋；不如矩形结构采用广泛。

2.3.5　坡道设计

（1）坡道设计原则

① 坡道设计要同出入口和主体有顺畅的连接，同地段环境相吻合，满足车辆进出方便、安全。

② 要有一定的坡度，且有防滑要求，对于回转坡道有转弯半径的要求。

③ 有防护要求的车库，坡道应设在防护区以内，并保证有足够的坚固程度。

④ 在保证使用要求的前提下应使坡道面积尽量紧凑。

(2) 坡道类型（图 2-19）

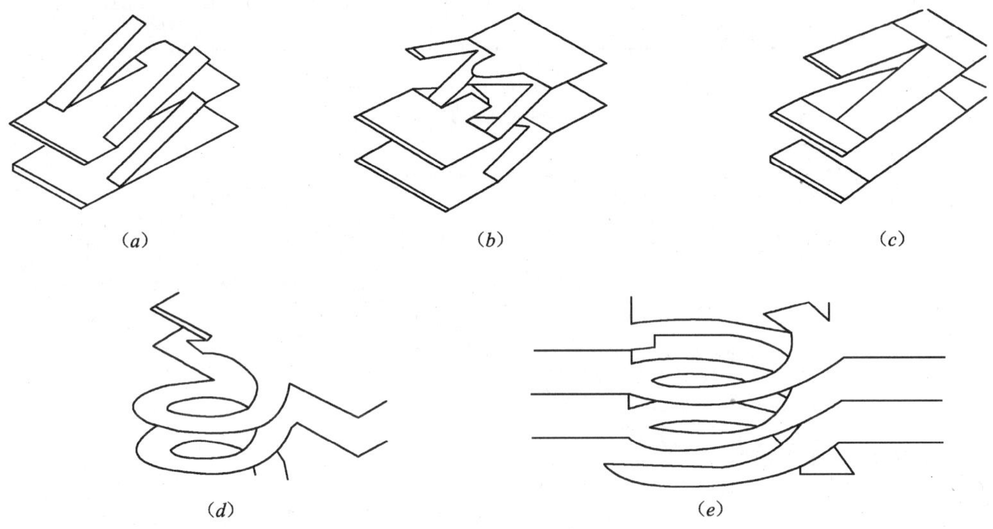

(a) (b) (c) (d) (e)

图 2-19　停车库坡道类型

(a) 直线长坡道；(b) 直线短坡道（错道）；(c) 倾斜楼板；(d) 曲线整圆坡道（螺旋形）；(e) 曲线半圆坡道

基本类型：一种是直线形坡道，另一种为曲线形坡道。

(3) 坡道与主体交通流线

① 流线功能关系（图 2-20）

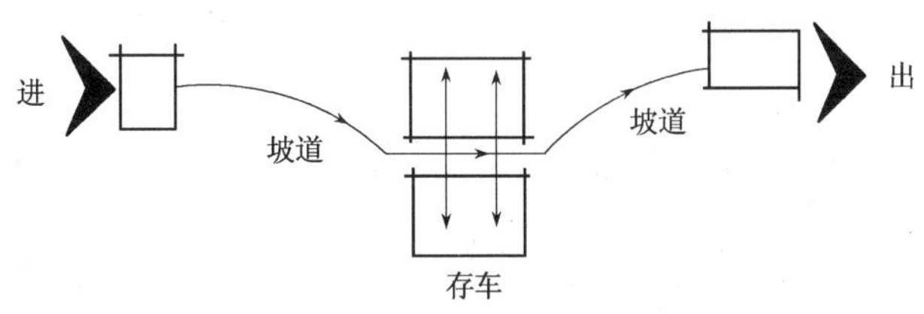

图 2-20　流线功能关系图

② 地下车场交通流线形式（图 2-21）

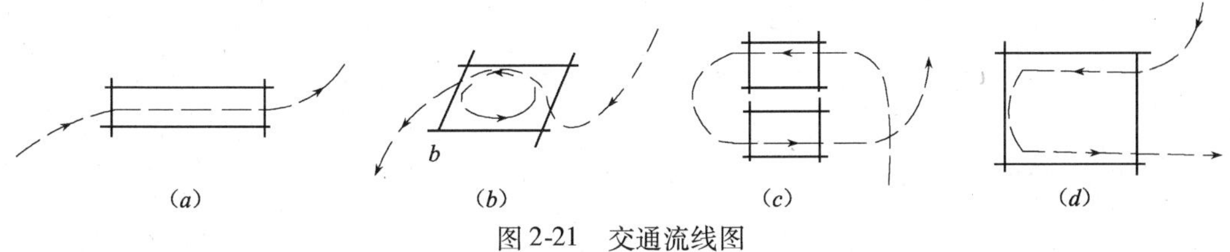

(a) (b) (c) (d)

图 2-21　交通流线图

(a) 直线式；(b) 曲线式；(c) 回转式；(d) 拐弯式

(4) 坡道坡度

坡道参数：

① 直线坡道各段关系及长度（图 2-22）

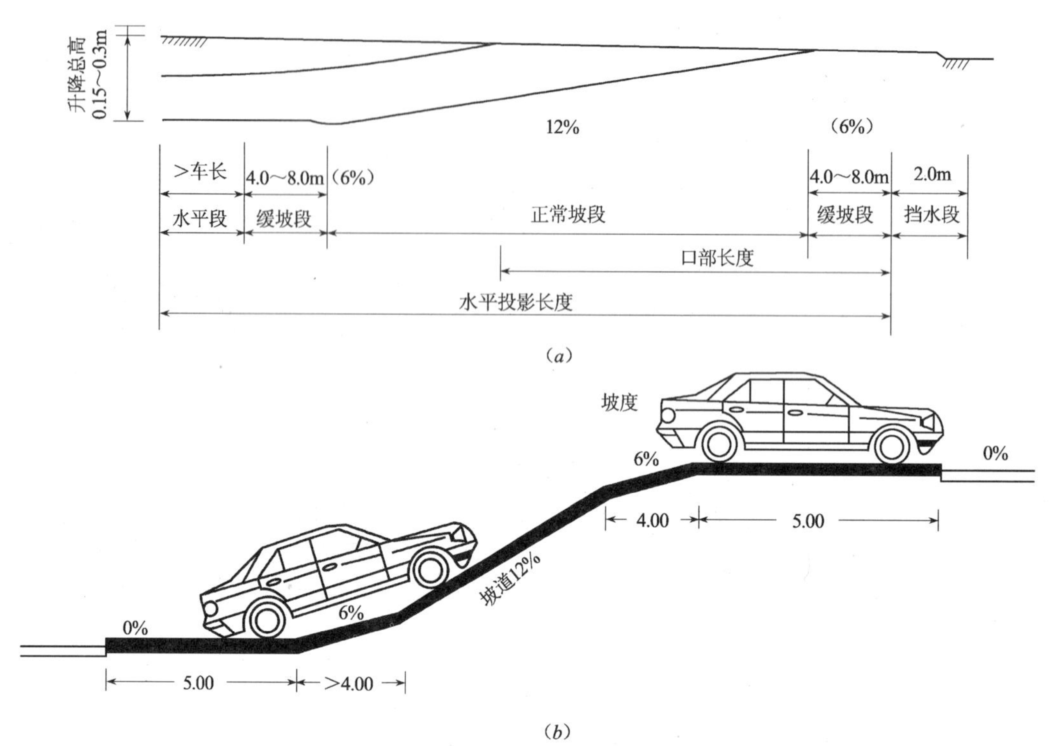

图 2-22　直线坡道各段关系及长度
（a）直线坡道分段组成；（b）中间直线坡道的坡道示意图

② 坡道的纵向坡度和最小宽度（表 2-6，表 2-7）

地下汽车库坡道的纵向坡度（%）　　**表 2-6**

车　　型	直线坡道	曲线坡道	备　　注
小型车	10 ~ 15	8 ~ 12	高质量汽车可取上限值
中型车	8 ~ 13	6 ~ 10	

地下汽车库坡道的最小宽度　　**表 2-7**

最小宽度（m）/ 坡道类型 / 设计车型宽度（m）	直线单车坡道	直线双车坡道	曲线单车坡道	曲线双车坡道	
				里圈	外圈
1.8	3.0 ~ 3.5	5.5 ~ 6.5	4.2 ~ 4.8	4.2 ~ 4.8	3.6 ~ 4.2
2.5	3.5 ~ 4.0	7.0 ~ 7.5	5.0 ~ 5.5	5.0 ~ 5.5	4.4 ~ 5.0

2.3.6　防火设计

1. 防火分类和耐火等级

地下停车场防火分为四类，每类应符合表 2-8 的规定。

2. 防火分区及安全疏散

（1）地下汽车库每个防火分区的最大允许建筑面积为 2000m²；如在汽车库内设有自动灭火系统时，其防火分区的最大允许建筑面积可为 4000m²。

车库的防火分类　表 2-8

名称 \ 数量（辆）\ 类别	Ⅰ	Ⅱ	Ⅲ	Ⅳ
汽车库	>300	151～300	51～150	≤50
修车库	>15	6～15	3～5	≤2
停车库	>400	251～400	101～250	≤100

注：汽车库的屋面停放汽车时，其停车数量应计算在总车辆数内。

（2）电梯井、管道井、电缆井和楼梯间应分开设置。疏散楼梯的宽度不应小于1.1m。

（3）汽车库、修车库的室内疏散楼梯应设置封闭楼梯间，其楼梯间前室的门应采用乙级防火门。

（4）汽车库室内最远工作地点至楼梯间的距离不应超过45m，当设有自动灭火系统时，其距离不应超过60m。

（5）汽车疏散坡道的宽度不应小于4m，双车道不应小于7m，两个汽车疏散出口之间的间距不应小于10m，汽车库疏散出口应不少于2个。Ⅳ类汽车库、Ⅲ类少于100辆的地下车库及双车道疏散的汽车库可设1个出口。

2.4 地下综合体

2.4.1 地下综合体的功能组合

城市地下街是地下空间开发的初级阶段，地下街规模小，功能单一，随着城市建设规模的不断扩大，城市地下综合体开始出现。通常，把那些功能单一或规模较小的建设项目称为地下街，而对规模很大且具有较强城市功能的项目自然就称为地下综合体。地下综合体是极其复杂的地下空间组合体。

地下综合体的定义：在垂直与水平方向若干单栋地下建筑的连接称为地下综合体。

地下综合体的功能组合：

① 以地下街及步行道为中心的大型地下步行街及商业中心；

② 以地下铁道为中心的交通集散系统；

③ 以地下车库为中心的停车场系统；

④ 各种公共服务功能系统；

⑤ 以地下设备为中心的综合管线廊道系统；

⑥ 防灾减灾防护体系。

本节主要介绍城市地下综合体的平面空间组合。

2.4.2 城市地下综合体的平面空间组合

（1）地下综合体空间组合功能分析

地下综合体的空间布局与组合规划是城市总体规划的重要组成部分。因此，考虑到不同时期扩展的需要，地下综合体应统一规划。

地下综合体功能分析如图 2-23 所示。

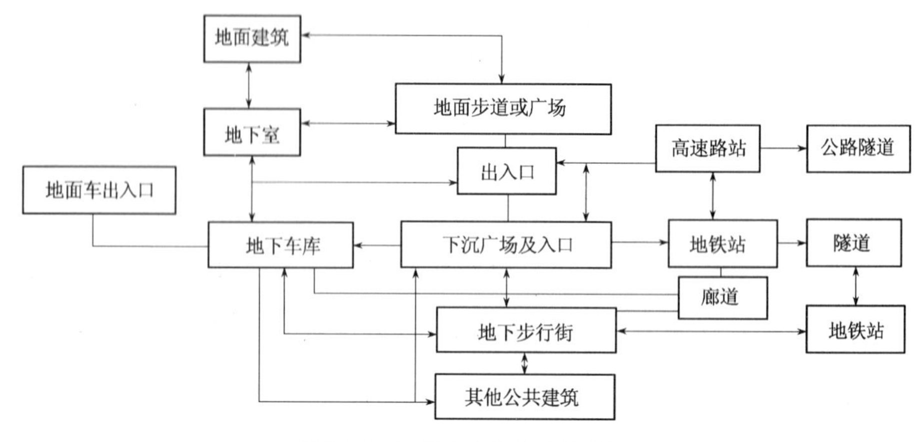

图 2-23　地下综合体的功能分析

（2）地下综合体竖向空间组合

竖向组合方式是采用垂直分层式解决。基本关系是人流首先进入地下步行街，然后由步行街进入深层地铁车站；车由入口进入地下车库，存车后人员从车库进入地下街或返回地面街或建筑。

图 2-24 表示了地上车库、地下街、高速路与地铁车站间的竖向组合关系。

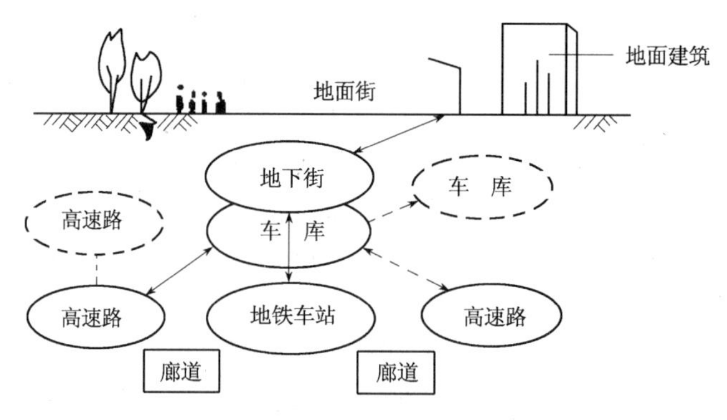

图 2-24　地下综合体竖向空间关系

（3）地下综合体平面组合分析

地下综合体在平面组合中主要组合有下述几种形式：

① 线条形组合（图 2-25）

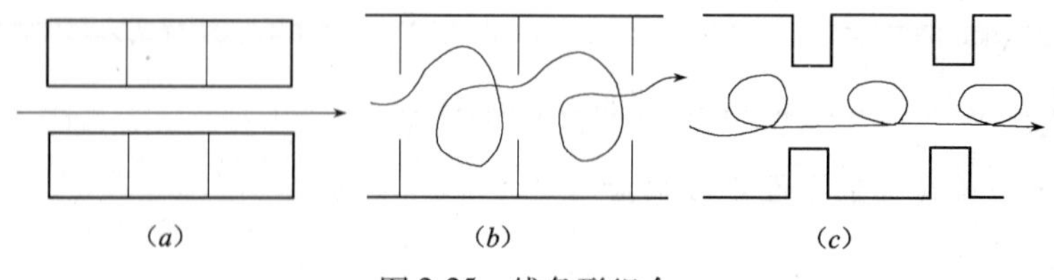

图 2-25　线条形组合
（a）走道式组合；（b）穿套式组合；（c）串联式组合

② 集中厅式组合（图 2-26）

常建设在城市繁华区广场、公园、绿地、大型交叉道路中心口等地下。道路下垂直分层布置地下综合体。

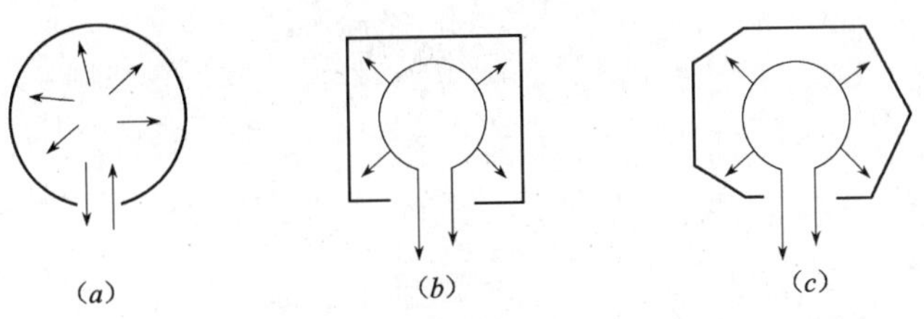

图 2-26　集中厅式组合

（a）圆形；（b）矩形；（c）不规则形

③ 辐射式组合（图 2-27）

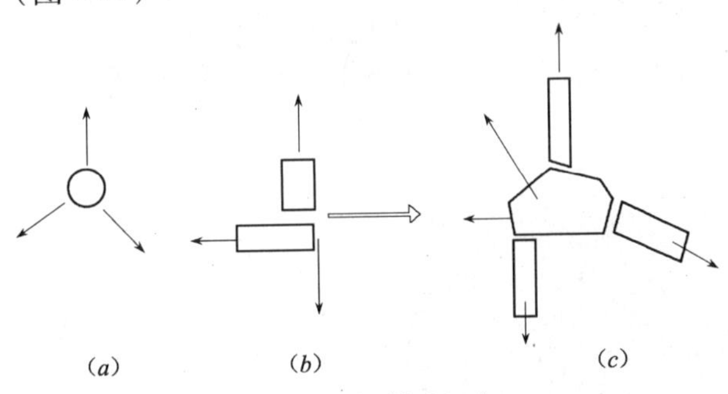

图 2-27　辐射式组合

（a）三角式；（b）四角式；（c）多角式

④ 组团式组合（图 2-28）

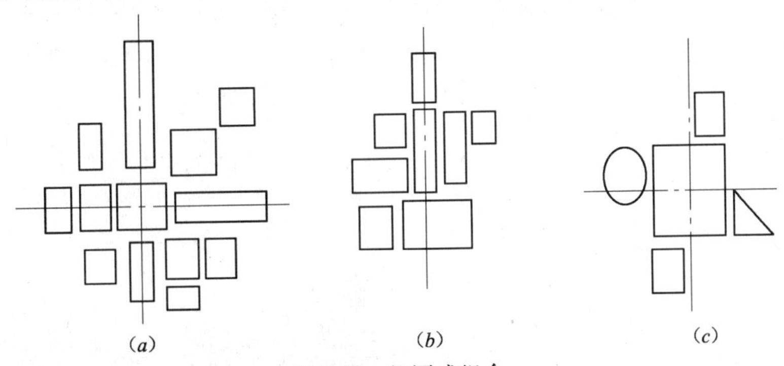

图 2-28　组团式组合

（a）多轴组团；（b）单轴组团；（c）环形组团

由各个独立空间紧密连接起来而形成的整体。常由集中式及线式组合合并组成。

图 2-29 和图 2-30 分别为日本东京城区地下综合体和哈尔滨会展中心下沉式广场。

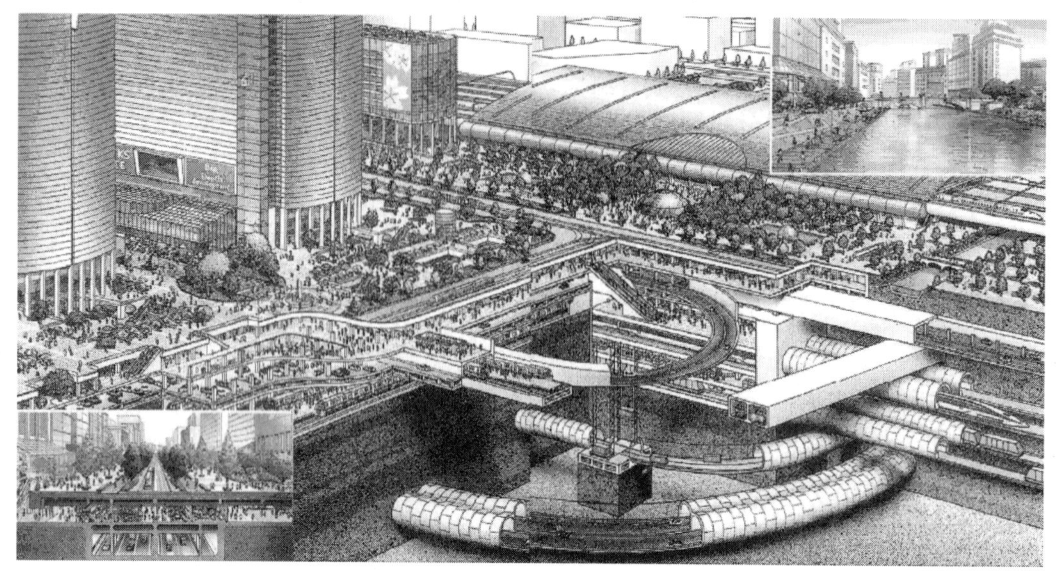

图 2-29　日本东京城区地下综合体

图 2-30　哈尔滨会展中心下沉式广场

第3章　地下铁道

3.1　概述

地下铁道是在城市地面以下修筑的以轻轨电动高速机车运送乘客的公共交通系统，简称地铁。地下铁道可以同地面或高架桥铁道相连通，形成完整的交通网和地铁线路网。

地下铁道属于浅埋式结构。所谓浅埋式结构是指其覆盖土层较薄，不满足压力拱成拱条件（即 $H_{土} <$（2～2.5）h_1，h_1 为压力拱高）的土层地下结构。

除过地下铁道外，浅埋式结构的类型还有：①人防工程中使用的直墙拱结构；②地下医院、教室、指挥所常使用的梁板式结构。

本章主要讲述地下铁道的有关设计内容。

3.1.1　地下铁道隧道线路形式

地下铁道通常有单线式、单环式及由其组成的放射式、棋盘式等形式。

1. 单线式（图3-1）
2. 单环式（图3-2）

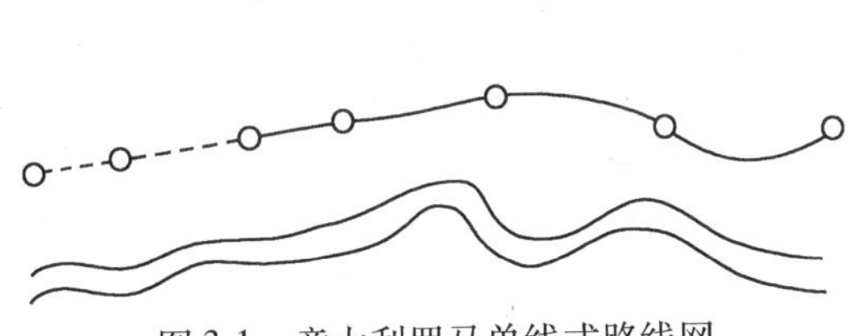

图3-1　意大利罗马单线式路线网

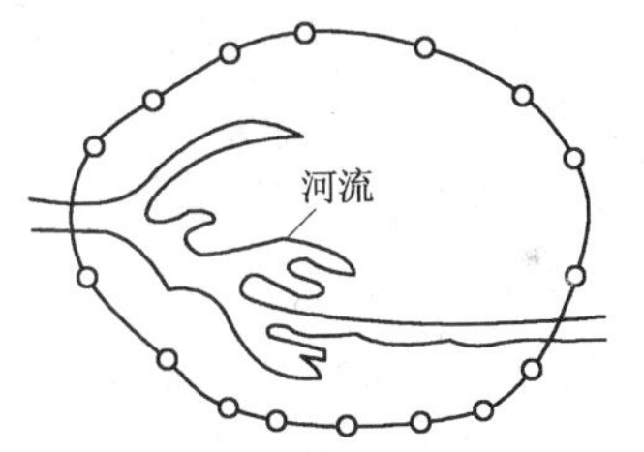

图3-2　英国格拉斯哥单环式线路网

3. 放射式（图3-3、图3-4）

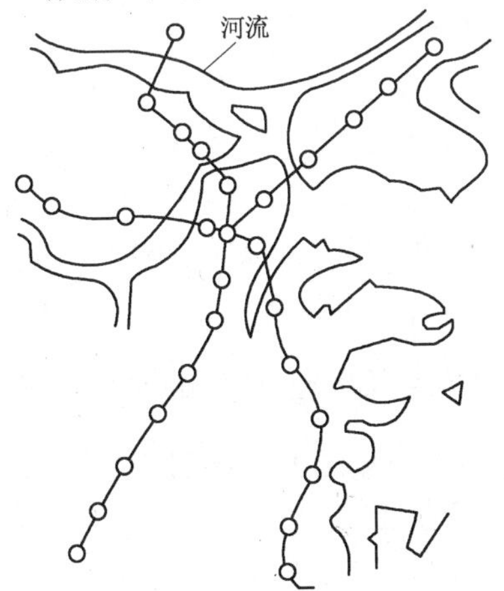

图3-3　美国波士顿放射式线路网

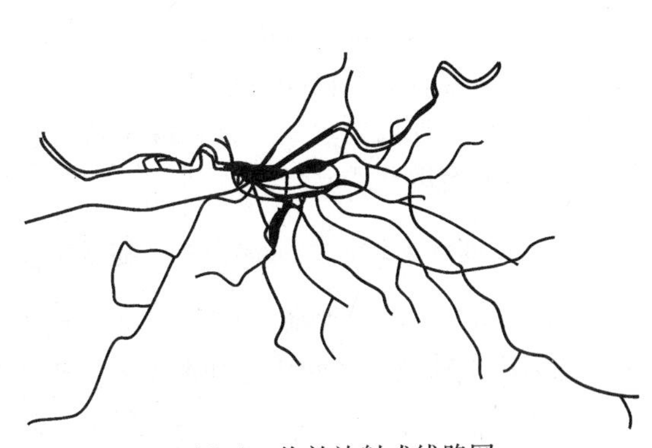

图3-4　伦敦放射式线路网

放射式又称辐射式，是将单线式地铁网汇集在一个或几个中心，通过换乘站从一条线换乘到另一条线。此种形式常规划在呈放射状布局的城市街道下。

4. 蛛网式（图 3-5）

蛛网式由放射式和环式组成。

5. 棋盘式（图 3-6）

棋盘式由数条纵横交错布置的线路网组成，大多与城市道路走向相吻合。

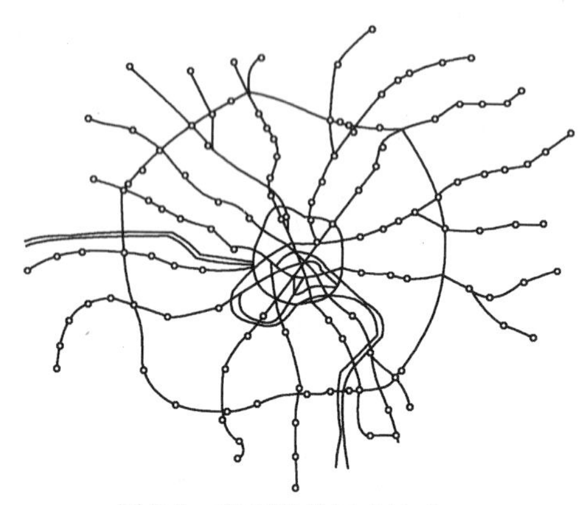

图 3-5　莫斯科蛛网式线路网

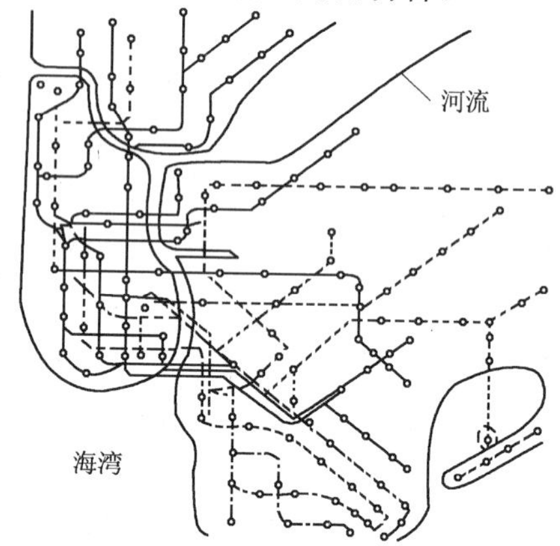

图 3-6　美国纽约棋盘式线路网

3.1.2　地下铁道隧道线路设计

线路设计是指地铁线路网的调查、勘测、规划、设计等工作；地铁线路按其在运营中的作用，分为正线、辅助线和车场线。

1. 线路平面设计中的重要技术参数

（1）最小曲线半径的确定

最小曲线半径是指当列车以求得的“平衡速度”通过曲线时，能够保证列车安全、稳定运行的圆曲线半径的最低限值。

最小曲线半径计算公式：

$$R_{min}=\frac{11.8v^2}{h_{max}+h_{qy}} \tag{3-1}$$

式中　R_{min}——满足欠超高要求的最小曲线半径(m)；

v——设计速度(km/h)；

h_{max}——最大超高，120mm；

h_{qy}——允许欠超高($h_{qy}=153\times a$)；

a——当速度要求超过设置最大超高值时，产生的未被平衡离心加速度，规范规定取 $0.4m/s^2$。

当列车在曲线上运行产生离心力，通常以设置超高 $h=11.8\frac{v^2}{R}$ 产生的向心力来平衡离心力。R 一定时，v 越大则 h 越大，规定 $h_{max}=120mm$，当车速要求超过设置最大超高值时，就会产生未被平衡的离心加速度 a，则允许欠超高值为：

$$h_{qy}=153\times0.4=61.2mm$$

我国目前取 $R_{min}=300m$，若在困难条件下，取 $R_{min}=250m$。

（2）缓和曲线确定

地铁线路中直线与圆曲线相交处的曲线称为缓和曲线，其目的是为了满足曲率过渡、轨距加宽和超高过渡的需要。缓和曲线的半径是变化的，与直线连接一端为无穷大，逐渐变化到等于所要连接的圆曲线半径（R）（图 3-7）。

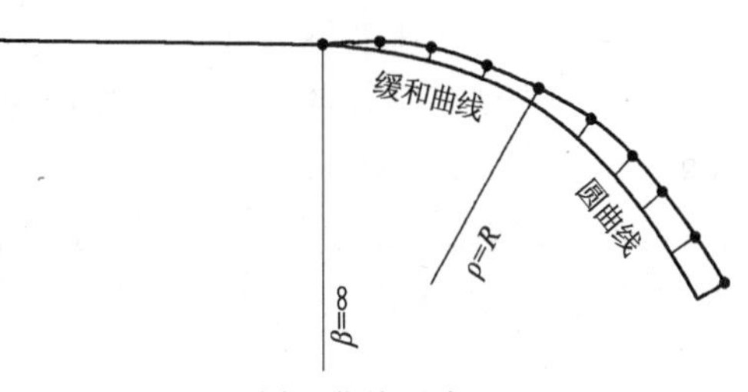

图 3-7　缓和曲线示意图

我国铁路的缓和曲线半径采用三次抛物线形，其缓和曲线方程式为：

$$y=\frac{x^3}{6c}\ (5-2) \tag{3-2}$$

式中　c——缓和曲线的半径变化率，

$$c=\frac{Sva^2}{g}L=\rho L=RL$$

R——曲线半径(m)；

S——两股钢轨轨顶中线间距，1500mm；

v——设计速度(km/h)；

a——圆曲线上未被平衡的离心加速度(m/s^2)；

g——重力加速度，9.81m/s^2；

ρ——相应于缓和曲线长度为 L 处的曲率半径（m）；

L——缓和曲线全长(m)。

2. 线路设计中的纵断面设计要求

（1）坡度：地铁纵向设计坡度按表 3-1 中规定设计。

线路坡度　　　　**表 3-1**

路段	正线	辅助线	车站	车场线	坡道	道岔	折返与存车
最大坡度	30‰	40‰	5‰	1.5‰	5‰	5‰	
最小坡度	3‰	3‰	2‰				2‰
极限状况	35‰				10‰	100‰	

隧道内和路堑地段的正线最小坡度不宜小于 3‰，车站站台计算长度段线路宜采用 2‰，车场线宜设在单坡道上。

（2）竖曲线半径：为保证车辆安全运行，当相邻坡段的坡度代数差等于或大于 2‰ 时，应设竖曲线连接，竖曲线半径（R_v）应符合表 3-2 的规定。

竖曲线的半径　　　　**表 3-2**

<table>
<tr><th colspan="2">线　　别</th><th>一般情况（m）</th><th>困难情况（m）</th></tr>
<tr><td rowspan="2">正线</td><td>区间</td><td>5000</td><td>3000</td></tr>
<tr><td>车站端部</td><td>3000</td><td>2000</td></tr>
<tr><td colspan="2">辅助线</td><td colspan="2">2000</td></tr>
<tr><td colspan="2">车场线</td><td colspan="2">2000</td></tr>
</table>

R_v 与 v 、a_v 的关系为：

$$R_v=\frac{v^2}{3.6^2a_v} \tag{3-3}$$

式中　v——行车速度(km/h)；

a_v——列车变坡点产生的附加加速度(m/s^2)，一般情况下 $a_v = 0.1m/s^2$，困难情况下 $a_v = 0.17m/s^2$。

同时规定车站站台及道岔不得设竖曲线，竖曲线离开道岔端部的距离不应小于5m，竖曲线夹直线长度应大于50m。

3. 线路轨道

我国对线路轨道的要求主要有：有足够的强度、稳定性、弹性与耐久性。

（1）要符合绝缘、减振、防锈等要求，以保证列车安全平稳，快速运行。

（2）正线、辅助线一般采用50kg/m以上的钢轨；车场线采用43kg/m的钢轨。

（3）轨距应在轨顶下规定处量取，轨距变化率不得大于30‰。

3.1.3　站厅及出入口立面形式

1. 站厅

站厅是乘客进入站台前首先经过的地下中间层，是分配人流、休息、候车、售票、检票的场所，称为地下中间站厅。

主要有以下几种建筑布局形式：

（1）桥式站厅（图3-8）：通常在站台中间或两端各设一个。

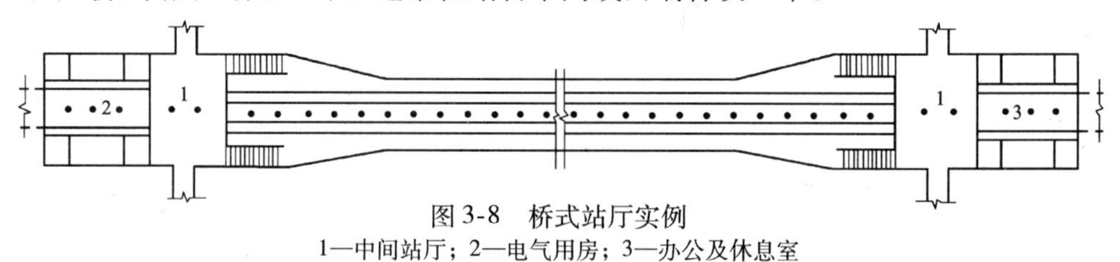

图3-8　桥式站厅实例

1—中间站厅；2—电气用房；3—办公及休息室

（2）楼廊式站厅（图3-9）：在站台上周布置夹层而形成一层站台上空形式。

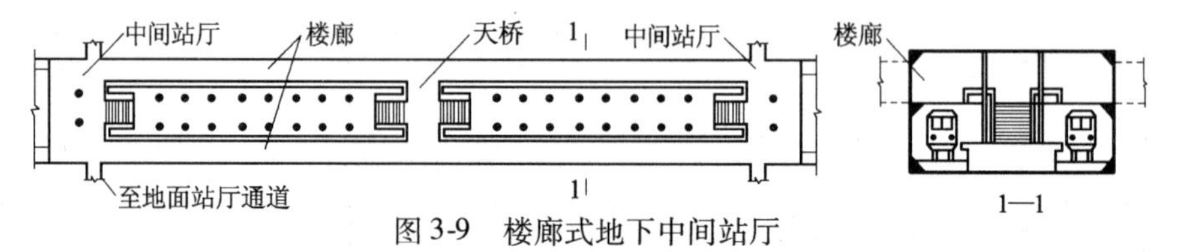

图3-9　楼廊式地下中间站厅

（3）楼层式站厅（图3-10）：将站台设计成二层，顶层为站厅，底层为站台。

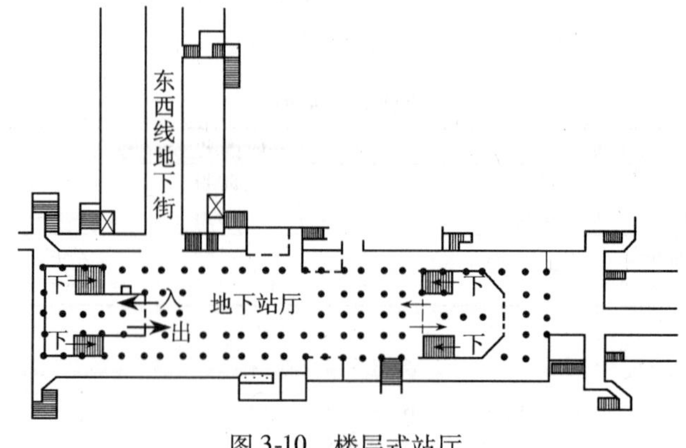

图3-10　楼层式站厅

（4）夹层式站厅（图3-11）：在站台大厅中设置局部夹层，通过夹层连接地面和站台。

图3-11　夹层式站厅

（5）独立式站厅（图3-12）：不设在地铁顶部，独立设置，通过楼梯和步行道连接站台和地面。

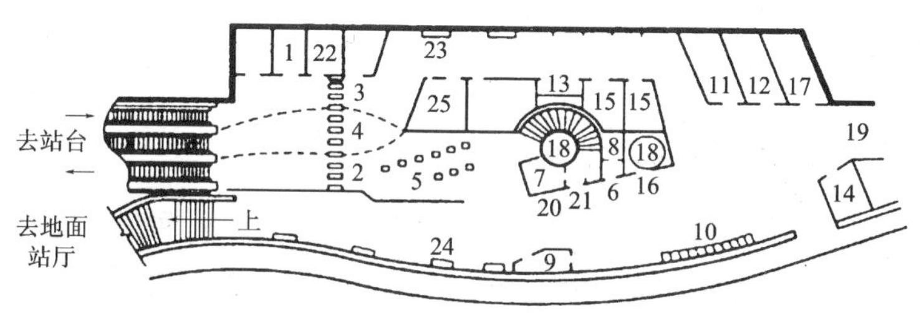

图3-12　香港地铁车站地面站厅

1—站务、票务办公室；2—进站检票口；3—出站检票口；4—可逆性检票口；5—售票机；6—换钱处；7—会计室及票库；8—站长室；9—小卖部；10—电话间；11—公用男厕；12—公用女厕；13—清洁用具室；14—职工休息室；15—职工盥洗室；16—灭火器；17—风机房；18—风道；19—地下人行道；20—急救室；21—问询室；22—自动跟踪控制室；23—发光布告牌；24—坐凳；25—配电间

2. 出入口

地下铁道出入口设计必须考虑人流的进出方便程度、高峰时人流量、服务半径等多种因素。

（1）地下铁道出入口设计一般设计原则

① 出入口必须与地面道路走向、主要客流方向相吻合；

② 出入口要尽量同原有地面建筑相结合，这种建筑必须是有大量人流的公共建筑，两者之间应采取防火措施；

③ 出入口要考虑与步行过街、地下街、交通干线等其他地下空间建筑相连接；

④ 出入口的总设计客流量应按该站远期超高峰小时客流量乘以1.1～1.25的不均匀系数来计算，最小宽度不应小于2.5m，净高不小于2.4m；

⑤ 出入口要考虑防灾要求；

⑥ 出入口设计中如考虑残疾人通行，楼梯可做成坡道或电梯，若为坡道，其最大坡度不宜超过8%，最小宽度不得小于1.6m；

⑦ 出入口的踏步尺寸一般按公共建筑楼梯踏步设计；

⑧ 出入口设置上下自动扶梯应依经济条件和提升高度来确定；

⑨ 站厅与站台面的高差在5m以内时，宜设上行自动扶梯；高差超过5m时，上下行均应设自动扶梯；如分期建设的自动扶梯应预留位置；在出入口的入口处应设有特征的地

铁标志，并注意各个城市地铁的入口标志均不同，明显的统一标志可引导乘客；

⑩ 地铁地下通道水平段长度不宜超过100m，如超过100m应设自动步道。

（2）地铁出入口布置

车站出入口是引导乘客上下的主要进出通路；地面道路主要有多交叉口、“十”字交叉口、立体交叉口、广场型交叉口；顺应道路方向多设出入口。

① 出入口广场型多交叉口的关系（图3-13）

② 出入口与地面立交桥的关系（图3-14）

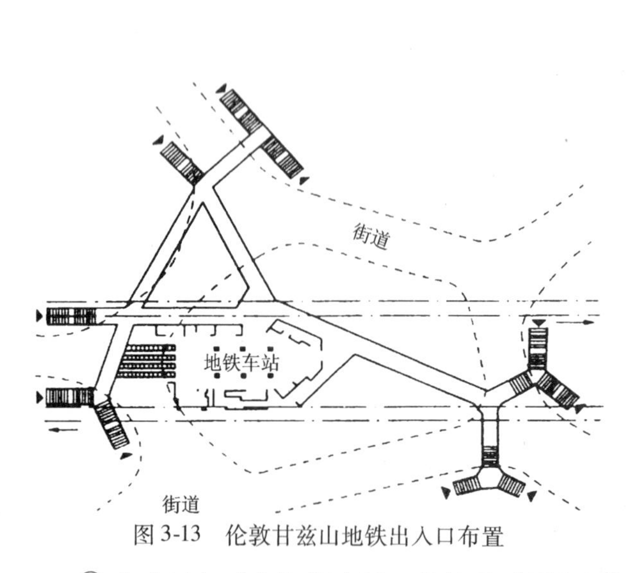

图3-13 伦敦甘兹山地铁出入口布置

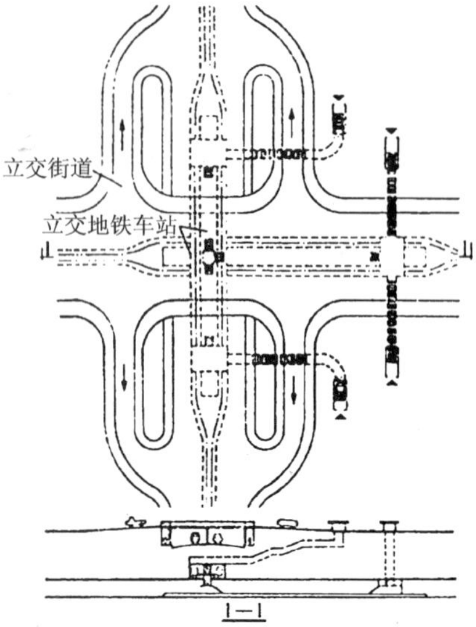

立交街道
立交地铁车站
1—1

图3-14 立交地铁车站与立交街道关系示意

③ 出入口与“十”字交叉口的关系（图3-15）

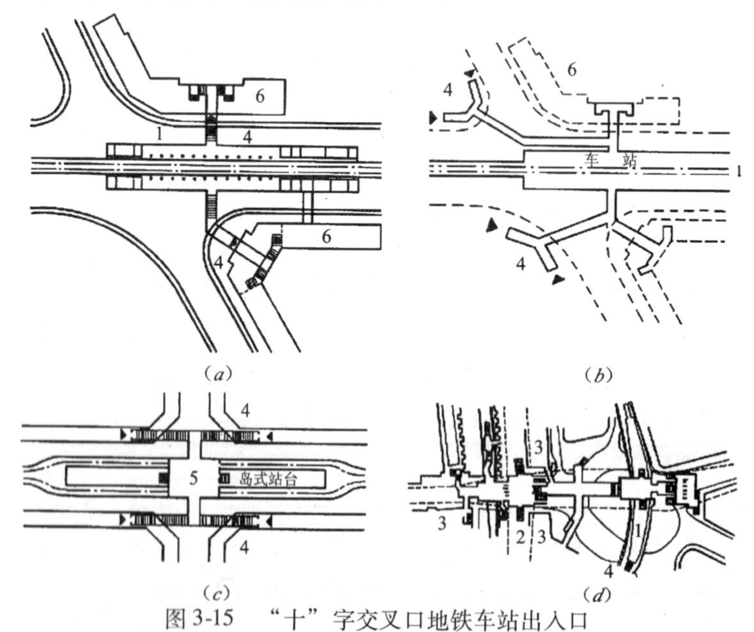

图3-15 “十”字交叉口地铁车站出入口

（*a*）地面站厅与地面建筑结合布置的地铁车站出入口；（*b*）带地下步行道的地铁车站出入口；（*c*）带地下中间站厅的地铁车站出入口；（*d*）上下层立交式车站出入口

1—上层车站；2—下层车站；3—商场；4—出入口；5—站厅；6—地面建筑

(3) 地铁出入口的立面形式

① 单建棚架式出入口（图3-16）

（a）　　（b）

图3-16　单建棚架式出入口

（a）曲线棚形出入口；（b）平棚式开敞出入口

② 附建式出入口（图3-17）

图3-17　附建式出入口

③ 下沉式广场出入口（图3-18）

图3-18　下沉式广场出入口

3.1.4　地铁车站的结构类型

（1）拱式结构（图3-19）

拱形结构大多为钢筋混凝土结构。

（2）矩形结构（图3-20）

矩形结构有单层矩形、双层矩形、多矩形等类型。

双层矩形顶层可作为地下中间站厅使用。矩形结构多用于浅埋施工，适用于岛式及侧式站台。

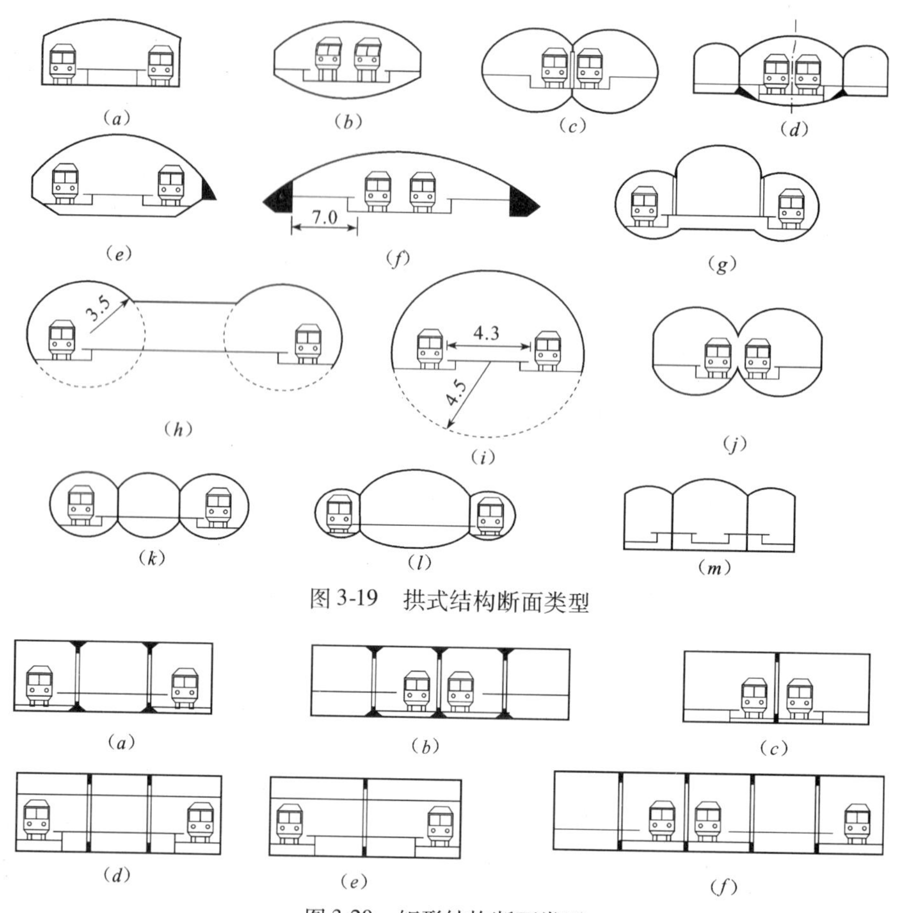

图 3-19 拱式结构断面类型

图 3-20 矩形结构断面类型

(a) 三跨岛式站台；(b) 四跨侧式站台；(c) 两跨侧式站台；(d) 双层三跨岛式站台；(e) 双层双跨岛式站台；(f) 五跨混合式站台

3.2 矩形闭合框架的计算

矩形闭合框架结构——由钢筋混凝土墙、柱、顶板和底板整体浇筑的方形空间盒子状结构。适用范围——立交地道、地铁通道、车站、地下街。常用施工方法——掘开式、顶箱、逆作法。受力特点——顶、底板均为水平构件，承受弯矩较拱形结构大，本节将讲述此方面的设计。

下面以图 3-21 所示的地铁通道，说明矩形闭合框架结构的计算过程。

图 3-21 地铁通道

3.2.1 荷载计算

矩形闭合框架上的荷载（可参《地下铁道设计规范》GB 50157—92 表 5.2.1）如图 3-22 所示。

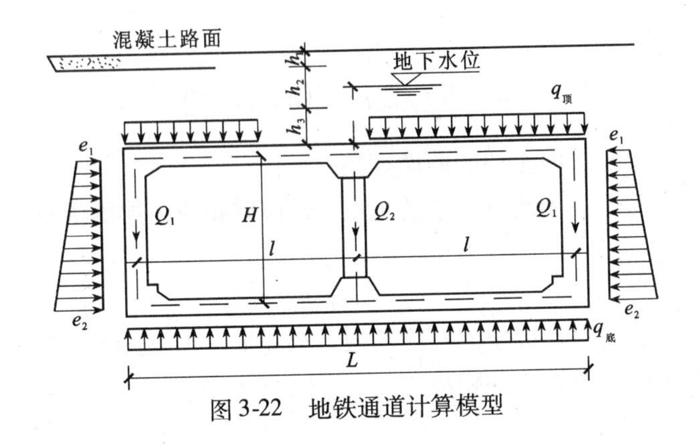

图 3-22　地铁通道计算模型

(1) 顶板上的荷载

顶板上的覆土压力、水压力、顶板自重及特载（常规武器作用或核武器作用）。

① 覆土压力

$$q_{土} = \sum_{i=1}^{n} \gamma_i h_i \tag{3-4}$$

式中　γ_i——第 i 层土（或路面材料）的重度；地下水位以下取浮重度 γ'_i；

h_i——第 i 层土（或路面材料）的重度。

② 水压力

$$q_{水} = \gamma_w h_w \tag{3-5}$$

式中　γ_w——水的重度；

h_w——顶层表面至地下水位面的距离。

③ 顶板自重

$$q = \gamma d \tag{3-6}$$

式中　γ——顶板材料的重度；

d——顶板厚度。

④ 特载 $q_{顶}^{t}$

即：

$$q_{顶} = q_{土} + q_{水} + q + q_{顶}^{t}$$

$$q_{顶} = \sum_{i=1}^{n} \gamma_i h_i + \gamma_w h_w + \gamma d + q_{顶}^{t} \tag{3-7}$$

(2) 底板上的荷载

假定地基反力呈直线分布，则

$$q_{底} = q_{顶} + \frac{\sum p}{L} + q_{底}^{t} \tag{3-8}$$

式中　$\sum p$——结构的顶板以下，地板以上两边墙及中间柱等重量；

L——结构横断面宽度。

(3) 侧墙上的荷载

作用于侧墙上的荷载为：

$$q_{侧} = e + e_w + q_{侧}^{t} \tag{3-9}$$

其中：

① 土层侧向压力：

$$e = \left(\sum_{i=1}^{n} \gamma_i h_i\right)\tan^2\left(45° - \frac{\varphi}{2}\right) \tag{3-10}$$

式中　φ——结构埋置范围内土层的内摩擦角；

　　γ_i——土层重度，对于地下水中的土层，γ_i 应取相应土层的浮重度。

② 侧向水压力：

$$e_w = \psi \gamma_w h \tag{3-11}$$

式中　ψ——依据土的透水性而定的折减系数，砂土 $\psi=1$，黏性土 $\psi=0.7$；

　　h——地下水位至考查点的距离。

故：

$$q_{侧} = \left(\sum_{i=1}^{n} \gamma_i h_i\right)\tan^2\left(45° - \frac{\varphi}{2}\right) + \psi \gamma_w h + q_{侧}^{t} \tag{3-12}$$

（4）其他荷载：沉降变化、材料收缩、结构收缩等产生的作用。

3.2.2　内力计算

1. 计算简图

地铁通道沿纵向很长，横向很短，荷载沿纵向近乎不变，属于平面应变问题。故可沿纵向取一单位长度（1m）的截条作为闭合框架来计算，且为了简便起见，杆件为等截面和不考虑支托的影响（图 3-23）；又因为框架顶、底板的厚度要比中隔墙大很多，中隔墙的刚度相对较小，若将中隔墙看做是只承受轴力的二力杆，所引起的误差也不大，故可将图 3-23 用图 3-24 代替。

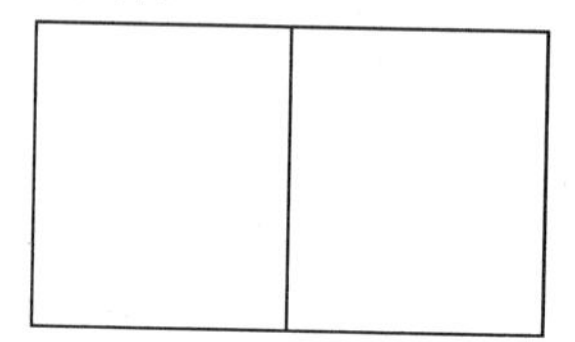

图 3-23　框架横截面

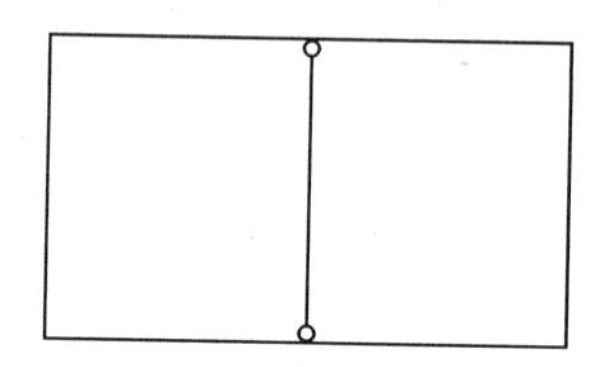

图 3-24　中隔墙作为二力杆

当用纵向梁和柱代替中隔墙时，则纵向梁可看作框架的内部支承，而柱又可看作梁的支承，计算框架时采用图 3-25 的计算简图；计算纵梁和柱时采用图 3-26 的计算简图。

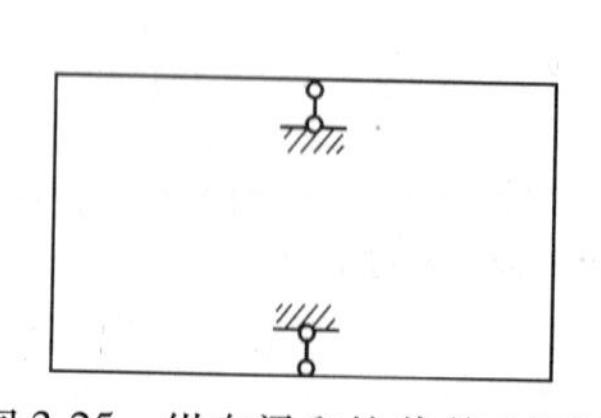

图 3-25　纵向梁和柱代替中隔墙

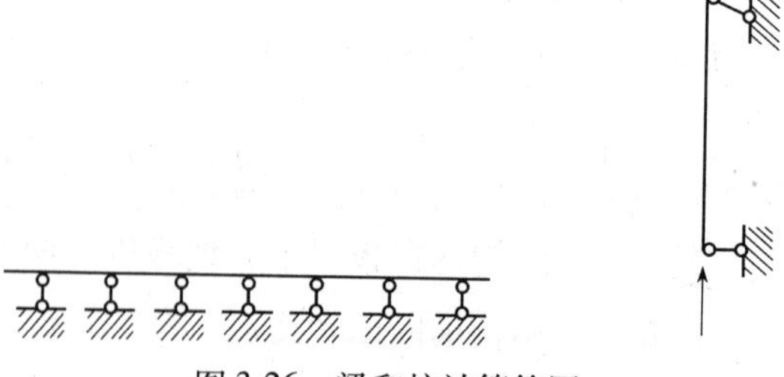

图 3-26　梁和柱计算简图

2. 截面选择

超静定结构的内力，须先知道各杆件截面的尺寸，但确定截面尺寸，须在内力确定之后才能进行，故构成矛盾。克服的方法：内力计算之前，先根据以往的经验（参照已有的类似的结构）或近似计算方法假定各个杆件的截面尺寸，经内力计算后，再来验算所设截面是否合适，若不合适，重复上述过程，直至所设截面合适为止。

3. 计算方法

（1）闭合框架一般采用位移法，当不考虑线位移时，以力矩分配法较为简便。

（2）当荷载方向上下不平衡时，可在底板的各节点上加数值相等的集中力（图 3-27）。

（3）线位移的数目依据框架的孔数而定，但当荷载、结构均对称时，相应的独立线位移数目减少。为了简化计算，常不考虑线位移的影响。

4. 设计弯矩、剪力及轴力的计算

用位移法或力矩分配法解超静定结构时，直接求得的是节点处的内力（即构件轴线相交处的内力），然后利用平衡条件可以求得各杆任意截面处的内力（图 3-28）。

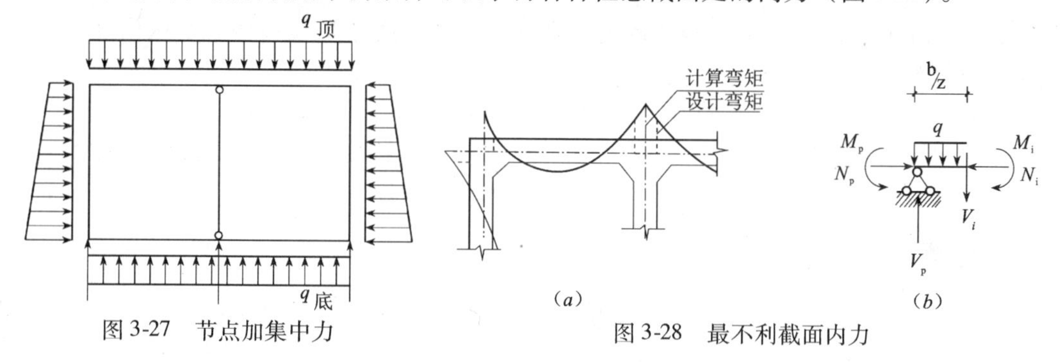

图 3-27 节点加集中力

图 3-28 最不利截面内力

（1）设计弯矩

由图 3-28（*a*）可看出，节点弯矩（即构件轴线相交处的内力）比附近截面的弯矩大，此弯矩称为计算弯矩，其对应的截面高度是侧墙的高度，按照最不利的截面为弯矩大而截面高度又小的原则，侧墙边缘处的截面应为最不利的截面，该截面所对应的弯矩为设计弯矩（图 3-28*a*）。

由图 3-28（*b*）所示隔离体，依平衡条件可得：

$$M_i = M_p - V_p \times \frac{b}{2} + \frac{q}{2}\left(\frac{b}{2}\right)^2 \tag{3-13}$$

式中 M_i——设计弯矩；

M_P——计算弯矩；

V_P——计算剪力；

b——支座（节点）宽度；

q——作用于杆件上的均布荷载。

设计中可用近似公式：

$$M_i = M_P - \frac{1}{3}V_P \times b \tag{3-14}$$

（2）设计剪力

同上理由，对于剪力，不利截面仍然位于支座边缘处（图 3-29），由图 3-28（*b*）所示隔离体，可得：

$$V_i = V_P - \frac{q}{2} \times b \tag{3-15}$$

（3）设计轴力

由静载引起的设计轴力：$N_i = N_p$

由特载引起的设计轴力：$N_i^t = N_p^t \times \xi$

式中 N_p^t——由特载引起的计算轴力；

ξ——折减系数，顶板 $\xi = 0.3$；底板和侧墙 $\xi = 0.6$。

故设计轴力：

$$N_i' = N_i + N_i^t \tag{3-16}$$

思路：用位移法或力矩分配法求得计算轴力值（弯矩、剪力、轴力），然后利用上述关系式由计算内力求设计内力，用设计内力进行承载力验算。

5. 截面计算

（1）地下矩形闭合框架结构的构件（顶板、侧墙、底板）均按偏心受压构件进行截面承载力验算。

（2）在特载与其他荷载共同作用下，按弯矩及轴力对构件进行强度验算时，要考虑材料在特载作用下的强度提高；而按剪力和扭力对构件进行强度验算时，则材料的强度不提高。

（3）在设有支托的框架结构中，进行构件的截面承载力验算时，杆件两端的截面计算高度采用 $h + \frac{s}{3}$（图 3-30）。

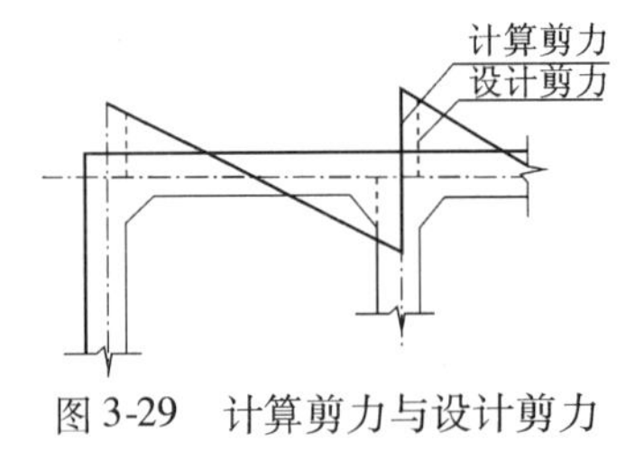

图 3-29 计算剪力与设计剪力

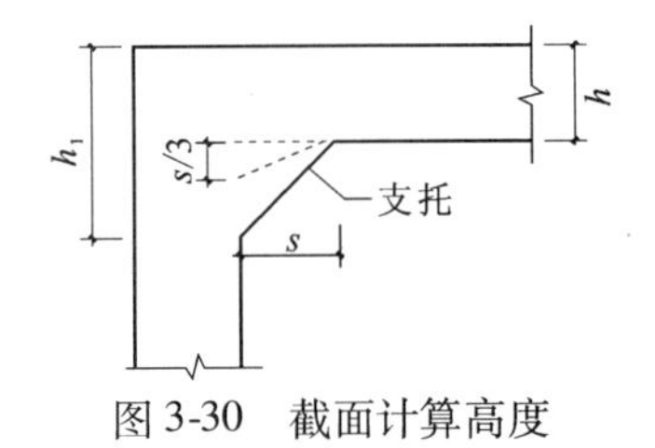

图 3-30 截面计算高度

（4）当沿车站纵向的覆土厚度、上部建筑物荷载、内部结构形式变化较大时，或地层有显著差异时，还应进行结构纵向受力分析。

6. 抗浮计算

为了保证结构不至因为地下水的浮力而浮起，应进行抗浮计算：

$$K = \frac{Q_{重}}{Q_{浮}} \geqslant 1.10 \tag{3-17}$$

式中 K——抗浮安全系数；

$Q_{重}$——结构自重、设备重及上部覆土重之和；

$Q_{浮}$——底下水的浮力。

3.2.3 配筋形式

1. 闭合框架

闭合框架的配筋形式由横向受力钢筋和纵向分布钢筋组成，也可焊制成网（图 3-31）。

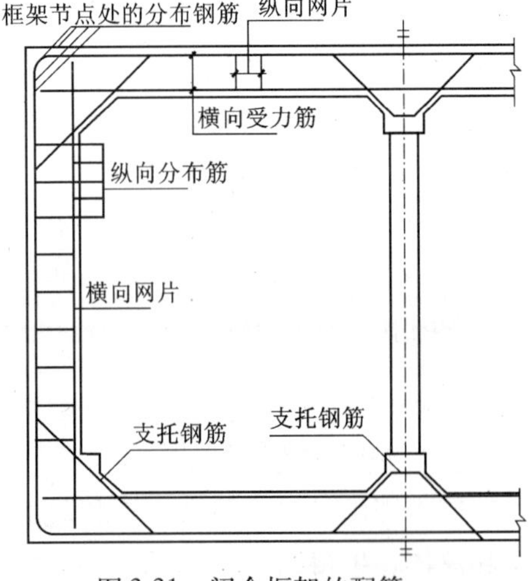

图 3-31 闭合框架的配筋

角部设置支托，并配支托钢筋；荷载较大时，验算抗剪强度，并配置钢箍和弯起筋。

动载作用下的结构物，构件断面上宜配置双筋。

2. 混凝土保护层

因地下结构外侧与土、水相接触，内侧相对温度较高，故受力钢筋保护层的最小厚度比地面结构增加 5 ~ 10mm。通常可按《混凝土结构设计规范》(GB 50010—2002）规定，其环境类别应属 b 类。

3. 横向受力钢筋

横向受力钢筋的配筋百分率，不应小于表 3-3 的规定。

最小钢筋配筋率（%） **表 3-3**

分类	混凝土强度等级		
	< C20	C25 ~ C40	C50 ~ C60
轴心受压构件的全部受压钢筋	0.4	0.4	0.4
偏心受压及偏心受拉构件的受压钢筋	0.2	0.2	0.2
受弯构件偏心受压及偏心受拉构件的受拉钢筋	0.1	0.15	0.2

受力钢筋要求细而密，d ≯32mm；受弯为主构件 d ≮10 ~ 14mm；受压为主构件 d ≮ 12 ~ 16mm，其间距≯20cm，且≮7cm。

受弯构件及大偏心受压构件受拉主筋≯1.2%，最大≯1.5%

4. 分布钢筋（构造钢筋：分布筋、架立筋及由于构造要求和施工安装需要而配置的钢筋）

因混凝土的收缩、温差影响及不均匀沉陷等作用，需配置一定数量分布钢筋这样的构造钢筋。

纵向分布筋的截面面积≮10%的受力钢筋的截面积；同时，纵向分布筋的配筋率：对顶、底板≮0.15%；侧墙≮0.20%。

纵向分布筋应沿框架周边各构件的内、外两侧布置，其间距为 10 ~ 30cm。框架角部应以加粗或加密的方式加强分布筋，且直径≮12 ~ 14mm。

5. 箍筋

因地下结构厚度较大，一般不配置箍筋，如需要时，按下述配置：

框架结构的箍筋间距在绑扎骨架中≯15d，在焊接骨架中≯20d（d 为受压钢筋中的最小直径），且≯400mm。

在受力钢筋非焊接接头长度内，当搭接钢筋为受拉筋时，其箍筋间距≯5d；当搭接钢筋为受压筋时，其箍筋间距≯10d（d 为受力筋中的最小直径）。

箍筋形式：顶、底板多采用直钩槽型箍筋，其弯钩配置在断面受压一侧；侧墙多采用弯钩形箍筋。

6. 刚性节点构造

框架转角处的节点构造应保证其整体性，即应有足够的承载力、刚度及抗裂性，此处还应便于施工。

为了缓和转角处的应力集中现象，在节点处可加垂直长度与水平长度之比为 1∶3 的斜托，且斜托的大小视框架跨度大小而定（图 3-32）。

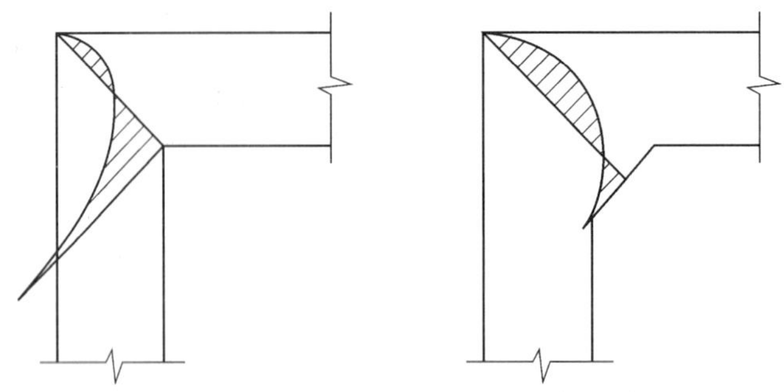

图 3-32　节点斜托加否的应力集中程度变化

框架节点处钢筋的布置

（1）沿斜托配置直线钢筋（图 3-33a）

（2）沿框架转角部分外侧钢筋的弯曲半径 $R \geqslant 10(d)$（图 3-33b）

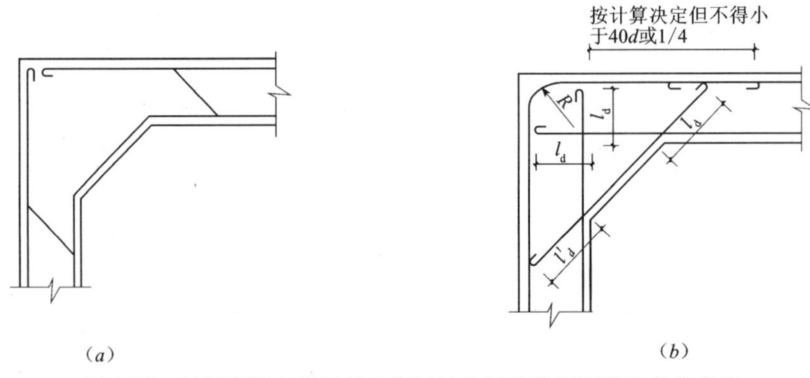

图 3-33　斜托配置直线钢筋和框架转角部分外侧钢筋的弯曲半径

（3）框架角部配置足够数量的箍筋（图 3-34）

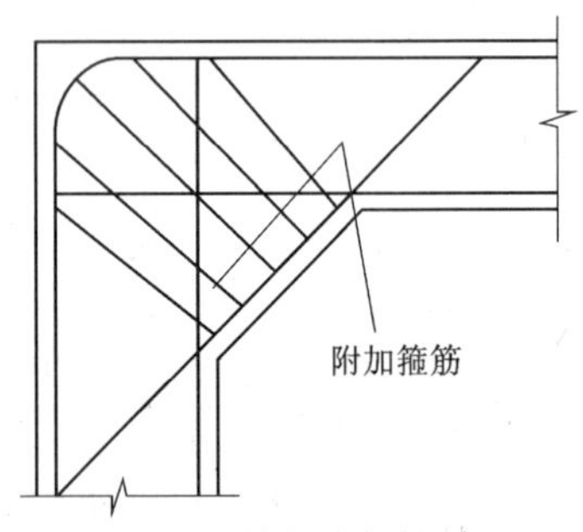

图 3-34　转角附加箍筋

7. 变形缝的设置及构造

沿结构纵向间隔一定距离需设置变形缝，其包括：伸缩缝（收缩、强度）和沉降缝（结构类型、地基承载力不同），其缝宽 2～3cm，内中充填富有弹性的材料。

变形缝的构造方式：

（1）嵌缝式

内充材料：沥青砂板，沥青板＋沥青胶（或外贴防水层）适用于地下水极少或防水要求不高的地下结构（图 3-35）。

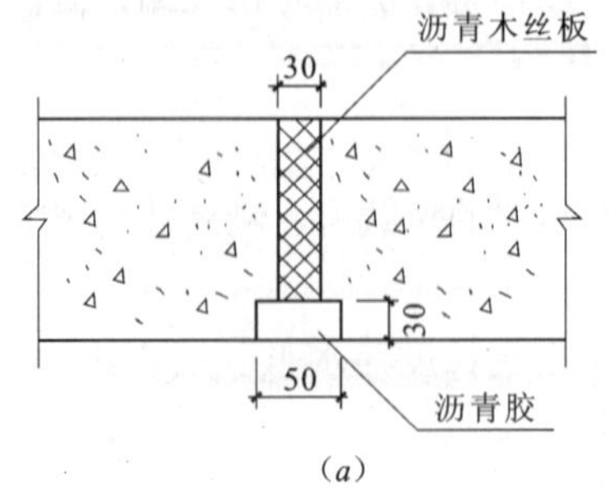

外贴防水层

(b)

图 3-35　嵌缝式变形缝

（2）贴附式

内充材料：同嵌缝式；缝外用橡胶平板，细板条及螺栓固定在结构上，适用于一般地下工程（图 3-36）。

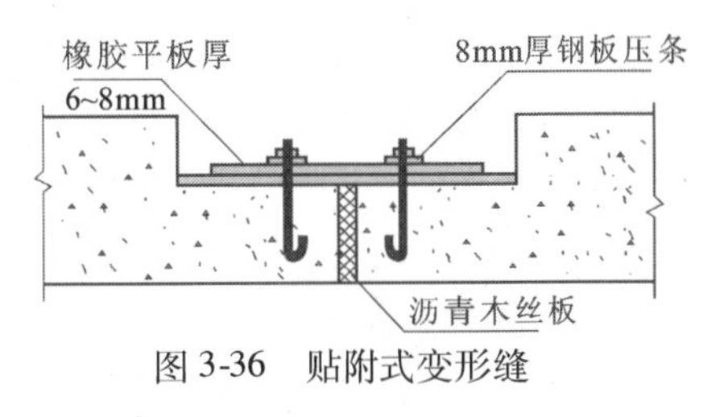

图 3-36　贴附式变形缝

（3）埋入式

浇灌混凝土时，把橡胶或塑料止水带埋入结构中或在变形缝中埋设紫铜片（图 3-37）。

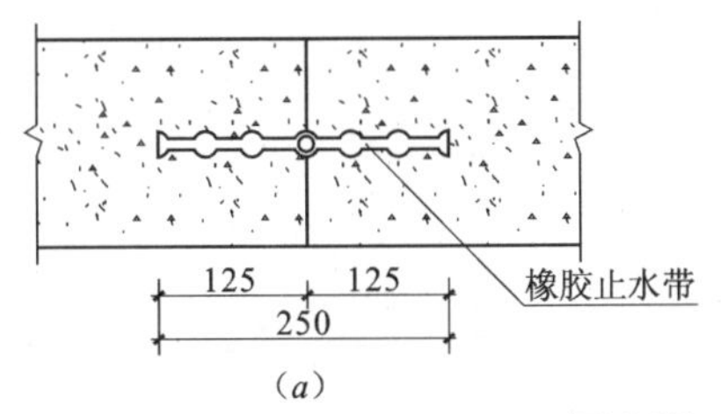

（a）

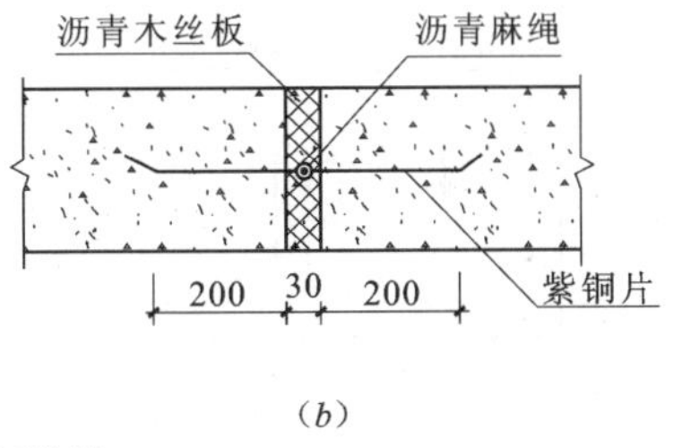

（b）

图 3-37　埋入式变形缝

（4）混合式

当防水要求很高，且承受极大的水压时，可采用嵌缝式、贴附式和埋入式的混合方法，即为混合式。

3.3 按地基为弹性半无限平面的闭合框架计算

3.3.1 计算理论

静载作用下闭合框架下部的地基，可视作弹性半无限平面。按照这个假定计算框架，通常称为弹性地基上的框架。应当指出：①地基必须为均匀整岩，或是土层厚度远大于基础的最大水平尺寸，才能采用无限大弹性体的假设进行计算；②如果可压缩土层的厚度和基础的最小水平尺寸是同样大小，则需按地基中厚度的假设进行计算；③如果地基的可压缩土层较薄，与基础的最大水平尺寸相比，成为一个很薄的垫层，即可以按照文克勒假设来进行计算。

有关弹性地基上闭合框架的计算方法如下。

有关浅埋式地下（结构）建筑中的闭合框架（地铁通道、过江隧道、人防通道等）的计算问题，多为平面变形问题。计算时沿纵向取一单位宽作为计算单元，对地基也截取单位宽，并把它视为一个弹性半无限平面。（以单层双跨对称框架为例，见图 3-38）。

框架内力分析计算简图见图 3-39 所示，与一般平面框架的区别在于底板承受未知的地基弹性反力而使内力分析变得复杂。

弹性地基上平面框架的内力计算仍可采用结构力学的方法计算，只是将底板看作弹性地基梁来考虑。

对图 3-39（b）所示基本结构，可写出典型方程：

$$\begin{cases} \chi_1\delta_{11} + \chi_2\delta_{12} + \chi_3\delta_{13} + \Delta_{1p} = 0 \\ \chi_1\delta_{21} + \chi_2\delta_{22} + \chi_3\delta_{23} + \Delta_{2p} = 0 \\ \chi_1\delta_{31} + \chi_2\delta_{32} + \chi_3\delta_{33} + \Delta_{3p} = 0 \end{cases} \tag{3-18}$$

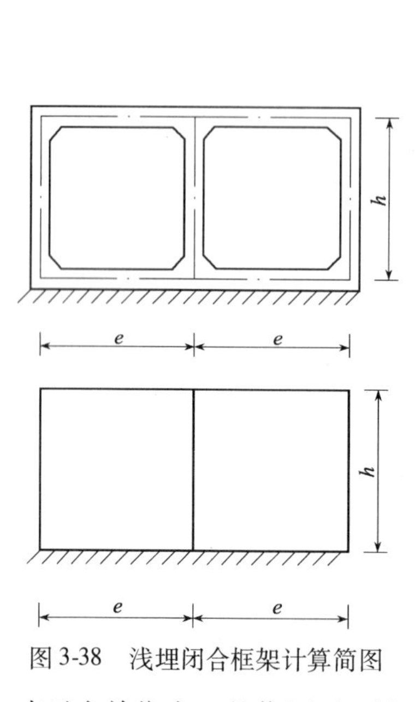

图 3-38　浅埋闭合框架计算简图

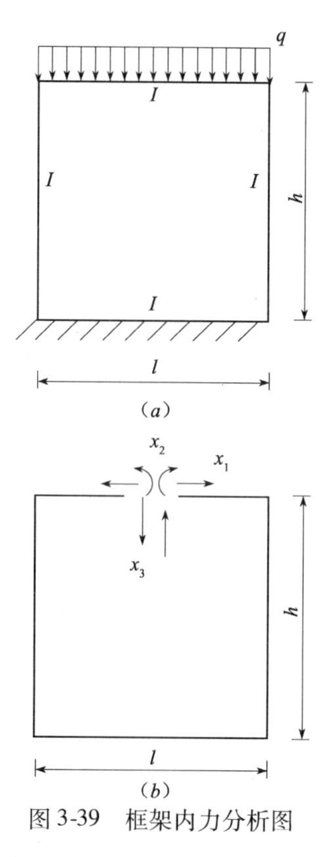

图 3-39　框架内力分析图

系数 δ_{ij} 表示在单位力 x_j 的作用下，沿 x_i 方向的位移；Δ_{ip}表示外荷载作用下沿 x_i 方向的位移。按下式计算：

$$\begin{aligned}\delta_{ij} &= \delta'_{ij} + b_{ij} \\ \Delta_{ip} &= \Delta'_{ip} + b_{iq}\end{aligned} \tag{3-19}$$

式中　δ'_{ij} ——框架基本结构在单位力作用下产生的位移（不包括底板），用下式计算

$$\delta'_{ij} = \sum \int \frac{M_i M_j}{EJ} \mathrm{d}s \tag{3-20}$$

Δ'_{ip}——框架基本结构在外荷载作用下产生的位移（不包括底板）；

b_{ij} ——底板按弹性地基梁在单位力 x_j 作用下算出的切口处沿 x_i 方向的位移；

b_{iq} ——底板按弹性地基梁在外载 q 作用下算出的切口处沿 x_i 方向的位移。

将所求出的系数及自由项代入典型方程，解出未知力 x_i ，并绘出内力图。

3.4　级数法和链杆法解弹性半空间地基上的梁

本节将介绍弹性半空间地基梁的级数法和链杆法，然后应用此两种方法解相关例题。

3.4.1　弹性半空间地基上梁的基本方程

如图 3-40 所示一基础梁，长度 $L = 2l$ ，宽度 $B = 2b$ ，受有任意分布荷载 $q(x)$ ，基底反力 $p(x)$ 分布非均匀分布。

地基上梁的挠曲微分方程：

$$E_hI\frac{d^4W}{dx^4} = -Bp(x) + q(x) \tag{3-21}$$

式中 E_h、I——梁材料的弹性模量和截面惯性矩；

W——梁的挠度值。

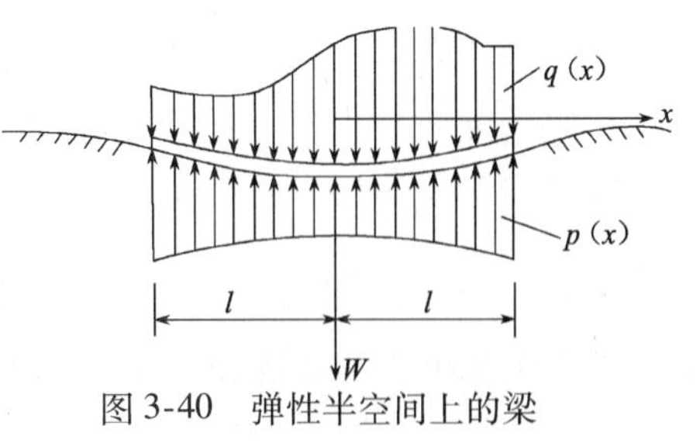

图 3-40 弹性半空间上的梁

空间问题的特征函数

$$W(x,y) = \frac{1-\mu_0^2}{\pi E_0}\iint_\Omega \frac{p(\xi,\eta)d\xi d\eta}{\sqrt{(x-\xi)^2+(y-\eta)^2}} \tag{3-22}$$

弹性理论平面应力问题的弗拉曼（Flamant）解（平面应力下的特征函数）

$$W(x) = \frac{2B}{\pi E_0}\left\{\int_0^{l-x}\ln\left(\frac{D-x-r}{r}\right)p(x+r)dr + \int_0^{l+x}\ln\left(\frac{D-x+r}{r}\right)p(x-r)dr\right\} \tag{3-23}$$

将弗拉曼解和特征函数代入地基梁的挠曲微分方程，可得三类不同问题地基上梁的基本方程：

（1）平面应力问题

$$\frac{2B}{\pi E_0}\frac{d^4}{dx^4}\left\{\int_0^{l-x}\ln\left(\frac{D-x-r}{r}\right)p(x+r)dr + \int_0^{l+x}\ln\left(\frac{D-x+r}{r}\right)p(x-r)dr\right\} = \frac{q(x)-Bp(x)}{E_hI} \tag{3-24}$$

（2）平面应变问题

$$\frac{2(1-\mu_0^2)B}{\pi E_0}\frac{d^4}{dx^4}\left\{\int_0^{l-x}\ln\left(\frac{D-x-r}{r}\right)p(x+r)dr + \int_0^{l+x}\ln\left(\frac{D-x+r}{r}\right)p(x-r)dr\right\}$$
$$= \frac{(1-\mu_h^2)}{E_hI}[q(x) - Bp(x)] \tag{3-25}$$

（3）空间问题

$$\frac{1-\mu_0^2}{\pi E_0}\frac{d^4}{dx^4}\left[\iint_\Omega \frac{p(\xi,\eta)d\xi d\eta}{\sqrt{(x-\xi)^2+(y-\eta)^2}}\right] = \frac{q(x)-Bp(x)}{E_hI} \tag{3-26}$$

以上三式都是关于 $p(x)$ 的微分积分方程，基本方程除应满足梁的边界条件外，还应满足静力平衡条件

$$\begin{aligned} \sum F = 0 \qquad & \int_{-l}^{l}q(x)dx = \int_{-l}^{l}Bp(x)dx \\ \sum M = 0 \qquad & \int_{-l}^{l}q(x)xdx = \int_{-l}^{l}Bp(x)xdx \end{aligned} \tag{3-27}$$

3.4.2 弹性半空间地基上梁的级数解法

由边界条件和平衡条件求解基本微分积分方程极其困难。哥尔布诺夫—波沙道夫等用级数求解解决了这一难题，其中还就某些典型情况给出了内力无量纲计算表格，可查表求解。

下面为级数法的基本思路、求解方法与过程及级数法表格的应用。

1. 基本思路

将地基反力 $p(x)$ 表示为有限项的幂级数方程：

$$p(x) = a_0 + a_1 x + \cdots + a_n x^n = \sum_{i=0}^{n} a_i x^i \tag{3-28}$$

式中 a_i 为 $n+1$ 个未知系数。由平衡方程可使未知数减少两个；余下 $n-1$ 则通过 $n-1$ 个点处梁的挠度和地基沉降相等的条件可列出 $n-1$ 个变形连续方程，求解 $n+1$ 个代数方程即可解得 a_i。

当 $n\to\infty$ 时，解答是精确的。但实际上这是不可能的，也没有必要这样做。当 n 为有限项时，解答是近似的。有文献记载，当取 $n=11$，精度已相当高，足可满足工程需要。

把地基反力 $p(x)$ 求出后，即可由地基反力和梁顶荷载求内力。

2. 求解方法与过程

以图 3-41 所示一处于平面应力状态的梁为例来说明级数法及其求解过程。设梁长度 $L=2l$，高为 h，宽度 $B=1$，在中点 O 处作用有集中力 P。

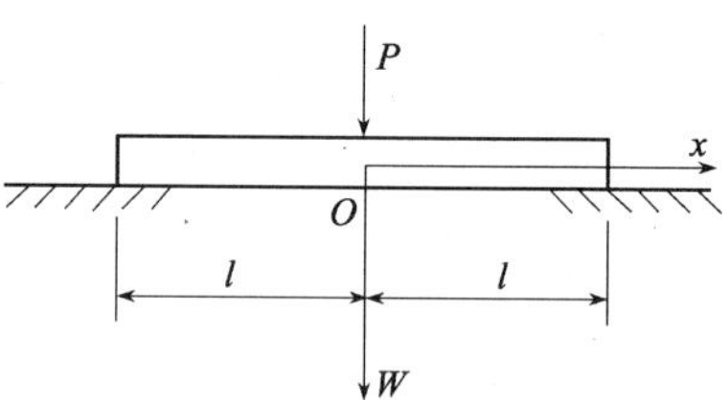

图 3-41 级数法求解的例子

（1）选定级数形式

$$p(x) = a_0 + a_1\frac{x}{l} + a_2\frac{x^2}{l^2} + a_3\frac{x^3}{l^3} \tag{3-29}$$

利用对称条件简化级数形式，1、3 项正对称，2、4 项反对称，但荷载对称，$p(x)$ 亦对称，故 $a_1 = a_3 = 0$，于是

$$p(x) = a_0 + a_2\frac{x^2}{l^2} \tag{3-30}$$

（2）列出平衡方程：由于 $p(x)$ 对称，$\sum M=0$ 自动满足，由 $\sum F=0$，

$$\int_{-l}^{l} p(x)\,\mathrm{d}x = P \tag{3-31}$$

则，

$$2l\left(a_0 + \frac{1}{3}a_2\right) = P \tag{3-32}$$

（3）某点位移连续条件（某点梁挠度与地基沉降相等）选 O 点。

取任意选定的参照点坐标 $D=l$，由弗拉曼解（3-16），可得仅有 $p(x)=a_0+a_2\frac{x^2}{l^2}$ 作用下的中点（O 点）沉降 S_0（图 3-42a）：

$$S_0 = \frac{2}{\pi E_0}\left[2a_0 l\ln 2 + \frac{2}{3}a_2 l(\ln 2 - 1)\right] \tag{3-33}$$

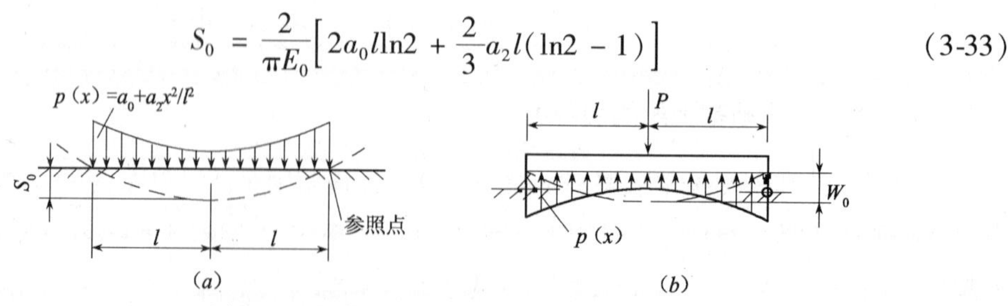

图 3-42 级数法中位移连续条件的建立

（a）中点沉降计算；（b）中点挠度计算

因基点选在梁端，故可按 $p=2l\left(a_0+\frac{1}{3}a_2\right)$ 和 $p(x)=a_0+a_2\frac{x^2}{l^2}$ 作用下的简支梁求得中点（O 点）挠度 W_0（图 3-42b）：

$$W_0=\frac{l^4}{E_h I}\left[\frac{1}{8}a_0+\frac{13}{180}a_2\right] \tag{3-34}$$

依 $S_0=W_0$ 可得：

$$t\left(\frac{1}{8}a_0+\frac{13}{180}a_2\right)=a_0\ln 2+a_2\frac{\ln 2-1}{3} \tag{3-35}$$

式中 t 为地基刚度与梁刚度比值，称为梁的柔度指数：

$$t=\frac{\pi E_0 l^3}{4E_h I}=3\pi\frac{E_0}{E_h}\left(\frac{l}{h}\right)^3 \tag{3-36}$$

（4）联解式（3-33）和式（3-35），可得

$$a_0=-\frac{26t+120(1-\ln 2)}{11t+120}\cdot\frac{P}{2l}$$

$$a_2=\frac{-45t+360\ln 2}{11t+120}\cdot\frac{P}{2l}$$

（5）确定地基反力 $p(x)=a_0+a_2\frac{x^2}{l^2}$ 后，通过静力平衡方法，可求得梁内力。

3. 级数法表格的应用

在平面变形问题中，柔度指数为

$$t=3\pi\frac{E_0(1-\mu^2)}{E_h(1-\mu_0^{\ 2})}\left(\frac{l}{h}\right)^3 \tag{3-37}$$

如果忽略 μ 和 μ_0 的影响，在两种平面问题中，均可用近似公式

$$t=10\frac{E_0}{E_h}\left(\frac{l}{h}\right)^3 \tag{3-38}$$

计算基础梁的柔度指数。式中 l 是梁的一半长度，h 是梁截面高度。

（1）全梁受均布荷载 q_0

反力 σ、剪力 V 和弯矩 M 如图 3-43 所示。根据基础梁的柔度指数 t 值，由[10]查出右半梁各十分之一分点的反力系数 $\bar{\sigma}$、剪力系数 $\bar{V}$、弯矩系数 $\bar{M}$，然后按转换公式求出各相应截面的反力 σ、剪力 V 和弯矩 M。

$$\left.\begin{aligned}\sigma&=\bar{\sigma}q_0\\V&=\bar{V}q_0 l\\M&=\bar{M}q_0 l^2\end{aligned}\right\} \tag{3-39}$$

由于对称关系，左半梁各截面的 σ、V、M 与右半梁各对应截面的 σ、V、M 相等，但剪力 V 要改变正负号。

梁端的反力 σ 按理论计算为无限大，因此，在附表中对应于 $\xi=1$ 的 $\bar{\sigma}$ 也是无限大，这是不符合实际情况的。

注意，查附表时不必插值，只需按照表中最接近于算得的 t 值查出 $\bar{\sigma}$、$\bar{V}$、$\bar{M}$ 即可。

如果梁上作用着不均匀的分布荷载，可变为若干个集中荷载，然后再查表。

（2）梁上受集中荷载 P

反力 σ 、剪力 V 和弯矩 M 如图 3-44 所示。根据 t 值与 α 值由附表 10 ~ 16[10] 查出各系数 $\bar{\sigma}$ 、$\bar{V}$ 、$\bar{M}$ 。每一表中左边竖行的 α 值和上边横行的 ξ 值对应于右半梁上的荷载；右边竖行的 α 值和下边横行的 ξ 值对应于左半梁上的荷载。在梁端（$\xi = \pm 1$），$\bar{\sigma}$ 为无限大。当右（左）半梁受荷载时，表（b）中带有星号（ * ）的 $\bar{V}$ 值对应于荷载左（右）边邻近截面；对于荷载右（左）边的邻近截面，须从带星号（ * ）的 $\bar{V}$ 值中减去 1。求 σ 、V 、M 的转换公式为：

$$\left.\begin{aligned}\sigma &= \bar{\sigma}\frac{P}{l}\\ V &= \pm \bar{V}P\\ M &= \bar{M}Pl\end{aligned}\right\} \tag{3-40}$$

在剪力 V 的转换式中，正号对应于右半梁上的荷载，负号对应于左半梁的荷载。

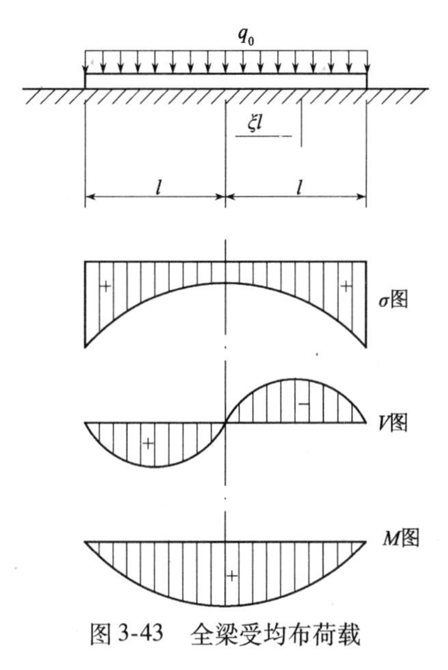

图 3-43　全梁受均布荷载

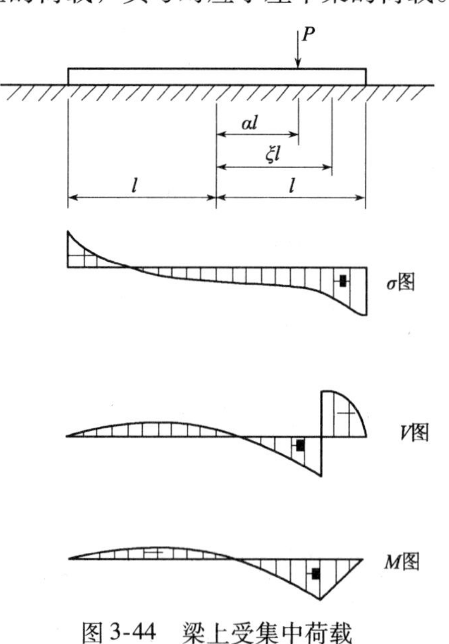

图 3-44　梁上受集中荷载

（3）梁上受力矩荷载 m

反力 σ、剪力 V 和弯矩 M 如图 3-45 所示。如果梁的柔度指数 t 不等于零，可根据 t 值和 α 值由附表 17 ~ 22 查出 $\bar{\sigma}$、$\bar{V}$、$\bar{M}$。每一表中左边竖行的 α 值和上边横行的 ξ 值对应于右半梁上的荷载；右边竖行的 α 值和下边横行的 ξ 值对应于左半梁上的荷载。在梁端（$\xi = \pm 1$），$\bar{\sigma}$ 为无限大。当右（左）半梁受荷载时，表（c）中带有星号（ * ）的 $\bar{M}$ 值对应于荷载左（右）边邻近截面；对于荷载右（左）边的邻近截面，需将带星号（ * ）的 $\bar{M}$ 值中加上 1。转换公式为

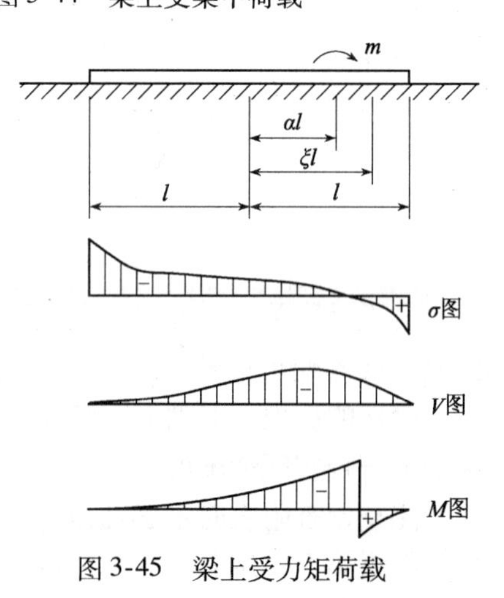

图 3-45　梁上受力矩荷载

$$\left.\begin{aligned}\sigma &= \pm\bar{\sigma}\frac{m}{l^2}\\ V &= \bar{V}\frac{m}{l}\\ M &= \pm\bar{M}m\end{aligned}\right\}\tag{3-41}$$

式中的力矩 m 以顺时针向为正。在反力 σ 和弯矩 M 的转换中，正号对应于右半梁上的荷载，负号对应于左半梁的荷载。

在梁的柔度指数 t 等于零（实际是接近于零）的特殊情况下，认为梁是刚体，并不变形，所以反力 σ 和剪力 V 都与力矩荷载 m 的位置无关，故 $\bar{\sigma}$ 与 $\bar{V}$ 也与力矩荷载 m 的位置无关。这时只需根据 ξ 值由附表 23（a）和（b）查出 $\bar{\sigma}$ 和 $\bar{V}$。弯矩 M 是与力矩荷载 m 的位置有关，因此，$\bar{M}$ 也与力矩荷载 m 的位置有关——对应于荷载左边的各截面，$\bar{M}$ 值如附表 23（c）中所示，但对于荷载右边的各截面，须把该表中的 $\bar{M}$ 值加上 1。转换公式是：

$$\left.\begin{aligned}\sigma &= \bar{\sigma}\frac{m}{l^2}\\ V &= \bar{V}\frac{m}{l}\\ M &= \bar{M}m\end{aligned}\right\}\tag{3-42}$$

在集中荷载和力矩荷载作用时，查附表也不必插值，只需按照表中最接近于算得的 t 值查出 $\bar{\sigma}$、$\bar{V}$、$\bar{M}$ 即可。

当梁上受有若干荷载时，可根据每个荷载分别计算，然后将算得的 σ、V 和 M 叠加。

基础梁在均布荷载作用下 $t>50$，或在集中荷载作用下 $t>10$ 则叫做长梁，计算长梁的表格本书中未予选录。

具体表格见天津大学建工系地下建筑工程教研室所编《地下结构静力计算》附表 9～23（求地基反力和内力）、附表 24～52（求角变 θ 系数）。

3.4.3 弹性半空间地基上梁的链杆解法

链杆法是把地基上梁的无穷维超静定问题简化为有限个弹性支座（链杆）上的连续梁这一有限维超静定问题，用结构力学中解超静定结构的方法，如力法、位移法、混合法等来求解。目前，虽然有限元、边界元等数值方法应用广泛，但由于链杆法可手算，仍有一定的实用价值。

如图 3-46（a）所示，将梁底分为若干长度相等的区段，每段长度为 c。各段中点设竖向刚性杆，两端分别与梁和地基铰接，梁的一端设水平杆以保持稳定，见图 3-46（b）。具体如下：

（1）梁底等分；

（2）各段中点设竖向刚度链杆——弹性支座，各支座刚度彼此相关；

（3）混合法求解，以悬臂梁为基本体系，切开各链杆，y_0、ϕ_0 和轴力 X_1、$X_2 \cdots X_n$ 为未知数，共 $n+2$ 个未知数；

（4）对每一切开链杆列变形协调方程：

$$X_1\bar{\delta}_{K1} + X_2\bar{\delta}_{K2} + \cdots + X_i\bar{\delta}_{Ki} + \cdots + X_n\bar{\delta}_{Kn} - y_0 - a_K\phi_0 + \Delta_{Kp} = 0 \quad (3\text{-}43)$$

式中　$\bar{\delta}_{Ki}$——只有 $X_i=1$ 作用时在 K 点产生的相对变位：$\bar{\delta}_{Ki}=v_{Ki}+\delta_{Ki}$，其中 v_{Ki} 为 $X_i=1$ 作用时悬臂梁在 K 点产生的挠度，δ_{Ki} 为 $X_i=1$ 作用时地基在 K 点所产生的沉降，如图 3-47 所示。

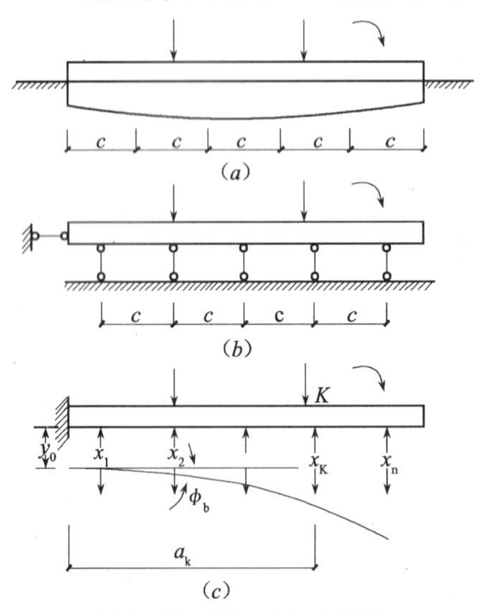

图 3-46　链杆法解地基梁

（a）梁底的分割；（b）计算简图；（c）基本体系

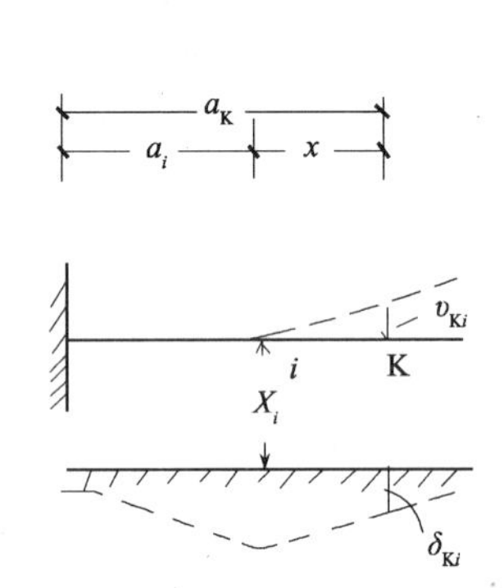

图 3-47　$X_i=1$ 作用时的挠度和沉降

a_K——梁固端至 K 点的距离；

Δ_{Kp}——外荷载在 K 点所产生的相对位移，即为悬臂梁在 K 点产生位移的负值。

另外还有两个方程：

$$-\sum_{i=1}^{n} X_i + \sum P = 0\,,\; -\sum_{i=1}^{n} X_i a_i + \sum M_{0P} = 0 \quad (3\text{-}44)$$

$n+2$ 个方程解 $n+2$ 个未知数。

对平面应力问题，式（3-44）不变，式（3-43）可改写为：

$$X_1\delta'_{K1} + X_2\delta'_{K2} + \cdots + X_n\delta'_{Kn} - \pi E_0 y - \pi E_0 a_K\phi_0 - \frac{\pi E_0 c^3}{6E_h I}\sum P_i W_{Ki} = 0 \quad (3\text{-}45)$$

其中

$$\delta'_{Ki} = F_{Ki} + \frac{\pi E_0 c^3}{6E_h I} W_{Ki} \quad (3\text{-}46)$$

式中　F_{Ki}——平面问题的沉降系数，见表 3-4，表中 $x=|a_i-a_K|$；

W_{Ki}——悬臂梁挠度系数，见表 3-5；

E_0，E_h——分别为地基土和梁的弹性模量；

$$\pi E_0 y = \pi E_0 y_0 + G\sum P\text{，其中 } G = 2\ln\frac{2D}{c} + (1-\mu_0)$$

D——任意选定的某一深度，在该处认为地基已无变形，其值对诸 X_i 结果和梁挠曲线的形状无影响，计算中将 $\pi E_0 y$ 作为未知量，代表刚性竖向移动。

对平面应变问题：

在式（3-45）和式（3-46）中：将平面应力问题各式中的 E_0 用$\frac{E_0}{1-\mu_0{}^2}$代替；将 E_h 用$\frac{E_0}{1-\mu_h{}^2}$代替。

沉降系数 F_{Ki} 　　　　**表 3-4**

$\frac{x}{C}$	F_{Ki}	$\frac{x}{C}$	F_{Ki}	$\frac{x}{C}$	F_{Ki}	$\frac{x}{C}$	F_{Ki}
0	0	5	-6.602	10	-7.991	15	-8.802
1	-3.296	6	-6.967	11	-8.181	16	-8.931
2	-4.751	7	-7.276	12	-8.356	17	-9.052
3	-5.574	8	-7.544	13	-8.516	18	-9.167
4	-6.154	9	-7.780	14	-8.664	19	-9.275

悬臂梁变位系数 W_{Ki} 　　　　**表 3-5**

$\frac{a_K}{c}$ / W_{Ki} / $\frac{a_i}{c}$	1	2	3	4	5	6	7	8	9	10
1	2	5	8	11	14	17	20	23	26	29
2	5	16	28	40	52	64	76	88	100	112
3	8	28	54	81	108	135	162	189	216	243
4	11	40	81	128	176	224	272	320	368	416
5	14	52	108	176	250	325	400	475	550	625
6	17	64	135	224	325	432	540	648	756	864
7	20	76	162	272	400	540	686	833	980	1127
8	23	88	189	320	475	648	833	1034	1216	1408
9	26	100	216	368	550	756	980	1216	1458	1701
10	29	112	243	416	625	864	1127	1408	1701	2000

（5）计算图式的选择

如图 3-48 对称梁，其计算图式选择如下：

① 适当选择计算图式和链杆数。一般选 6 ~ 10 个链杆即可达到工程所需精度要求。

② 对于荷载对称或反对称的基础梁，可设置奇数支座，并将基本体系的固定端放在梁的中部，梁中间设两根链杆。

③ 荷载对称：左右对应的链杆中的反力相同，固端 $\phi_0=0$，只有 X_0、X_1、X_2、X_3 和 y_0 五个未知数；计算 δ'_{Ki}中 F_{Ki}时，除了 $X_i=1$ 外，还应包括梁另半段与 X_i 对应的单位力对 K 点地基沉降的影响。

④ 荷载反对称：左右对应的链杆中的反力大小相等，方向相反，$X_0=0$、$y_0=0$，只有 X_1、X_2、X_3 和 ϕ_0 四个未知数；同样，计算 δ'_{Ki} 中 F_{Ki} 时，除了 $X_i=1$ 外，还应包括梁另半段与 X_i 对应的单位力对 K 点地基沉降的影响。

【例 3-1】 一单跨闭合的钢筋混凝土框架通道（图 3-49），置于弹性地基上，几何尺寸如图 3-49（*a*）所示，横梁承受均布荷载 20kN/m，材料的 $E=14\times10^6\text{kN/m}^2$，泊松比 $\mu=0.167$，地基的 $E_0=50000\text{kN/m}^2$，泊松比 $\mu_0=0.3$，设为平面变形问题，绘制框架的弯矩图。

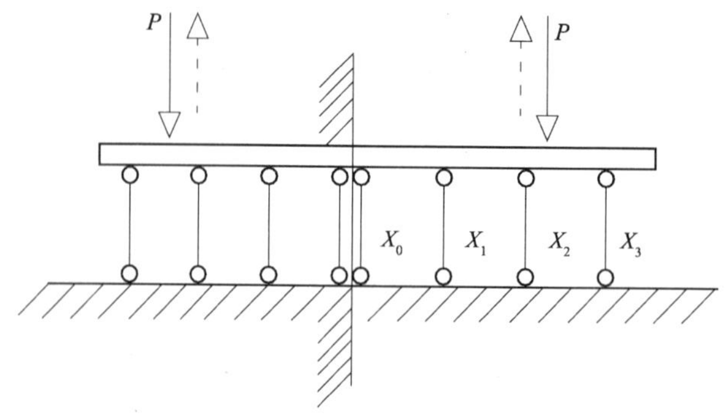

图 3-48　对称梁计算图式

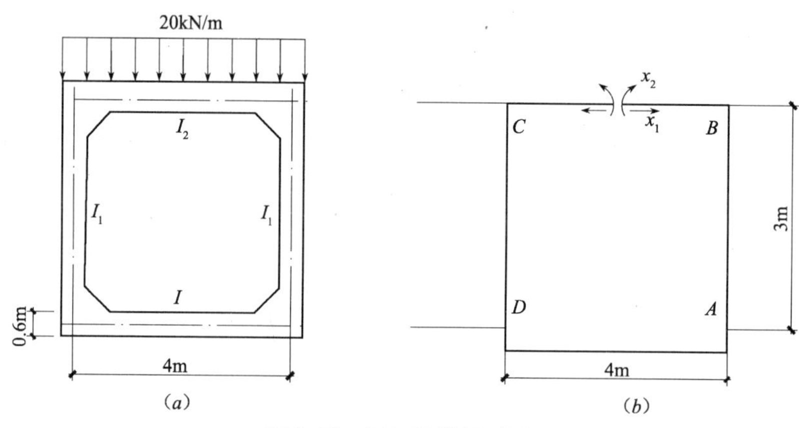

图 3-49　框架通道剖面图

【解】　取基本结构如图 3-49（b）所示，因结构对称，荷载对称，故 $x_3=0$ 可写出典型方程为

$$\begin{cases} x_1\delta_{11} + x_1\delta_{12} + \Delta_{1p} = 0 \\ x_1\delta_{21} + x_2\delta_{22} + \Delta_{2p} = 0 \end{cases}$$

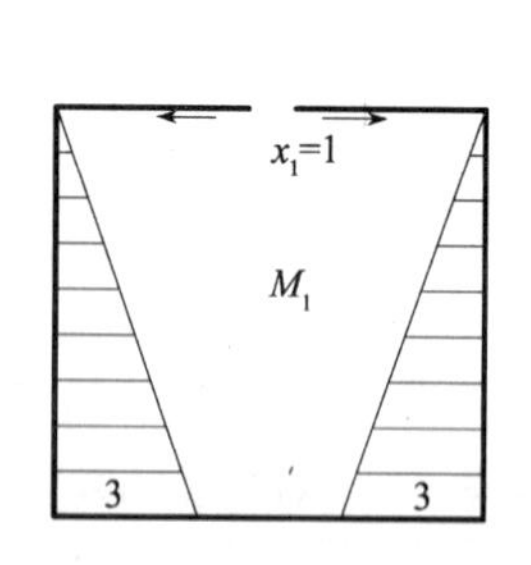

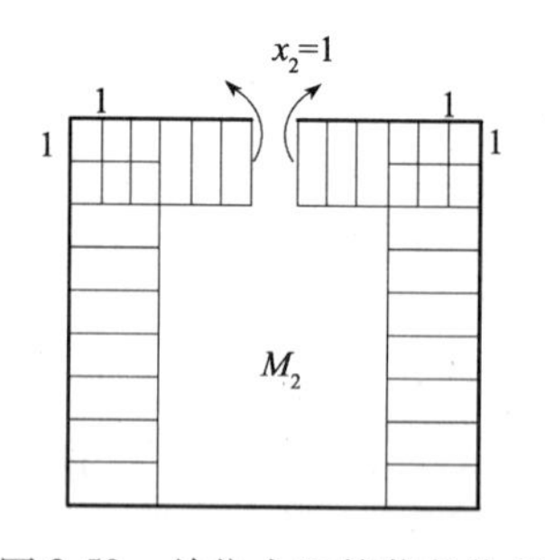

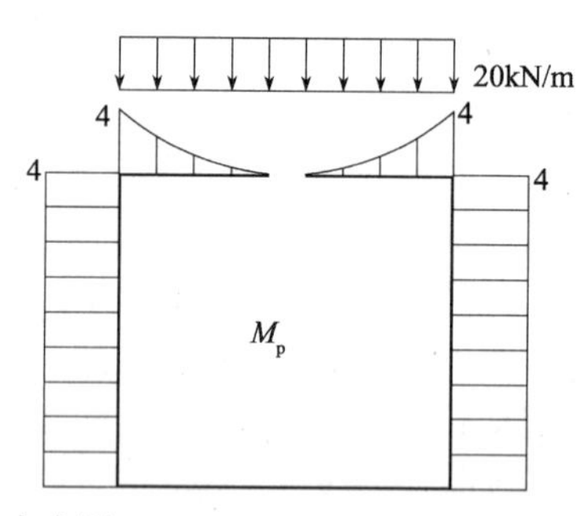

图 3-50　单位力和外荷载作用下的内力图

首先，求系数 δ_{ij} 与自由项 Δ_{ip}，因框架为等截面直杆，用图乘法求得：

$$\delta'_{11} = 2 \times \frac{1}{3} \times \frac{3^3}{EI} = \frac{18}{EI}$$

$$\delta'_{12} = \delta'_{21} = 2 \times \frac{3 \times 3 \times 1}{2EI} = \frac{9}{EI}$$

$$\delta'_{22}=2\times\frac{(3+2)\times1\times1}{EI}=\frac{10}{EI}$$

$$\Delta'_{1p}=-20\times\frac{4\times3\times3}{2EI}=-\frac{360}{EI}$$

$$\Delta'_{2p}=20\times(-\frac{4}{3}\times2\times1-4\times3\times1)\frac{1}{EI}=-293.33\frac{1}{EI}$$

再求 b_{ij} 和 b_{iq}。为此，需计算出弹性地基梁的柔度指数 t：

$$t=10\times\frac{E_0}{E}\left(\frac{l}{h}\right)^3$$

$$=10\times\frac{5000}{1.4\times10^6}\left(\frac{2.0}{0.6}\right)^3$$

$$=1.323$$

取为1。

在单位力 $X_1=1$ 作用下，A 点产生的弯矩 $m_A=30\text{kN}\cdot\text{m}$，（顺钟向）。根据 $m_A=30\text{kN}\cdot\text{m}$，按照弹性地基梁计算，在 $\alpha=1$，$\varepsilon=1$ 处，产生的转角 θ_A 按下式计算：

$$\theta_{A1}=\bar{\theta}_{AM}\frac{ml}{EI}$$

式中　m——作用于梁上两个对称弯矩值；

$\bar{\theta}_{AM}$——两对称力矩作用下，弹性地基梁的角变计算系数，可查表求得。

代入数字，则

$$\theta_{A1}=-0.952\frac{(-30)\times2.0\times0.1}{EI}=\frac{5.712}{EI}\quad（顺时针方向转动）$$

在 $X_1=1$ 作用下，由于弹性地基梁的变形，使框架切口处沿 X_1 方向产生的相对线位移为：

$$b_{11}=2\times3\times\theta_{A1}=\frac{34.272}{EI}$$

同理，在 $X_1=1$ 作用下，使框架切口处沿 X_2 方向产生的相对角位移为：

$$b_{21}=b_{12}=2\times\theta_{A1}=(2\times5.712)\frac{1}{EI}=\frac{11.424}{EI}$$

在 $X_2=1$ 作用下，框架切口处沿 X_2 方向的相对角位移为：

$$b_{22}=2\times\theta_{A2}=2\times\frac{1.904}{EI}=3.81\frac{1}{EI}$$

在外荷载作用下，弹性地基梁（底板）的变形使框架切口处沿 X_1 与 X_2 方向产生位移，计算时应分别考虑外荷载传给地基梁两端的力 R 及弯矩 M 的影响，计算由两个对称弯矩引起 A 点的角变方法同前，而计算两个对称反力 R 引起 A 点的角变为

$$\theta_{AR}=\bar{\theta}_{AR}\frac{Rl^2}{EI}$$

式中　R——作用于梁上两个对称集中力值，向下为正；

$\bar{\theta}_{AR}$——两个对称集中力作用下，弹性地基梁的角变计算系数，可查表求得。

因为力 $R_A=\frac{ql}{2}=40\text{kN}$，A 点的弯矩 $M_A=40\text{kN}\cdot\text{m}$

所以
$$\theta_{AR}=0.252\frac{40\times 2.0^2}{EI}=\frac{40.4}{EI}$$

$$\theta_{Am}=-0.952\frac{40\times 2.0}{EI}=-\frac{76.16}{EI}$$

由外荷载 q 引起的弹性地基梁的变形，致使沿 X_1 及 X_2 方向产生的相对位移为

$$b_{1q}=2(\theta_{AR}+\theta_{Am})\times 3=6\times\left(\frac{40.4}{EI}-\frac{76.16}{EI}\right)=-\frac{214.56}{EI}$$

$$b_{2q}=\frac{b_{1q}}{h}=-\frac{214.56}{3EI}=-71.52\frac{1}{EI}$$

将以上求出的相应数值叠加，得系数及自由项为

$$\delta_{11}=\delta'_{11}+b_{11}=\frac{18}{EI}+34.272\frac{1}{EI}=52.272\frac{1}{EI}$$

$$\delta_{21}=\delta'_{21}+b_{12}=\frac{9}{EI}+11.424\frac{1}{EI}=20.424\frac{1}{EI}$$

$$\delta_{22}=\delta'_{22}+b_{22}=\frac{10}{EI}+3.81\frac{1}{EI}=13.81\frac{1}{EI}$$

$$\Delta_{1P}=\Delta'_{1P}+b_{1q}=-\frac{360}{EI}-214.56\frac{1}{EI}=-574.56\frac{1}{EI}$$

$$\Delta_{2P}=\Delta'_{2P}+b_{2q}=-293.34\frac{1}{EI}-71.52\frac{1}{EI}=-364.86\frac{1}{EI}$$

代入典型方程为

$$\begin{cases}52.272X_1+20.424X_2-574.56=0\\20.424X_1+13.820X_2-364.86=0\end{cases}$$

解得：　$X_1=1.58\text{kN}$，$X_2=24.08\text{kN}\cdot\text{m}$

已知 X_1 和 X_2，即可求出上部框架的弯矩图。底板的弯矩可根据 A 点及 O 点的力 R 和弯矩 m，按弹性地基梁方法算出，如图 3-51 所示。

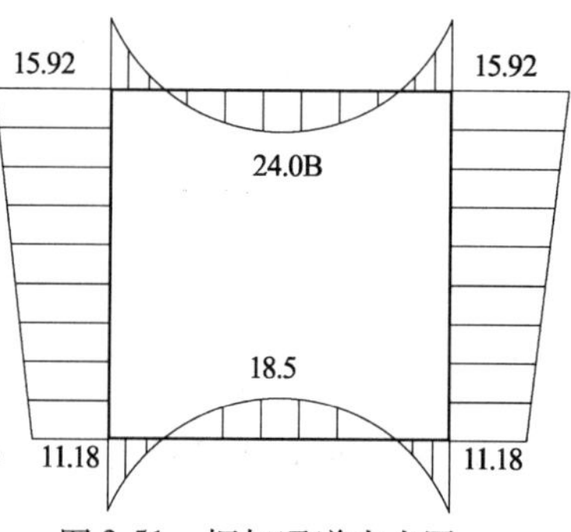

图 3-51　框架通道内力图

对弹性地基框架的内力分析，还可以采用超静定的上部刚架与底板作为基本结构。将上部刚架与底板分开计算，再按照切口处反力相等（图 3-52b）或变形协调（图 3-52c），用位移法或力法解出切口处的未知位移或未知力，然后计算上部刚架和底板的内力。采用这种基本结构进行分析的优点，可以利用已知的刚架计算公式，或预先计算出有关的常数使计算得以简化。

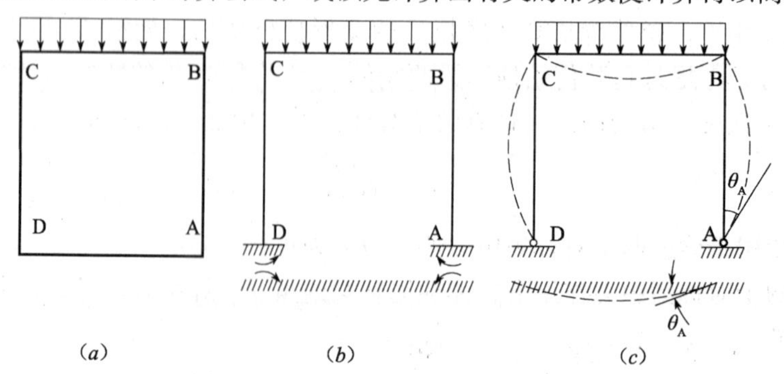

图 3-52　将上部刚架与底板分开计算

【例 3-2】 同前例采用二铰刚架为基本结构解框架的弯矩图。

【解】 取基本结构如图 3-53（b），因对称可取成组未知力 X 并写出典型方程为：

$$X\delta_{11}+\Delta_{1P}=0$$

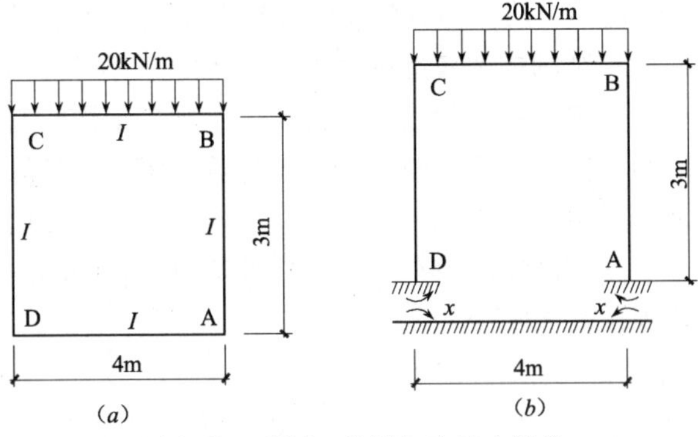

图 3-53 采用二铰刚架为基本结构

求系数 Δ_{1P}：对上部刚架，按附表 3-1 计算 A 点角变 θ'_{AP}，因固定端弯矩 $m^{P}_{AB}=m^{P}_{BA}=0$，

$$M^{P}_{BO}=26.67\text{kN}\cdot\text{m}$$

所以，$\theta'_{AP}=\dfrac{26.67}{6\times\dfrac{EI}{3}+4\times\dfrac{EI}{4}}=\dfrac{8.89}{EI}$（顺时针向，与 X 同向）

对底板，因为

$$\begin{aligned}t&=10\times\frac{E_0}{E}\left(\frac{l}{h}\right)^3\\&=10\times\frac{5000}{1.4\times10^6}\left(\frac{2.0}{0.6}\right)^3\\&=1.323\end{aligned}$$

取为 1

$$\theta''_{AP}=0.252\,\frac{40\times\overline{2.0^2}}{EI}=\frac{40.4}{EI}\text{（顺时针向，与 }X_1\text{ 反向）}$$

所以，$\Delta_{1P}=\theta'_{AP}+\theta''_{AP}=\dfrac{8.89}{EI}-\dfrac{40.4}{EI}=-31.51\dfrac{1}{EI}$

系数 δ_{11}：对上部框架，因 $m_{AB}=-1$，$m_{BA}=0$，$m_{BC}=0$，从附表 3-1 情形 1 可得 A 点角变公式为（$\because\dfrac{K_2}{K_1}=\dfrac{I_2}{4}\cdot\dfrac{3}{I_1}=0.75$）：

$$\theta'_{A1}=\frac{-(2+0.75)(-1)}{6\dfrac{EI}{3}+4\dfrac{EI}{4}}=\frac{0.917}{EI}\text{（顺时针向，与 }X_1\text{ 同向）}$$

对底板，因为 $t=1$，$\alpha=1$，$\xi=1$，查弹性地基梁有关系数表得系数值 $\overline{m}=-0.952$，则

$$\theta''_{A1}=-0.952\,\frac{1\times2.0}{EI}=-\frac{1.904}{EI}\text{（逆时针向，与 }X_1\text{ 同向）}$$

所以，

$$\delta_{11}=\theta'_{A1}+\theta''_{A1}=\frac{0.917}{EI}=\frac{1.904}{EI}=\frac{2.821}{EI}$$

$$X = \frac{31.51}{2.821} = 11.17\text{kN} \cdot \text{m}$$

绘内力图，可用结构力学方法解出二铰刚架在均布荷载 $q = 20\text{kN/m}$ 及 $m_A = 11.17\text{kN} \cdot \text{m}$ 作用下的弯矩图，同时根据 A 点及 D 点处的反力及弯矩计算底板弯矩，计算结果同前例。

对单层多跨框架或更复杂的框架考虑弹性地基的计算，也可按相同的方法进行，但由于未知数增多，计算十分繁琐。在实际工程设计中，除利用结构的对称性进行简化外，还常考虑结构各杆之间的刚度比而采用可简化计算的计算简图，使计算简化又满足计算精度的要求。如单层多跨框架式通道，实际工程中常由于功能上的需要而将中间隔墙截面尺寸减小或开洞形成支柱，使其刚度较侧墙小很多，在计算时常将中间隔墙近似假定为上下端为铰接的链杆，使计算工作大为减少。

下面介绍用链杆法解弹性地基框架。

对弹性地基上的闭合框架的内力分析，也可以同弹性地基梁一样采用链杆法。计算时，对与地基接触的底板，将未知分力分段代以刚性链杆，用混合法（或力法）求解。切断链杆并以未知力及变位作为未知数，而上部刚架仍可采用力法或位移法分析。将上述未知力代入典型方程中，可解出框架内力。以下仅以简单的对称单跨闭合框架为例进行说明。

【例 3-3】 资料如前例。将框架横梁在中部切开，代以多余未知力 X_4 和 X_5（因结构对称、荷载对称切口处剪应力为零），再于底板和地基之间设置链杆 X_0、X_1、X_2 和 X_3，采用悬臂刚架的基本结构，固定底板的中点。这样，可以建立含有 $X_0 \sim X_5$ 六个未知力的典型方程组如下：

$$\begin{cases} X_0\delta_{00} + X_1\delta_{01} + X_2\delta_{02} - y_0 = 0 \\ X_0\delta_{10} + X_1\delta_{11} + X_2\delta_{12} + X_3\delta_{13} + X_4\delta_{14} + X_5\delta_{15} - y_0 + \Delta_{1P} = 0 \\ X_0\delta_{20} + X_1\delta_{21} + X_2\delta_{22} + X_3\delta_{23} + X_4\delta_{24} + X_5\delta_{25} - y_0 + \Delta_{2P} = 0 \\ X_0\delta_{30} + X_1\delta_{31} + X_2\delta_{32} + X_3\delta_{33} + X_4\delta_{34} + X_5\delta_{35} - y_0 + \Delta_{3P} = 0 \\ X_1\delta_{41} + X_2\delta_{42} + X_3\delta_{43} + X_4\delta_{44} + X_5\delta_{45} + \Delta_{4P} = 0 \\ X_1\delta_{51} + X_2\delta_{52} + X_3\delta_{53} + X_4\delta_{54} + X_5\delta_{55} + \Delta_{5P} = 0 \\ -X_0 - X_1 - X_2 - X_3 + \dfrac{\sum P}{2} = 0 \end{cases}$$

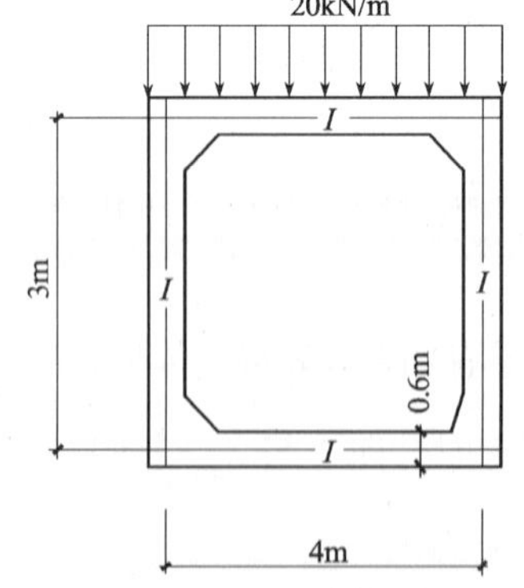

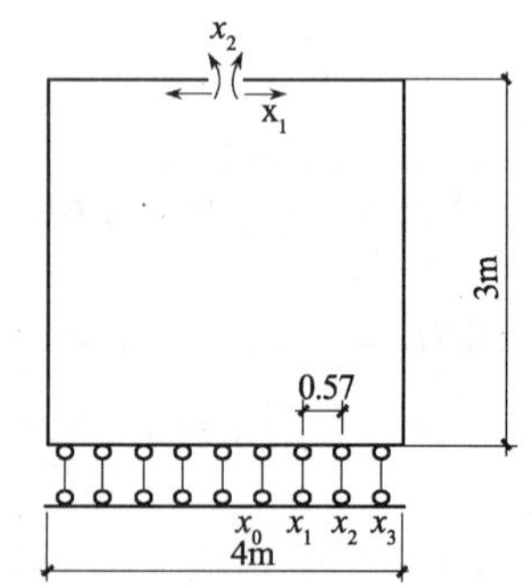

图 3-54 采用链杆法计算框架

典型方程组中，有些系数为零，因为在框架切口处，力 X_4 及 X_5 不会使切口 X_0 产生相对变位，故 $\delta_{04}=\delta_{40}=0$；$\delta_{05}=\delta_{50}=0$；另外框架切口处沿 X_4 及 X_5 方向的相对变位也与基本结构产生的沉陷 y 是无关的，故相应的方程中应去掉 y_0 项。

计算 X_0、X_1、X_2 和 X_3 等单位力作用下沿 X_0 ~ X_3 方向的变位时，可用链杆法解弹性地基梁的方法（见 3.4.3 节）。

F_{Ki} 和 W_{Ki} 值可根据 $\frac{x}{c}$，$\frac{a_K}{c}$，$\frac{a_i}{c}$ 值的不同由表 3-4 或表 3-5 查出。需要注意的是计算地基的沉陷时，要考虑到左右两侧一对 X_K 力对 x_i 点产生的影响。而计算底板的变位时，由于选用中央固定的悬臂刚架为基本结构，左边的反力 X_K 对右边的 x_i 点将不产生影响，见图 3-55。

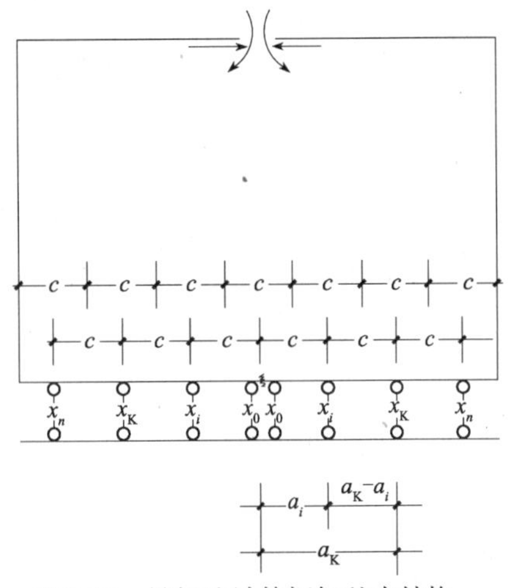

图 3-55　链杆法计算框架基本结构

当计算链杆处单位力 X_0 ~ X_3 作用下沿框架切口处 X_4 及 X_5 方向变位时，因这些变位与地基沉陷无关，可按刚架求变位公式计算。当为等截面直杆时，可用图乘法。需要注意的是，在采用上述系数表计算中，由于在建立典型方程时，链杆未知力产生的位移值，都曾乘以 πE_0（若为平面变形情形为 $\frac{\pi E_0}{1-\mu^2}$），因此，计算 δ_{14}，δ_{15}，… δ_{55} 等系数时，也乘以相同的数值。

同样，可按相同的方法求得自由项的数值。当系数求出后，代入典型方程求解，可得出框架内力。

【例 3-4】　同前例采用链杆法求框架弯矩图。

【解】　选基本结构如图 3-56 所示，

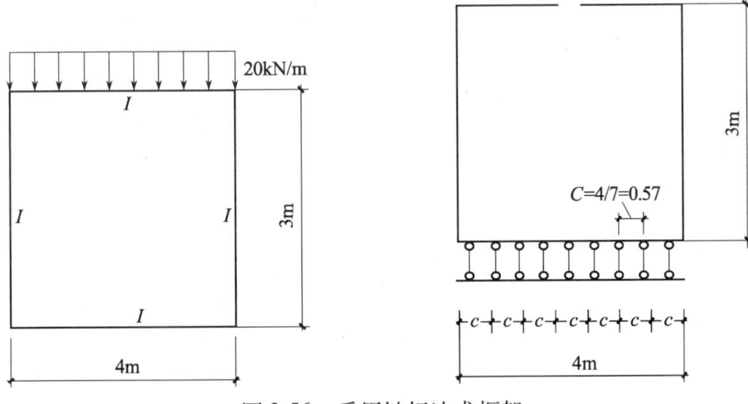

图 3-56　采用链杆法求框架

支承点链杆间距 $c=\frac{0.4}{7}=0.57\text{m}$，因结构系平面变形情形，以 $\frac{E}{1-\mu}$ 代 E，$\frac{E_0}{1-\mu_0^{\ 2}}$ 代 E_0 以计算 α 值：

$$\alpha = \frac{\pi E_0 \ (1-\mu^2)c^3}{6E(1-\mu_0{}^2)I}$$

$$= \frac{3.14\times5000(1-0.167^2)\times0.57^3}{6\times1.4\times10^6(1-0.3^2)\times\frac{0.6^3}{12}} = 0.02055$$

利用公式计算底板下由于各单位力作用的变位值

$$\delta_{00}=0$$

$$\delta_{01}=-2\times3.296=-6.952$$

$$\delta_{02}=-2\times4.751=-9.502$$

$$\delta_{03}=-2\times5.574=-11.148$$

$$\delta_{11}=0-4.751+2\times0.02055=-4.71$$

$$\delta_{12}=-3.296-5.547+5\times0.02055=-8.74$$

$$\delta_{13}=-4.751-6.154+16\times0.02055=-10.741$$

$$\delta_{22}=0-6.154+16\times0.02055=-5.825$$

$$\delta_{23}=-3.296-6.602+28\times0.02055=-9.523$$

$$\delta_{33}=0-6.967+54\times0.02055=-5.857$$

求其余系数可用图乘法，先绘出单位弯矩如图 3-57 所示，因结构系平面变形情形，图乘结果尚应除以 $\frac{EI}{1-\mu^2}$ 以得变位值，代入典型方程式时尚应乘以$\frac{\pi E_0}{1-\mu_0^2}$。

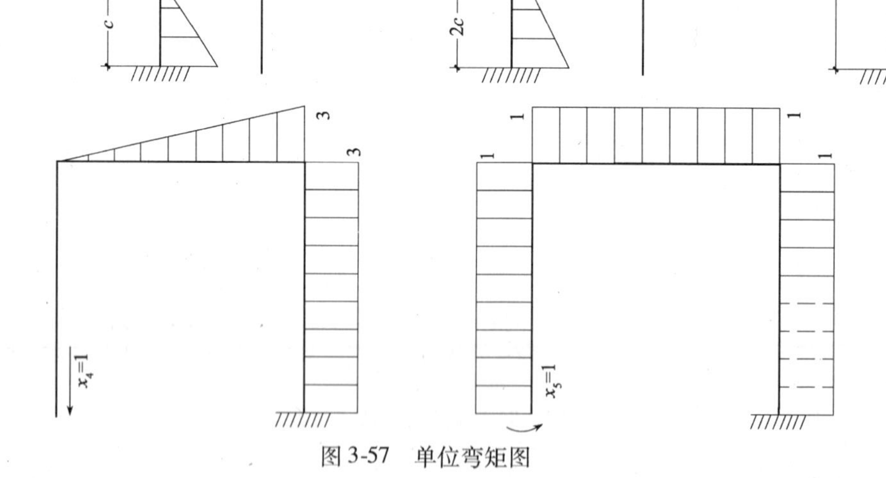

图 3-57 单位弯矩图

若令常数：$K=\frac{\pi E_0(1-\mu^2)}{EI(1-\mu_0{}^2)}=\frac{3.14\times3200(1-0.167^2)}{1.4\times10^6(1-0.3)\times\frac{1}{12}\times0.6^3}=0.6659$

则，

$$\delta_{41}=\frac{c^2}{2}\times3\times K=\frac{\overline{0.57}^2}{2}\times3\times0.666=0.3246$$

$$\delta_{42}=\frac{4c^2}{2}\times3\times K=\frac{4\times\overline{0.57}^2}{2}\times3\times0.666=1.2981$$

$$\delta_{43}=\frac{9c^2}{2}\times3\times K=\frac{9\times\overline{0.57}^2}{2}\times3\times0.666=2.9208$$

$$\delta_{44}=\left(\frac{1}{2}\times3\times3\times\frac{2}{3}\times3+3\times2\times3\right)\times K=27K=17.9803$$

$$\delta_{51}=\frac{c^2}{2}\times1\times K=\frac{\overline{0.57}^2}{2}\times0.666=0.1082$$

$$\delta_{52}=\frac{4c^2}{2}\times1\times K=\frac{4\times\overline{0.57}^2}{2}\times1\times0.666=0.4327$$

$$\delta_{53}=\frac{9c^2}{2}\times1\times K=\frac{9\times\overline{0.57}^2}{2}\times1\times0.666=0.9736$$

$$\delta_{54}=\left(\frac{3\times3}{2}+3\times2\right)K=10.5\times0.666=6.9923$$

$$\delta_{55}=(2+3+2)\ K=7\times0.666=4.6616$$

自由项的值为

$$\Delta_{1p}=-\frac{\overline{0.57}^2}{2}\left(1-\frac{0.57}{3}\right)40\times K=-3.505$$

$$\Delta_{2p}=-\frac{\overline{1.14}^2}{2}\left(1-\frac{1.14}{2}\right)40\times K=-12.234$$

$$\Delta_{3p}=-\frac{\overline{1.71}^2}{2}\left(1-\frac{1.71}{2}\right)40\times K=-19.090$$

$$\Delta_{4p}=+3\times40\times\frac{3}{2}\times K=119.868$$

$$\Delta_{5p}=\left(3\times40\times1+\frac{1}{3}\times40\times2\times1\right)K=97.673$$

将系数值代入典型方程：

$$\begin{cases}-6.592X_1-9.502X_2-11.146X_3-y_0=0\\-6.592X_0-4.710X_1-8.740X_2-10.741X_3+0.3246X_4+0.1086X_5-y_0-3.505=0\\-9.502X_0-8.740X_1-5.825X_2-9.523X_3+1.2981X_4+0.4327X_5-y_0-10.732=0\\-11.148X_0-10.741X_1-9.523X_2-5.8573X_3+2.9208X_4+0.9736X_5-y_0-16.746=0\\+0.3246X_1+1.2982X_2+2.9208X_3+17.9808X_4+6.9923X_5+119.868=0\\+0.1082X_1+0.4327X_2+0.9736X_3+6.9923X_4+4.6616X_5+97.673=0\\-X_0-X_1-X_2-X_3+\frac{\sum P}{2}=0\end{cases}$$

解得：

$X_0=2.942$　　$X_1=6.068$　　$X_2=8.760$

$X_3=19.213$　　$X_4=-2.11$　　$X_5=-24.12$

$$m_B = m_{PB} - x_4 \cdot 0 - x_5 \cdot 1 = 40\text{kN}\cdot\text{m} - 24.12 = +15.88\text{kN}\cdot\text{m} \quad \text{（顺钟向）}$$

$$m_A = m_{PA} - x_4 \cdot 3 - x_5 \cdot 1 = 40\text{kN}\cdot\text{m} - 24.12 - 2.11\times 3 = +9.55\text{kN}\cdot\text{m} \text{（顺钟向）}$$

用链杆法解弹性地基框架，它的优点是，可以求解各种不同地基条件下等截面或变截面的框架，并可以根据需要确定计算精度；当改变地基变形的计算假定时，仅需变更系数值而不影响求解的计算程序。它的缺点是需要解多元联立方程组。这种方法在以前，因受计算工具的限制，应用不多，今后，随着电子计算机的广泛应用，相信将日益为人们所重视。

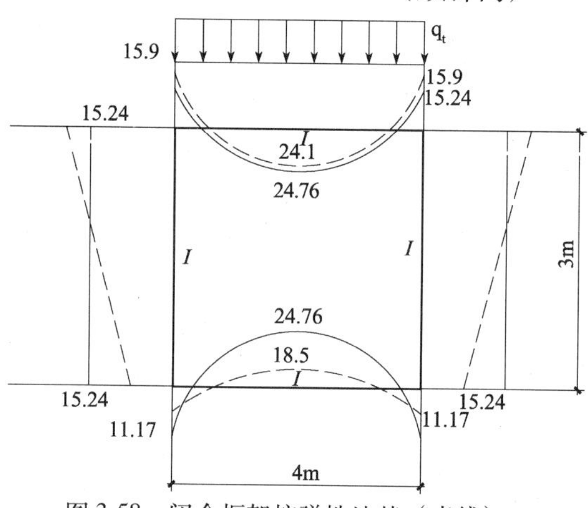

图 3-58　闭合框架按弹性地基（虚线）与按均布反力（实线）求出的内力

由以上的计算结果可以看到，闭合框架按弹性地基求出的内力，与按均布反力求出的内力有较大的差别，特别对地板影响更为显著（图 3-58）。在实际工程设计中是否应考虑弹性地基进行计算，这与作用在结构上的荷载性质、结构形式及地基等因素有关，应结合实际情况综合分析确定。

两铰框架的角变和位移的计算公式　　**附表 3-1**

情　形	简　　图	位移及角变的计算公式
（1）对称		$\theta_A = \dfrac{M^F_{BA} + M^F_{BC} - \left(2 + \dfrac{K_2}{K_1}\right) M^F_{AB}}{6EK_1 + 4EK_2}$
（2）反对称		$\theta_A = \left[\left(\dfrac{3K_2}{2K_1} - \dfrac{1}{2}\right) hP - M^F_{BC} + \left(\dfrac{6K_2}{K_1} + 1\right) M\right]\dfrac{1}{6EK_2}$
（3）		$\theta = \dfrac{q_0}{24EI}[l^3 - 6lx^2 + 4x^3]$ $y = \dfrac{q_0}{24EI}[l^3x - 2lx^3 + x^4]$

续表

情　形	简　　图	位移及角变的计算公式
(4)	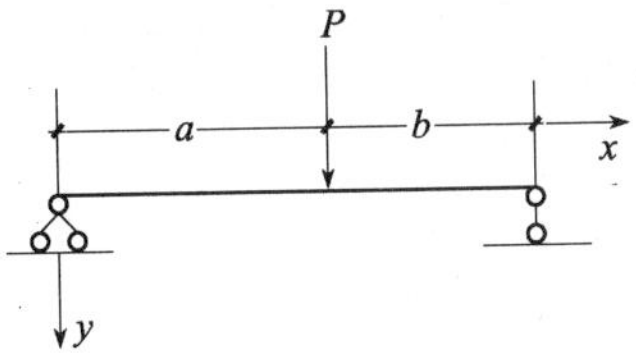	荷载左段： $\theta = \frac{P}{EI}\left[\frac{b}{6l}(l^2-b^2)-\frac{bx^2}{2l}\right]$ $y = \frac{P}{EI}\left[\frac{bx}{6l}(l^2-b^2)-\frac{bx^3}{6l}\right]$ 荷载右段： $\theta = \frac{P}{EI}\left[\frac{(x-a)^2}{2}+\frac{b}{6l}(l^2-b^2)-\frac{bx^2}{2l}\right]$ $y = \frac{P}{EI}\left[\frac{(x-a)^3}{6}+\frac{bx}{6l}(l^2-b^2)-\frac{bx^3}{6l}\right]$
(5)	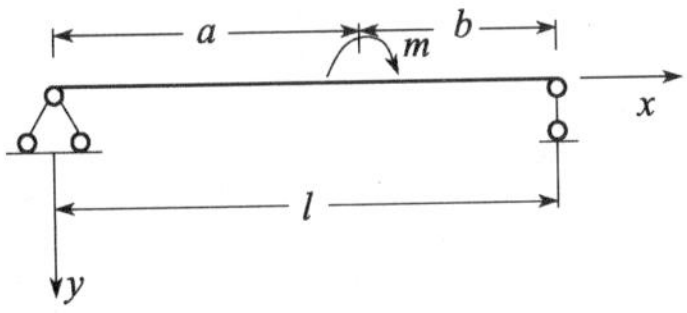	荷载左段： $\theta = \frac{m}{EI}(\frac{x^2}{2l}-a+\frac{l}{3}+\frac{a^2}{2l})$ $y = \frac{m}{EI}(\frac{x^3}{6l}-ax+\frac{lx}{3}+\frac{a^2x}{2l})$ 荷载右段： $\theta = \frac{m}{EI}(\frac{x^2}{2l}-x+\frac{l}{3}+\frac{a^2}{2l})$ $y = \frac{m}{EI}(\frac{x^2}{6l}-\frac{x^2}{2}+\frac{lx}{3}+\frac{a^2x}{2l}-\frac{a^2}{2})$
(6)	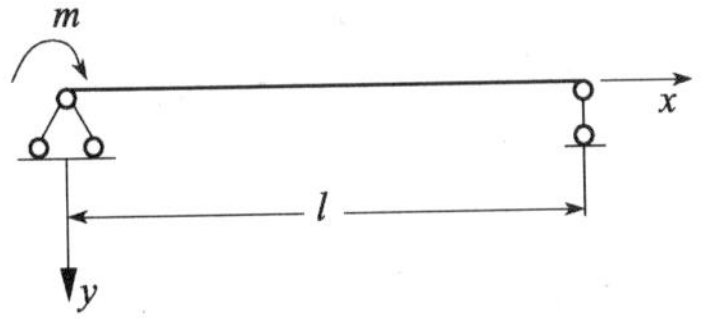	$\theta = \frac{m}{EI}(\frac{x^2}{2l}-x+\frac{l}{3})$ $y = \frac{m}{EI}(\frac{x^2}{6l}-\frac{x^2}{2}+\frac{lx}{3})$
(7)	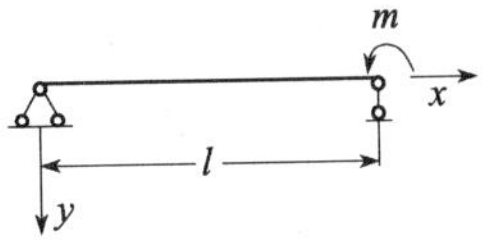	$\theta = \frac{m}{EI}(\frac{l}{6}-\frac{x^2}{2l})$ $y = \frac{m}{EI}(lx-\frac{x^3}{l})$
(8)	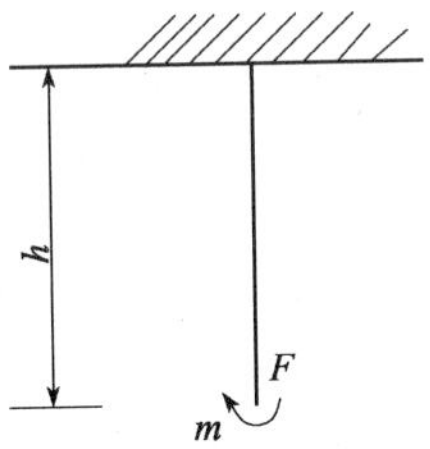	$\theta_F = \frac{mh}{EI}$ （下端的角变） $y_F = \frac{mh^2}{2EI}$ （下端的水平位移）
(9)	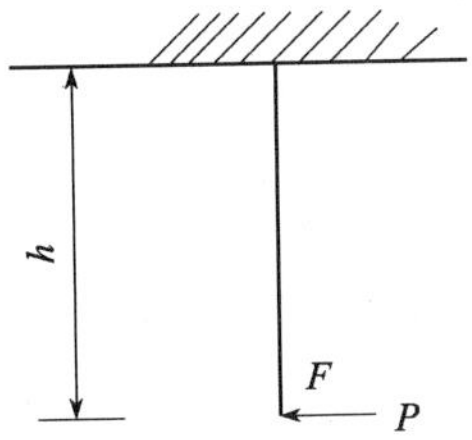	$\theta_F = \frac{Ph^2}{2EI}$ （下端的角变） $y_F = \frac{Ph^3}{3EI}$ （下端的水平位移）

续表

情形	简图	位移及角变的计算公式
说明	角变 θ 以顺时针为正。固端弯矩 M^{F} 以顺时针为正。$K=\frac{I}{l}$ 对称情况求铰 A 处的角变 θ_{A} 时用情形（1）的公式	
	反对称情况求铰 A 处的角变 θ_{A} 时用情形（2）的公式，但应注意，M_{BA}^{F} 必须为零方可，否则不能使用该公式，图中所示的 n 和 P 为正方向	
	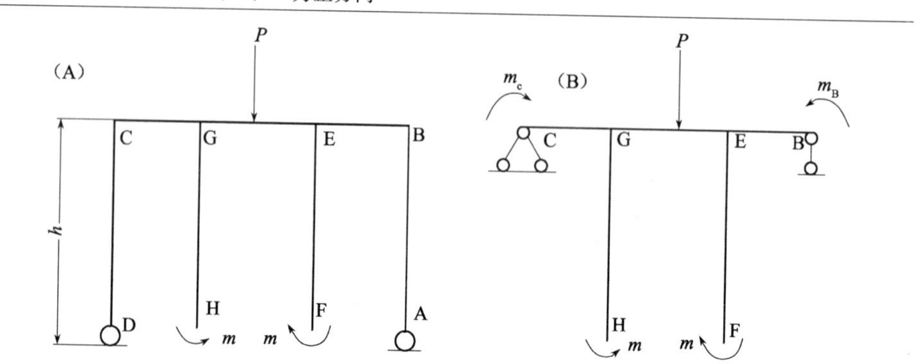 设欲求图 A 所示两铰框架截面 F 的角变，首先求出此框架的弯矩图，然后取出杆 BC 作为简支梁，如图 B 所示。按情形（4）、(5)、(6)、(7）算出截面 E 的角变 θ_{E}。按情形（8）算出截面 F 的角变 θ'_{F}。截面 F 的最终角变 θ_{F} 为 $\theta_{F}=\theta_{E}+\theta'_{F}$	

第 4 章　附建式结构

4.1　概述

4.1.1　附建式地下结构的特点

与上部地面建筑同时设计、施工的附建式工事，且满足一定的防护要求，修建于较坚固的建筑物下面的地下室，称防空地下室。防空地下室的结构称“附建式地下结构”。按国家规定：新建 10 层（含 10 层）以上的民用建筑或基础埋深超过 3m（含 3m）的民用建筑物，都要按照地面首层建筑面积修建防空地下室，新建住宅小区或建筑面积≥ 7000m^2 的其他民用建筑，都应按照总建筑面积的 2% 修建地下室。附建式地下结构是整个建筑物的一部分，也是防护结构的一种形式，它既不同于一般的地下室结构，也不同于单建式地下结构（图 4-1）。

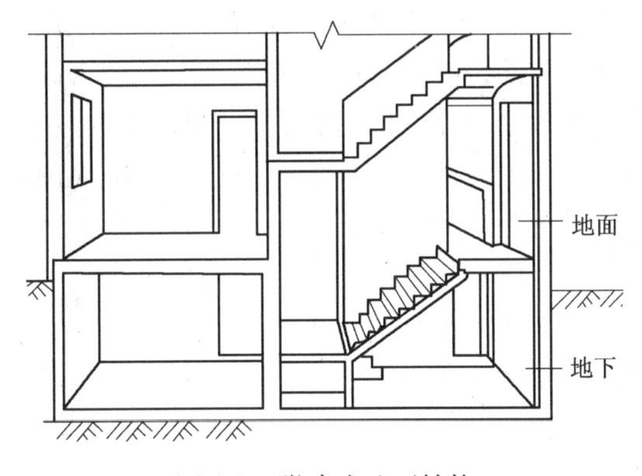

图 4-1　附建式地下结构

1. 结合基本建设修建附建式地下结构与修建单建式工事相比，具有以下优越性：

（1）节省建设用地；

（2）便于平战结合；

（3）人员和设备容易在战时迅速转入地下；

（4）增强上层建筑的抗震能力，在地震时附建式地下结构尚可作为避震室之用；

（5）上层建筑对战时核爆炸冲击波、光辐射、早期核辐射以及炮（炸）弹有一定的防护作用；

（6）附建式地下结构的造价比单建式的要低；

（7）便于施工管理，采用新技术，保证工程质量，同时也便于维护。

2. 与一般地下室结构及单建式地下室结构的区别

（1）与一般地下室不同。防空地下室是人防工事的一种类型，是供人员或物资对大规模杀伤武器进行防护用的，属于一种防护工程。

（2）与单建式地下结构的不同。附建式地下结构的上部地面建筑必须起战时防护的作用，为了达到这个要求，上部地面建筑（无论多层还是单层地面建筑），均须在外墙材料、开孔比例及屋盖结构方面满足一定要求。须满足下面两个条件：

① 上部为多层建筑，底层外墙为砖石砌体或不低于一般砖石砌体强度的其他墙体，并且，任何一面外墙开设的门窗孔面积不大于该墙面面积的一半。

② 上部为单层建筑，外墙使用的材料和开孔比例，应符合上述要求，而且，屋盖为钢筋混凝土结构。

满足以上两个条件的按附建式地下结构设计，否则，按单建式地下结构设计。

3. 附建式地下结构设计的特点

（1）地上地下综合考虑。使地上与地下部分的建筑材料、平面布置、结构形式、施工方法等尽量取得一致。

（2）附建式地下结构的侧墙与上部地面建筑的承重外墙相重合，要尽量不做或少做局部地下室，要修全地下室。

（3）根据核爆炸、化学生物武器的杀伤作用与因素确定对附建式地下结构的要求。

（4）对附建式地下结构中的钢筋混凝土结构，可按弹塑性阶段设计。

（5）附建式地下结构以平时设计荷载和战时设计荷载两者中的控制状况作为设计的依据。在验算时仅验算结构的强度，不单独进行结构变形和地基变形的验算。在控制延性比的条件下，不再进行结构构件裂缝开展的计算。

（6）附建式地下结构的设计要做到平战结合。地下室在平面布置、空间处理及结构方案设计等方面，应根据战时的防护要求与平时的利用情况来确定。要平战结合、一物多用。另外在平面布置、采暖通风、防潮防湿等方面，要恰当地处理战时防护要求与平时利用的矛盾。如：开洞；地下室顶板高出地面；板柱结构等。

4. 遇到下列情况，优先考虑修建附建式地下结构：

（1）低洼地带需进行大量填土的建筑；

（2）需要做深基础的建筑；

（3）新建的高层建筑；

（4）人口密集、空地缺少的平原地区建筑。

4.1.2 附建式地下结构的形式

附建式地下结构选型的主要依据是：①战时防护能力的要求；②上部结构的类型；③地质及水文地质条件；④战时与平时使用的要求；⑤建筑材料的供应情况；⑥施工条件等。

我国附建式地下结构的主要结构形式有以下几种：

1. 梁板式结构

对于防护能力要求较低的大量防空工事（如掩蔽工事、地下医院、救护站、生产车间、物资仓库等），且上部建筑类型为民用房屋或一般中小型工业厂房的防空地下室，在地下水位较低及土质较好的地区，地下室的结构形式、建筑材料、施工方法与上部地面建筑相同，主要承重结构有顶盖、墙（柱）及基础等，一般多采用梁板结构（图 4-2）。此时，顶盖为钢筋混凝土梁板结构，顶板的支承可以是梁或承重墙，外墙地下水位低为砖外墙，地下水位高时为钢筋混凝土外墙。

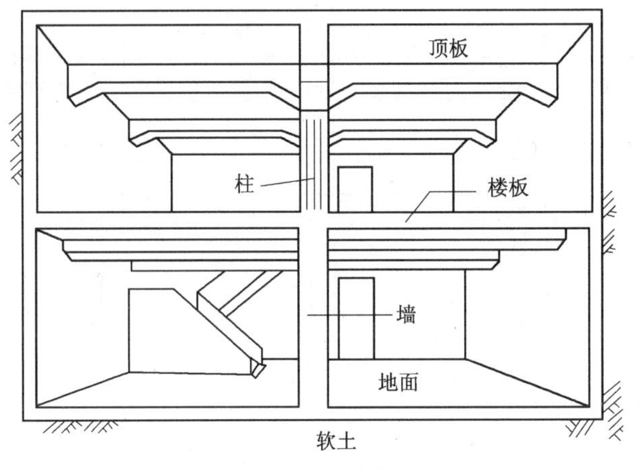

图 4-2　梁板式结构

2. 板柱结构板柱结构

出于与上部地面建筑相适应或满足平时使用的目的，防空地下室可以不用内承重墙和梁的平板顶盖，而采用无梁楼盖的板柱结构（图 4-3），即地下室的顶板直接支承在柱上。外墙地下水位较低时采用砖砌或预制构件，地下水位较高时采用整体混凝土或钢筋混凝土。如地质条件较好，可在柱下设单独基础；如地质条件较差，可设筏板基础。

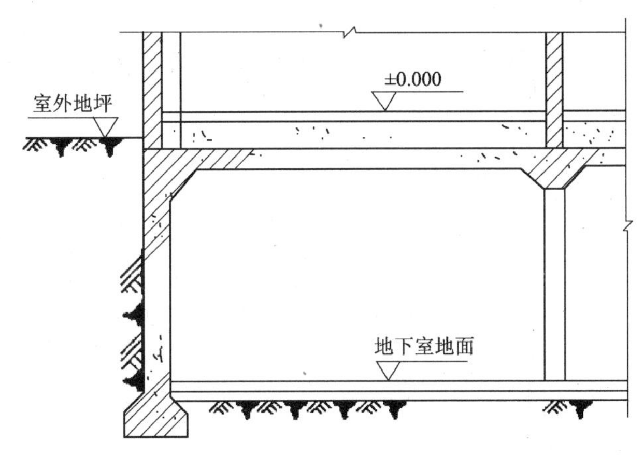

图 4-3　板柱结构

3. 箱形结构

当工事的防护等级要求高；土质条件差且上部为高层建筑物；地下水位高且结构有较高的防水要求；平时使用需要密封的房间；采用特殊的施工方法（沉井法、地下连续墙等）时，防空地下室要采用箱形结构（图 4-4）。箱形结构顶板、底板、墙板均为钢筋混凝土结构。

4. 拱壳结构

当地面建筑物是单层、大跨度（如车间、食堂、会议室、商店等），且下面防空地下室是平战两用的，则地下室的顶盖采用受力性能较好的钢筋混凝土壳体（双曲扁壳或筒壳）、单跨或多跨拱和折板结构（图 4-5）。

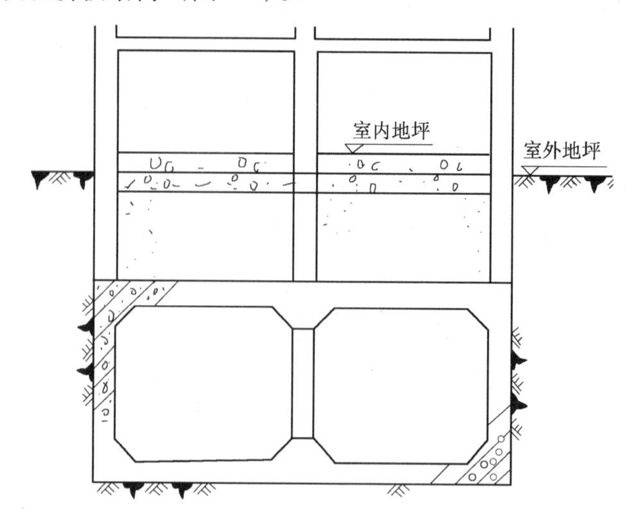

图 4-4　箱形结构

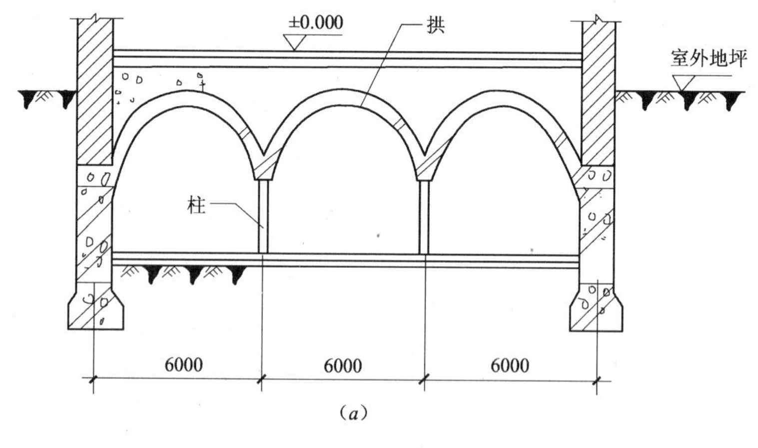

（a）

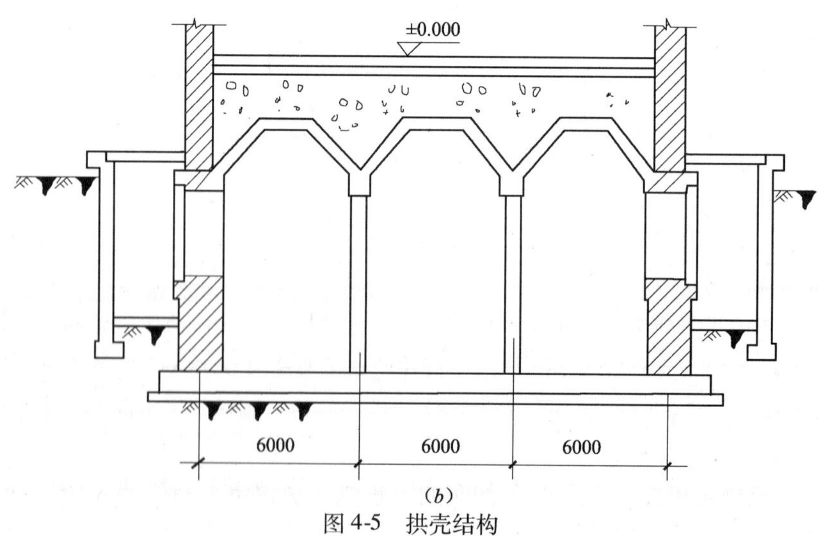

（b）

图 4-5　拱壳结构

（a）拱形；（b）折板形

5. 框架结构

由钢筋混凝土柱、梁、板组成的附建式地下结构体系（图4-6）。

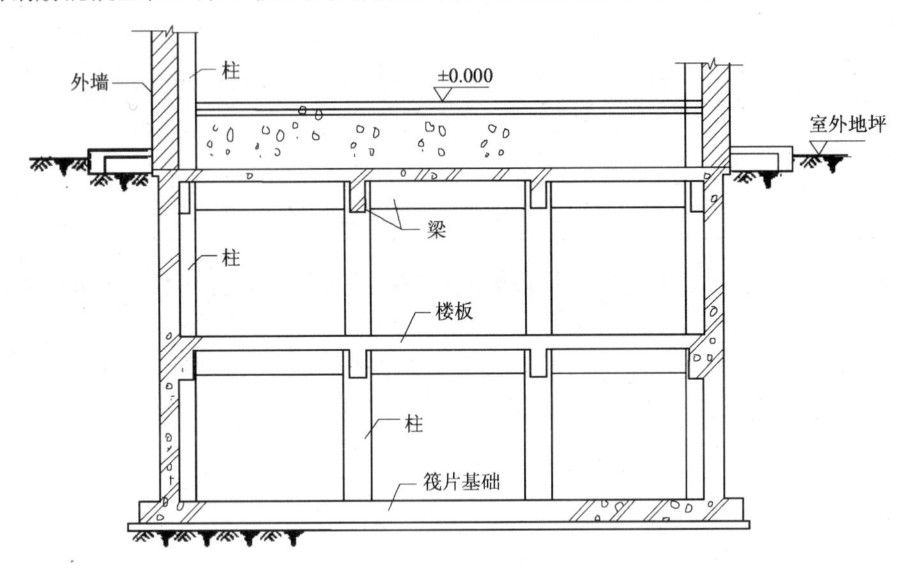

图4-6　框架结构

6. 外墙内框、墙板结构

指外墙为现浇钢筋混凝土结构或砌块墙，内部为柱梁组成的框架（图4-7）。

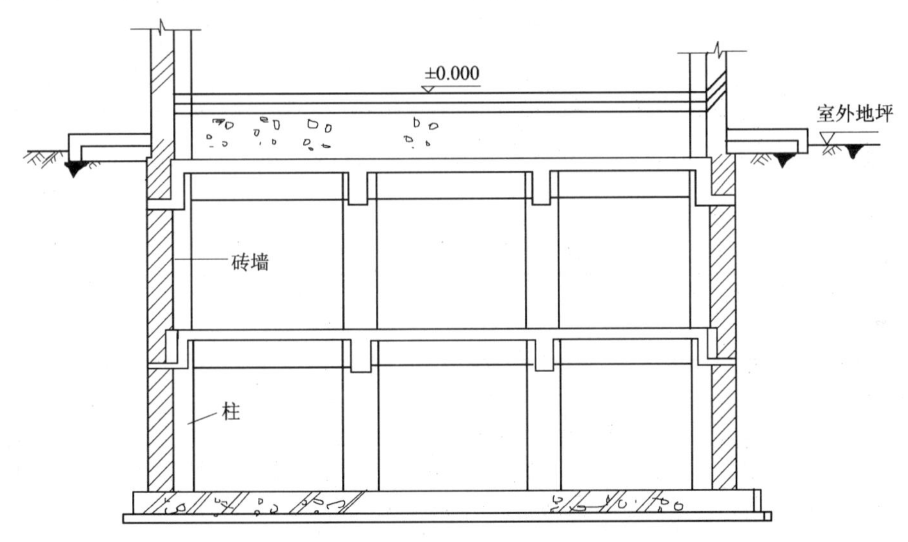

图4-7　外墙内框、墙板结构

4.1.3　早期核辐射的防护

附建式地下建筑结构对早期核辐射剂量应根据有关要求考虑其剂量限值。室内剂量值一般为0.1～0.5G_y（G_y，戈瑞——人员吸收放射性剂量的吸收单位）。最小防护层厚度一般为0.25m。

防空地下室室内早期核辐射设计限值应满足表4-1的要求。

室内剂量限值（G_y） 表4-1

类　别	剂量限值
医疗救护工程、防空专业队队员掩蔽部	0.1
人员掩蔽所和配套工程中有人员停留的房间、通道	0.2
配套工程中仅放有电子设备、医药物资的房间、通道、防空专业队装备掩蔽部	5.0

4级及以下的防空室，其室内剂量限值为5.0G_y的房间或通道可不进行防早期核辐射验算。

防空地下室顶板的最小防护厚度应满足表4-2的要求。当顶板厚度不满足要求时，应在顶板上面覆土。覆土的厚度不应小于最小防护厚度与顶板厚度之差的1.4倍。

防空地下室顶板最小防护厚度（mm） 表4-2

城市海拔 h_c（m）	剂量限值（G_y）	抗力等级			
		6	5	4B	4
≤200	0.1	—	460	820	970
	0.2	250	360	710	860
>200 ≤1200	0.1	—	540	860	1010
	0.2	250	430	750	900
>1200	0.1	—	610	930	1070
	0.2	250	500	820	960

全埋式防空地下室外墙顶部应采用钢筋混凝土，其最小防护层厚度应满足表4-3和图4-8、图4-9要求。

外墙顶部最小防护厚度（mm） 表4-3

城市海拔 h_c（m）	剂量限值（G_y）	抗力等级			
		6	5	4B	4
≤200	0.1	—	350	650	800
	0.2	250	250	550	700
>200 ≤1200	0.1	—	400	700	850
	0.2	250	300	600	750
>1200	0.1	—	450	750	900
	0.2	250	350	650	800

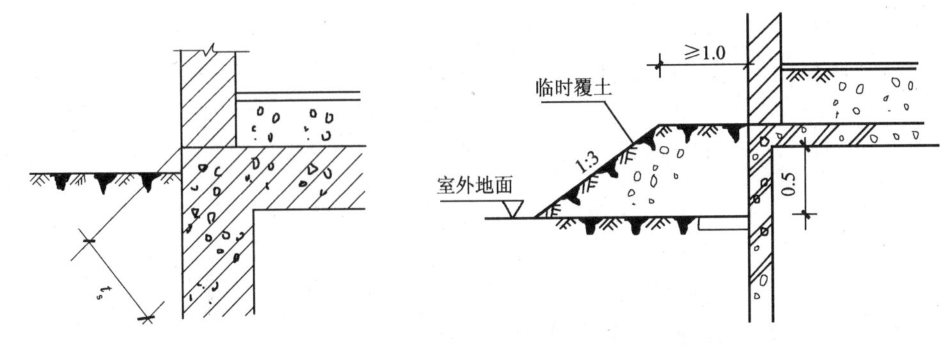

图 4-8　外墙顶部最小防护层厚度 $t_s \geqslant 0.25$m　　　　图 4-9　临战时覆土处理

4.1.4　附建式地下结构受到核爆炸冲击波动载转变为等效静载的过程

在附建式地下结构设计中，常将核爆炸冲击波动载转变为等效静载。其过程如下：

1. 核爆炸地面空气冲击波

核爆炸首先在地面产生空气冲击波，其波形如图 4-10 所示。

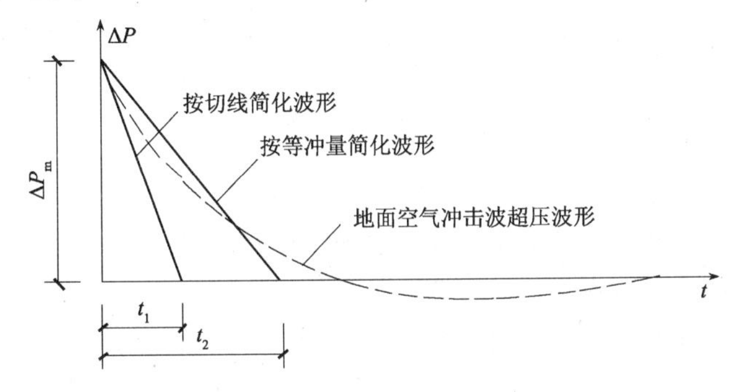

图 4-10　核爆炸地面空气冲击波简化波形

图中：ΔP_m——地面空气冲击波最大超压（N/mm^2）；

t_1——地面空气冲击波按切线简化的等效作用时间（s）；

t_2——地面空气冲击波按等冲量简化的等效作用时间（s）。

在结构计算中，核爆炸地面空气冲击波超压波形，可取峰值压力处按切线简化的无升压时间的三角形。

核爆冲击波主要设计参数，我国规范 GB 50038—2005 有下述规定，见表 4-4。

地面空气冲击波要求设计参数　　　　**表 4-4**

抗力等级	t_1	负压值（kN/m^2）	动压值（kN/m^2）
6	1.0	$0.16\Delta P_m$	$0.16\Delta P_m$
5	0.8	$0.13\Delta P_m$	$0.30\Delta P_m$
4B	0.6	$0.10\Delta P_m$	$0.55\Delta P_m$
4	0.5	$0.07\Delta P_m$	$0.74\Delta P_m$

2. 土中压缩波

地面空气冲击波进入地下，在土层中传播构成土中压缩波。土中压缩波压力可简化为有升压时间的平台（图 4-11）。

$$P_h = \left[1 - \frac{h}{V_1 t_2}(1-\delta)\right]\Delta P_{ms} \quad (4\text{-}1)$$

$$t_{0h} = (1-\gamma)\frac{h}{V_0} \quad (4\text{-}2)$$

$$\gamma = \frac{V_0}{V_1} \quad (4\text{-}3)$$

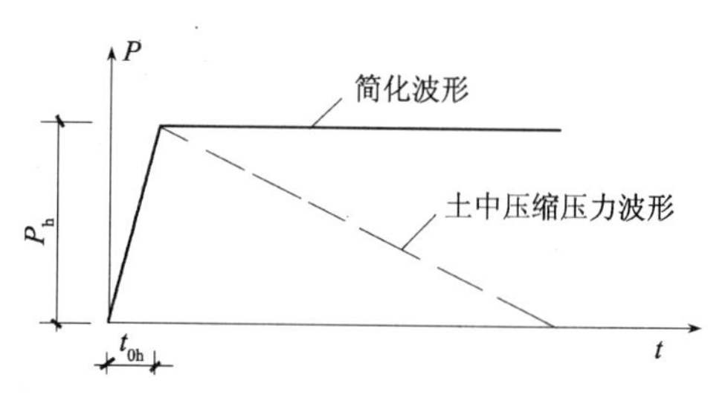

图 4-11　土中压缩波简化波形

式中　P_h——土中压缩波的最大压力，当土的计算深度小于或等于 1.5m 时，P_h 可近似取 ΔP_{ma}；

t_{0h}——土中压缩波升压时间；

h——土的计算深度（m），计算顶板时，取顶板的覆土厚度；计算外墙时，取防空地下室结构外墙中点至室外地面的深度；

γ——波速比；

V_0——土的起始压力波速（m/s），$V_0 = \sqrt{\frac{E_0}{\rho}}$，其中 E_0 为土的侧限弹性压缩模量，ρ 为土的天然密度；

V_1——土的峰值压力波速（m/s）；

δ——土的应变恢复比；

t_2——地面空气冲击波按冲量简化的等效作用时间（s）；t_2、δ、V_0、γ 值，当无实测资料时，可查阅相关规范；

ΔP_{ms}——空气冲击波超压计算值（kN/m^2）。当不计入地面建筑物影响时，取地面超压值 ΔP_m；当计入地面建筑物影响时，计算结构顶板，6 级防空地下室，ΔP_{ms}取 ΔP_m，升压时间可取 0.025s；5 级防空地下室，ΔP_{ms}取 $0.95\Delta P_m$，升压时间可取 0.025s（顶板 6、5 级计入，4、4B 级不计入）。计算外墙时，对 4B 级及以下的防空地下室，当上部建筑物的外墙为钢筋混凝土承重墙，或对上部建筑物为抗震设防的砌体结构或框架结构的 6 级防空地下室，均应计入上部建筑物对地面空气冲击波超压值的影响，空气冲击波超压计算值 ΔP_{ms}应按表 4-5 的规定采用。

土中外墙计算中计入上部建筑物影响采用的空气冲击波超压计算值 ΔP_{ms}　　表 4-5

抗力等级	ΔP_{ms}（kN/m^2）
6	$1.10\Delta P_m$
5	$1.20\Delta P_m$
4B	$1.25\Delta P_m$

地面建筑对核爆冲击波的影响主要是冲击波与地面建筑接触后，从门窗洞口进入宽敞的室内，发生绕流和扩散的冲击波压力峰值将降低，同时，明显出现升压时间，当门窗洞口越小时，这种现象越明显。地面建筑的钢筋混凝土承重墙结构，当地面超压为 0.2MPa 左右才倒塌，而抗震设防砌体结构当地面超压为 0.07MPa 左右就会倒塌；另外，核爆炸

冲击波峰值压力的反射、环流现象会使压力提高。

3. 附建式地下结构周边核爆炸动荷载作用方式（图 4-12）

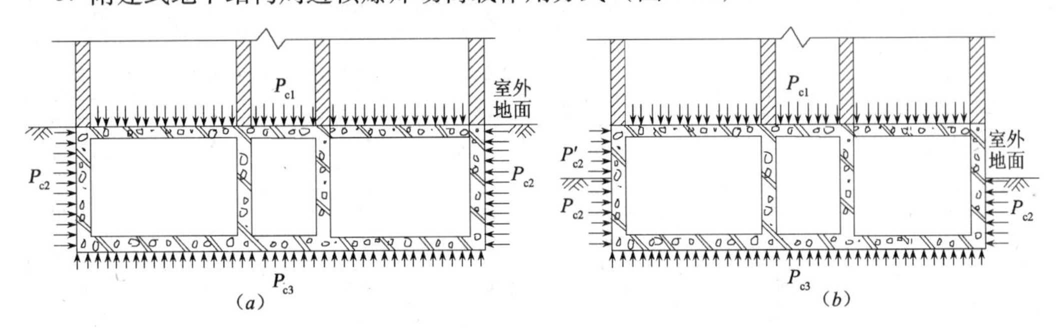

图 4-12　结构周边核爆动荷载作用方式

（a）全埋式防空地下室；（b）顶板高出地面的防空地下室

（1）全埋式附建式地下结构上的核爆动荷载，可按同时均匀作用在结构各部位设计（图 4-12*a*）。

（2）当 6 级附建式地下结构顶板高出室外地面时，尚应验算地面空气冲击波对高出地面外墙的单向作用（图 4-12*b*）。

4. 附建式地下结构周边核爆炸动荷载计算

（1）附建式地下结构顶板的核爆动荷载最大压力 P_{c1} 及升压时间 t_{0h} 可按下列公式计算

① 顶板计算中不计入上部建筑物影响的防空地下室

$$P_{c1} = KP_h \tag{4-4}$$

$$t_{0h} = (\gamma - 1)\frac{h}{V_0} \tag{4-5}$$

② 顶板计算中计入上部建筑物影响的防空地下室

$$P_{c1} = KP_h$$

$$t_{0h} = 0.025 + (\gamma - 1)\frac{h}{V_0} \tag{4-6}$$

式中　K——顶板核爆动荷载综合反射系数。顶板综合反射系数按下述方法确定：

a. 当顶盖覆土厚度为零时，综合反射系数可取 1.0。

b. 当顶盖覆土厚度小于结构不利覆土厚度时，可按 1.0 至不利覆土厚度间线性内插。

c. 当顶盖覆土厚度等于或大于结构不利覆土厚度，且为非饱和土时，可按表 4-6 确定。

顶盖覆土厚度等于或大于结构不利覆土厚度时的 *K*　　　　**表 4-6**

基础形式	覆土厚度（m）						
	1	2	3	4	5	6	7
箱形、筏形、壳形基础	1.45	1.40	1.35	1.30	1.25	1.22	1.20
条形或独立基础	1.42	1.30	1.20	1.15	1.10	1.05	1.00

d. 最大动荷载位于某一埋置深度处，该处的覆土厚度被认为是最不利覆土厚度。表

4-7 为防核武器抗力级别为 5 级及以下的黏性土人防工程结构不利覆土厚度 h_m。

黏性土人防工程结构不利覆土厚度 h_m（mm） **表 4-7**

l_0/m \ [β]	1.0	1.5	2.0	2.5	3.0	5.0
≤2.0	1.00	1.00	1.00	1.00	1.00	1.00
3.0	1.06	1.14	1.28	1.32	1.46	1.80
4.0	1.18	1.42	1.64	1.76	1.98	2.40
5.0	1.30	1.70	2.00	2.20	2.50	3.00
6.0	1.60	1.93	2.34	2.63	2.88	3.72
7.0	1.80	2.19	2.63	2.94	3.25	4.15
8.0	2.00	2.44	2.91	3.25	3.63	4.58
≥9.0	2.20	2.70	3.20	3.60	4.00	6.00

e. 当顶盖覆土厚度等于或大于结构不利覆土厚度，且为饱和土时，综合反射系数按下列规定确定：

当顶盖处压缩波峰值压力大于界限压力时，平顶结构的综合反射系数可取 2.0；非平顶结构的综合反射系数可取 1.8；

当顶盖处压缩波峰值压力小于等于 0.8 倍界限压力时，综合反射系数可按非饱和土确定；

当顶盖处压缩波峰值压力大于 0.8 倍界限压力，且小于界限压力时，综合反射系数可按线性内插确定。

（2）外墙

① 土中结构外墙上的水平均布核爆动荷载的最大压力 P_{c2} 及升压时间 t_{0h} 可按下列公式计算：

$$P_{c2} = \xi P_h \tag{4-7}$$

$$t_{0h} = (\gamma - 1)\frac{h}{V_0}$$

式中 ξ——土的侧压系数，当无实测资料时按表 4-8 采用。

侧压系数 ξ **表 4-8**

土的名称		ξ
碎石土		0.15～0.25
砂土	地下水位以下	0.25～0.35
	地下水位以下	0.70～0.90
粉石		0.33～0.43
黏性土	坚硬	0.20～0.40
	可塑	0.40～0.70
	软塑、流塑	0.70～1.0

注：1. 密实的碎石土及非饱和砂土，宜取下限值；
2. 非饱和黏性土的液性指数为下限值时，侧压系数宜取下限值；
3. 含气量不大于 0.1% 的饱和土，宜取上限值。

② 顶板高出地面的6级防空地下室，直接承受空气冲击波作用的外墙最大水平均布压力 P_{c2} 可取 $2\Delta P_m$。

（3）结构底板上的核爆动荷载最大压力可按下式计算

$$P_{c3}=\eta P_{c1} \tag{4-8}$$

式中 η——底压系数，当底板位于地下水位以上时取0.7～0.8，其中4B及4级取最小值；当底板位于地下水位以上时取0.8～1.0，其余含气量 $\alpha_1\leqslant0.1\%$ 时取最大值。

结构底板上的核爆炸动载 P_{c3} 主要是考虑受到顶板动荷载作用后往下运动，从而使地基产生反力，即结构底部压力由地基反力构成（土中压缩波传到底板上的压力落后于顶板传来的动载，而且数值较小）。

5. 在核爆动荷载作用下，顶板、外墙、底板的均布等效静荷载标准值，可分别按下列公式计算

$$q_{e1}=K_{d1}P_{c1} \tag{4-9}$$

$$q_{e2}=K_{d2}P_{c2} \tag{4-10}$$

$$q_{e3}=K_{d3}P_{c3} \tag{4-11}$$

式中 q_{e1}、q_{e2}、q_{e3}——分别为作用在顶板、外墙及底板的均布等效静荷载标准值；

K_{d1}、K_{d2}、K_{d3}——分别为顶板、外墙及底板的动力系数，可按相关规范选取。

6. 在核爆动荷载作用下，结构构件的工作状态可用结构构件的允许延性比〔β〕表示，其值按下式确定

$$[\beta]=[u_m]/u_e \tag{4-12}$$

式中 〔u_m〕——结构构件允许最大变位；

u_e——结构构件弹性极限变位。

对于砌体结构构件，〔β〕=1.0，对钢筋混凝土构件①密封、防水要求高的结构构件宜按弹性工作阶段设计，〔β〕=1.0；②有一般密封、防水要求的结构构件，宜按弹塑性工作阶段设计，〔β〕值按表4-9采用。

弹塑性工作阶段结构构件的允许延性比〔β〕 **表4-9**

受力状态	受弯	大偏心受压	小偏心受压	中心受压
〔β〕	3.0	2.0	1.5	1.2

4.1.5 附建式地下结构的构造

1. 材料强度等级（表4-10）

材料强度等级 **表4-10**

材料种类	钢筋混凝土		混凝土	砖	砂浆		料石
	独立柱	其他			砌筑	装配填缝	
强度等级	C30	C20	C15	MU10	M5	M10	MU30

注：1. 防空地下室结构不得采用硅酸盐砖和硅酸盐砌块；
2. 严寒地区，很潮湿的土应采用MU15砖，饱和土应采用MU20砖。

2. 结构构件最小厚度

结构构件最小厚度，应不低于表4-11的数值。

结构构件最小厚度（mm） **表4-11**

构建类别	材料			
	钢筋混凝土	混凝土	砖砌体	料石砌体
顶板，中间楼板	200			
承重外墙	200	200	490	300
承重内墙	200	200	370	300
非承重隔墙			240	

注：1. 表中结构最小厚度，未考虑防早期核辐射要求；
 2. 表中顶板最小厚度系指实心截面，如为密肋板，其厚度不宜小于100mm。

3. 保护层最小厚度

附建式地下结构受力钢筋的混凝土保护层最小厚度，应比地面结构增加一些，因为地下结构外侧与土接触，内侧的相对湿度较高。

4. 变形缝的设置

（1）在防护单元内部应设置沉降缝、伸缩缝。

（2）上部地面建筑需设置伸缩缝、抗震缝时，防空地下室可不设置。地下室若设沉降缝和伸缩缝时，应与上部地面建筑设缝位置相同。

（3）室外入口与主体结构连接处，应设沉降缝，以防产生不均匀沉降时断裂。

（4）钢筋混凝土结构设置伸缩缝最大间距应按现行的有关标准执行。

5. 圈梁的设置

（1）当防空地下室顶盖采用叠合板、装配整体式平板或拱形结构时，应沿着内墙与外墙的顶部设置圈梁一道。

（2）当防空地下室顶盖采用现浇钢筋混凝土时，外墙顶部设置圈梁，内墙间隔设置圈梁。

6. 构件相接处的锚固

（1）钢筋混凝土顶板与内、外墙的相接处，应设锚固钢筋（图4-13、图4-14）。

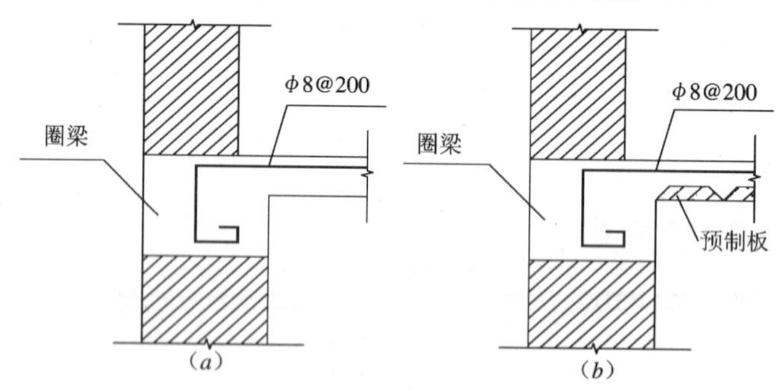

图4-13 顶板与砖外墙上圈梁的锚固

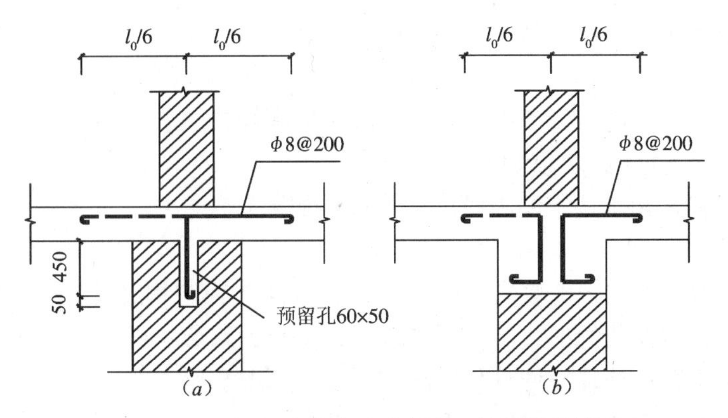

图 4-14　顶板与砖内墙及砖内墙上的圈梁的锚固

（2）砖墙转角处及内墙的交接处，除应同时咬槎砌筑外，还应沿墙设置拉结筋。

7. 其他构件要求

（1）双面配筋的钢筋混凝土板、墙体应设置梅花形排列的拉结钢筋，拉结钢筋长度应能拉住最外层受力钢筋。当拉结钢筋兼作受力箍筋，其直径及间距应符合箍筋的计算和构造要求。

（2）连续梁及框架在距支座边缘 1.5 倍梁的截面高度范围内，箍筋配筋面百分率应不低于0.15%，箍筋间距不宜大于 $h/4$，且不宜大于主筋直径的 5 倍。对受拉钢筋搭接处，宜采用封闭箍筋，箍筋间距不应大于主筋直径的 5 倍，且不应大于 100mm。

（3）承受核爆动荷载的钢筋混凝土结构构件，纵向受力钢筋的配筋百分率最小值应符合表 4-12 的规定。

钢筋混凝土结构构件纵向受力钢筋的配筋百分率最小值　　　　表 4-12

分　　类	混凝土强度等级		
	C20	C25 ~ C55	C60
轴心受压构件的全部受压钢筋	0.40	0.40	0.40
偏心受压及偏心受拉构件的受压钢筋	0.20	0.20	0.20
受弯构件、偏心受压及偏心受拉构件的受拉钢筋	0.20	0.25	0.30

注：受压钢筋和偏心受压构件的受拉钢筋的最小配筋百分率按构件的全截面面积计算，其余的受压钢筋的最小配筋百分率全截面面积和扣除位于受压或受拉较少边翼缘面积后的截面面积计算。

4.2　梁板式结构的设计计算

4.2.1　顶板的设计计算

附建式地下结构顶板常采用整体式及钢筋混凝土梁板结构或无梁结构。顶板的支承可以是承重墙或梁。因设梁影响净空高度，且施工较复杂，故最好利用承重墙支承而不设梁。

1. 荷载

（1）核爆炸冲击波超压所产生的动载，在设计中常将冲击波动载变为相应的等效静载，顶板所受的等效静载 q_{e1}（见 4.1.4 节）。

（2）静载

顶板以上的荷载，包括设备夹层、房屋底层地坪和覆土层重和战时不迁移的固定设备（人重和倒塌的上层建筑碎块重量不计）。

顶板自重（根据初步选定的断面尺寸及材料估算）。

2. 计算简图

计算顶板的内力之前，应将实际构造的板和梁简化为结构计算的图示，即计算简图。计算简图应表示：①荷载的形式、位置和数量；②板的跨数、各跨的跨数尺寸；③板的支承条件等。简化原则：计算简便且与实际结构受力情况相符。

作用在顶板上的荷载，一般取为垂直均布荷载。

整体式梁板结构，可分为单向板梁板结构和双向板梁板结构：①单向板：长边 l_2/短边 $l_1>2$，沿短边 l_1 方向产生弯矩；②双向板：$l_2/l_1\leqslant 2$ 时，在两个方向均产生弯矩。

对于多列双向板的顶板，可简化为单跨双向板或单向连续板进行近似计算。

第一种简化：各跨受均布荷载的顶板，当各跨跨度相等或相近时，中间支座的截面基本不发生转动。因此，可近似认为，每块板都固定在中间支座上，而边支座是简支的。这就可以把顶板分为每一块单独的单跨双向板计算。

第二种简化：首先根据比值 l_2/l_1 将作用在每块双向板上的荷载近似地分配到 l_1 与 l_2 两个方向上，而后再按互相垂直的两个单向连续板计算。其支座条件，对支承在任何支座上的钢筋混凝土整浇顶板（或次梁），一般均按不动铰考虑。各跨跨度相差不超过 20% 时，可近似地按等跨连续梁计算。

3. 内力计算

（1）单向连续板：凡连续板两个方向的跨度 $l_2/l_1>2$，及双向板的荷载已经分配而简化为单向连续板的情况，均可按下述方法计算内力。

当防水要求高时，采用弹性法。对于等跨情况可将单向连续板取其宽 $b=1\text{m}$ 作为计算单元，将板作为支承在次梁上的连续梁，按《建筑结构静力计算手册》第 248 页“等跨梁在常用荷载作用下的内力及挠度系数”计算内力。不等跨情况采用弯矩分配法计算内力。

当防水要求不高时采用塑性法。同样分等跨和不等跨两种情况。对承受均布荷载和间距相同、大小相等的集中荷载的等跨连续梁、板，根据计算结果分析并考虑到设计方便，控制截面内力可直接按下列公式计算。

① 等跨连续梁各跨跨中及支座截面的弯矩设计值。

承受均布荷载时：

$$M=\alpha_{\text{mb}}(g+q)l_0^{\ 2} \tag{4-13}$$

承受间距相同、大小相等的集中荷载时：

$$M=\eta\alpha_{\text{mb}}(G+Q)l_0 \tag{4-14}$$

式中 g、q——沿梁单位长度上的永久荷载设计值、可变荷载设计值；

G、Q——一个集中永久荷载设计值、可变荷载设计值；

α_{mb}——连续梁考虑塑性内力重分布的弯矩系数，按表 4-13 采用；

η——集中荷载修正系数，根据一跨内集中荷载的不同情况按表 4-14 采用；

l_0——计算跨度，根据支承条件按表4-15采用。

连续梁考虑塑性内力重分布的弯矩系数 α_{mb}　　　　表 4-13

<table>
<tr><th rowspan="3">端支座支承情况</th><th colspan="6">截面</th></tr>
<tr><th>端支座</th><th>边跨跨中</th><th>离端第二支座</th><th>离端第二跨跨中</th><th>中间支座</th><th>中间跨跨中</th></tr>
<tr><th>A</th><th>Ⅰ</th><th>B</th><th>Ⅱ</th><th>C</th><th>Ⅲ</th></tr>
<tr><td>搁置在墙上</td><td>0</td><td>$\frac{1}{11}$</td><td rowspan="3">$-\frac{1}{10}$
（用于两跨连续梁）
$-\frac{1}{11}$
（用于多跨连续梁）</td><td rowspan="3">$\frac{1}{16}$</td><td rowspan="3">$-\frac{1}{14}$</td><td rowspan="3">$\frac{1}{16}$</td></tr>
<tr><td>与梁整体连接</td><td>$-\frac{1}{24}$</td><td>$\frac{1}{14}$</td></tr>
<tr><td>与柱整体连接</td><td>$-\frac{1}{16}$</td><td>$\frac{1}{14}$</td></tr>
</table>

注：表中A、B、C和Ⅰ、Ⅱ、Ⅲ分别为从两端支座截面和边跨跨中截面算起的截面代号。

集中荷载修正系数 η　　　　表 4-14

荷载情况	截面					
	A	Ⅰ	B	Ⅱ	C	Ⅲ
跨间中点作用一个集中荷载	1.5	2.2	1.5	2.7	1.6	2.7
跨间三分点作用两个集中荷载	2.7	3.0	2.7	3.0	2.9	3.0
跨间四分点作用三个集中荷载	3.8	4.1	3.8	4.5	4.0	4.8

梁、板计算跨度 l_0　　　　表 4-15

支承情况	计算跨度	
	梁	板
两端与梁（柱）整体连接	净跨长 l_n	净跨长 l_n
两端搁置在砌体墙上	$1.05l_n \leqslant l_n + a$	$l_n + h \leqslant l_n + a$
一端与梁（柱）整体连接，另一端搁置在砌体墙上	$1.05l_n \leqslant l_n + a/2$	$l_n + h/2 \leqslant l_n + a/2$

注：表中 h 为板的厚度；a 为梁或板在砌体墙上的支承长度。

② 等跨连续梁的剪力设计值

承受均布荷载时：

$$V = \alpha_{Vb}(g + q)l_n \tag{4-15}$$

承受间距相同、大小相等的集中荷载时：

$$V = \alpha_{Vb}n(G + Q) \tag{4-16}$$

式中　l_n——净跨，各跨取各自的净跨；

n——一跨内集中荷载的个数；

α_{Vb}——考虑塑性内力重分布的剪力系数，按表4-16采用。

连续梁考虑塑性内力重分布的剪力系数 α_{Vb} 表 4-16

<table>
<tr><th rowspan="3">荷载情况</th><th rowspan="3">端支座支承情况</th><th colspan="5">截面</th></tr>
<tr><th>A 支座内侧</th><th>B 支座外侧</th><th>B 支座内侧</th><th>C 支座外侧</th><th>C 支座内侧</th></tr>
<tr><th>$A_{in}\sqrt{b^2-4ac}$</th><th>B_{ex}</th><th>$\frac{1}{2}B_{in}$</th><th>C_{ex}</th><th>C_{in}</th></tr>
<tr><td rowspan="2">均布荷载</td><td>搁置在墙上</td><td>0.45</td><td>0.60</td><td rowspan="2">0.55</td><td rowspan="2">0.55</td><td rowspan="2">0.55</td></tr>
<tr><td>梁与梁或梁与柱整体连接</td><td>0.5</td><td>0.55</td></tr>
<tr><td rowspan="2">集中荷载</td><td>搁置在墙上</td><td>0.42</td><td>0.65</td><td rowspan="2">0.60</td><td rowspan="2">0.55</td><td rowspan="2">0.55</td></tr>
<tr><td>梁与梁或梁与柱整体连接</td><td>0.50</td><td>0.60</td></tr>
</table>

注：表中 A_{in}、B_{ex}、B_{in}、C_{ex}、C_{in} 分别为支座内、外侧截面的代号。

③ 承受均布荷载的等跨连续单向板，各跨跨中及支座截面的弯矩设计值按下式计算：

$$M=\alpha_{mp}(g+q)l_0^2 \tag{4-17}$$

式中 g、q——沿板单位长度上的永久荷载设计值、可变荷载设计值；

l_0——板的计算跨度，按表 4-15 采用；

α_{mp}——单向连续板考虑塑性内力重分布的弯矩系数，按表 4-17 采用。

应当指出，表 4-13 和表 4-17 中的弯矩系数以及表 4-16 中的剪力系数，适用于均布活荷载与均布恒载的比值 $q/g>0.3$ 的等跨连续梁、板；也适用于相邻两跨跨度相差小于 10% 的不等跨连续梁、板；但在计算跨中弯矩和支座剪力时，应取本跨的跨度值，计算支座弯矩时，应取相邻两跨的较大跨度值。

对于不等跨情况，先按弹性法求出内力图，再将各支座弯矩减少 30%，并相应的增加跨中正弯矩，使每跨调整后两端支座弯矩的平均值与跨中弯矩绝对值之和，不小于相应的简支梁跨中弯矩。如前者小于后者时，应将支座弯矩的调整值减少（例如从 30% 减到 25% 或 20%），使不因支座负弯矩过小而造成跨中最大正弯矩的过分增加。最后，再根据调整后的支座弯矩计算剪力值。

连续板考虑塑性内力重分布的弯矩系数 α_{mp} 表 4-17

<table>
<tr><th rowspan="3">端支座支撑情况</th><th colspan="6">截面</th></tr>
<tr><th>端支座</th><th>边跨跨中</th><th>离端第二支座</th><th>离端第二跨跨中</th><th>中间支座</th><th>中间跨跨中</th></tr>
<tr><th>A</th><th>I</th><th>B</th><th>Ⅱ</th><th>C</th><th>Ⅲ</th></tr>
<tr><td>搁置在墙上</td><td>0</td><td>$\frac{1}{11}$</td><td>$-\frac{1}{10}$
（用于两跨连续板）</td><td rowspan="2">$\frac{1}{16}$</td><td rowspan="2">$-\frac{1}{14}$</td><td rowspan="2">$\frac{1}{16}$</td></tr>
<tr><td>与梁整体连接</td><td>$-\frac{1}{16}$</td><td>$\frac{1}{14}$</td><td>$-\frac{1}{11}$
（用于多跨连续板）</td></tr>
</table>

（2）多列双向板

多列双向板的计算也分弹性法和塑性法两种。按弹性法计算时，可简化为单跨双向板或将荷载分配后的两个互相垂直的单向连续板计算；按塑性法计算时，如图 4-15，任何一块双向板的弯矩可表示为：

$$2\overline{M}_1+2\overline{M}_2+\overline{M}_{\rm I}+\overline{M}_{\rm I}'+\overline{M}_{\rm II}+\overline{M}_{\rm II}'=\frac{ql_1^2}{12}(3l_2-l_1) \tag{4-18}$$

式中 $\overline{M}_1$——平行 l_1 方向板的跨中弯矩；

$\overline{M}_2$——平行 l_2 方向板的跨中弯矩；

$\overline{M}_{\mathrm{I}}$、$\overline{M}_{\mathrm{I}}'$——平行 l_1 方向板的支座弯矩；

$\overline{M}_{\mathrm{II}}$、$\overline{M}_{\mathrm{II}}'$——平行 l_2 方向板的支座弯矩；

q——作用在该板上的均布荷载；

l_1——板的短跨计算长度，取轴线距离；

l_2——板的长跨计算长度，取轴线距离。

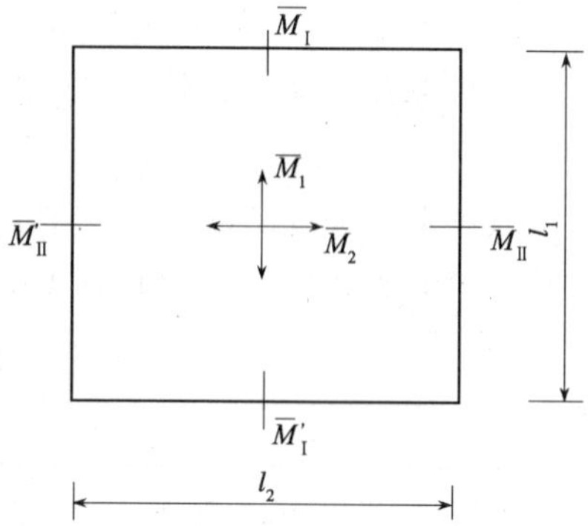

图 4-15 塑性法计算多列双向板

另外：①跨中两个弯矩之比 $\overline{M}_2/\overline{M}_1$ 根据 l_2/l_1 的比值按表 4-18 确定。

②各支座弯矩与跨中弯矩比在 1.0～2.5 范围内采用；中间区格采用接近表 4-18 的比值。

③计算多区格双向板时，可从任一区格（最好是中间区格）开始选定弯矩比，以任一弯矩（例如 $\overline{M}_1$）来表示其他的跨中弯矩及支座弯矩，再将各弯矩代表值代入公式（4-18）即可求得 $\overline{M}_1$，其余弯矩则由比例求出。这样，便可转入另一相邻区格，此时，与前一区格共同的支座弯矩是已知的，（同时已知支座弯矩表示其他跨中弯矩与支座弯矩），第二区格其余内力可用相同方法计算；以后以此类推。

塑性法计算多列双向板弯矩比值系数 **表 4-18**

l_2/l_1	$\overline{M}_2/\overline{M}_1$	l_2/l_1	$\overline{M}_2/\overline{M}_1$
1.0	1.0～0.8	1.6	0.5～0.3
1.1	0.9～0.7	1.7	0.45～0.25
1.2	0.8～0.6	1.8	0.4～0.2
1.3	0.7～0.5	1.9	0.35～0.2
1.4	0.6～0.4	2.0	0.3～0.15
1.5	0.55～0.35		

4. 截面设计

防空地下室结构在确定等效静荷载标准值后，其承载力设计应采用下列极限状态设计表达式

$$\gamma_0(\gamma_G S_{GK}+\gamma_Q S_{QK})\leqslant R \tag{4-19}$$

$$R=R\ (f_{cd},\ f_{sd},\ \alpha_k\cdots) \tag{4-20}$$

式中 γ_0——结构重要性系数，取 1.0；

γ_G——永久荷载分项系数，当其效应对结构不利时取 1.2，有利时取 1.0；

S_{GK}——永久荷载效应标准值；

γ_Q——等效静荷载分项系数，取 1.0；

S_{QK}——等效静荷载效应标准值；

R——结构构件承载力设计值；

$R\ (f_{cd},\ f_{sd},\ \alpha_k\cdots)$——结构构件承载力函数；

f_{cd}——混凝土动力强度设计值；

f_{sd}——钢筋动力强度设计值；

α_k——几何参数标准值，当几何参数的变异性对结构性能有明显影响

时，可另增加一个计入其不利影响的附加值 α。

在核爆动荷载与静荷载同时作用下或核爆动荷载单独作用下，要考虑材料动力强度的提高。

材料动力强度设计值（式中 f_{cd} 和 f_{sd}）可取静荷载作用下，材料强度设计值乘以材料强度综合调整系数 γ_d。材料强度综合调整系数 γ_d 按表 4-19 的规定采用。

材料强度综合调整系数 γ_d 　　表 4-19

材料	种类	材料强度综合调整系数 γ_d
热轧钢筋	Ⅰ级	1.5
	Ⅱ级	1.35
	Ⅲ级	1.27
	Ⅳ级	1.10
混凝土		1.50
砌体	料石 混凝土预制块 普通黏土砖	1.50

注：1. 表中同一种材料或砌块的强度综合调整系数，可适应于受拉、受压、受弯、受剪和受扭等不同受力状态；
2. 对于采用蒸气养护或掺入早强剂的混凝土，应乘以 0.85 折减系数。

混凝土和砌体的弹性模量可取静荷载作用时的 1.2 倍；钢材的弹性模量及各种材料的泊松比，均可取静荷载作用时的数值。

附建式地下结构顶板的截面，当按弹塑性工作阶段计算时，为防止钢筋混凝土结构的突然脆性破坏，保证结构的延性，应满足下列条件：

（1）对于超静定钢筋混凝土梁、板和平面框架结构，同时发生最大弯矩和最大剪力的截面，应验算斜截面抗剪强度；

（2）受拉钢筋配筋率不宜大于 1.5%；当大于 1.5% 时，受弯构件或大偏心受压构件的允许延性比〔β〕值应满足以下公式：

$$[\beta] \leqslant \frac{0.5}{x/h} \tag{4-21}$$

$$x/h_0 = (\rho - \rho')f_y/f_{cm} \tag{4-22}$$

式中 x——混凝土受压区高度；

h_0——截面的有效高度；

ρ、ρ'——纵向受拉钢筋及纵向受压钢筋配筋率；

f_y——受拉钢筋的动力强度设计值；

f_{cm}——混凝土弯曲抗压动力强度设计值。

（3）按等效静荷载法分析得出的内力，进行梁、柱斜截面承载力验算时，其混凝土及砌体的动力强度设计值应乘以折减系数 0.8；或进行墙、柱受压构件正截面承载力验算时，其混凝土及砌体的轴心抗压动力强度设计值乘以折减系数 0.8；

（4）按等效静荷载法分析得出的内力，进行钢筋混凝土受弯构件斜截面承载力验算时，需作混凝土强度等级影响的修正；对于均布荷载作用下的梁，尚需作跨高比的修正。其修正值 V_{cd} 应按下列公式计算确定：

$$V_{cd} = \psi_c \psi_1 V_C \tag{4-23}$$

$$\psi_c = (f_{c30}/f_c)^{\frac{1}{2}} \tag{4-24}$$

$$\psi_1 = 1 - \frac{1}{15}(\frac{l}{h_0} - 8) \geqslant 0.6 \tag{4-25}$$

式中 V_C——受弯构件斜截面混凝土受剪承载力设计值（N），对于均布荷载 $V_C = 0.07 f_{cd} b h_0$；

ψ_c——混凝土强度等级影响系数，当混凝土强度等级小于或等于 C30 时，$\psi_c = 1.0$；当混凝土等级大于 C30 时，ψ_c 应按式（4-24）确定；

f_{c30}——C30 时的轴心抗压强度设计值（N/mm^2）；

f_c——所验算混凝土等级的轴心抗压强度设计值（N/mm^2）；

ψ_1——梁跨高比影响系数，当 $l/h_0 \leqslant 8$ 时，$\psi_1 = 1$，当 $l/h_0 > 8$ 时，按式（4-25）确定。

4.2.2 侧墙的设计计算

1. 荷载

侧墙的战时荷载组合，应考虑以下几项：

（1）压缩波所形成的水平荷载，转变后的等效静荷载 q_{e2}。对于大量性的防空地下室侧墙，可按表 4-20 取值。

（2）顶板传来的动载与静载，可由前述顶板荷载计算结果根据顶板受力情况所求出的反力来确定。

（3）上部地面建筑自重，依防空地下室结构抗力等级不同而不同：

抗力 6 级，不计上部建筑物外墙形式，取上部建筑物自重标准值；

抗力 5 级，当上部建筑物外墙为钢筋混凝土承重墙时，上部建筑物自重取全部标准值；当为其他结构形式时，上部建筑物自重取标准值之半；

抗力 4B、4 级，当上部建筑物外墙为钢筋混凝土承重墙时，上部建筑物自重取全部标准值，其他结构形式，不计入上部建筑物的自重。

等效静荷载 q_{e2} **表 4-20**

土壤类别		结构材料	
		砖、混凝土（kN/m^2）	钢筋混凝土（kN/m^2）
碎石土		20～30	20
砂土		30～40	30
黏性土	硬塑	30～50	20～40
	可塑	50～80	40～70
	软塑	90	70
地下水以下土壤		90～120	70～100

注：1. 取值原则：碎石土及砂土——密实、颗粒粗的取小值，反之取大值；黏性土——液性指数低的取小值，反之取大值；地下水以下土壤——砂土取小值，黏性土取大值；

2. 在地下水位以下的侧墙未考虑砖砌体；

3. 砖及素混凝土侧墙按弹性工作阶段计算，钢筋混凝土侧墙按弹塑性工作阶段计算，并取 $[\beta] = 2.0$；

4. 计算时按净空 ≤3.0m，开间 ≤4.2m；

5. 地下水位标高按室外地坪以下 0.5～1.0m 考虑。

（4）侧墙自重，根据初步假设墙体的几何尺寸及材料确定。

（5）土压力及水压力（地下水位以上仅有土压力；地下水位以下有土压力和水压力，土、水压力分算）。

土压力（侧墙所受的侧向土压力）：

① 地下水位以上：
$$e_{kt}=\sum_{i=1}^{n}\gamma_i h_i \tan^2\left(45°-\frac{\varphi}{2}\right) \tag{4-26}$$

② 地下水位以下：土水压力分算，其中土压力按式（4-26），但土层重度 γ_i 应由有效重度 γ_i' 来代替，而侧向水压力按下式计算
$$e_{ks}=\gamma_w h_s \tag{4-27}$$

土水压力计算见图4-16。

2. 计算简图

侧墙上所承受的水平荷载，例如水平动载及侧向水土压力，都随着深度而变化，在简化时一般取为均布荷载。

砖砌外墙高度：当为条形基础时，取顶板或圈梁下皮至室内地坪；当基础为整体式底板时，取顶板或圈梁下皮至底板上表面；当沿外墙下端设有管沟时，为顶板或圈梁下表面至管沟地面的高度。

支承条件按下述不同情况考虑：

在混合结构中，当砖砌厚度 d/基础宽度 $d'\leqslant 0.7$ 时，按上端简支，下端固定计算；当基础为整体式底板时，按上端和下端均为简支的有轴压梁。

在钢筋混凝土结构中，当顶板、墙板和底板分开计算时，按上端铰支、下端固定的有轴压梁计算（图4-17）；此外，有将墙顶与顶板连接处视为铰接，侧墙与底板当做整体考虑的；也有将顶板、侧墙和底板作为整体框架的（图4-18）。

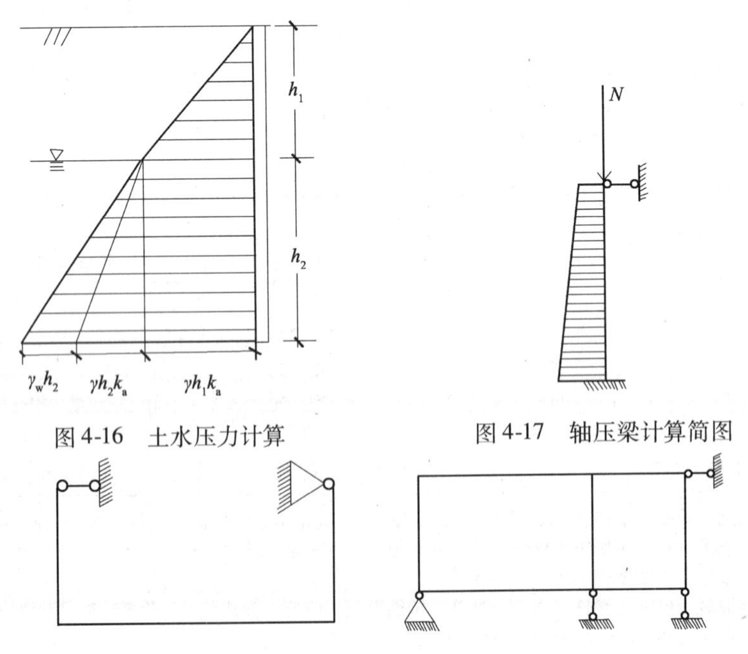

图4-16　土水压力计算

图4-17　轴压梁计算简图

图4-18　整体框架计算简图

墙板按两个方向长度比值的不同，可分为单向板和双向板。当按双向板计算时，在水平方向上，如外纵墙与横墙或山墙整体砌筑（砖墙）或整体浇筑（混凝土或钢筋混凝土墙），且横向为等跨，则将横墙视作纵墙的固定支座，按单块双向板计算内力 N。

3. 内力计算

根据上述原则确定计算简图后，则可求出内力。对于砖砌体及素混凝土构筑的侧墙，计算内力时按弹性工作阶段考虑；当等跨情况时，可利用《建筑结构静力计算手册》直接求出内力。

对于钢筋混凝土构筑的侧墙，按弹塑性工作阶段考虑，可将按弹性法计算出的弯矩进行调整；或更简单些，直接取支座和跨中截面弹性法计算的弯矩平均值，作为按弹塑性法的计算弯矩。

4. 截面设计

在偏心受压砌体的截面设计中，当考虑核爆动荷载与静荷载同时作用时，荷载偏心距 e_0 不宜大于 $0.95y$，y 为截面重心到纵向力所在方向的截面边缘的距离。当 e_0 小于或等于 $0.95y$ 时，可仍由抗压强度控制进行截面选择，进行墙、柱受压构件的正截面承载力验算。

在钢筋混凝土侧墙的截面设计中，一般要进行双向配筋。当将侧墙作为轴压梁计算时，进行侧墙的正截面受压承载力验算；当不考虑作用在墙上的轴向压力时，墙成为一个受弯构件，则进行受弯构件承载力验算。

应当指出，在防空地下室侧墙的强度与稳定性计算时，应将“战时动载作用”阶段和“平时正常使用”阶段所得出的结构截面及配筋进行比较，取其较大值，因为侧墙不一定像顶板那样由战时动载作用控制截面设计。

4.2.3 基础的设计计算

根据抗力等级，基础进行底板核爆动载标准值、上部建筑物自重标准值（系指防空地下室上部建筑物的墙体和楼板传来的静荷载标准值，即墙体、屋盖、楼板自重及战时不拆迁的固定设备等）、顶板传来静荷载标准值、地下室墙身自重标准值的荷载组合。

当考虑核爆动载作用时，对于条形基础以及单独柱基的天然地基，应进行承载力验算（整体基础下的天然地基不需要验算），地基的允许承载力，可以适当提高，提高系数见表 4-21。

地基允许承载力提高系数　　表 4-21

卵石及密实硬塑亚黏土	5
密实亚黏土	4
中密以上细砂	3
中密、可塑或软塑亚黏土及中密以上砂土	2

对于整体基础底板的计算简图可和顶板一样，拆开为单向或双向连续板；也可与侧墙一起构成整体框架。对于有防水要求的底板，应按弹性工作阶段计算，不考虑塑性变形引起的内力重分布。

4.2.4 承重内墙（柱）的设计计算

1. 承重内墙（柱）的受力特点

根据抗力等级进行顶板传来核爆动载标准值、上部静荷载标准值、内承重墙（柱）自重标准值的荷载组合。

除防护隔墙外，一般内墙（柱）不承受侧向水平荷载，故将内墙（柱）近似地按中心受压构件计算。在计算顶板传给墙柱的等效静载时，当顶板按弹塑性工作阶段计算时，所传等效静载为1.25倍顶板支反力；当顶板按弹性工作阶段计算时，所传等效静载等于顶板支反力。

按中心受压构件进行内力计算和截面选择。

2. 承重内墙门洞的计算

在地下室承重内墙上开设的门洞较大时，门洞附近的应力分布比较复杂，应按“孔附近的应力集中”理论计算。但在实际工程中，常采用近似方法，其计算如下：

（1）将墙板视为一个整体简支梁，承受均布荷载 q（图4-19），先求出门洞中心处的弯矩 M 与剪力 V，再将弯矩化为作用在门洞上下横梁上的轴向力 $N=M/H_1$，剪力按上下横梁的刚度进行分配：

$$V_{上}=\frac{I_{上}}{I_{上}+I_{下}}V \quad V_{下}=\frac{I_{下}}{I_{上}+I_{下}}V \tag{4-28}$$

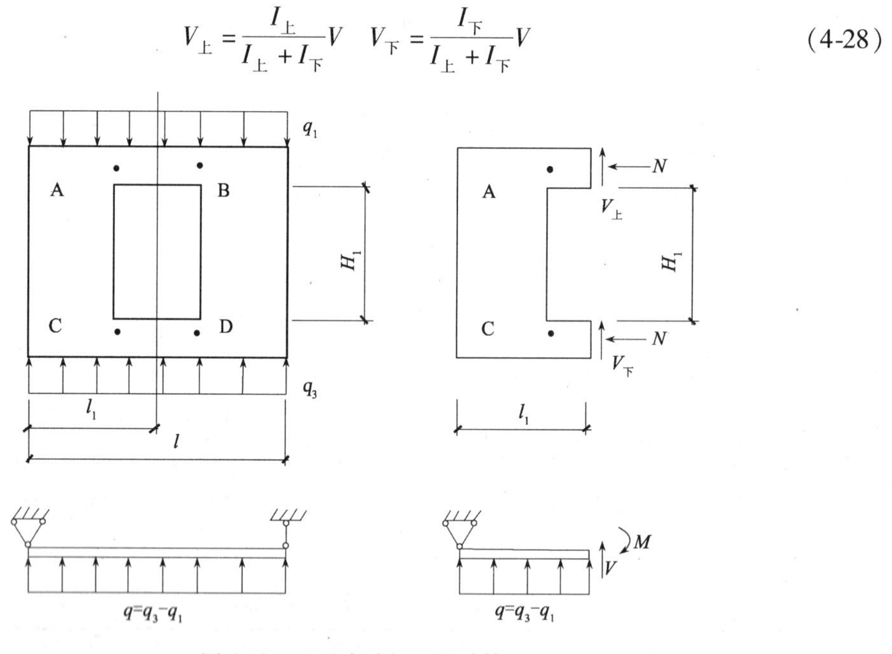

图4-19　承重内墙门洞的计算

（2）将上下横梁分别视为承受局部荷载的两端固定梁，求出上下横梁的固端弯矩：

$$M_{A}=M_{B}=\frac{q_1 l_1^2}{12} \quad M_{O}=M_{D}=\frac{q_3 l_1^2}{12} \tag{4-29}$$

（3）将以上两组内力叠加：

$$上梁\ M=V_{上}\frac{l_1}{2}-\frac{q_1 l_1^2}{12} \quad N=\frac{M}{H_1}(偏心受拉) \tag{4-30}$$

$$下梁 \quad M = V_{下}\frac{l_1}{2} + \frac{q_3 l_1^2}{12} \quad N = \frac{M}{H_1}(偏心受压) \tag{4-31}$$

最后可根据上面的内力配置受力钢筋，而斜截面依据 $V_{上}$、$V_{下}$配置钢筋。

当门洞较小时，可不必进行上述计算。

4.3 口部结构

附建式地下结构的口部，是整个建筑物的一个重要部位。在战时它比较容易摧毁，造成口部的堵塞，影响整个工事的使用和人员的安全。因此，设计中必须给予足够的重视。

4.3.1 室内出入口

每个独立的防空地下室至少要有一个室内出入口。其形式主要有：阶梯式的，以平时使用为主（战时容易倒塌），其位置设在上层建筑楼梯间的附近；竖井式的，主要用做战时安全入口，平时可供运送物品之用。

（1）阶梯式出入口

设在楼梯间附近的阶梯式出入口，以平时使用为主，在战时（或地震时）倒塌堵塞的可能性很大，这是个严重的问题。因此，它很难作为战时的出入口。

位于防护门（或防护密闭门）以外通道内的防空地下室外墙称为临空墙（图 4-20），其外侧没有土层，直接受冲击波作用，其厚度应满足防早期抗辐射的要求，同时它是直接受冲击波作用的，所受的动荷载要比一般外墙大得多。因此在平面设计时，首先要尽量减少临空墙；其次，在可能的条件下，要设法改善临空墙的受力条件。临空墙承受的水平方向荷载较大，须采用混凝土或钢筋混凝土结构，其内力计算与侧墙类似，钢筋混凝土临空墙按弹塑性工作阶段计算，$[\beta]=2.0$。

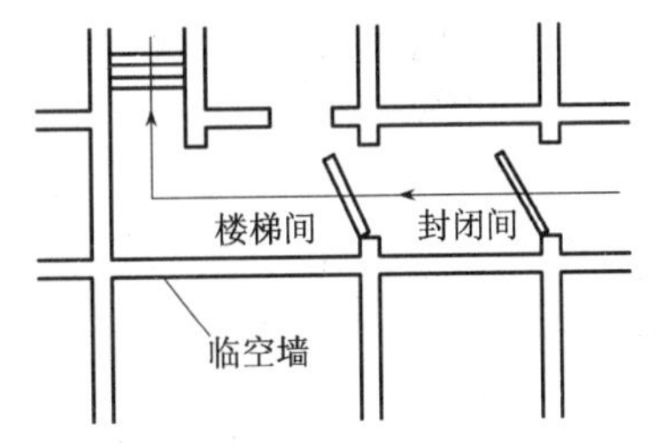

图 4-20　室内出入口中的临空墙

除临空墙外其他与防空地下室无关的墙、楼梯板、休息平台等，一般均不考虑核爆动载，可按平时使用的地面建筑进行设计。当进风口改在室内出入口处时，可将出入口附近的楼梯间适当加强，以免堵塞过死，难以清理。为了避免建筑物倒塌堵塞出入口，可设置坚固棚架。

（2）竖井式出入口

当场地有限，难以把室外出入口设在倒塌范围之外，且又没条件与人防支干道连通；或几个工事联通合用安全出入口时，可设置内径为 1.0m×1.0m 的钢筋混凝土方筒形室内竖井式出入口，其顶端位于底层地面建筑的顶板之下，且与其他结构完全分离。

4.3.2 室外出入口

每一个独立的防空地下室（包括人员掩蔽室的每个防护单元）应设有一个室外出入口，作为战时的主要出入口，室外出入口的口部应尽量布置在地面建筑的倒塌范围以外，室外出入口也有阶梯式与竖井式两种形式。

（1）阶梯式出入口

阶梯式室外出入口的伪装遮雨棚，应采用轻型结构，不宜修建高出地面的口部其他建筑物。阶梯式出入口的临空墙，采用钢筋混凝土结构，其中按内力配置受力钢筋外，受压区还要配置构造钢筋，且构造钢筋不应少于受力钢筋的$\frac{1}{3}$~$\frac{2}{3}$。室外阶梯式出入口的敞开段（无顶盖段）侧墙，按挡土墙进行设计，其内、外侧均不考虑动压作用。当室外阶梯式出入口无法设在倒塌范围以外，且又不能和其他地下室连通时，口部设置坚固棚架。

（2）竖井式出入口

竖井式室外出入口也尽量布置在倒塌范围以外。竖井计算时，无论有无盖板，仅考虑土中压缩波产生的法向荷载，不考虑竖井内压。试验表明：作用在竖井式室外出入口临空墙上的冲击波等效静载，小于室外防护式，大于室内竖井式，建议第一道门以外的通道结构只考虑压缩波的外压，不考虑冲击波的内压。

当竖井式室外出入口无法建在倒塌范围以外时，可设在建筑物外墙一侧，其高度位于建筑物底层的顶板水平上。

4.3.3 通风采光洞

为给平时使用所需自然通风和天然采光创造条件，可在地下室侧墙开设通风采光洞（图4-21），但必须在设计上采取必要措施，保证地下室防核爆炸冲击波和早起核辐射的能力。根据已有经验，介绍如下：

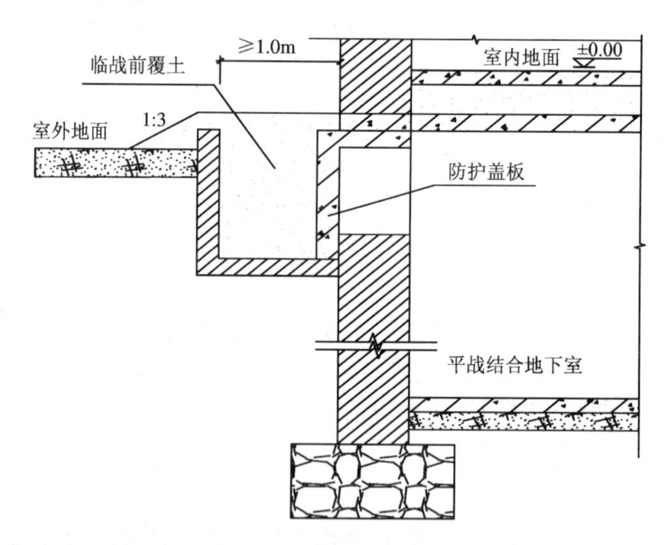

图4-21　地下室侧墙中的通风采光洞

1. 设计的一般原则

① 大量性防空地下室才开设；

② 沿外墙开设的洞口宽度，不大于地下室开间尺寸的1/3，且不大于1.0m；

③ 临战前必须用黏性土将通风采光井口填上；

④ 在通风采光洞上，设防护挡板一道；

⑤ 洞口周边，采用钢筋混凝土柱和梁予以加强；

⑥ 侧墙洞口上缘的圈梁应按过梁进行验算。

2. 洞口的构造措施

(1) 砖外墙洞两侧钢筋混凝土柱的上下端主筋应伸入顶板，底板（或（地下）室内地面）；柱下端为条形基础和整体基础时伸入尺寸分别见图 4-22 和图 4-23。

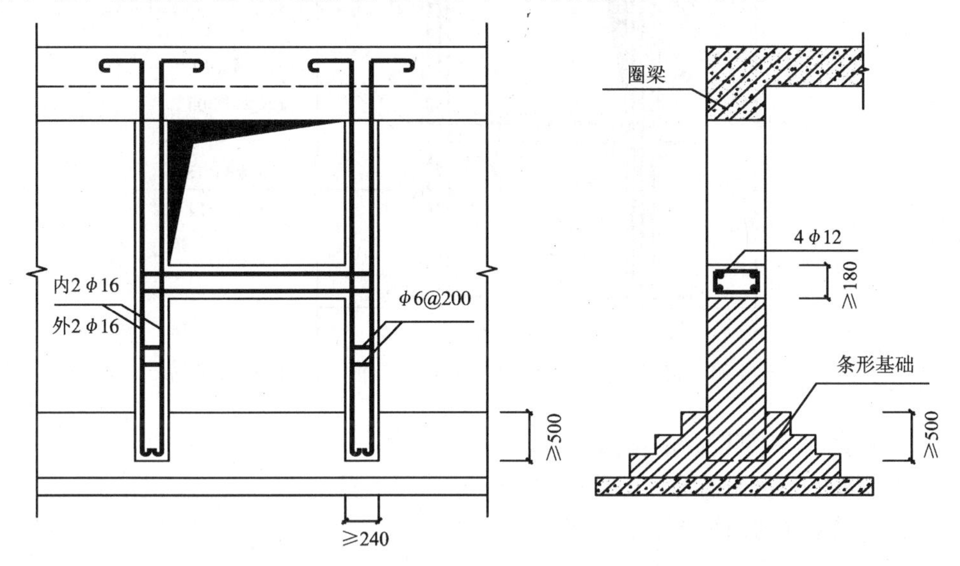

图 4-22 条形基础伸入尺寸

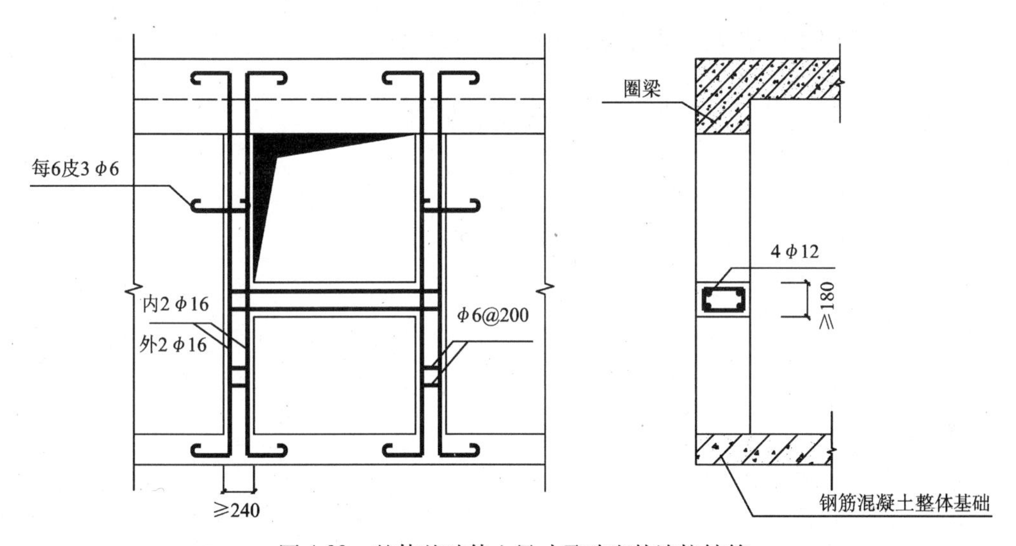

图 4-23 整体基础伸入尺寸及砖砌外墙拉结筋

(2) 砖砌外墙应沿洞口两侧每六皮砖加三根 $\phi6$ 的拉结筋（图 2-13）。

(3) 素混凝土外墙在洞口两侧沿外墙高设钢筋混凝土柱，柱的上下端主筋伸入顶、底板（图 4-24）。

(4) 钢筋混凝土外墙除应在洞口两侧设置加固筋外，且应在洞口范围内被截断的钢筋与洞口周边的加固筋扎结。

(5) 钢筋混凝土和混凝土外墙上的通风采光洞洞口四角应设置斜向构造钢筋（图 4-24），

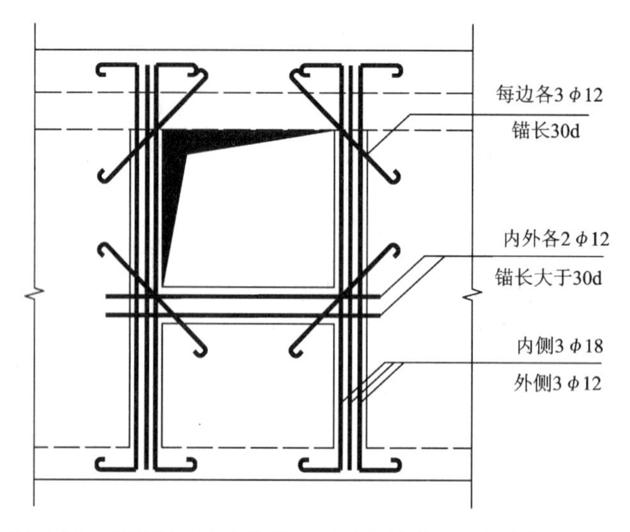

图 4-24　素混凝土外墙柱的上下端主筋伸入及斜向构造钢筋

洞口周边加强钢筋配置的依据条件是：

① 防空地下室侧墙的等效静载应按规定选取；

② 通风采光井内回填土按黏土考虑；

③ 洞口宽度取为 1. 0m；

④ 钢筋混凝土柱的计算高度取为 2. 6m；

⑤ 钢筋混凝土梁与柱均按两端铰支的受弯构件计算。

第5章　地道式结构

5.1　概述

地道式结构系在土层中采用矿山法开挖出所需的空洞后，为保持这一空间所修筑的永久性衬砌。它主要承受周围地层的变形或坍塌而产生的垂直土层压力和较大的侧向土层压力（因为埋深较深，侧向土压力较大）。按照矿山法施工的特点，地道式结构常设计成拱形结构。

1. 地道式结构的分类

（1）按构造和建造的方法划分（图5-1）

① 整体式（图5-1*a*，*b*，*c*；图5-2）整体砌筑混凝土、预制混凝土块、毛石料；

② 混合式（图5-1*d*、*e*、*f*）毛石砖墙、预制钢筋混凝土拱；

③ 装配式（图5-1*g*）“『”或槽形钢筋混凝土板。

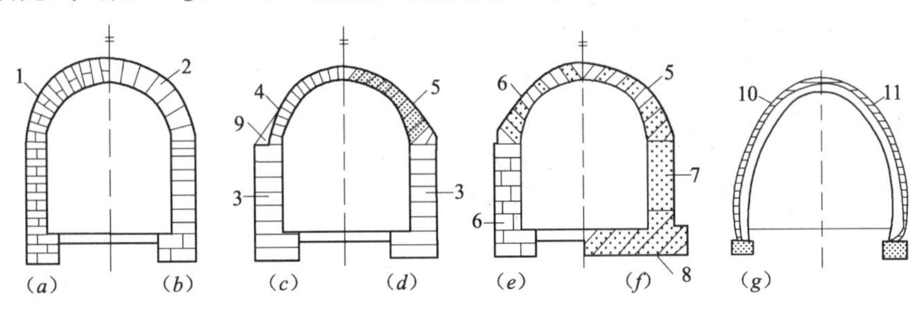

图5-1　地道式结构的构造分类
1—砖块；2—预制混凝土块；3—毛石料；4—混凝土块或砖块；
5—预制钢筋混凝土拱；6—浆砌毛石；7—混凝土墙或砖墙；
8—钢筋混凝土基础板；9—回填料；10—T形钢筋混凝土拱板；11—槽形钢筋混凝土拱板

（2）按建筑材料可分为砖石、混凝土、钢筋混凝土结构。

（3）按结构形式可分单层单跨、单跨双层、单层多跨连拱结构。

其中单层单跨拱形结构按衬砌断面形式常分为曲墙拱（图5-2*a*）、直墙拱（图5-2*b*）和落地拱（图5-2*c*）3种。

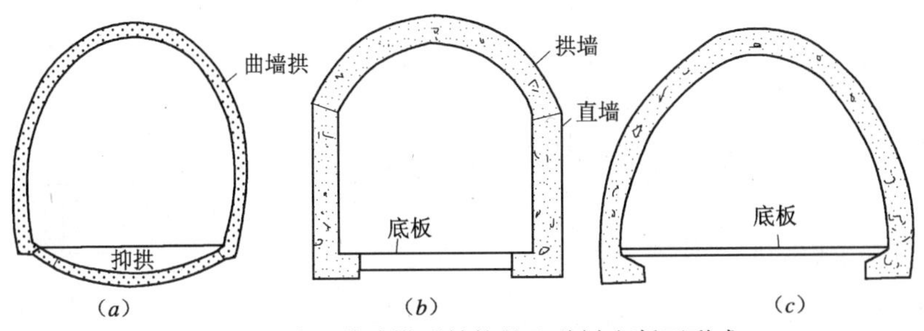

图5-2　单层单跨拱形结构的几种衬砌断面形式
（*a*）曲墙拱；（*b*）直墙拱；（*c*）落地拱

其中拱形结构按拱轴线形状可分为圆、半圆和三心圆，截面可分为等截面或变截面，墙基做成扩展基础，底板可做成平板或仰拱。

单跨拱形结构的跨板一般为1.5~6.0m，上覆盖土层为3.0~20m。当上覆土层中遇到局部潜水和滞水时，可设计成两层衬砌，二层之间设防水层，仰拱与座板之间设纵横排水盲沟。

2. 开挖方法

根据地质条件、结构的跨度和高度，开挖地道式结构工程采用的矿山法，可分为阶梯全断面开挖、先墙后拱和先拱后墙等方法。

3. 所选用的地层地质及水文条件

（1）地质条件：适用于第四纪沉积的中等强度的地层（地层坚固性系数 $f_k=0.8\sim2.0$ 或岩石分类中Ⅱ、Ⅲ类的地层）。

（2）地下水条件：适用于地下水影响不大或所遇到仅是上层滞水或局部潜水的地层（当遇到承压水或淤泥及流沙等软弱地层 $f_k\leqslant0.6$，不宜采用地道式结构）。

5.2 土层压力

开挖土质地道后，由于地道周围地层的变形或坍塌而施加于支撑式衬砌结构上的压力称为土层压力（主动地层压力）。

为研究土层压力的性质、大小和分布的规律，首先要了解开挖前地层的压力状态、开挖后地层的压力重分布以及地层的变形。

5.2.1 地道开挖前后的压力状态及其变形

1. 地道开挖前的应力状态及其变形

如图5-3所示，地道开挖前地层中任一质点A都处于三向受压平衡的原始压力状态。其中质点A所受的原始垂直土层压力为

$$\left.\begin{aligned} p_z &= \gamma H \\ \text{或}\quad p_z &= \sum_{i=1}^{n}\gamma_i h_i \end{aligned}\right\} \tag{5-1}$$

所受的原始侧向土层压力 p_x 和 p_y，其数值由上覆土层的自重和其物理力学性质决定：

$$p_x = p_y = \zeta p_z = \zeta\sum_{i=1}^{n}\gamma_i h_i \tag{5-2}$$

式中 ζ——侧压力系数，$\zeta=\dfrac{\mu}{1-\mu}$；

μ——泊桑比，其值视地层性质而不同，约在0.15~0.50之间。

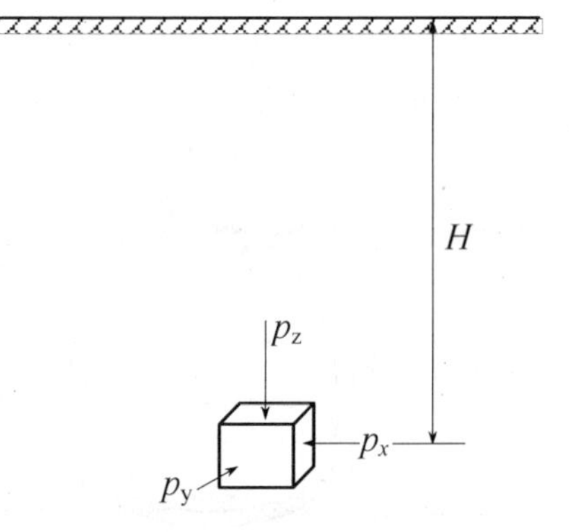

图5-3 地道开挖前的应力状态

2. 地道开挖后的应力状态及其变形

（1）开挖后，地层应力重分布，应力重分布的影响范围约在洞室周围（3~5）倍洞室折算半径 a

之内。

（2）应力重分布的结果，如果从应力集中的角度分析，应力集中的数值以洞壁最大，愈向地层内部愈小，到水平距离洞壁为（3～5）a 处，恢复为原始应力状态，因而判定洞室周围地层是否稳定的控制部位是洞壁。对于深层的压密状态的黏性土层在土体破坏之前，可近似认为土层为线弹性变形体，因而判定是否稳定的控制部位是洞壁。

（3）应用弹性理论分析土洞周围的应力状态。当洞室高跨比在 0.65～1.20 范围内时，其周边范围内可近似地按圆形洞室计算（图 5-4），其公式为：

$$\left.\begin{aligned}\sigma_r &= \frac{1}{2}p_Z[(1+\zeta)(1-\alpha^2)+(1-\zeta)(1+3\alpha^4-4\alpha^2)\cos2\theta]\\ \sigma_\theta &= \frac{1}{2}p_Z[(1+\zeta)(1+\alpha^2)-(1-\zeta)(1+3\alpha^4)\cos2\theta]\\ \tau_{r\theta} &= -\frac{1}{2}p_Z(1-\zeta)(1-3\alpha^4+2\alpha^2)\sin2\theta\end{aligned}\right\} \tag{5-3}$$

式中　σ_r、σ_θ、$\tau_{r\theta}$——分别为所求点的径向应力、切向应力和剪应力；

p_Z——地层的原始垂直应力；

α——距离系数，即 $\alpha=\frac{a}{r}$；

a——洞室的折算半径；

r——所求点到圆心的距离；

θ——所求点与洞室中心的连线与垂直轴的夹角。

上述式中以正号表示压力，负号表示拉力。

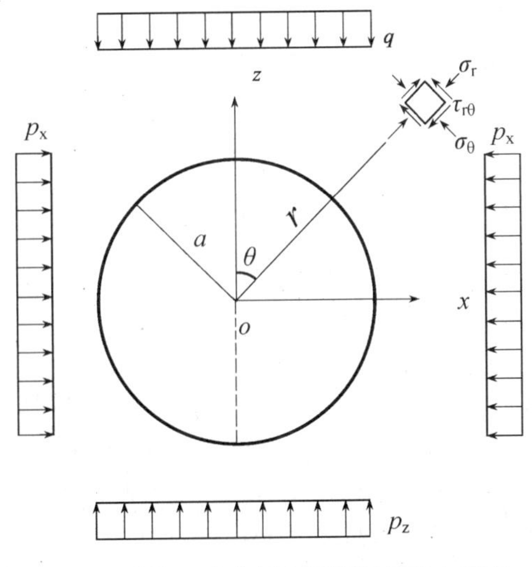

图 5-4　弹性理论分析土洞周围的应力状态

（4）由式（5-3）可以看出：当 $r=a$，即 $\alpha=1$ 时，$\sigma_r=0$、$\tau_{r\theta}=0$，此时洞室周边也处于切向单轴受压或受拉状态，且 σ_θ 随 θ 和 ζ 而变化。当侧压力系数 ζ 的范围为：$0\leqslant\zeta<\frac{1}{3}$时，土洞顶部、底部土体产生拉应力；当 $\zeta\geqslant\frac{1}{3}$，整个土洞周围只产生压应力，但洞顶、底部随 ζ 的增大而增大，而洞室两侧中心（$\theta=90°$、$270°$）一直处于受压状态，且其

压力随ζ的减小而增大，$\zeta=0$时洞侧中心σ_θ变成最大压应力$\sigma_\theta=3p_z$。总之，当$0\leqslant\zeta<\frac{1}{3}$洞顶底拉应力，当$\zeta\geqslant\frac{1}{3}$，整个土洞周边只有压应力（图5-5）。

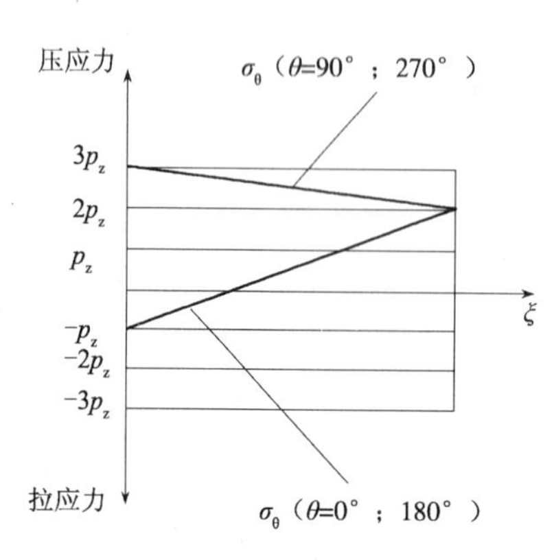

图5-5　洞室周边σ_θ随ζ与θ的变化

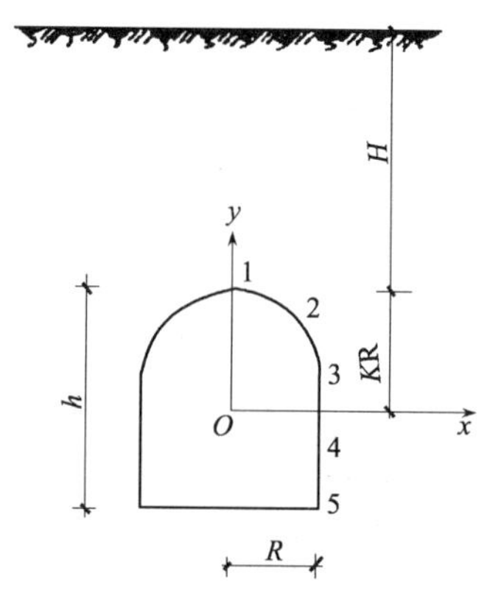

图5-6　洞室周边若干特征点

（5）对于地道式结构中常用的直墙半圆拱洞室，采用复变函数保形变换的方法，可得到洞室周边若干特征点（图5-6）的应力公式为：

$$\sigma_\theta=\gamma(\alpha+\zeta\beta)(H+KR) \tag{5-4}$$

式中　σ_θ——洞室周边的切向应力；

γ——覆土层的平均重度；

α、β——所研究点的应力系数；

ζ——地层侧压力系数；

K——跨度系数α、β、K可由表5-1查得（依点1、2、3、4、5）位置；

H——覆土层的厚度；

h——土洞的高度；

R——土洞跨径之半。

洞室周边若干特征点的相关参数　　**表5-1**

半跨高比 R/h	高跨比 h/2R	1		2		3		4		5		K
		α	β	α	β	α	β	α	β	α	β	
1.00	0.5000	−0.9280	2.5400	1.7524	−0.0770	5.4252	−0.2106	5.4252	−0.2106	5.4252	−0.2106	0.6161
0.70	0.7143	−0.9714	2.9163	1.4335	0.5339	2.7482	−0.8982	3.1439	−0.6553	3.6359	0.3412	0.3284
0.60	0.8333	−0.9762	3.0536	1.1530	0.8783	2.3131	−0.8975	2.5824	−0.7284	3.5037	0.7096	0.9509
0.50	1.0000	−0.9758	3.2138	0.8131	1.2639	2.1908	−0.9001	2.1704	−0.7654	3.4704	1.8451	1.1145
0.45	1.1111	−0.9736	3.3255	0.6212	1.4994	2.2502	−0.8898	1.9628	−0.7835	3.5827	1.3652	1.2327
0.40	1.2500	−0.9687	3.4274	0.4458	1.7531	2.3569	−0.8224	1.8105	−0.7932	2.4990	4.0506	1.3676
0.35	1.4286	−0.9622	3.5595	0.2674	2.0586	2.4112	−0.5884	1.6639	−0.8027	1.2286	4.7732	1.5443
0.30	1.6667	−0.9540	3.7312	0.0755	2.4482	2.1890	−0.0169	1.5173	−0.8114	0.2020	4.6026	1.7921

注：1. 表中4点系直墙中点。5点附近应力变化剧烈，因位于洞底、故并不危险，一般不必验算；

2. 表中符号规定是：“－”表示拉应力，“＋”表示压应力。从表中看出，洞顶有可能出现拉应力，但当侧压力系数在0.333以上时，则各点均为压应力。

（6）开挖后的变形

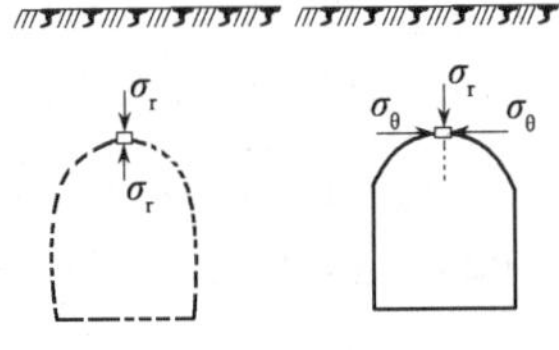

图 5-7　洞室开挖前后的应力状态

因土体的强度较低，往往切向压力 σ_θ 超过土体的强度，并在外侧径向压力 σ_r 的作用下（图 5-7），这种质点向临空面移动的情况将被加剧，综合 σ_θ 和 σ_r 二者的作用。地层将向土洞内变形。这种使土洞几何形状产生向洞内缩小的现象称作地层的膨胀变形，地层向洞内缓慢变形的状态称作蠕动状态。

（7）针对地层的膨胀变形，施工时应采用“短开挖、及时支撑快衬砌和工序紧跟”，“随挖随衬随回填”，为了减少作用在支护结构上的压力，合理地采取挖、衬之间的间隔时间。

5.2.2　土洞的局部稳定性评价

如前所述，地道开挖后，其土洞周边的质点在 σ_θ 和外侧 σ_r 的作用下，将向土洞内变形，地层的这种变形称作膨胀变形。膨胀变形的最终破坏形式有片帮、掉块等局部失稳现象。一般规律是，局部失稳首先从拱腰部位发生剪切破坏—片帮，然后逐渐升顶部。

评价方法；以工程地质比较的方法为主，力学计算方法为辅，必要时采用实测手段。

其中力学计算方法，即依据式（5-3）或式（5-4）计算周边的切向应力 σ_θ，利用极限平衡理论建立强度条件（确定强度指标），然后比较，判断是否失稳。

利用极限平衡理论建立强度条件（黏性土）

洞壁－控制部位：$\alpha=\dfrac{a}{r}$　$\sigma_r=\tau_{r\theta}=0$　$\sigma_\theta\neq0$

（1）当洞顶出现切向拉应力 σ_θ 时

如前所述，当 $0\leqslant\zeta<\dfrac{1}{3}$ 时，土洞顶部将出现拉应力 σ_θ，当处于极限平衡状态（图 5-8a），即以拉应力 σ_θ 所画的单向莫尔应力圆（洞室周边 $\sigma_r=\tau_{r\theta}=0$，仅有 σ_θ）与该土体的强度曲线 $\tau=\sigma\tan\varphi+c$ 相切于点 C 时，有如下关系：

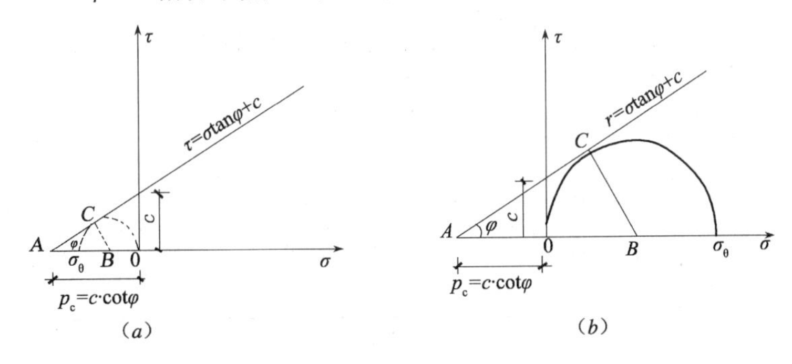

图 5-8　洞室周边单向受拉和受压时的莫尔应力圆

$$\sin\varphi=\frac{BC}{AB}=\frac{\frac{1}{2}\sigma_\theta}{p_c-\frac{1}{2}\sigma_\theta}$$

整理得 $$\sigma_\theta = \frac{2c \cdot \cos\varphi}{1+\sin\varphi} \tag{5-5}$$

式（5-5）右边为土体的抗拉极限强度$[R_l]$，如此，当 $\sigma_\theta < [R_l]$所研究点处于稳定状态；当 $\sigma_\theta = [R_l]$时该点处于极限平衡；当 $\sigma_\theta > [R_l]$时，洞顶将发生拉裂而掉块。

（2）当土洞周边切向压力为 σ_θ 时

当$\zeta \geqslant \frac{1}{3}$，整个土洞周围只有压应力 σ_θ。当处于极限平衡状态，即以压应力 $\sigma\theta$ 所画的单向莫尔应力圆与该土体的强度曲线 $\tau = \sigma\tan\varphi + c$ 相切于 C 时（图 5-8*b*），则有：

$$\sin\varphi = \frac{BC}{AB} = \frac{\frac{1}{2}\sigma_\theta}{p_c + \frac{1}{2}\sigma_\theta}$$

整理得 $$\sigma_\theta = \frac{2c \cdot \cos\varphi}{1-\sin\varphi} \tag{5-6}$$

式（5-6）等号右边为土体的抗压极限强度$[R_a]$。当 $\sigma_\theta < [R_a]$时，土体处于稳定状态，当 $\sigma_\theta = [R_l]$处于极限平衡状态，当 $\sigma_\theta > [R_a]$，将产生剪切破坏而片帮。

以上二条强度条件中，第二条为控制条件（因现场观测表明，若洞顶拉应力不大，且无夹砂层，土洞高距能维持一定时间的稳定）。

【例 5-1】 某半圆直墙土洞的几何尺寸为（图 5-6）$H = 10\text{m}$，$h = 2.5\text{m}$，$R = 1.5\text{m}$，土体的力学指标 $c = 8.0\text{t/m}^2$，$\varphi = 26°$，$\zeta = 0.3$，$\gamma = 1.65\text{t/m}^2$。试评价土洞周边的稳定性。

【解】

利用式（5-5）、式（5-6）求出土体的强度指标：

$$[R_l] = \frac{2c\cos\varphi}{1+\sin\varphi} = \frac{2\times8\times0.9}{1+0.438} = 10.0\text{t/m}^2$$

$$[R_a] = \frac{2c\cos\varphi}{1-\sin\varphi} = \frac{2\times8\times0.9}{1-0.438} = 25.6\text{t/m}^2$$

计算洞周边应力,结果如表 5-2 所示。

洞室周边若干特征点(图 5-6)的应力计算结果 **表 5-2**

位置	切向应力 $\sigma_\theta(\text{t/m}^2)$		评　价
	式(5-3)	式(5-4)	
1	-1.65	-1.23	$\sigma_1 < [R_l]$
2	21.4	25.18	$\sigma_2 < [R_a]$
3	44.5	38.60	$\sigma_{3,4} < [R_a]$
4		44.5	

评价：

在洞顶和拱腰,土体处于稳定状态,拱脚和侧墙中部将产生剪切破坏。因此,施工时不宜采用全断面开挖,宜采用先拱后墙法施工。如采用全断面开挖时,需随时注意和预防拱脚和侧墙中部的片帮。

5.2.3 土层压力计算

地层作用在地道式结构上的荷载主要有垂直土层压力、侧向土层压力和底部土层压力(图5-9)。研究土层压力的方法基本可分为三类:实测法、模拟实验法和理论分析法。

在理论分析法中目前有三种方法:松散体理论、弹性理论和弹塑性理论。下面介绍水平地道的土层压力计算方法。

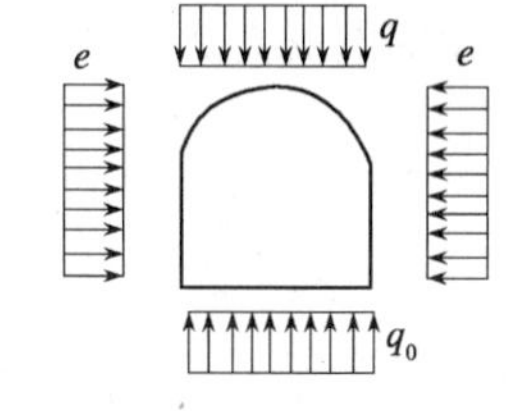

图5-9 地层作用在地道式结构上的荷载
q—垂直土层压力(自上而下作用);
e—侧向土层压力(水平方向作用);
q_0—底部土层压力(由下向上作用)

1. 垂直土层压力

松散体理论

土层压力与地层的物理力学特征、洞室形状、跨度、高度相关,且与洞室的埋置深度有关。

(1)浅埋洞室的情况

① 当地道式结构的埋深很小或在流砂、淤泥、饱水松软的黏土层等不稳定的地层中,垂直土压力随埋深而增加,此时作用在结构上的垂直土层压力等于土柱的重量(图5-10),即

$$q=\gamma H \tag{5-7}$$

② 工程实践和试验表明,当埋深增加或土质较好时,作用在结构上的垂直土层压力比按式(5-7)土柱理论计算的结果为小,从而产生考虑土柱两侧的摩擦力和内聚力的土柱计算理论(图5-11)。

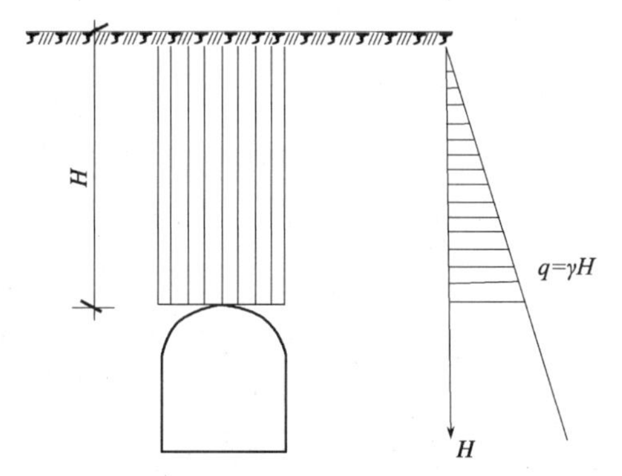

图5-10 埋深很小或土层松软时的垂直土层压力

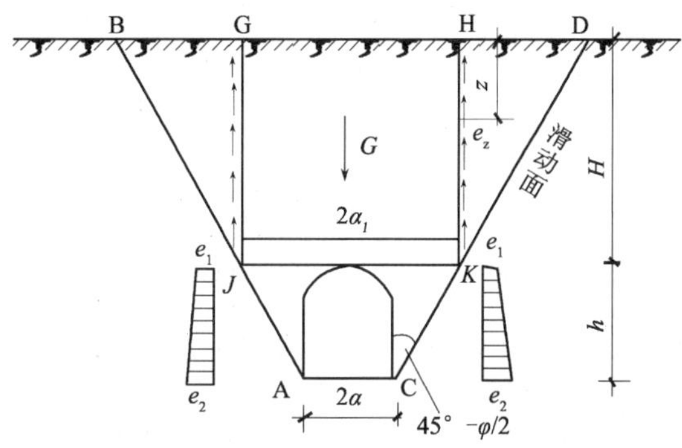

图5-11 埋深增加或土层较好时的垂直土层压力

洞室上覆土层垂直向下滑动时,土柱两侧产生两个滑动面AB和CD,滑动面起点在墙基,与竖直线的夹角为$45°-\dfrac{\varphi}{2}$,在洞室上方土柱为"GJKH",由此可认为作用在结构上的垂直土层压力为

$$Q=G-2T \tag{5-8}$$

式中 T——土柱两侧的夹制力,其为摩擦力和粘结力之和。作用在土柱侧面处任一点上的夹制力为

$$t=c+e_z\tan\varphi \tag{5-9}$$

式中 e_z——距地面深度z处一点上的侧压力,按朗肯公式得:

$$e_z = \gamma Z\tan^2\left(45^\circ - \frac{\varphi}{2}\right) - 2c\tan\left(45^\circ - \frac{\varphi}{2}\right) \tag{5-10}$$

沿土柱侧面的总夹制力 T 为：

$$\begin{aligned} T &= \int_0^H t\mathrm{d}Z = \int_0^H (c + e_z\tan\varphi)\mathrm{d}z \\ &= cH + \frac{1}{2}\gamma H^2\tan\varphi\tan^2\left(45^\circ - \frac{\varphi}{2}\right) - 2cH\tan\varphi\tan\left(45^\circ - \frac{\varphi}{2}\right) \\ &= \frac{1}{2}\gamma H^2 K_1 + cH(1 - 2K_2) \end{aligned} \tag{5-11}$$

式中　$K_1 = \tan\varphi\tan^2\left(45^\circ - \frac{\varphi}{2}\right)$，$K_2 = \tan\varphi\tan\left(45^\circ - \frac{\varphi}{2}\right)$。

将式(5-11)代入(5-8)，可得作用在结构上的垂直土层压力的总值为

$$\begin{aligned} Q &= G - 2T = 2\alpha_1 \cdot H \cdot 1 \cdot \gamma - \gamma H^2 K_1 - 2cH(1 - 2K_2) \\ &= 2\alpha_1\gamma H\left[1 - \frac{HK_1}{2\alpha_1} - \frac{c}{\alpha_1\gamma}(1 - 2K_2)\right] \end{aligned} \tag{5-12}$$

式中　α_1——土柱宽度之半

$$\alpha_1 = a + h\tan\left(45^\circ - \frac{\varphi}{2}\right) \tag{5-13}$$

将(5-12)式除以 $2\alpha_1$，可得作用在结构顶部的垂直分布均布土层压力 q 为

$$q = \gamma H\left[1 - \frac{HK_1}{2\alpha_1} - \frac{c}{\alpha_1\gamma}(1 - 2K_2)\right] \tag{5-14}$$

当不考虑黏聚力影响时，令 $c=0$，可得

$$q = \gamma H\left(1 - \frac{HK_1}{2\alpha_1}\right) \tag{5-15}$$

式（5-15）适用于 $H \leqslant \frac{\alpha_1}{K_1}$ 的浅埋情况。

当有地面荷载 q_1，可将荷载 q_1 换算成等量土层高度 $h_0' = \frac{q_1}{\gamma}$（$\gamma$ 为覆土层的平均的重度），以 $H + h_0'$ 替换两式中的 H 进行计算。

（2）深埋洞室的情况

当洞室深埋时，普洛托季雅可诺夫视土层为松散体，并认为洞室上方形成抛物线压力拱（图5-12），拱内土体的重量就是作用在支撑式衬砌上的垂直土层压力，称作普式压力拱理论。

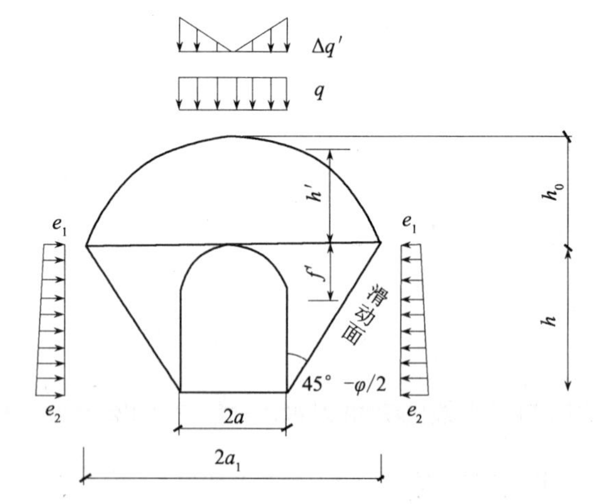

图5-12　普式压力拱理论计算垂直土层压力

垂直压力为：

$$q = \gamma h_0 \tag{5-16}$$

$$\Delta q = (h' + f')\gamma - \gamma h_0 \tag{5-17}$$

式中　h_0——压力拱高度 $h_0 = \dfrac{a_1}{f_k}$；

f_k——土层坚固性系数（查（圆岩）普式岩石坚固性系数分类表）；

a_1——压力拱半垮数 $a_1 = a + h\tan\left(45° - \dfrac{\varphi}{2}\right)$；

h'——拱脚处边缘处相对应的压力拱高度 $h' = h_0\left(1 - \dfrac{a^2}{a_1^2}\right)$；

f'——拱边缘高度。

当洞室的跨度较小或 Δq 为负值时，仅按均布荷载 q 计算

弹塑性理论结构公式（适用于黄土，对深埋的黏性土地层也可参考使用）

垂直均布荷载的估算公式为：

$$q = N \cdot \frac{b^2}{R'} \cdot \gamma \cdot K \tag{5-18}$$

式中　N——分类系数；甲类（黄）土取1.1，乙类（黄）土取1.3，丙类（黄）土取2.0；

$\dfrac{b}{R'}$——洞形系数；b 为毛洞半径；R'为毛洞当量半径；$R' = \sqrt{\dfrac{F}{\pi}}$，其中 F 为毛洞断面面积；

γ——洞顶上覆土层的平均重度；

K——松动系数。

$$K = \left[1 - \sin\varphi + \frac{p_Z(1 - \sin\varphi)}{c \cdot \cot\varphi}\right]^{\frac{1-\sin\varphi}{2\sin\varphi}} - 1 \tag{5-19}$$

2. 侧向土压力

松散体理论

侧向土层压力是水平地道式结构和竖井的主要荷载。计算浅埋、深埋的侧向土层压力都采用以松散体假定为基础的挡土墙理论，即不论浅埋还是深埋，黏性土层任一质点的侧向土压力均按下式计算：

$$e_y = \gamma y \tan^2\left(45° - \frac{\varphi}{2}\right) - 2c\tan\left(45° - \frac{\varphi}{2}\right) \tag{5-20}$$

式中　y——计算点至地表之间的距离。故，

当浅埋时，以 $H + y$ 替换 y，H 为结构顶部至地表的距离。

当深埋时，由于形成压力拱，以 $h_0 + y$ 替换 y，y 为结构上任一计算点至结构顶部的垂直距离。

此外，若地层成层时，以 $\sum_{i=1}^{n}(\gamma_i h_i + \gamma_i y_i)$代替 $\gamma \cdot (H + y)$或 $\gamma \cdot (h_0 + y)$。

对于竖井，作用在井壁上的侧向土层压力为：

$$e = \sum_{i=1}^{n} \gamma_i y_i \tan^2\left(45° - \frac{\varphi}{2}\right) - 2c\tan\left(45° - \frac{\varphi}{2}\right) \tag{5-21}$$

式中　γ_i、y_i——自地表算起的所求点上各土层的重度和厚度。

注意，上述理论计算方法计算所得的侧向土压力偏小，应以工程类比法和有关资料加以适当提高。

有关黄土的理论公式

侧向均布荷载 e 为：

$$e = q \cdot \zeta \tag{5-22}$$

式中 q——垂直均布土层荷载，按下式计算：

$$q = N\frac{b^2}{R'} \cdot \gamma \cdot K \tag{5-23}$$

ζ——侧荷载系数，按不同类黄土取值。甲类黄土 $\zeta = 0.6 \sim 0.7$，乙类黄土 $\zeta = 0.7 \sim 0.8$，丙类黄土 $\zeta = 0.8 \sim 0.9$。

注意，式（5-22）和式（5-23）适用于下列条件：（1）$0.7 <$ 高跨比 $\left(\frac{H}{B}\right) < 1.2$；（2）暗挖法施工法，埋深 $< 50\text{m}$；（3）B（跨度）$< 9\text{m}$；（4）在黄土中不产生显著偏压的情况。

5.2.4 浅埋和深埋的界限

当洞室埋深较浅时，土柱重量大于土柱两侧的摩擦力和黏聚力，地层不能发挥成拱作用，开挖地道引起的应力重分布波及地面，土柱整体塌落，形成浅埋时的土层压力；当洞室埋深较深时，土柱两侧的摩擦力和黏聚力迅速增加，并大于土柱重量，地层能发挥成拱作用，开挖地道引起的应力重分布没波及地面，土柱底部局部变形或塌落，形成深埋时的土层压力。

因此，产生土层压力的根本原因，在于两种不同形式的塌落：整体塌落或土柱底部局部塌落，而这两种塌落形势均与地道洞室的埋深有关。反过来，埋深不同，则塌落形式不同，所用计算垂直土层压力的公式也不同。

划分深埋和浅埋的界限有如下方法：

（1）按压力拱理论划分

$H \geqslant (2.0 \sim 2.5)h_0$ 时为深埋，$H < (2.0 \sim 2.5)h_0$ 时为浅埋。

（2）经验判断法

松散土层中分界土层深度为：$H = (1.0 \sim 2.0)B$ 且 $H > (2.0 \sim 2.5)h_0$。

（3）理论估算公式

当 H 达到一定深度，q 不再增加，令 $\frac{\partial q}{\partial H} = 0$，可求出不同类土的 H。

黏性土：

$$H = H_{\max} = \frac{a_1}{K_1}\left[1 - \frac{c}{\gamma a_1}(1 - 2K_2)\right] \tag{5-24}$$

砂土：

$$H = H_{\max} = \frac{a_1}{K_1} \tag{5-25}$$

另外，根据欧美应用的土压理论计算，当 $H \geqslant 5a_1$ 时，土压力趋于常数，故以 $H = 5a_1$ 作为深埋和浅埋的分界线。

5.3 单层单跨拱形结构内力计算

5.3.1 概述

地道开挖后，衬砌承受土层压力和其他荷载，并阻止地层向洞室内变形，衬砌对地层起约束作用。在主动土压力（洞室周围地层变形或坍塌而施加于衬砌上的力）作用下，衬砌发生变形，而衬砌又会受到地层产生的反作用力（地层对衬砌的弹性抗力）。可见，地下结构同时承受主动土压力和地层的弹性抗力，衬砌结构与地层之间存在着相互作用。

按是否考虑相互作用，分为：

（1）自由变形结构，和地面建筑一样按结构力学方法计算，只在拱脚或墙底受弹性地基的约束产生反力。

（2）考虑衬砌与地层相互作用的结构。

按计算理论可分为（确定弹性抗力的大小和其作用范围的理论）：

（1）局部变性理论　视衬砌为符合温克尔假定的弹性公式中的弹性结构（认为弹性地基某点上施加的外力只会引起该点的沉陷）。

（2）共同变形理论　视衬砌为直线变形公式中的弹性结构（认为弹性地基上某点的外力，不仅引起该点发生沉陷，而且还会引起附近一定范围内的地基发生沉陷）。

根据计算中选取未知数方法的不同，决定抗力分布形式采用弹性地基梁理论的不同，以及采用计算途径的不同，其计算方法又可分多种，常用的计算方法如表5-3所示。

5.3.2　主要截面厚度的选定和几何尺寸的计算

结构设计程序：（地质条件，使用要求，施工条件，材料供应）结构方案——结构尺寸（内轮廓线）——主要截面厚度（依工程和类比法，通过计算绘出外轮廓线和拱轴线）——内力计算和强度校核，验证衬砌结构尺寸是否满足需要。

结构主要截面厚度的选定包括拱圈、直墙、底板（或仰拱）以及基础的尺寸。目前还没有经验公式可供计算，只能通过调查和研究已建工程和拟建工程的工程地质条件加以综合比较，选定主要截面厚度，一般可参考表5-4、表5-5。

边墙基底的埋置深度，一般墙底低于垫层底部10~50cm（图5-13）。结构跨度较小时底板一般为平底板，厚度不小于10cm；当为仰拱时，仰拱的矢高不大于$B/8$，且底部不低于边墙的基底。

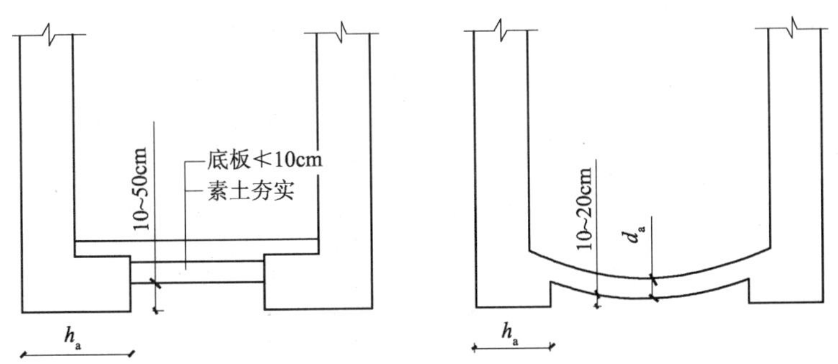

图5-13　边墙基底的埋置深度

整体地道式结构的计算方法表 表 5-3

计算理论	基本为指数选取方法	方法名称	边墙弹性抗力分布形式	边墙类型及刚度	编号	计算简图	基本结构图示	主要未知数	备注
局部变形理论	力法	朱-布法	假定抗力分布	曲墙	1	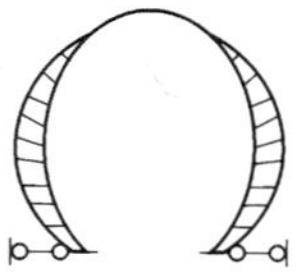	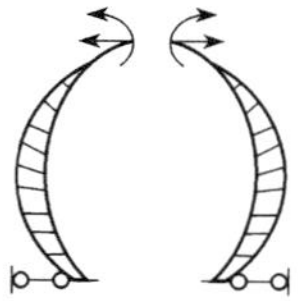	1. 拱顶力矩和推力 2. 弹性抗力最大值	1. 边墙为直墙时，一般不采用此法 2. 计算例题参见“兰州铁道学院隧道工程”1977 年
		纳乌莫夫法	弹性地基梁（巴斯捷尔纳克）	刚性梁短梁	2 3	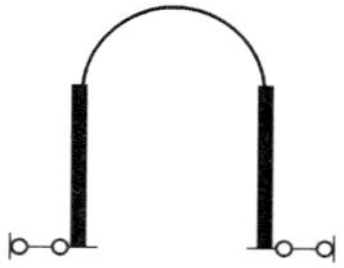	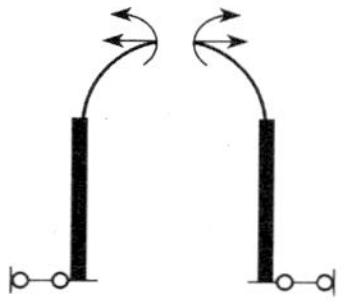	1. 拱顶力矩和推力 2. 拱脚弹性抗力强度 3. 边墙为短梁时，增加墙脚弯矩和剪力	1. 地道式结构中较少遇到长梁，故未编入 2. 计算例题参见“岩石地下建筑结构”1980 年
		矩阵力法	集中反力链杆	曲墙直墙	4 5	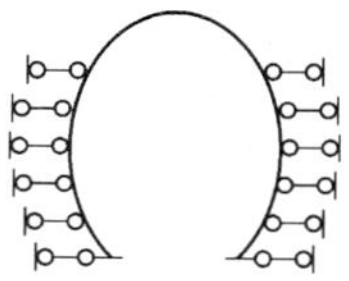	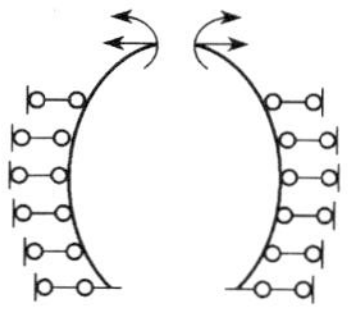	1. 各链杆中内力 2. 与链杆数目相应的内力矩 3. 拱顶力矩及推力	1. 此法即为链杆法，采用杆件系统矩阵力学利用电子计算机计算，故称矩阵力法 2. 计算例题见铁路专业设计院主编“整体式隧道衬砌”1964
	位移法	角变位移法 不均衡力矩及侧力传播法	弹性地基梁（初参数法）	刚性梁短梁	6 7 8 9	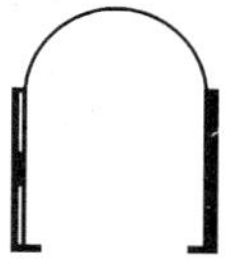	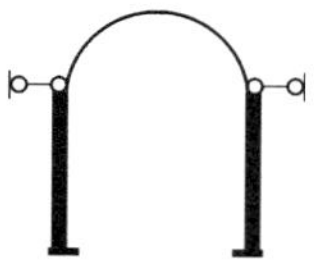	拱脚（即墙顶）处的角变及侧移	1. 计算单层单跨衬砌（单跨双层、单层双跨连拱结构）较方便 2. 计算方法见“岩石地下建筑结构”1980 年
共同变性理论	力法	达维多夫法	弹性地基梁（日莫契金法）	刚性墙 弹性墙	10 11	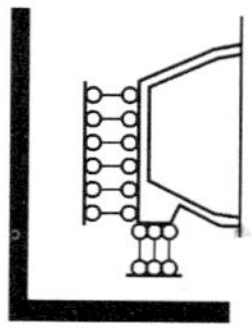	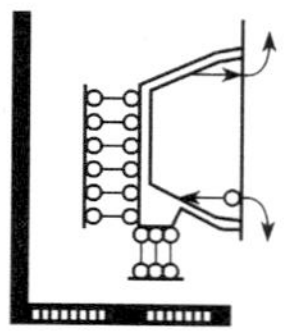	1. 弹性中心的弯矩和推力 2. 边墙侧面和底部各五个链杆内力 3. 固定边墙下端的链杆内力 4. 边墙脚的角位移	1. 地道式结构中，因仰拱构造设置，不考虑仰拱对结构的影响 2. 参阅：达维多夫“地下结构的计算与设计”1957 年

注：1. 表中指衬砌结构和荷载均为对称的计算方法，不对称时，也有相应的方法；
2. 基本结构图式中，主动荷载均未表示出。

黄土洞室工程类比表 表 5-4

类别	已建工程条件								备注
	跨度		覆盖层厚度(m)	高跨比	洞形	衬砌材料	截面形状及尺寸(mm)	基础宽度(m)	
	净	毛							
甲类黄土	6	6.6	15~38	0.75	半椭圆形	预制钢筋混凝土板	槽形或空心(附注4)	0.45	
甲类黄土	6	6.6	30~50	0.70	三心圆落地拱	砖	矩形厚24	0.60	
乙类黄土	5	5.6	20~30	0.80	三心圆落地拱	砖	矩形厚24~30	0.60	
乙类黄土	6	7.0	25~30	0.70	三心圆落地拱	砖或现浇素混凝土	矩形:砖厚30~37;混凝土厚25	0.70	
乙类黄土	7	3.5	25~30	0.70	三心圆落地拱	砖或现浇素混凝土	矩形厚30	0.80	
乙类黄土	9	10.5	25~30	0.70	三心圆落地拱	砖或现浇素混凝土	矩形厚45	1.00	
丙类黄土	3.0	3.5	10~20	1.17	直墙半圆拱	砖	矩形厚24	0.37	
丙类黄土	3.5	4.0	10~20		直墙半圆拱	砖	矩形厚24	0.49	

备注:

1. 本表未考虑地震。
2. 砖衬砌采用 MU7.5 黏土砖及 M5 水泥砂浆砌筑,现浇素混凝土采用 C15 或 C20,预制钢筋混凝土采用 C20、C25 或 C30。
3. 施工方案系随挖随衬随回填。
4. 预制钢筋混凝土板尺寸及配筋图

1φ12 1φ6 1φ12 1φ12 160 500 1φ12
槽形板

1φ10 1φ10 210 1φ12 400 1φ12
空心板

砖石、混凝土预制构件直墙半圆拱静荷载重衬砌尺寸参考 表 5-5

结构尺寸(m)	砖墙砖拱		混凝土预制块砌拱墙		块石砌墙砖砌拱		块石砌墙钢筋混凝土预制拱		备注
	f_k 值								
	1	2	1	2	1	2	1	2	
	截面尺寸(cm)								
$l_0=1.2$ $h_0=2.0\sim2.2$	24	24	20	20	$\frac{24}{40}$	$\frac{24}{40}$	$\frac{12}{40}$	$\frac{12}{40}$	
$l_0=1.5$ $h_0=2.0\sim2.5$	24	24	20	20	$\frac{24}{40}$	$\frac{24}{40}$	$\frac{12}{40}$	$\frac{12}{40}$	
$l_0=2.0$ $h_0=2.0\sim5.5$	37	37	25	25	$\frac{37}{40}$	$\frac{37}{40}$	$\frac{14}{40}$	$\frac{14}{40}$	
$l_0=2.5$ $h_0=2.0\sim2.5$	37	37	30	25	$\frac{37}{40}$	$\frac{37}{40}$	$\frac{18}{40}$	$\frac{14}{40}$	
$l_0=3.0$ $h_0=2.5\sim3.0$	49	37	30	25	$\frac{49}{50}$	$\frac{37}{40}$	$\frac{20}{50}$	$\frac{14}{40}$	

备注:

1. h_0 为衬砌设计地面标高至拱顶轴线的高度;l_0 为衬砌的净跨。
2. 表中横线上面数字表示拱厚;下面表示墙厚,钢筋混凝土预制拱的含钢率为0.2%的构造钢筋。
3. 材料最低强度采用:砖MU7.5,砂浆 M5,块石MU20,混凝土 C15。
4. $1<f_k<2$ 时可插入估算

5.3.3 整体式曲墙拱衬砌的内力计算

当结构的跨度较大时（$B \geqslant 5 \sim 6$m），为适应较大侧向土层压力的作用，改善结构的受力性能，地道式结构常采用曲墙拱，其计算方法是力法，抗力的分布是假定的，即表5-3中的朱-布法。

1. 假定抗力分布的计算原理

曲墙拱衬砌可以看做是基础支承在弹性地基上的尖拱，仰拱一般是在拱圈和边墙建成后浇筑，故在计算中可不考虑仰拱的影响，在垂直和侧向土层压力作用下，衬砌顶部向地道内变形，而两侧向地层方向变形并引起地层对衬砌的弹性抗力，抗力的图形作如下假定（图5-14）：

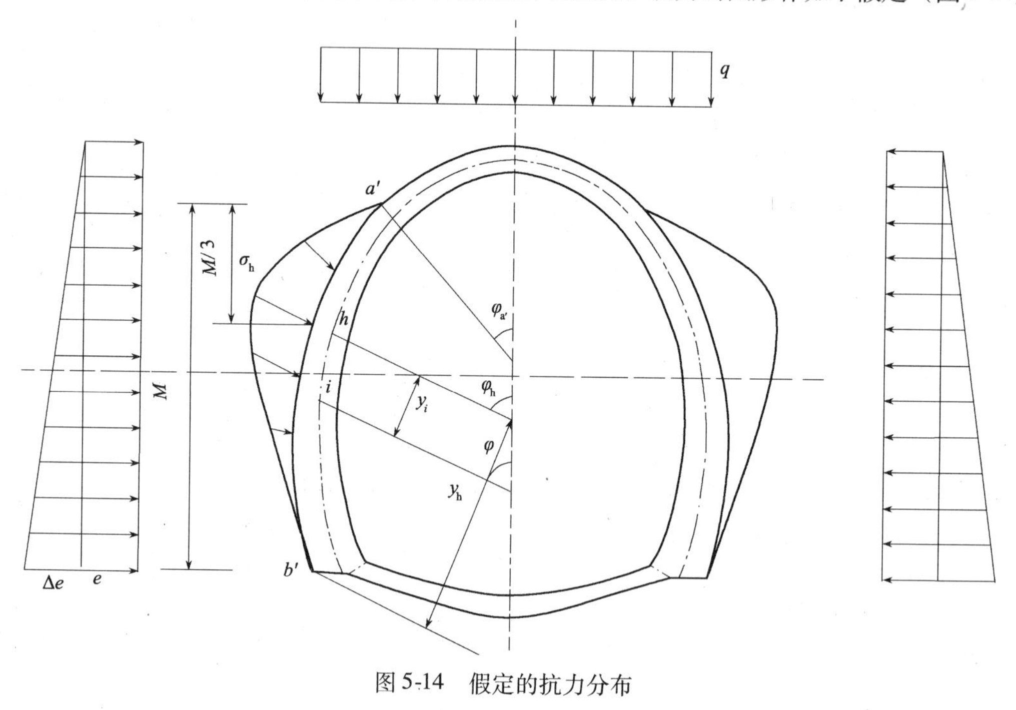

图5-14 假定的抗力分布

（1）弹性抗力区的上零点 a' 在拱顶两侧45°处（图中 $\varphi_{a'}=45°$），下零点 b' 在墙脚，最大抗力 σ_h 发生在 h 点，$a'h$ 的垂直距离相当于 $\frac{1}{3}a'b'$ 的垂直距离。

（2）$a'b'$ 段上弹性抗力的分布如图所示，各个截面上的抗力强度是最大抗力 σ_h 的二次函数：

在 $a'h$ 段：

$$\sigma=\sigma_h\frac{\cos^2\varphi_{a'}-\cos^2\varphi_i}{\cos^2\varphi_{a'}-\cos^2\varphi_h} \tag{5-26}$$

在 hb' 段：

$$\sigma=\sigma_h\left(1-\frac{y_i^2}{y_{b'}^2}\right) \tag{5-27}$$

式中 φ_i——所求抗力截面与竖直面的夹角；

y_i——所求抗力截面与最大抗力截面的垂直距离；

σ_h——最大弹性抗力值；

$y_{b'}$——墙底外边缘 b' 至最大抗力截面的垂直距离。

以上是根据多次计算和经验统计得出的对均布荷载作用下曲墙拱衬砌弹性抗力分布的规律。

2. 计算简图

曲墙拱衬砌可以看做是拱脚弹性固定、两侧受地层约束的无铰拱。由于墙底摩擦力较大，不能产生水平位移，仅有转动和垂直沉陷，在荷载和结构均为对称的情况下，垂直沉陷对衬砌内力将不产生影响，一般也不考虑衬砌与介质之间的摩擦力，其计算简图如图5-15（a）所示。

对于图5-15（a）所示的结构，采用力法求解时，可选取从拱顶切开的悬臂曲梁作为基本结构，切开处有多余未知力 X_1、X_2 作用，另有附加的未知量 σ_h，根据切开处的变形协调条件，只能写出两个方程式，所以必须利用 h 点的变形协调条件来增加一个方程，这样才能解出三个未知数 X_1、X_2 和 σ_h。

为此，可先将在主动荷载（包括垂直和侧向的）作用下，最大抗力点 h 处的位移 δ_{hp} 求出来（图5-15b）。然后，单独以 $\sigma_h=1$ 时的弹性抗力图形作为外荷载，也可求出相应的 h 点的位移 $\delta_{h\bar{\sigma}}$（图5-15c）。根据叠加原理，h 点的最终位移即为：

$$\delta_h=\delta_{hp}+\sigma_h\cdot\delta_{h\bar{\sigma}}$$

而 h 点的位移与该点的弹性抗力 σ_h 存在下述关系

$$\sigma_h=K\delta_h$$

将其代入上式，简化后得

$$\sigma_h=\frac{\delta_{hp}}{\dfrac{1}{K}-\delta_{h\bar{\sigma}}} \tag{5-28}$$

式（5-28）即为所需要的附加方程式。联立此三个方程，可求出多余未知力 X_1、X_2 及附加的未知量 σ_h。

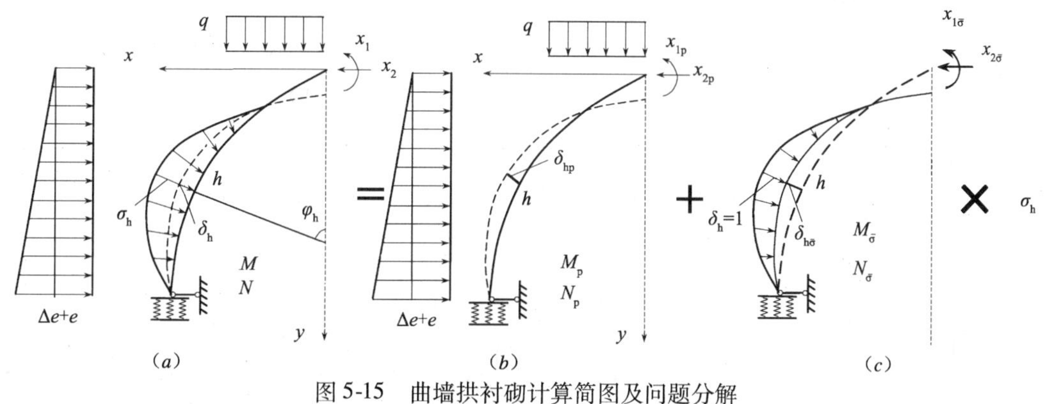

图5-15 曲墙拱衬砌计算简图及问题分解

（a）总图式；（b）主动图式；（c）被动图式

3. 曲墙式衬砌计算的基本原理

曲墙式衬砌计算的基本原理是：首先求出主动荷载作用下的衬砌内力，此时不考虑弹力，即按自由变形结构计算（图5-15b）。然后，以最大弹性抗力 $\sigma_h=1$ 分布图形作为荷载（被动荷载），求出结构的内力。求出主动荷载作用下的内力和被动荷载 $\sigma_h=1$ 作用下的内力后，再按式（5-28）求出 σ_h。最后把 $\sigma_h=1$ 作用下求出的内力乘以 σ_h，再与主动荷载作用下的内力叠加起来，得到最终结构的内力。

4. 具体计算步骤

（1）求主动荷载作用下的衬砌结构的内力。此时可采用图 5-16（a）所示的基本结构，多余未知力 x_{1p}、x_{2p}，列出力法基本方程（为说明此步骤，多余未知力和墙底截面转角 β 以及水平位移 u 都加了一个 p 的脚标）：

$$\left.\begin{aligned} x_{1p}\delta_{11}+x_{2p}\delta_{12}+\Delta_{1p}+\beta_p=0 \\ x_{1p}\delta_{21}+x_{2p}\delta_{22}+\Delta_{2p}+f\beta_p+u_p=0 \end{aligned}\right\} \tag{5-29}$$

符号规则：弯矩以截面内缘受拉为正，轴力以截面受压为正，剪力以顺时针旋转为正，变形与内力的方向相一致，取正号，反之，则取负号。

式中 β_p、u_p——墙底截面的转角和总水平位移，参照曲墙拱拱脚计算的图 5-16 和图 5-17，分别计算 x_{1p}、x_{2p}和主动荷载的影响后，按叠加原理求得

$$\beta_p=x_{1p}\bar{\beta}_1+x_{2p}(\bar{\beta}_2+f\bar{\beta}_1)+\beta_p^0$$

式中 $\bar{\beta}_1$——当拱顶作用 $x_{1p}=1$ 时，在墙底截面引起的转角；

$x_{1p}\bar{\beta}_1$——拱顶弯矩 x_{1p}所引起的墙基截面的转角；

$\bar{\beta}_2$——当拱顶作用单位水平力 $x_{2p}=1$ 时，在墙基截面所产生的单位水平力所引起的转角，因墙基截面不产生转角，故$\bar{\beta}_2=0$；

$\bar{\beta}_2+f\bar{\beta}_1$——当拱顶作用单位水平力 $x_{2p}=1$ 时，在墙基截面产生的转角；

$x_{2p}(\bar{\beta}_2+f\bar{\beta}_1)$——拱顶水平力 x_{2p}所引起的墙基截面的转角；

f——衬砌的矢高；

β_p^0——在主动荷载作用下，在墙底截面所产生的转角。

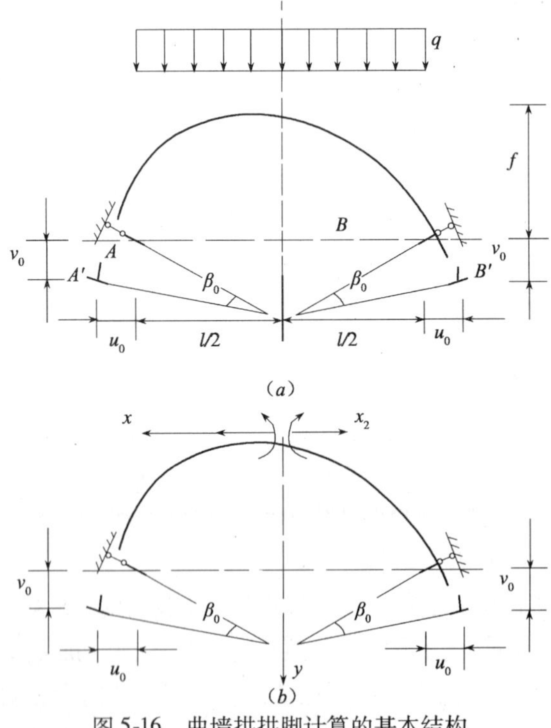

图 5-16 曲墙拱拱脚计算的基本结构

（a）x_1；（b）基本结构

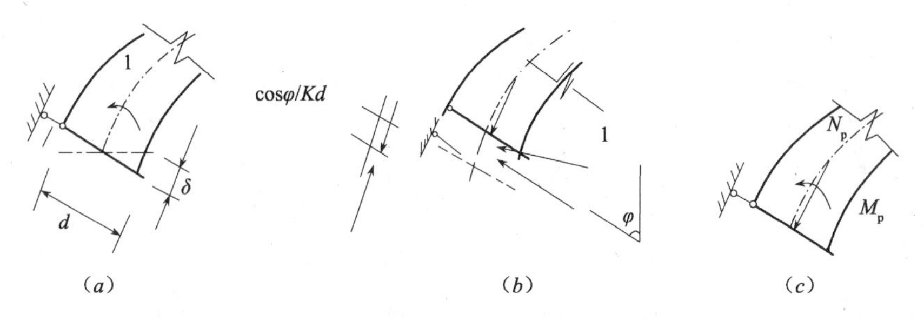

图 5-17　单位力和外荷载单独作用

此处，因墙基截面无水平位移，所以，$u_p=0$，代入上式经整理后得

$$\left.\begin{aligned}x_{1p}(\delta_{11}+\overline{\beta_1})+x_{2p}(\delta_{12}+f\bar{\beta}_1)+\Delta_{1p}+\beta_p^0=0\\x_{1p}(\delta_{12}+f\bar{\beta}_1)+x_{2p}(\delta_{22}+f^2\bar{\beta}_1)+\Delta_{2p}+f\beta_p^0=0\end{aligned}\right\}\tag{5-30}$$

式中　δ_{ik}、Δ_{ik}——基本结构的单位变位和荷载变位，按一般结构力学计算，或参考半衬砌的方法计算；

$\overline{\beta_1}$——墙底截面的单位转角，与半衬砌相同，$\bar{\beta}_1=\dfrac{12}{bh_x^3K_0}$。推导如下

图 5-17（a）中所示表示拱脚处作用着单位力矩（$M=1$），拱脚边缘处地基受到的压力为：

$$\sigma=\frac{M}{W}=\frac{6}{bh_x^2}$$

地基的压缩变形为：

$$\delta=\frac{\sigma}{K_0}=\frac{6}{bh_x^2K_0}$$

则拱脚的转角为：

$$\bar{\beta}_1=\frac{\delta}{\dfrac{h_x}{2}}=\frac{12}{bh_x^3K_0}$$

式中　W——墙基截面的抵抗矩；

b——墙基截面的宽度，通常 $b=1\text{m}$；

h_x——墙底截面的厚度；

K_0——墙底地层弹性抗力系数；

β_p^0——墙底截面的荷载转角 $\beta_p^0=M_{bp}^0\bar{\beta}_1$；

M_{bp}^0——在主动荷载作用下墙底截面的弯矩。

解出 x_{1p}和 x_{2p}后，即得主动荷载作用下衬砌结构任一截面的内力（图 5-18）

$$\left.\begin{aligned}M_{ip}=x_{1p}+x_{2p}y_i+M_{ip}^0\\N_{ip}=x_{2p}\cos\varphi_i+N_{ip}^0\end{aligned}\right\}\tag{5-31}$$

式中　M_{ip}^0、N_{ip}^0——基本结构上，主动荷载作用下衬砌各截面的弯矩和轴力；

y_i、φ_i——所求截面 i 的纵坐标和该截面与竖直面间的夹角。

（2）同理，以 $\sigma_h=1$ 时的弹性抗力分布图形作为荷载，用同样的方法，求得多余未知力 $x_{1\bar{\sigma}}$和 $x_{2\bar{\sigma}}$（图 5-18b），其力法基本方程为

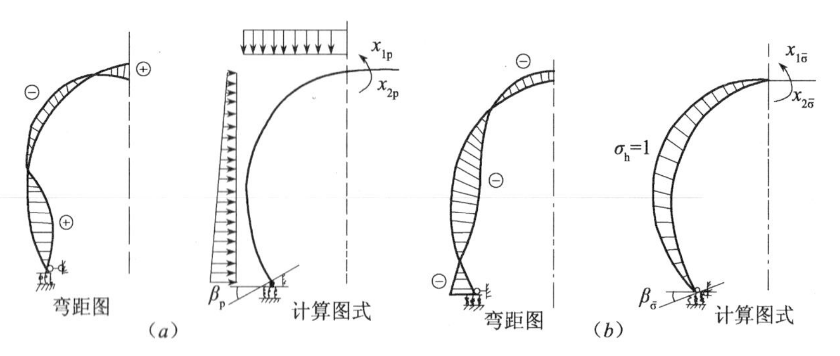

图 5-18　主动荷载和被动荷载作用下的内力图

$$\left.\begin{aligned}x_{1\bar{\sigma}}\delta_{11}+x_{2\bar{\sigma}}\delta_{12}+\Delta_{1\bar{\sigma}}+\beta_{\bar{\sigma}}=0\\x_{1\bar{\sigma}}\delta_{21}+x_{2\bar{\sigma}}\delta_{22}+\Delta_{2\bar{\sigma}}+\mu_{\bar{\sigma}}+f\beta_{\bar{\sigma}}=0\end{aligned}\right.\qquad(5\text{-}32)$$

为了说明本步骤，有关符号加了 $\bar{\sigma}$ 的脚标，表示最大弹性拉力 $\sigma_h=1$ 的抗力图形作用下（简称单位弹性抗力图）引起的未知力、转角和位移。

$\beta_{\bar{\sigma}}$和$\mu_{\bar{\sigma}}$同上一样可得：

$$\beta_{\bar{\sigma}}=x_{1\bar{\sigma}}\bar{\beta}_1+x_{2\bar{\sigma}}\left(\bar{\beta}_2+f\bar{\beta}_1\right)+\beta_{\bar{\sigma}}^0$$

此处，$\bar{\beta}_2=0$，$\bar{\mu}_{\bar{\sigma}}=0$

代入前式得：

$$\left.\begin{aligned}x_{1\bar{\sigma}}(\delta_{11}+\bar{\beta}_1)+x_{2\bar{\sigma}}(\delta_{12}+f\bar{\beta}_1)+\Delta_{1\bar{\sigma}}+\beta_{\bar{\sigma}}^0=0\\x_{1\bar{\sigma}}(\delta_{21}+f\bar{\beta}_1)+x_{2\bar{\sigma}}(\delta_{22}+f^2\bar{\beta}_1)+\Delta_{2\bar{\sigma}}+f\beta_{\bar{\sigma}}^0=0\end{aligned}\right.\qquad(5\text{-}33)$$

式中　$\Delta_{1\bar{\sigma}}$、$\Delta_{2\bar{\sigma}}$——单位弹性抗力图作用下，基本结构在 x_1 和 x_2 方向上的位移；

$\beta_{\bar{\sigma}}^0$——单位弹性抗力图作用下，墙底截面的转角 $\beta_{\bar{\sigma}}^0=M_{b\bar{\sigma}}^0\bar{\beta}_1$；

$M_{b\bar{\sigma}}^0$——单位弹性抗力图作用下，墙底截面的弯矩；

其余符号意义同式（5-30）。

求解式（5-33）得出 $x_{1\bar{\sigma}}$和 $x_{2\bar{\sigma}}$，即可求得在单位弹性抗力图荷载作用下的任意截面内力：

$$\left.\begin{aligned}M_{i\bar{\sigma}}=x_{1\bar{\sigma}}+x_{2\bar{\sigma}}y_i+M_{i\bar{\sigma}}^0\\N_{i\bar{\sigma}}=x_{2\bar{\sigma}}\cos\varphi i+N_{i\bar{\sigma}}^0\end{aligned}\right.\qquad(5\text{-}34)$$

式中　$M_{i\bar{\sigma}}$、$N_{i\bar{\sigma}}$——为单位弹性抗力图作用下任一截面的弯矩和轴力，其弯矩图如图 5-18（*b*）所示。

（3）求最大抗力 σ_h

由式（5-28）可知，欲求 σ_h，必须先求 h 点在主动荷载作用下的法向位移 δ_{hp}和单位弹性抗力图荷载作用下的法向位移 $\delta_{h\bar{\sigma}}$，但求这两项位移时，要考虑弹性支承的墙底截面转角 β_0 的影响，按结构力学求位移的方法，在基本结构 h 点上沿 σ_h 方向作用一单位力，并求出此力作用下的弯矩图（图 5-19）。用图 5-19 弯矩图乘图 5-18（*a*）的弯矩图再加上$\beta_{\bar{\sigma}}$的影响可得位移 $\delta_{h\bar{\sigma}}$，即

$$\left.\begin{aligned}\delta_{hp}&=\int_s\frac{M_{iP}y_{ih}}{EI}ds+y_{bh}\beta_P\\\delta_{h\bar{\sigma}}&=\int_s\frac{M_{i\bar{\sigma}}y_{ih}}{EI}ds+y_{bh}\beta_{\bar{\sigma}}\end{aligned}\right\}\qquad(5\text{-}35)$$

式中　β_P——主动荷载作用下，墙底截面的转角，$\beta_P = M_{bP}\bar{\beta}_1$；

$\beta_{\bar{\sigma}}$——单位弹性抗力图荷载作用下，墙底截面的转角，$\beta_{\bar{\sigma}} = M_{b\bar{\sigma}}\bar{\beta}_1$；

y_{ih}——所求抗力截面中心至最大抗力截面的垂直距离；

y_{bh}——墙底截面中心至最大抗力截面的垂直距离。

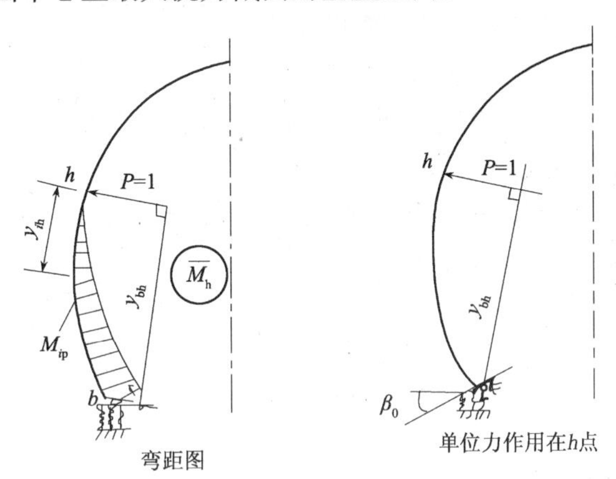

图 5-19　求最大抗力 σ_h 的计算简图

（4）计算各截面最终的内力值

利用叠加原理可得：

$$\left.\begin{aligned} M_i &= M_{iP} + \sigma_h \cdot M_{i\bar{\sigma}} \\ N_{i\bar{\sigma}} &= N_{iP} + \sigma_h \cdot N_{i\bar{\sigma}} \end{aligned}\right\} \tag{5-36}$$

（5）计算的校核

在对称荷载作用下，求得的内力应满足在拱顶截面处的相对转角和相对水平位移为零的条件，即

$$\left.\begin{aligned} \int_s \frac{M_i}{EI}ds + \beta_0 &= 0 \\ \int_s \frac{M_i y_i}{EI}ds + f\beta_0 &= 0 \end{aligned}\right\} \tag{5-37}$$

式中

$$\beta_0 = \beta_P + \sigma_h \beta_{\bar{\sigma}} \tag{5-38}$$

除按式（5-37）校核外，还应按 h 点的位移协调条件校核，即

$$\int_s \frac{M_i y_{ih}}{EI}ds + y_{bh} \cdot \beta_0 - \frac{\sigma_h}{K} = 0 \tag{5-39}$$

以上所介绍的计算方法比较接近地道式结构的实际受力状态，力学概念比较清晰，便于掌握。其缺点是弹性抗力图是假定的，事实上弹性抗力的分布是随衬砌的刚度、结构的形状，主动荷载的分布和衬砌与介质间的回填等因素而变化。其次，这种方法只适用于结构和荷载都对称的情况，当荷载分布显著不均匀、不对称时，上述假定的弹性抗力分布规律就不再适用了。

5.4 单跨双层和单层多跨连拱结构的构造和配筋

单跨、单跨双层以及单层连拱地道式结构采用先拱后墙施工时，先浇筑拱圈，后浇筑侧墙，两侧墙的混凝土将收缩，使拱圈拱脚与侧墙顶部产生空隙，影响结构的整体性。为此，拱圈拱脚与侧墙顶部设置一个预留孔洞，称刹肩。浇筑拱圈时，在拱脚下超挖5～10cm，铺入粗中砂以预埋拱圈渗入侧墙的钢筋。当浇筑侧墙时，将拱圈的钢筋弯成设计的曲率并与侧墙的钢筋搭接，待浇筑侧墙的混凝土终凝后，再用干硬性高强度等级混凝土或膨胀混凝土密实捣实，以确保地道式结构的整体性（图5-20、图5-23～图5-25）。

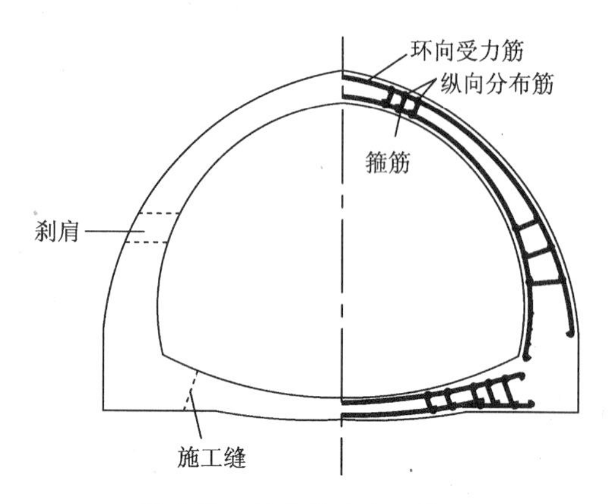

图5-20　单跨构造和配筋

为减少地道内绑扎钢筋时间，方便施工，错开受力钢筋的接头，拱圈浇筑段的钢筋网架由Ⅰ型和Ⅱ型组成（图5-21、图5-22），先在地面焊接成型，然后在地道内就地拼装而成。Ⅰ型钢筋网架由A和B小型钢筋网架组成；Ⅱ型钢筋网架由C和D小型钢筋网架组成。洞室的拱圈部分开挖成型后，先安装Ⅰ型A和Ⅱ型C小钢筋网架，待混凝土浇筑到一定程度再放置Ⅰ型B和Ⅱ型D小钢筋网架，然后再绑扎Ⅰ型A与B、Ⅱ型C与D连接处的部分分布筋和箍筋，最后浇筑拱圈顶部的混凝土。

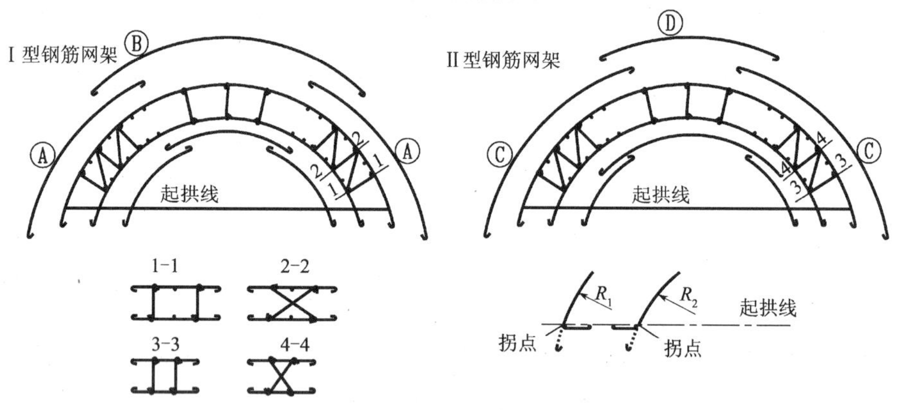

图5-21　拱圈钢筋网架

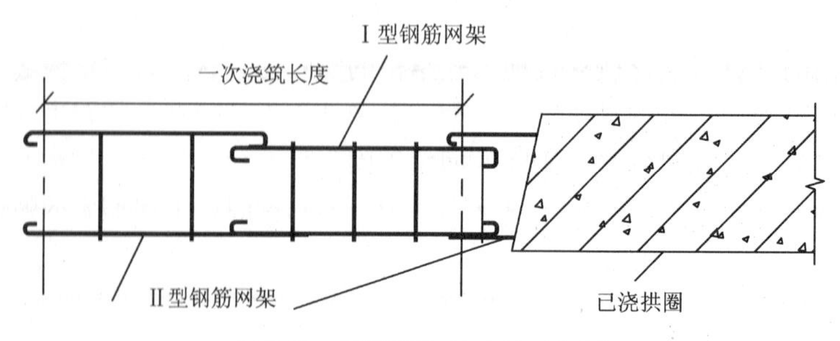

图5-22　钢筋网架的连接示意图

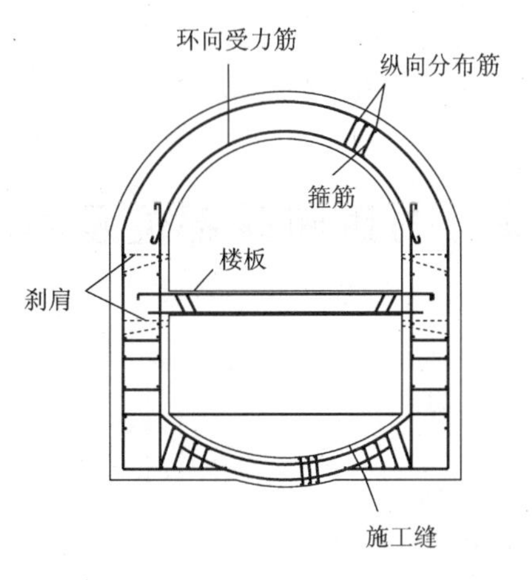

图 5-23　单跨双层衬砌结构构造和配筋

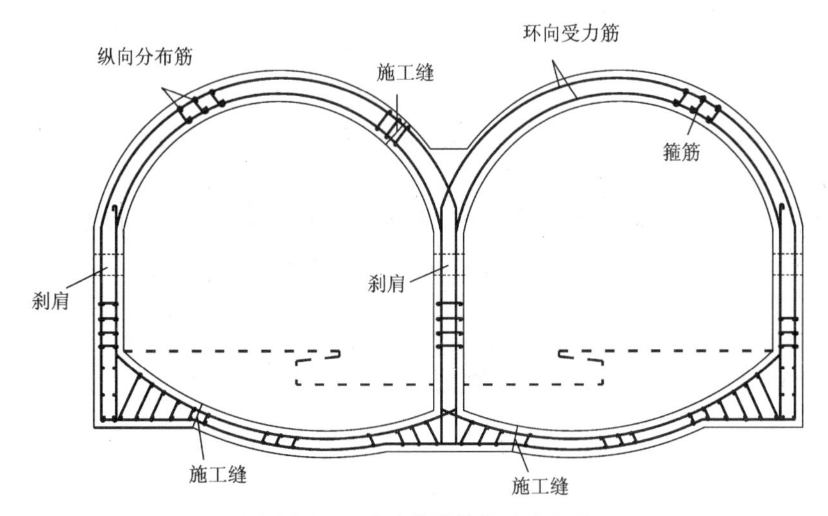

图 5-24　双跨连拱结构构造和配筋

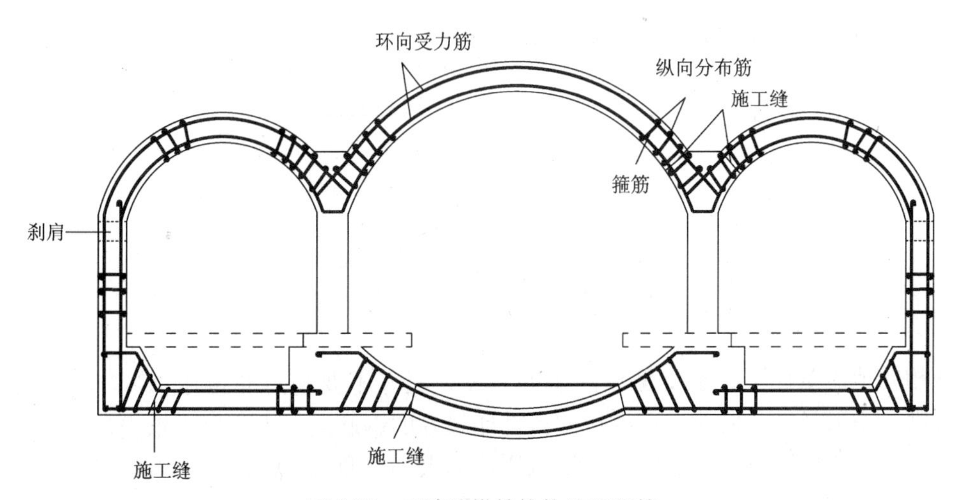

图 5-25　三跨连拱结构构造和配筋

第6章 衬砌特殊部位及细部结构

6.1 偏压衬砌的设计和计算

6.1.1 荷载及基本尺寸的拟定

岩石地下建筑中，有可能在局部范围内遇到因地质、地形或其他原因（如施工塌方）而造成衬砌的明显偏压，这时，就应该在局部范围考虑设置偏压衬砌。例如，在图6-1中当围岩的节理、层理、片理等结构面产状的倾向不利于洞室（一般为走向与洞室纵轴交角<30°，倾斜角30°~60°）稳定，且结构面胶结不好时，便应考虑偏压问题。通常，在条件允许时，也采用一些综合技术措施（如采用锚杆加固产生偏压的危岩等），以减少对衬砌的偏压作用。

关于偏压作用的大小和分布规律，尚难以准确计算。工程中，可根据实际情况分析确定，或参考《岩体力学》及其他文献[26]所介绍的某些方法予以估算。对于地质条件复杂的地段，必要时，应通过现场量测来确定其大小和分布规律。

为了满足地下建筑的使用要求，承受偏压的衬砌，其内轮廓仍宜与主洞室相同，仅对外轮廓作必要加大，拱圈则宜作成对称结构（图6-2）。

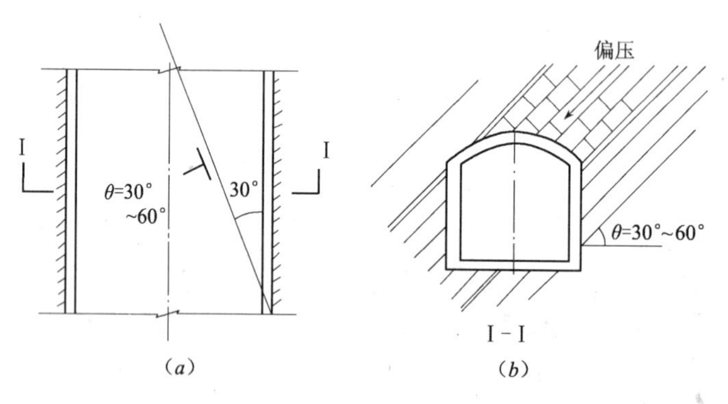

图6-1 不利于洞室的围岩结构面产状

(*a*) 平面图；(*b*) 剖面图

在相同地质条件下，承受偏压的拱圈厚度，最好不要超过非偏压情况下厚度的1.5倍，否则，不大经济，此时，以改用受拉性能较好的钢筋混凝土为宜。承受偏压的直墙厚度，也比非偏压情况下厚度要大。根据偏压值的大小，迎偏压面的一侧直墙厚度，为一般情况下的1~2倍；另一侧直墙厚度，为一般情况下的1~4倍。在确定直墙厚度时，不宜使拱、墙刚度相差过大，因此，直墙厚度以控制在拱顶厚度的1.2~1.5倍左右为宜。

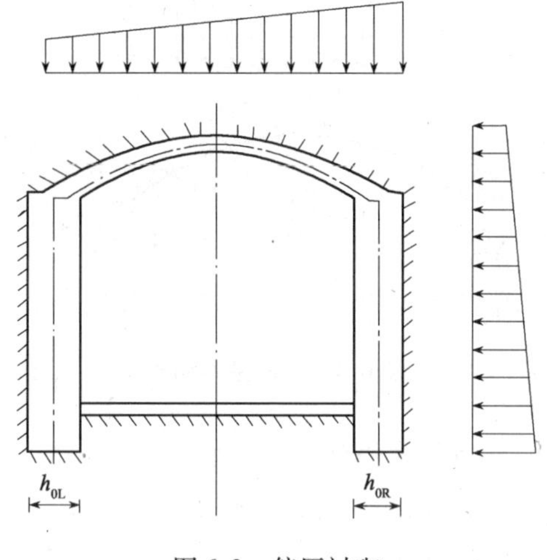

图 6-2　偏压衬砌

6.1.2　内力计算

由于承受偏压的贴壁式直墙拱形衬砌的拱圈对称，直墙非对称，其力学分析方法，可综合运用直墙拱衬砌的内力计算方法来求解衬砌内力。这种情况下的计算简图和基本结构如图 6-3 所示。图中，拱圈的弹性抗力图形为非对称形式，如偏压较大，拱圈右侧（迎偏压面一侧）的弹性抗力图形，可能很小，或不存在。如计算中，得出的弹性抗力值为负时，则应舍弃该侧的弹性抗力图形，有时，为使计算简便，也可以不考虑拱圈两侧弹性抗力的影响。

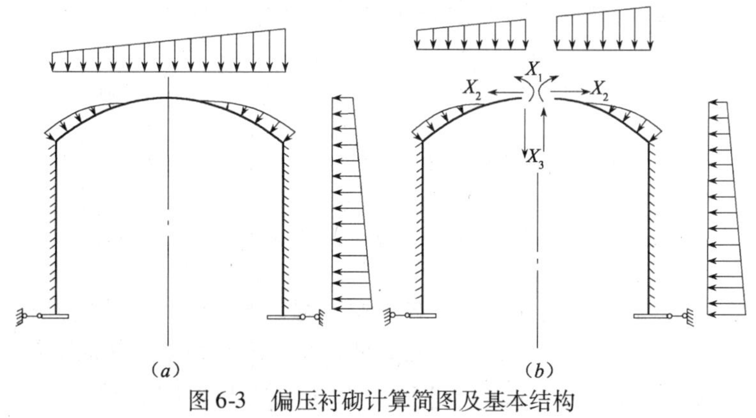

图 6-3　偏压衬砌计算简图及基本结构

（a）计算简图；（b）基本结构

按照贴壁式直墙拱形衬砌内力计算原理，可将拱圈和直墙分开计算，且应考虑其间的相互影响，即拱圈按弹性支承在直墙拱顶上的无铰拱计算，直墙按支承在围岩上的弹性地基直梁计算。在计算拱脚弹性固定系数时，可参考单位荷载（包括弯矩、水平力、竖直力和外荷载）作用在拱脚围岩支承面上时拱脚弹性固定系数的计算公式进行求解。

根据上述基本原理，拱圈在偏压作用下的基本结构如图 6-4 所示。其多余未知力及变位的正负号规则，以及求解拱顶多余未知力的基本方程组，均可直接引用半衬砌结构非对称问题的相关求解公式。

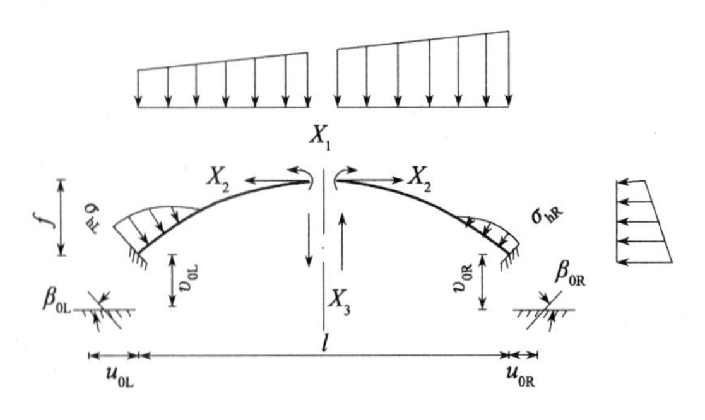

图 6-4　拱圈基本结构

拱顶截面的三个变形协调方程式仍为：

$$\left.\begin{aligned} &X_1\delta_{11}+X_2\delta_{12}+\Delta_{1p}+(\beta_{0L}+\beta_{0R})=0\\ &X_1\delta_{21}+X_2\delta_{22}+\Delta_{2p}+(u_{0L}+u_{0R})+f(\beta_{0L}+\beta_{0R})=0\\ &X_3\delta_{33}+\Delta_{3p}+(v_{0L}+v_{0R})+\frac{l}{2}(\beta_{0R}-\beta_{0L})=0 \end{aligned}\right\} \tag{6-1}$$

其中 δ_{ik}、Δ_{ip}按全拱用变截面割圆拱变位系数表和辛普生公式来计算。拱脚弹性固定系数为：

$$\left.\begin{aligned} &\beta_{0L}=X_1\beta_{1L}+X_2(\beta_{2L}+f\beta_{1L})+X_3(\beta_{3L}-\frac{1}{2}\beta_{1L})+\beta_{pL}\\ &\beta_{0R}=X_1\beta_{1R}+X_2(\beta_{2R}+f\beta_{1R})+X_3(\beta_{3R}+\frac{1}{2}\beta_{1R})+\beta_{pR}\\ &u_{0L}=X_1u_{1L}+X_2(u_{2L}+fu_{1L})+X_3(u_{3L}-\frac{1}{2}u_{1L})+u_{pL}\\ &u_{0R}=X_1u_{1R}+X_2(u_{2R}+fu_{1R})+X_3(u_{3R}+\frac{1}{2}u_{1R})+u_{pR}\\ &v_{0L}=X_1v_{1L}+X_2(v_{2L}+fv_{1L})+X_3(v_{3L}-\frac{1}{2}v_{1L})+v_{pL}\\ &v_{0R}=X_1v_{1R}+X_2(v_{2R}+fv_{1R})+X_3(v_{3R}+\frac{1}{2}v_{1R})+v_{pR} \end{aligned}\right\} \tag{6-2}$$

式中　β_{1L}、β_{1R}、u_{1L}、u_{1R}、v_{1L}、v_{1R}——各为左、右直墙顶作用有单位力矩时所引起的墙顶处的转角、水平位移、竖向位移；

β_{2L}、β_{2R}、u_{2L}、u_{2R}、v_{2L}、v_{2R}——同上，但为单位水平力所引起；

β_{3L}、β_{3R}、u_{3L}、u_{3R}、v_{3L}、v_{3R}——同上，但为单位竖向力所引起；

β_{pL}、β_{pR}、u_{pL}、u_{pR}、v_{pL}、v_{pR}——同上，但为荷载（包括弹性抗力）所引起。

上式中，除 v_{1L}、v_{1R}、v_{2L}、v_{2R}、v_{3L}、v_{3R}、v_{pL}、v_{pR}、u_{3L}、u_{3R}、β_{3L}、β_{3R}外，其余各弹性固定系数，均按整体式直墙拱衬砌有关公式分左、右计算。

当直墙上作用着通过直墙轴线的竖向力时，显然可以从第 5 章推导弹性地基梁内力及变位公式的过程中看出，并未考虑它对弹性地基梁的影响；同时，也未考虑力矩和水平力对弹性地基梁的轴向变形影响。因此，如在图 6-2 中直墙无扩基的情况下，公式（6-2）中的 v_{1L}、v_{1R}、v_{2L}、v_{2R}、u_{3L}、u_{3R}、β_{3L}、β_{3R}均应为零。于是，公式（6-2）应改写为：

$$
\left.\begin{aligned}
&\beta_{0L}=X_1\beta_{1L}+X_2(\beta_{2L}+f\beta_{1L})-X_3\ \frac{1}{2}\beta_{1L}+\beta_{pL}\\
&\beta_{0R}=X_1\beta_{1R}+X_2(\beta_{2R}+f\beta_{1R})+X_3\ \frac{1}{2}\beta_{1R}+\beta_{pR}\\
&u_{0L}=X_1u_{1L}+X_2(u_{2L}+fu_{1L})-X_3\ \frac{1}{2}u_{1L}+u_{PL}\\
&u_{0R}=X_1u_{1R}+X_2(u_{2R}+fu_{1R})+X_3\ \frac{1}{2}u_{1R}+u_{pR}\\
&v_{0L}=X_3v_{3L}+v_{PL}\\
&v_{0R}=X_3v_{3R}+v_{PR}
\end{aligned}\right\}\tag{6-3}
$$

对于公式（6-3）中的v_{3L}、v_{3R}、v_{PL}、v_{PR}，实际上，可以近似地仅考虑由于X和衬砌上的荷载（包括弹性抗力），以及自重对左、右直墙基底所产生的沉陷值（此处忽略直墙与围岩间的摩擦力影响）。于是，根据温克尔假定，公式（6-3）中的最后两式为：

$$
\left.\begin{aligned}
&v_{0L}=\frac{X_3}{\kappa_d h_{\alpha L}}+\frac{Q_L}{\kappa_d h_{\alpha L}}\\
&v_{0R}=\frac{X_3}{\kappa_d h_{\alpha R}}-\frac{Q_R}{\kappa_d h_{\alpha R}}
\end{aligned}\right\}\tag{6-4}
$$

式中　$h_{\alpha L}$、$h_{\alpha R}$——左、右直墙基础宽度（图6-2）；

Q_L、Q_R——由拱圈基本结构上荷载（包括弹性抗力）及自重（包括直墙自重）传至左、右墙基的垂直反力；

κ_d——围岩基底弹性抗力系数（按人工洞室围岩物理力学参数表取值）。

将公式（6-3）及公式（6-4）代入方程式（6-1），经整理后得：

$$
\left.\begin{aligned}
&X_1a_{11}+X_2a_{12}+X_3a_{13}+a_{10}=0\\
&X_1a_{21}+X_2a_{22}+X_3a_{23}+a_{20}=0\\
&X_1a_{31}+X_2a_{32}+X_3a_{33}+a_{30}=0
\end{aligned}\right\}\tag{6-5}
$$

式中：

$$
\left.\begin{aligned}
&a_{11}=\delta_{11}+\beta_{1L}+\beta_{1R}\\
&a_{12}=a_{21}=\delta_{12}+(\beta_{2L}+\beta_{2R})+f(\beta_{1L}+\beta_{1R})\\
&a_{13}=a_{31}=\frac{l}{2}(\beta_{1R}-\beta_{1L})\\
&a_{22}=\delta_{22}+2f(\beta_{2L}+\beta_{2R})+f^2(\beta_{1L}+\beta_{1R})+(u_{2L}+u_{2R})\\
&a_{23}=a_{32}=\frac{l}{2}f(\beta_{1R}-\beta_{1L})+\frac{1}{2}(\beta_{2R}-\beta_{2L})\\
&a_{33}=\delta_{33}+\frac{l^2}{4}(\beta_{1L}+\beta_{1R})+\frac{1}{\kappa_d}(\frac{1}{h_{\alpha L}}+\frac{1}{h_{\alpha R}})\\
&a_{10}=\Delta_{1P}+\beta_{PL}+\beta_{PR}\\
&a_{20}=\Delta_{2P}+f(\beta_{PL}+\beta_{PR})+(u_{pL}+u_{pR})\\
&a_{30}=\Delta_{3P}+\frac{l}{2}(\beta_{PL}-\beta_{PR})+\frac{1}{\kappa_d}(\frac{Q_L}{h_{\alpha L}}-\frac{Q_R}{h_{\alpha R}})
\end{aligned}\right\}\tag{6-6}
$$

联解方程组（6-5），可得拱顶多余未知力。

在求拱顶多余力的过程中，如考虑了拱圈弹性抗力的影响，尚需利用公式（6-7），作为补充方程式

$$\left.\begin{aligned}\sigma_{\mathrm{hL}} &= k_{\mathrm{L}} u_{0\mathrm{L}} \\ \sigma_{\mathrm{hR}} &= k_{\mathrm{R}} u_{0\mathrm{R}}\end{aligned}\right\} \tag{6-7}$$

式中　σ_{hL}、σ_{hR}——左、右拱脚截面处的弹性抗力值；

k_{L}、k_{R}—— 左、右围岩的弹性抗力系数。

拱圈各截面内力值，按公式（6-8）计算；内力图的校核，按公式（6-9）进行。直墙各截面的内力，可根据直墙内力计算原理和相应公式，来计算偏压作用下衬砌左、右直墙的弯矩和轴力。

$$\left.\begin{aligned}M_i &= X_1 + X_2 y_i \mp X_3 x_i + M_{ip}^0 \\ N_i &= X_2 \cos\varphi_i \pm X_3 \sin\varphi_i + N_{ip}^0 \\ V_i &= \mp X_2 \sin\varphi_i + X_3 \cos\varphi_i + V_{ip}^0\end{aligned}\right\} \tag{6-8}$$

$$\left.\begin{aligned}&\int_0^{\frac{s}{2}} \frac{M_{\mathrm{L}}}{EI}\mathrm{d}s + \int_0^{\frac{s}{2}} \frac{M_{\mathrm{R}}}{EI}\mathrm{d}s + (\beta_{0\mathrm{L}} + \beta_{0\mathrm{R}}) = 0 \\ &\left(\int_0^{\frac{s}{2}} \frac{yM_{\mathrm{L}}}{EI}\mathrm{d}s + \int_0^{\frac{s}{2}} \frac{yM_{\mathrm{R}}}{EI}\mathrm{d}s\right) + \left(\int_0^{\frac{s}{2}} \frac{N_{\mathrm{L}}\cos\varphi}{EA}\mathrm{d}s + \int_0^{\frac{s}{2}} \frac{N_{\mathrm{R}}\cos\varphi}{EA}\mathrm{d}s\right) + f(\beta_{0\mathrm{L}} + \beta_{0\mathrm{R}}) + (u_{0\mathrm{L}} + u_{0\mathrm{R}}) = 0 \\ &\left(-\int_0^{\frac{s}{2}} \frac{xM_{\mathrm{L}}}{EI}\mathrm{d}s + \int_0^{\frac{s}{2}} \frac{xM_{\mathrm{R}}}{EI}\mathrm{d}s\right) + \left(\int_0^{\frac{s}{2}} \frac{N_{\mathrm{L}}\sin\varphi}{EA}\mathrm{d}s - \int_0^{\frac{s}{2}} \frac{N_{\mathrm{R}}\sin\varphi}{EA}\mathrm{d}s\right) + \frac{1}{2}(\beta_{0\mathrm{L}} - \beta_{0\mathrm{R}}) + (v_{0\mathrm{L}} + v_{0\mathrm{R}}) = 0\end{aligned}\right\} \tag{6-9}$$

式中：M_{ip}^0、N_{ip}^0、V_{ip}^0——分别为基本结构在外荷载作用下，截面 i 处产生的弯矩、轴力和剪力；

φ_i——截面 i 与竖直线间的夹角；

X_2、X_3——前的正负号，上面者表示左半拱，下面者表示右半拱；

M_{L}、N_{L}——左半拱圈内力，按式（6-8）计算；

M_{R}、N_{R}——右半拱圈内力，按式（6-8）计算。

6.2 明洞的设计和计算

用明挖法构筑衬砌后，再用回填土石加以覆盖的地下建筑结构，称为明洞。

明洞主要出现在地下建筑的出入口部分。因为，当地下建筑的入口部分沿洞轴方向的地形倾斜角较小时，则在开挖洞室时，因覆盖层较薄，不能保持覆盖层的稳定而可能塌陷，因此，采用明挖法施工，并在构筑衬砌后再回填土石予以覆盖。图 6-5（*a*）所示为当衬砌的两侧地形标高相同，则回填土石坡面水平。此时，回填土石产生的竖向压力是均布对称的，左、右直墙的侧向压力便为对称梯形分布。当衬砌两侧地形标高不同，则回填土石坡面倾斜（图 6-5*b*），此时，回填土石所产生的竖向压力和侧向压力，将使衬砌受到偏压。

明洞回填土石的竖向压力或侧向压力，应按洞顶设计回填土石的全部重量（包括一

定数量的坍方堆积石土重量）计算确定。当有山坡落石危害，需验算其冲击力时，只计洞顶实际回填土石重量（不包括坍方堆积石土重量）和山坡落石冲击力的影响。

计算明洞回填土石压力，当无试验资料时，填料的物理力学指标可按表6-1确定。

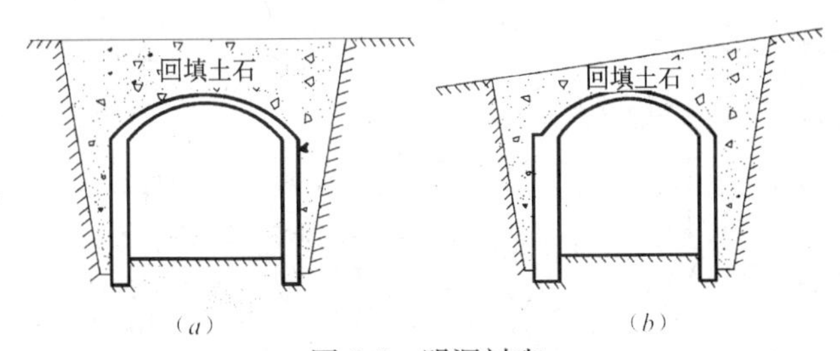

图6-5 明洞衬砌

（a）回填土石坡面水平；（b）回填土石坡面倾斜

填料的物理力学指标 **表6-1**

填充名称	重度 γ（t/m^3）	计算摩擦角 φ
干砌片石	2.0	50°
回填土时	1.9	30°

上述两种情况均需满足使用净空的要求，故明洞仍宜采用拱形直墙结构形式，其内轮廓应与主洞室引道部分相一致。至于外轮廓，则需根据回填土石压力的大小、分布规律（对称或非对称）来确定，以此来选定对称或非对称的结构形式。

在偏压作用下，可采用对称的变截面拱圈，拱脚厚度一般为拱顶厚度的1～1.5倍。当回填土石压力不大时，也可采用等截面拱圈。直墙可采用非对称的结构形式，其左、右直墙厚度可参考本章6.1节拟定。

在对称荷载作用下的对称拱形直墙明洞，其截面尺寸，可根据回填土石压力的大小，参考整体式直墙拱形衬砌尺寸的拟定方法拟定。

由于明洞系经过明挖成路堑后，在衬砌周围再回填土石，因所回填的土石不能保持自身稳定，此时，衬砌所受到的回填土石压力，以库伦理论为基础，按以下方法计算。

6.2.1 拱圈回填土石压力

回填土石对拱圈产生竖向压力和侧向压力，它们分别作用在拱圈的顶部和两侧（图6-6）。

1. 竖向压力（图6-6a）

$$q_i = \gamma h_i \tag{6-10}$$

式中 q_i——拱圈上任意点处的回填土石竖向压力值（t/m^2）；

γ——拱背回填土石重度（t/m^3）；

h_i——拱圈计算位置回填土石柱高（m）。

如果回填土石坡面水平，上式中 h_i 为常数。此时，竖向压力为均布荷载。

2. 侧向压力（图6-6b及图6-6c）

拱圈所受回填土石侧向压力的计算，比较繁琐，但其基本公式为：

$$e_i = \gamma h_i \lambda \tag{6-11}$$

式中 e_i——拱圈任意点处的侧向压力值（t/m^2）；

λ——侧向压力系数（由表6-2相应公式计算）；

（其余符号意义同前）。

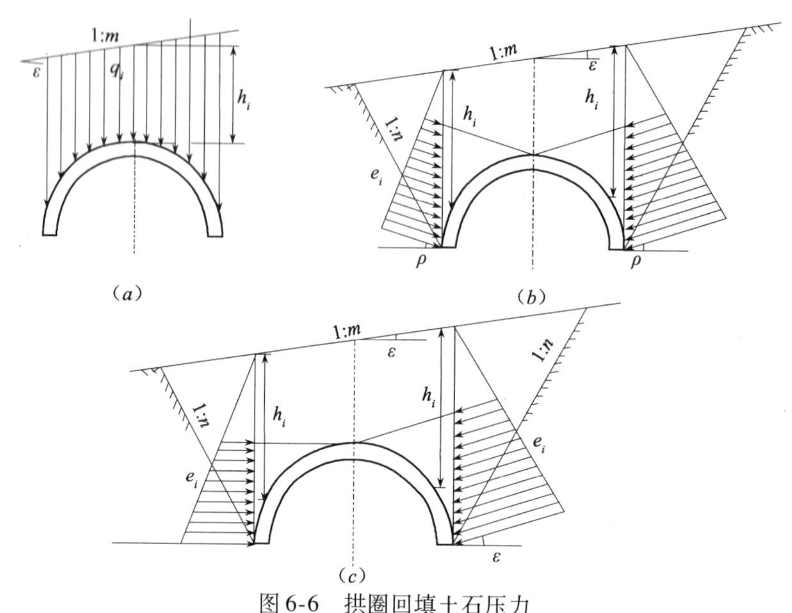

图6-6 拱圈回填土石压力

（*a*）拱圈垂直压力；（*b*）按有限土体计算拱圈的侧向压力；（*c*）按无限土体计算拱圈的侧向压力

式（6-11）中，侧向压力系数应根据不同条件分别按无限土体和有限土体两种不同方法计算。如果地层无侧压力，开挖边坡稳定，其开挖边坡率陡于按有限土体计算方法得出的最大侧向压力开挖坡率时，可根据实际开挖边坡，按有限土体计算方法去计算侧向压力值。反之，当开挖边坡率缓于或等于按有限土体计算方法得出的最大侧向压力开挖坡率时，其侧向压力值应按无限土体计算。

按有限土体计算方法得出的土体产生最大侧向压力时的开挖坡率 n'，由式（6-12）计算：

$$n'=\frac{\mu m(\mu+\tan\rho)-\sqrt{m(\mu+\tan\rho)(\mu^2+1)(\mu m-1)}}{1+\mu^2-\mu m+\mu^2 m\tan\rho} \tag{6-12}$$

此式即为选择拱圈回填土石侧向压力计算方法的判别式的通式。

式中 μ——回填土石与开挖坡面间的摩擦系数；

m——回填土石面坡率；

ρ——侧向压力作用方向与水平线的夹角（为回填材料的内摩擦角）。

如果开挖边坡率 n 和土体产生最大侧向压力时的开挖边坡率 n'，满足下列关系时，则可从表6-2中相应栏选择侧向压力系数的计算公式：

（1）当 $n<n'$（或$\frac{1}{n}>\frac{1}{n'}$），即开挖边坡率陡于土体产生最大侧向压力时的开挖边坡率，此时，按有限土体计算方法计算拱圈的侧向压力值（图6-6*b*）。

（2）当 $n\geqslant n'$（或$\frac{1}{n}\leqslant\frac{1}{n'}$），即开挖边坡率缓于（或等于）土体产生最大侧向压力时

的开挖边坡率，此时，按无限土体计算方法计算拱圈的侧向压力值（图6-6c）。

明洞的拱背和墙背回填土石侧向压力系数 λ　　　　表6-2

部位 回填情况		拱圈		直墙
		按无限土体方法	按有限土体方法	
回填土石坡面倾斜	回填土石坡面向上倾斜（拱圈右侧）	$\lambda=\cos\varepsilon\dfrac{\cos\varepsilon-\sqrt{\cos^2\varepsilon-\cos^2\varphi}}{\cos\varepsilon+\sqrt{\cos^2\varepsilon-\cos^2\varphi}}$ 或 $\lambda=\dfrac{1-\mu n'}{(\mu+n')\cos\rho+(1-\mu n')\sin\rho}\cdot\dfrac{mn'}{m-n'}$ 其中：n'按公式（6-12）计算	$\lambda=\dfrac{1-\mu n}{(\mu+n)\cos\rho+(1-\mu n)\sin\rho}\cdot\dfrac{mn}{m-n}$	$\lambda=-\dfrac{\cos^2\varphi_c}{\left[1+\sqrt{\dfrac{\sin\varphi_c\sin(\varphi_c-\varepsilon')}{\cos'\varepsilon}}\right]^2}$ 其中：$\varepsilon'=\mathrm{tg}^{-1}\left(\dfrac{\gamma}{\gamma_c}\mathrm{tg}\varepsilon\right)$
	回填土石坡面向下倾斜（拱圈左侧）	$\lambda=\dfrac{\tan\theta}{\tan(\theta+\varphi)(1+\tan\varepsilon\tan\theta)}$ 其中： $\tan\theta=\dfrac{-\tan\varphi+\sqrt{(1+\tan^2\varphi)(1+\tan\varepsilon/\tan\varphi)}}{1+(1+\tan^2\varphi)\tan\varepsilon/\tan\varphi}$	$\lambda=\dfrac{1-\mu n}{(\mu+n)\cos\rho+(1-\mu n)\sin\rho}\cdot\dfrac{mn}{m-n}$	$\lambda=\dfrac{\tan\theta_0}{\mathrm{tg}(\theta_0+\varphi_c)(1+\tan\varepsilon'\tan\theta_0)}$ 其中： $\tan\theta_0=$ $\dfrac{-\tan\varphi_c+\sqrt{(1+\tan^2\varphi_c)(1+\tan\varepsilon'/\tan\varphi_c)}}{1+(1+\tan^2\varphi_c)\tan\varepsilon'/\tan\varphi_c}$ 或 $\lambda=-\dfrac{\cos^2\varphi_c}{\left[1+\sqrt{\dfrac{\sin\varphi_c\sin(\varphi_c+\varepsilon')}{\cos'\varepsilon}}\right]^2}$
回填土石坡面水平（拱圈或直墙两侧）		$\lambda=n'\dfrac{1-\mu n'}{\mu+n'}$ 或 $\lambda=\tan^2(45°-\dfrac{\varphi}{2})$ 其中：$n'=-\mu+\sqrt{\mu^2+1}$①	$\lambda=n\dfrac{1-\mu n}{\mu+n}$	$\lambda=\tan^2(45°-\dfrac{\varphi_c}{2})$

表中符号意义：ε—设计填土坡度角；n—开挖边坡率；γ—拱背回填土石重度；φ—拱圈回填土石摩擦角；m—回填土石坡率；γ_c—墙背回填土石重度；ρ—侧压力作用方向与水平线的夹角（$\rho=0\sim\varphi$）；μ—回填土石与开挖边坡面间的摩擦系数；ε'—换算回填坡度角（当拱圈和墙背用相同材料回填时$\varepsilon'=\varepsilon$）；n'—产生最大侧向压力时的开挖坡率；φ_c—墙背回填土石内摩擦角

① 当回填土石坡面水平，$m=\infty$，设侧向压力作用方向水平，$\rho=0$，将它们代入公式（6-12）得：$n'=-\mu+\sqrt{\mu^2+1}$。此式可作为回填土坡面水平时，选择拱圈回填土石侧向压力计算方法的判别式。

6.2.2　直墙回填土石压力——侧向压力

回填土石对直墙产生侧向压力，墙背竖直时，假定墙背与回填土石间的摩擦系数（或摩擦角）为零时，其作用方向为水平（图6-7），按下列公式计算侧向压力值：

$$e_i=\gamma_0 h'_i\lambda \tag{6-13}$$

式中　γ_0——墙背回填土石重度（t/m^3）；

h_i'——直墙计算点换算高度（m）；

$$h_i' = h_i'' + \frac{\gamma}{\gamma_c} h_1$$

λ——侧向压力系数（由表6-2相应公式计算）。

拱圈或直墙所受回填土石侧向压力计算公式中的侧向压力系数 λ（表6-2），已有现成数表可查，设计时也可查阅文献[26]有关内容。

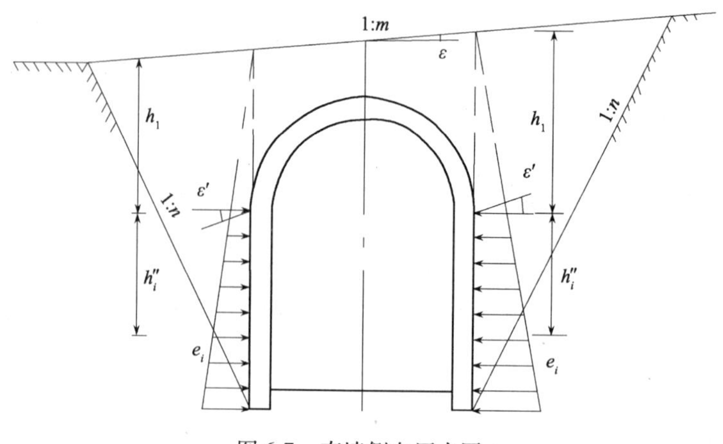

图6-7 直墙侧向压力图

当明洞在对称荷载作用下，且采用对称结构时，其内力计算方法同直墙拱形衬砌的计算方法；在非对称荷载作用下的非对称结构（拱圈对称，直墙不对称），且直墙无扩基时，其计算方法同本章6.1节所述。若直墙为有扩基的刚性梁或短梁，按6.1节所述方法计算时，尚应考虑因直墙顶的垂直力及直墙自重对扩基轴线的偏心而影响到墙顶的变位（即 β_{3L}、β_{3R}、u_{3L}、u_{3R} 不为零）这一因素。

另外，在设计明洞时，还应注意几个问题：

（1）明洞的位置，应尽量避开不良地质地段。如有软硬岩层分界地段，则应设置沉降缝；在气温较高地区，可根据情况设置伸缩缝。

（2）明洞的基础，必须设置在稳固的地基上；在冻胀土壤上设置基础时，其埋置深度，不得小于冰冻线以下0.25m，并应按现行规范验算墙基承载力。

（3）明洞顶部回填土石的厚度，应根据山坡实际落石情况确定，一般不小于1.5m。

（4）计算明洞时，如墙背回填对衬砌直墙变形有约束作用，则应考虑弹性抗力的影响。弹性抗力引起的摩擦力，一般可以不计。

6.3 洞门墙的设计和计算

洞门墙是用以阻止削坡坍塌的构筑物。它实质上是为了加固地下建筑口部的洞门仰坡及与洞门相连的那部分路堑边坡的挡土墙。此外，洞门墙还能把仰坡汇流的地表水引离洞口。为了保证地下建筑的正常使用和施工期间洞内边坡的稳定性，对于岩层松软或者石质破碎的仰坡（或边坡），洞门墙则是地下建筑不可缺少的组成部分。

洞门墙通常分为直立式与仰立式两种（图6-8），仰立式受力性能较直立式优越，它不仅能增强洞门墙的稳定性，同时，还能减小洞门墙的厚度。但仰立式洞门墙的受雨面较直立式大，雨水经常沿墙面漫流，结构物易受腐蚀，稳定性易遭削弱。但一般仍以采用仰立式较多。

6.3.1　洞门的类型及构造

洞门基本上分为端墙式和翼墙式两类。

1. 端墙式（图 6-9）

由洞口衬砌和端墙组成的洞门称为端墙式洞门。它用于仰坡岩层比较稳定，不会产生很大水平主动压力时的地下建筑口部。洞门墙在两侧与路堑边坡接触处，需嵌入岩层以内以求稳定，其嵌入深度应视岩层的实际情况而定。洞口衬砌应与洞内衬砌连成整体，以加强结构的稳定性。

洞顶仰坡应随地质条件不同而有所改变。洞顶排水沟需用浆砌片石砌好。端墙中部应加高，以防止山坡落石影响洞门出入安全。

当洞口仰坡开挖后，仰坡极为稳固，岩层坚硬，节理不发育，且不易风化，可不设端墙。此时，仅作洞口加强衬砌，但其长度不得小于 5m，且应与洞身衬砌连成整体。若为无衬砌洞室，口部加强段衬砌的长度也不得小于 5m。

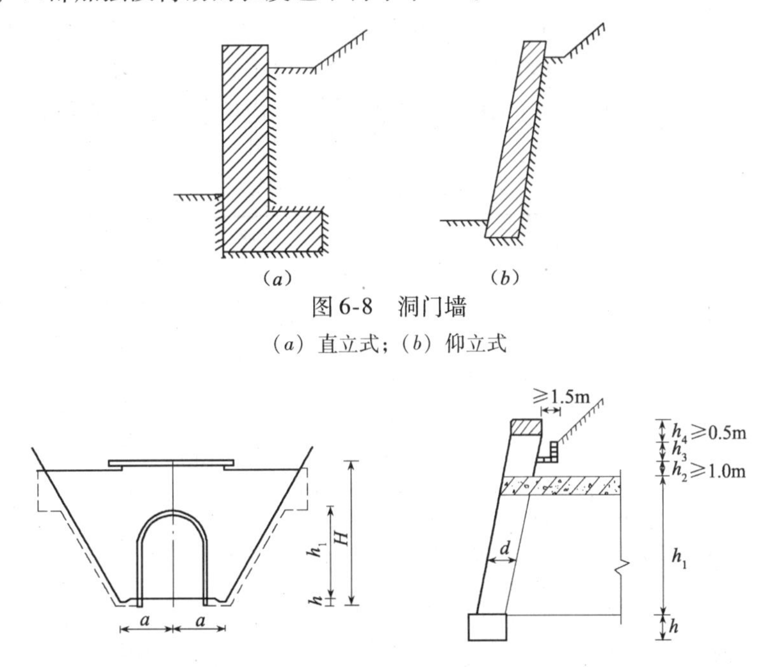

图 6-8　洞门墙

（*a*）直立式；（*b*）仰立式

图 6-9　端墙式洞口

2. 翼墙式（图 6-10）

由洞口衬砌和端墙，以及翼墙组成的洞门称为翼墙式洞门。它用于岩层较差，仰坡不稳定，可能产生很大水平主动压力的地下建筑口部。在端墙两侧设置的翼墙，能保证端墙的稳定；同时，尚有支持洞口路堑边坡，加固坡脚的作用。此外，翼墙对减少路堑开挖量，以及减少洞口墙宽都是有利的因素。仰坡及洞顶部分雨水可以从翼墙顶排除。端墙应与衬砌连成整体，以加固洞门结构的稳定性。

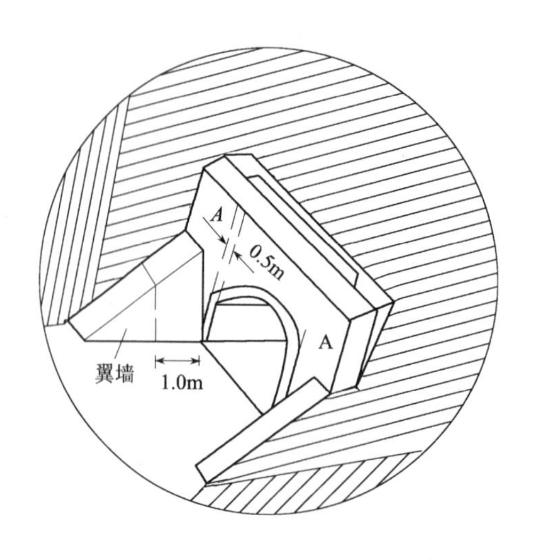

图 6-10　翼墙式洞门

6.3.2　材料选择及基本尺寸的拟定

洞门墙材料可采用混凝土、片石混凝土和石砌体等，其强度等级不应低于表 6-3 的规定。

根据构造要求，洞门墙结构的最小截面厚度，不得小于表 6-4 的规定。

洞门墙的正面尺寸，取决于所采用的洞门墙形式、边坡坡度、衬砌形式、地质条件及美观要求等因素。

洞门墙建筑材料　　**表 6-3**

工程部位	材料种类		
	混凝土及钢筋混凝土	料石	石砌体
层墙	C15	MU30	M10 水泥砂浆砌石片，块石镶面
顶帽	C15		M10 水泥砂浆砌粗料石
翼墙和洞口挡土墙	C15	MU30	M7.5 水泥砂浆砌片石（严寒地区用 M10 水泥砂浆砌片石）
侧沟、截水沟、护坡等			M5 水泥砂浆砌片石（严寒地区用 M7.5 水泥砂浆砌片石）

注：1. 严寒地区洞门墙宜用混凝土整体构筑，且强度等级不应低于 C20；
2. 石砌体所用石料，必须石质坚硬，不易风化，强度等级不得低于 MU30。

洞门墙结构的最小截面厚度（cm）　　**表 6-4**

工程部位	材料种类				
	混凝土及钢筋混凝土	片石混凝土	浆砌粗料石及混凝土块	浆砌块石	浆砌片石
洞门端墙、翼墙和洞门挡土墙	30	40	30	30	50

在正常地形、地质条件下，可采用端墙式洞门（图 6-9）。此时，应在设计时确定洞室中轴至边坡坡底的距离 a，基础埋置深度 h，洞门墙高 H，以及洞口墙厚 d。

尺寸 a 应大于洞室衬砌的半跨及排水沟顶宽之和。洞门墙基础埋置深度 h，在坚硬岩石中可取 0.4～0.6m，中等坚硬岩石中取 0.6～0.8m，松软岩层中取 0.8～1.2m，在冻胀土壤地区，其埋置深度亦不得不小于冰冻线以下 0.25m。

为防止洞顶石块坍落及减少落石冲击，洞顶仰坡坡脚至洞门墙背距离，一般不小于1.5m（岩石较好，仰坡陡时，可不受此限）。洞门墙顶至仰坡坡脚的高度 h_4，不得小于0.5m。洞门墙与仰坡之间水沟的沟底至衬砌拱顶外缘的高度 h_2，通常不小于1m（水沟底下如有填土应紧密夯实）。洞门墙高 H，应大于$(h+h_1+h_2+h_3+h_4)$。

洞门墙宽 d，应由计算确定，但不得小于表6-4的规定。

洞门墙最好向后倾仰，其倾斜坡度一般为1∶0.05～1∶0.2。

仰坡的容许坡度值，应根据当地经验，参照同类岩土的稳定坡度值确定。当地质条件良好，岩土质比较均匀时，可按表6-5、表6-6确定。

岩石仰坡容许坡度值 **表6-5**

岩石类别	风化程度	容许坡度值（高宽比）	
		坡高在8m以内	坡高在8～15m
硬质岩石	微风化	1∶0.10～1∶0.20	1∶0.20～1∶0.35
	中等风化	1∶0.20～1∶0.35	1∶0.35～1∶0.50
	强风化	1∶0.35～1∶0.50	1∶0.50～1∶0.75
软质岩石	微风化	1∶0.35～1∶0.50	1∶0.50～1∶0.75
	中等风化	1∶0.50～1∶0.75	1∶0.75～1∶0.00
	强风化	1∶0.75～1∶1.00	1∶0.00～1∶0.25

土质仰坡容许坡度值 **表6-6**

土的类别	密实度或黏性土的状态	容许坡度值（高宽比）	
		坡高在5m以内	坡高在5～10m
碎石土	密实	1∶0.35～1∶0.50	1∶0.50～1∶0.75
	中密	1∶0.50～1∶0.75	1∶0.75～1∶1.00
	稍密	1∶0.75～1∶1.00	1∶1.00～1∶1.25
老黏性土	坚硬	1∶0.35～1∶0.50	1∶0.50～1∶0.75
	硬塑	1∶0.50～1∶0.75	1∶0.75～1∶1.00
一般黏性土	坚硬	1∶0.75～1∶1.00	1∶1.00～1∶1.25
	硬塑	1∶1.00～1∶1.25	1∶1.25～1∶1.50

注：1. 表中碎石土的填充物为坚硬或硬塑状态的黏性土；
2. 对于沙土或填充物为砂土的碎石土，其仰坡容许坡度值均按自然休止角确定。

凡所设计的仰坡坡高大于表6-5、表6-6的规定；或地下水比较发育，或具有软弱结构面的倾斜地层；或岩层层面（或主要节理面）的倾斜方向与边坡的开挖面倾斜方向一致，且两者走向的夹角小于45°时，仰坡的容许坡脚值应另行设计。

6.3.3 计算原理及公式

洞门墙可视为挡土墙来验算其强度，并应验算绕墙趾倾覆及沿基地滑动的稳定。从而最后决定洞门墙结构各部分尺寸。

以下为目前常用的计算方法。

1. 端墙式洞门（图6-11）

洞门墙可视为墙背承受土石主动压力的挡土墙结构。因此，只要分别验算图中所示的A、B、C、D、E各部分稳定性和强度，就可以确定结构的尺寸和厚度。通常，为了使得

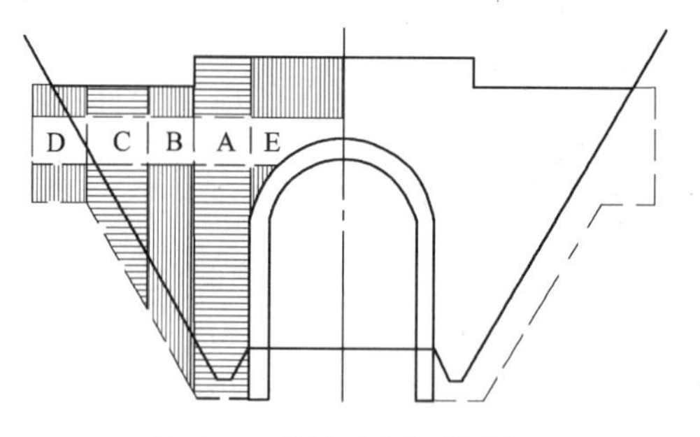

图 6-11　端墙式洞门计算图

计算简化和施工方便，可只验算结构最大受力部分 A，以此来确定整个洞门墙的厚度。这样，虽然增加了一些材料，但从施工角度来看，尚属方便。

2. 翼墙式洞门（图 6-10）

有翼墙的洞门同样是承受土石主动压力的挡土墙，它与端墙式洞门不同之处在于洞门与翼墙共同承受土石主动压力，亦即应考虑结构的整体作用。

翼墙不仅与主墙共同承受纵向土石主动土压力，而且还承受横向土石主动土压力。因此，在计算有翼墙的洞门时，可先验算翼墙本身的稳定性和强度。对于翼墙，可在洞门前一延米处（图 6-10），取其平均高度，按承受主动压力的挡土墙来计算，从而确定整个翼墙尺寸和截面厚度。计算过程中，可忽略翼墙与主墙间连接的抗剪作用。随后，再验算洞门主墙受力最大的 A 部分与翼墙一起的滑动稳定，即洞门主墙 A 部分的自重和翼墙的自重，共同抵抗作用在洞门主墙 A 部分墙背的主动土压力，使之不能移动，从而确定主墙 A 部分的尺寸。

主墙 B 部分可视为基础落在衬砌顶上，而与 A 部分无联系的挡土墙来验算，由此所确定的 B 部分结构厚度是偏安全的。通常，是取 0.5m 的最高一个窄条（图 6-10）来计算其强度和稳定性。有时，为使计算简化和便于施工，B 部分的截面厚度，可取与 A 部分相同。

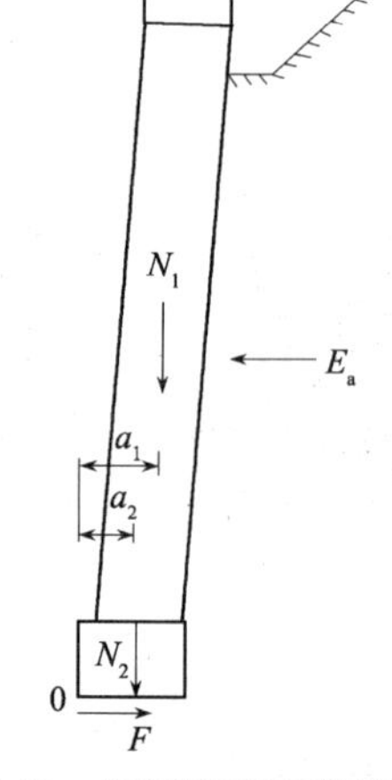

图 6-12　洞门墙所受荷载图

3. 计算公式及步骤

（1）洞门墙承受的荷载（图 6-12）

① 墙背土石主动压力 E_a。采用库伦公式计算，并假定挡土。墙无论直立或仰立，墙背土石主动压力作用方向均按水平计算，即按断面形状、尺寸大小、墙背回填土石表面的形状以及土石的内摩擦角等因素由表 6-7 中的相应公式计算。表 6-8 为计算洞门墙时，地层的有关物理力学指标。

② 墙身自重 N_1 与基础自重 N_2。

③ 墙基础与地基间的摩擦力 F。

（2）墙稳定性及强度验算

全部荷载作用下，整个洞门墙应不产生滑动和转动。同时，墙身每一截面应满足强度要求，而基础底面压力不得超过地基承载力。

下面以图 6-13 所示的洞门墙为例，说明其稳定性及强度验算方法。

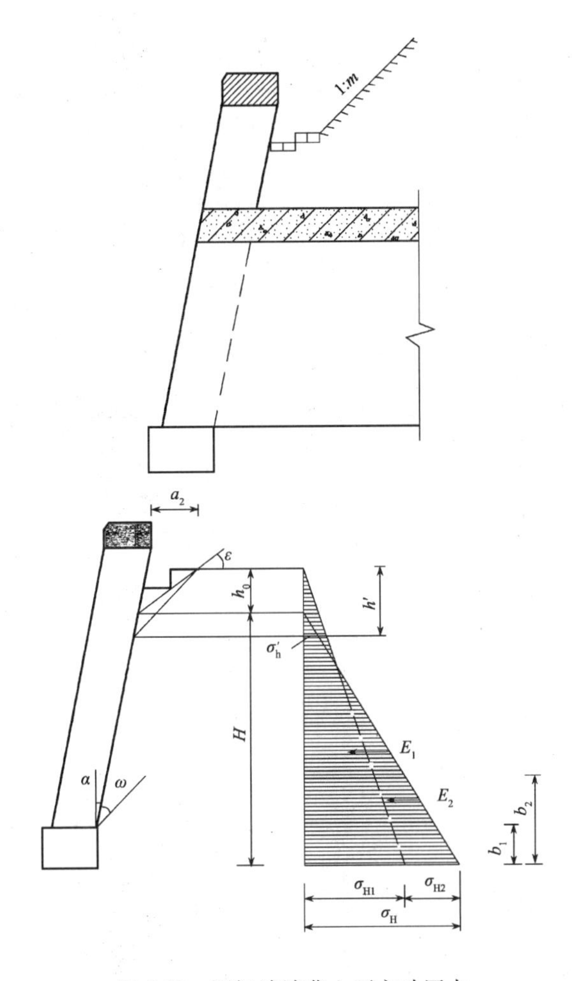

图 6-13　洞门墙墙背土石主动压力

① 荷载计算

土石主动压力 E_a，按表 6-7 中编号 I_a 的公式计算，并根据墙的几何尺寸及洞口墙材料的容重计算墙身和基础自重。

② 稳定性验算

a. 倾覆稳定验算

对墙基前趾 O（图 6-13）的倾覆力矩为：

$$M_0 = E_1 b_1 + E_2 b_2$$

其中力臂 b_1、b_2，土石主动压力分别为：

$$b_1 = \frac{1}{3}(H + h_0)$$

$$b_2 = \frac{1}{3}(H + h_0 - h')$$

$$E_1 = \frac{1}{2}(H + h_0)\ \sigma_{H1}$$

$$E_2 = \frac{1}{2}(H + h_0 - h')\ \sigma_{H2}$$

洞门墙土石主动压力计算公式

表 6-7

编号	土石主动压力图形	确定最危险破裂面与垂直面夹角公式	主动压力系数公式	土石主动压力公式	绘制土石主动压力图形的数据
Ⅰ	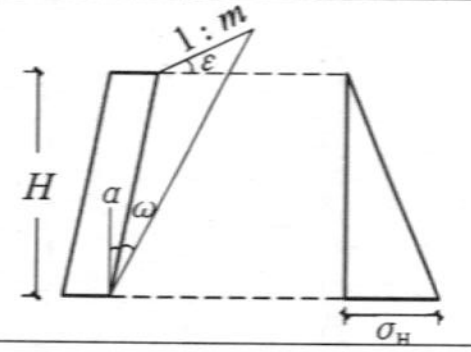 1 : m, ε, H, α, ω, σ_H	$\tan\omega=\dfrac{\tan^2\varphi+\tan\alpha\tan\varepsilon-\sqrt{(1+\tan^2\varphi)(\tan\alpha-\tan\varepsilon)(\tan\varphi+\tan\alpha)(1-\tan\alpha\tan\varepsilon)}}{\tan\varepsilon(1+\tan^2\varphi)-\tan\varphi(1-\tan\alpha\tan\varepsilon)}$	$\lambda_a=\dfrac{(\tan\omega-\tan\alpha)(1-\tan\alpha\tan\varepsilon)}{\tan(\omega+\varphi)(1-\tan\omega\tan\varepsilon)}$		$\sigma_h=rH\lambda_a$
Ⅰa	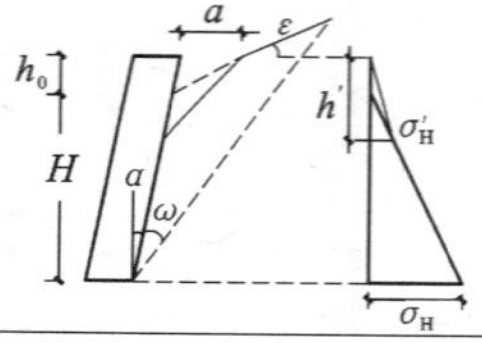 a, ε, h_0, h', H, α, ω, σ'_H, σ_H	当 a 不大时，$\tan\omega=\dfrac{\tan^2\varphi+\tan\alpha\tan\varepsilon-\sqrt{(1+\tan^2\varphi)(\tan\alpha-\tan\varepsilon)(\tan\varphi+\tan\alpha)(1-\tan\alpha\tan\varepsilon)}}{\tan\varepsilon(1+\tan^2\varphi)-\tan\varphi(1-\tan\alpha\tan\varepsilon)}$	$\lambda_a=\dfrac{(\tan\omega-\tan\alpha)(1-\tan\alpha\tan\varepsilon)}{\tan(\omega+\varphi)(1-\tan\omega\tan\varepsilon)}$	$E_a=\dfrac{1}{2}rH^2\lambda_a+\dfrac{1}{2}rh_0\times(h'-h_0)\lambda_a$	$h'=\dfrac{a}{\tan\omega-\tan\alpha}$ $\sigma'_h=rh'(1-\dfrac{h_0}{h'})\lambda_a$ $\sigma_H=rH\lambda_a$
Ⅱ	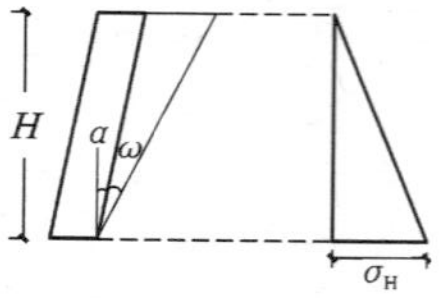 H, α, ω, σ_H	$\tan\omega=-\tan\varphi+\sqrt{(1+\tan^2\varphi)(1+\dfrac{\tan\alpha}{\tan\varphi})}$	$\lambda_a=\dfrac{\tan\omega-\tan\alpha}{\tan(\omega+\varphi)}$	$E_a=\dfrac{1}{2}rH^2\lambda_a$	$\sigma_H=rH\lambda_a$
Ⅲ	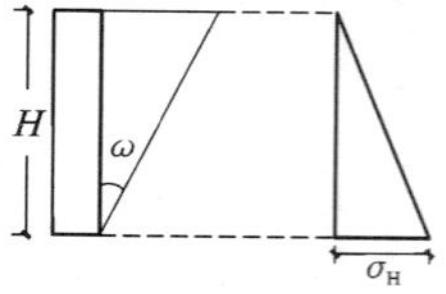 H, ω, σ_H	$\tan\omega=\tan(45°-\dfrac{\varphi}{2})$	$\lambda_a=\tan^2(45°-\dfrac{\varphi}{2})$	$E_a=\dfrac{1}{2}rH^2\lambda_a$	$\sigma_H=rH\lambda_a$
Ⅳ	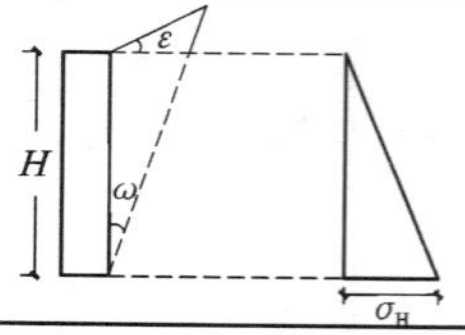 ε, H, ω, σ_H	$\tan\omega=\dfrac{-\tan\varphi+\sqrt{1+\tan^2\varphi-\dfrac{2\tan\varepsilon}{\sin2\varphi}}}{1-\dfrac{2\tan\varepsilon}{\sin2\varphi}}$	$\lambda_a=\dfrac{\tan\omega}{\tan(\omega+\varphi)(1-\tan\omega\tan\varepsilon)}$	$E_a=\dfrac{1}{2}rH^2\lambda_a$	$\sigma_H=rH\lambda_a$

地层物理力学指标　　表 6-8

仰坡坡度	计算摩擦角 φ	重度 γ（t/m^3）	基地摩擦系数 f
1：0.50	70°	2.5	0.60
1：0.75	60°	2.4	0.50
1：1.00	50°	2.0	0.40
1：1.25	43°～45°	1.8	0.40
1：1.50	38°～40°	1.7	0.35～0.40

注：如有试验资料，选用数值可不受本表控制。

$$\sigma_{H1} = \frac{H + h_0}{h'}\sigma_h'$$

$$\sigma_{H2} = \sigma_H - \frac{H + h_0}{h'}\sigma_h'$$

$$h' = \frac{a}{\tan w - \tan\alpha}\ （表 6\text{-}7 编号 I_a 公式）$$

对墙基前趾 O（图 6-12）的倾覆力矩为：

$$M_y = N_1 a_1 + N_2 a_2$$

式中　N_1、N_2—洞门墙身及基础自重；

a_1、a_2—N_1、N_2 对墙基前趾 O 的力臂。

抗倾覆安全系数应满足：

$$K_q = \frac{M_y}{M_0} \geq 1.5 \tag{6-14}$$

b. 滑动稳定验算

抗滑安全系数应满足：

$$K_h = \frac{f(N_1 + N_2)}{E_a} \geq 1.3 \tag{6-15}$$

式中　f——基底摩擦系数，$F = f\ (N_1 + N_2)$；

E_a——作用于全墙的土石主动压力（由表6-7 相应公式计算），此处，显然是 $E_a = E_1 + E_2$。

c. 按现行设计规范[28]～[30]验算基底压力及墙身强度。

6.4 端墙结构

6.4.1 端墙的形式及一般要求

为了防止地下建筑纵向近端的围岩进一步变形或破坏，需设置端墙。端墙可以做成平板形（图 6-14）。这种形式的结构，施工较为方便。

作用在端墙上的荷载，主要是围岩水平压力，可按该洞室所处的围岩条件计算，或由工程类比法估算水平压力值。

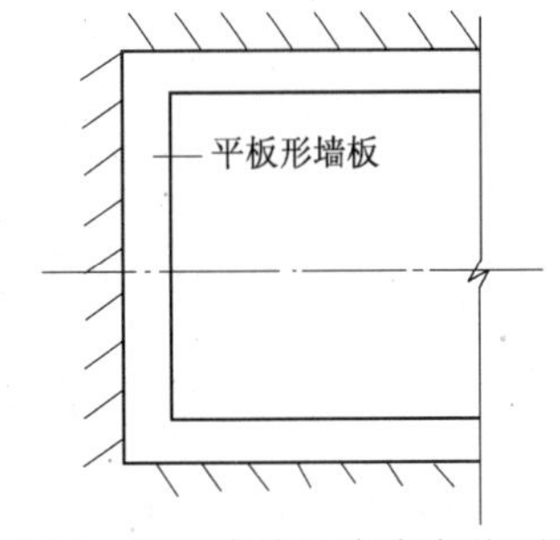

图 6-14　地下建筑尽端端墙平面图

端墙的材料选择应根据水平压力的大小和端墙的高度、宽度等因素确定。当水平压力，端墙的高度、宽度均不大时，可选取混凝土、混凝土预制块或砖墙砌体来构筑。若水平压力，端墙的高度、宽度较大时，选取钢筋混凝土较为适宜。各种材料的端墙厚度，可参考表6-9中边墙截面最小厚度规定值确定。

衬砌截面最小厚度（cm） **表6-9**

衬砌类型 / 工程部位	喷砂浆	喷混凝土	混凝土		钢筋混凝土		砂浆料石	浆砌乱毛石
			现浇	砌块	现浇	装配		
拱圈	2	5	20	20	20	5	30	—
边墙	2	3	20	20	20	5	30	40

6.4.2 端墙的计算

平板形端墙的计算，实际上是解周边简支（与衬砌分开施工时），或周边嵌固（底边可视具体情况，考虑嵌固或简支）的不规则薄板问题。为使计算得以简化，工程中常假定：

1. 端墙所受水平压力是均匀分布的。
2. 将不规则薄板简化为矩形薄板，其水平及竖向计算跨度近似取为（图6-15）：

$$l_x = l_0 + d_c$$

$$l_y = h_0 + \frac{2}{3}f_0 + \frac{1}{2}d_b$$

$$\frac{l_y}{l_x}\left(\text{或}\frac{l_x}{l_y}\right) > 2\text{ 时,按单向板计算;}$$

$$\frac{l_y}{l_x}\left(\text{或}\frac{l_x}{l_y}\right) \leqslant 2\text{ 时,按双向板计算。}$$

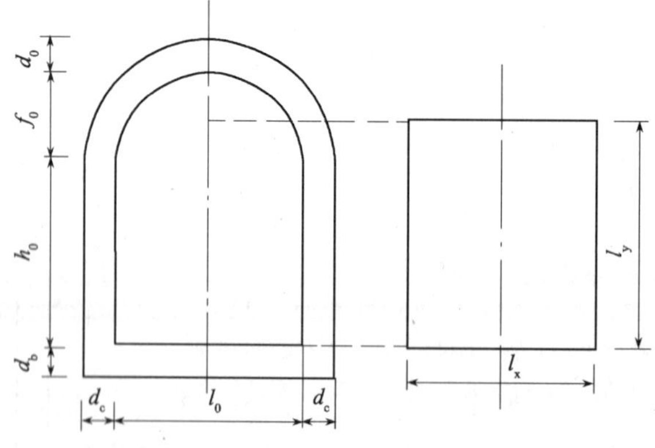

图6-15 端墙的水平及竖向计算跨度

3. 当端墙用混凝土，且与衬砌（不包括底板）整体构筑时，可按三边嵌固、底边简支的矩形板计算。当端墙用混凝土，且与衬砌（包括底板，板厚≥20cm）整体构筑时，可按四边嵌固的矩形板计算。当端墙用混凝土预制块，砖石砌体时，可按四边简支的矩形板计算。

对于跨度、高度均不大的地下建筑，其端墙可按图 6-15 布置。这时，其工作状态，类似均布荷载作用下的单跨双向板。当为大跨度、高边墙的地下建筑时，端墙的高度和宽度，也势必随之较大，此时，可在端墙中再布置一些纵横方向的肋，以减小板的跨度，加强端墙抵抗侧压力的承载能力（图 6-16）。最好是将纵、横肋与洞内结构的楼盖梁板系统，以及纵向隔墙有机地结合起来，较为经济合理。否则，应在纵、横肋上，或十字交点处加设适当数量的长锚杆，以避免纵、横肋跨度过大所造成结构在技术经济上的不合理现象。上述加设纵、横肋的端墙结构工作状态，类似均布荷载作用下的连续双向板。

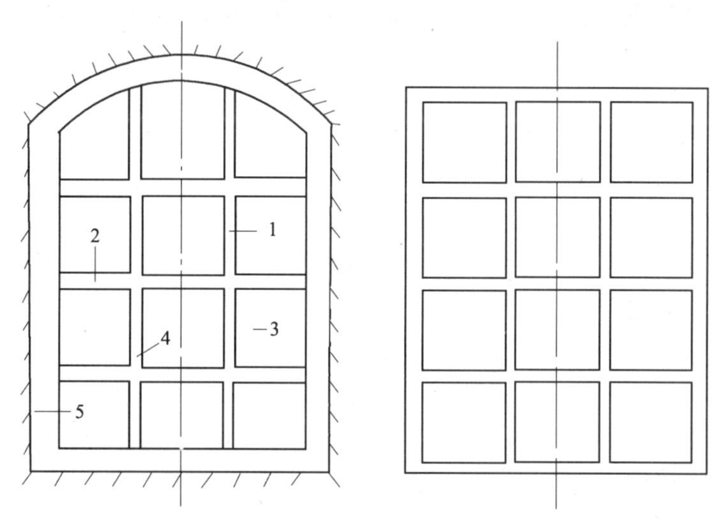

图 6-16　大跨度、高边墙洞室端墙结构布置图

1—纵肋；2—横肋；3—双向板；4—长锚杆；5—衬砌

端墙按双向板计算时，可用双向肋形楼盖的计算公式[31]。概括起来，大致是按弹性理论，或塑性理论两种方法计算。以上，均可直接用文献［32］中有关数表来计算各种支承情况双向板内力，此处不加赘述。

但需指出，视地下建筑的端墙为双向板的计算理论的选择，这里，应以采用弹性理论的计算方法为宜。

6.5　岔洞结构

由于地下建筑结构使用要求不同，会出现多种形式的平面布置，如“棋盘式”、“放射式”等平面布置方案。这样，便会构成洞室在平面和空间方面纵横交错的交汇贯通。这种交汇贯通处的衬砌，称为岔洞结构。

岔洞结构为空间结构体系，较之直通式衬砌，在受力状态、构造形式、施工技术等方面，都复杂得多。由于岔洞处的围岩因应力集中极易失稳、塌方、冒顶，常因处理不当，致使施工和使用阶段发生事故。加之，目前对岔洞结构的设计，尚因缺乏对其实际受力状态的深入了解，还没有比较完善的实用计算方法。故当前主要以工程类比法进行设计，并在构造上进行某些加强处理。设计时，在满足使用要求的情况下，应尽量减少岔洞的数量；布置岔洞的位置时，应设置在围岩比较稳定的地段。在结构设计和构造形式方面，应保证结构受力明确、施工方便。要注意吸取工程实践中的经验和教训，切实保证岔洞结构安全可靠，同时注意这方面的科学研究工作。

6.5.1 岔洞平面形式和接头形式

1. 岔洞平面形式

岔洞结构的平面形式，是指岔洞结构的平面相交形式。工程中常见的平面形式有：

（1）垂直正交岔洞结构

这种形式的平面轴线相互垂直。它包括双向的十字形岔洞平面，以及L字形和T字形岔洞平面（图6-17*a*、*b*、*c*）。

（2）斜向交叉岔洞结构

这种形式的平面轴线互不垂直（图6-17*d*、*e*、*f*、*g*）。为了避免侧壁岩柱在平面上出现小的锐角，应保证两相交轴线间的最小夹角$\alpha \geqslant 60°$。

（3）混合式岔洞结构

这种形式的平面轴线有的相互垂直，有的不垂直（图6-17*h*）。实际上，它是上述两种相交形式的混合使用。

（4）多向式（“放射式”）岔洞结构

这种形式的平面轴线以多于四条的数量交于一点（图6-17*i*）。

实践表明，岔洞处相交的洞室越少，且各平面轴线相互垂直时，岔洞结构的受力情况较其他平面有利，故设计中常用平面垂直正交岔洞结构。其他平面形式，只在某些特定情况下采用。

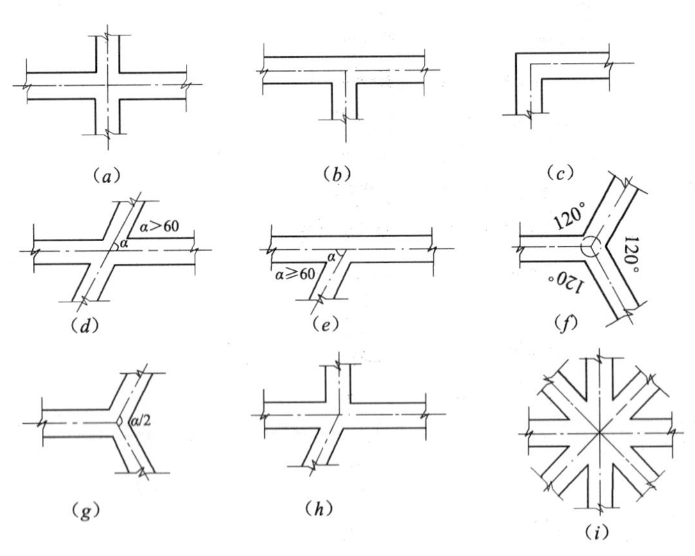

图6-17　岔洞平面形式

2. 岔洞接头形式

岔洞的接头形式，是指岔洞结构的竖向连接形式。根据地下建筑的使用情况，对洞室的跨度、边墙高度的要求，将有所不同。这样，便会出现不同的岔洞接头形式。工程中，常见的岔洞接头形式有：

(1) 边墙相交的岔洞接头（图6-18a）

当一个洞室的拱顶标高低于另一个洞室的边墙顶的标高时，可采用这种接头形式。它构造简单、受力明确、施工方便。

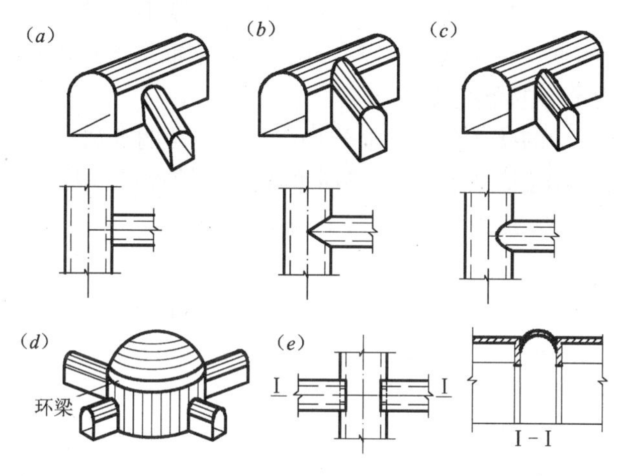

图6-18　岔洞接头形式

(2) 拱顶平交的岔洞接头形式（图6-18b）

当两个洞室的拱顶标高相等时的拱部相交，称为拱顶平交。

(3) 拱部半交的岔洞接头（图6-18c）

当两个洞室的拱顶标高相等时的拱部相交，称为拱顶半交。

(4) 圆筒形岔洞接头（图6-18d）

在多条洞室相交的岔洞，当使用要求通行车辆时，可采用圆筒和穹顶结构形式，并在穹顶底部做一环梁，使各相交洞室的拱顶标高低于穹顶环梁的标高。这种连接形式，受力比较明确，但土石方量较大。其计算方法可参考分离式穹顶直墙衬砌的相关计算方法。

(5) 边墙留孔岔洞接头（图6-18e）

无论相交洞室的高度相等或不相等，均可采用。这种接头形式，也具有构造简单、受力明确的优点。但是在施工过程中，交接跨处的岩石容易塌落，洞内管线通过处需预留孔洞。

以上几种接头形式，如条件许可，以采用边墙相交或边墙留孔的接头形式为宜。拱部半交和拱部平交（统称拱部相交）岔洞结构，根据试验资料表明，当垂直荷载作用时，裂缝首先在拱顶出现，这对结构是很不利的。因此，应尽量避免拱部相交。拱部平交较之拱部半交受力性能更差。在不得已采用拱部相交岔洞接头形式时，特别应注意加强拱顶的强度，并采用可靠的构造措施。

6.5.2　岔洞结构的构造处理

鉴于目前对岔洞结构的计算方法比较粗糙，计算结果也不够准确，故当前主要是按工程类比法设计岔洞结构，并按现有经验作适当的构造处理。以下介绍当前常用的几种构造处理方案。

1. 边墙相交（或边墙留孔）

当所留孔洞的上部墙壁高度较小时，可局部加厚边墙或配置构造钢筋。由于所留孔洞上部的墙壁（图6-19）起着承受主洞室拱脚传来的围岩压力、回填荷载及衬砌自重的作用，因此，这部分墙壁应有足够的强度。当该墙壁的强度不足时，可局部加厚边墙或按构造配置钢筋。受力筋的直径一般为12~14mm，架立钢筋为8~10mm，箍筋为6~8mm，间距为20~25cm，用S形的单肢箍筋。

有时，可将拱部相交的接头形式，通过局部加强边墙的方法，以构成边墙相交的接头形式（图6-20）；也有采用局部缩小某个洞室的高度和跨度的办法，来达到边墙相交的目的（图6-21），但这可能造成施工和使用上的不便。

2. 拱部相交

按岔洞接头所处的地质情况，若岔洞跨度在下列范围内，一般可用加厚截面或按0.2%配筋率配置构造钢筋的方法来处理：

甲类围岩，跨度为10~15m；

乙类围岩，跨度为6~10m；

丙类围岩，跨度为3~6m；

丁类围岩，跨度为3m以下。

(1) 当跨度较小时，可加厚截面。此时，岔洞处的拱部和边墙厚度，可增加5~10cm，而混凝土强度等级不应低于C20，加厚范围一般取3m。

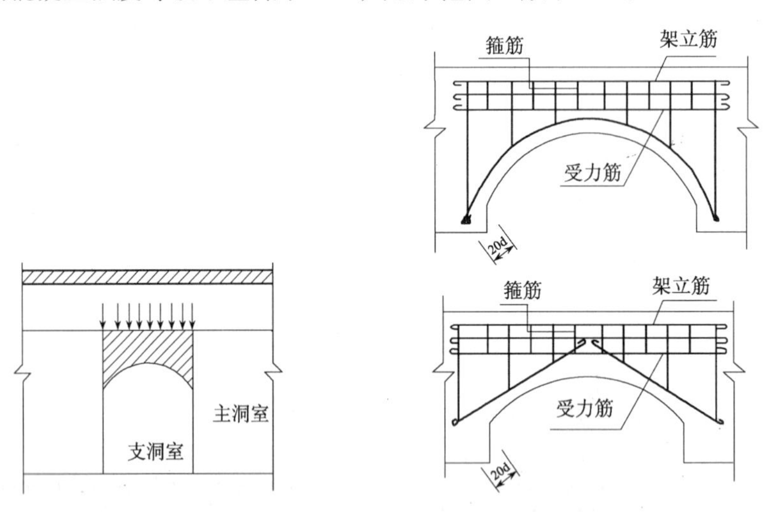

图6-19　孔洞上部墙壁配筋布置图

(2) 当岔洞处的围岩稳定性较差时，如其中一个洞室的跨度不大，而另一个较大时，可在拱部相交的两侧加设拱肋，以增强岔洞结构的刚度（图6-23）。

(3) 当跨度较大时，按0.2%配筋率配置构造钢筋。如拱圈厚度≤40cm，受力筋直径不小于12mm，间距20~30cm；分布筋直径不小于8mm，间距30~50cm。如拱圈厚度

>40cm，受力钢筋直径不小于16mm，间距20～30cm。拱圈配筋加强范围，一般取$\frac{1}{3}l$～$\frac{1}{2}l$，但不小于3m，可参考图6-24（a）、（b）双面配置钢筋。

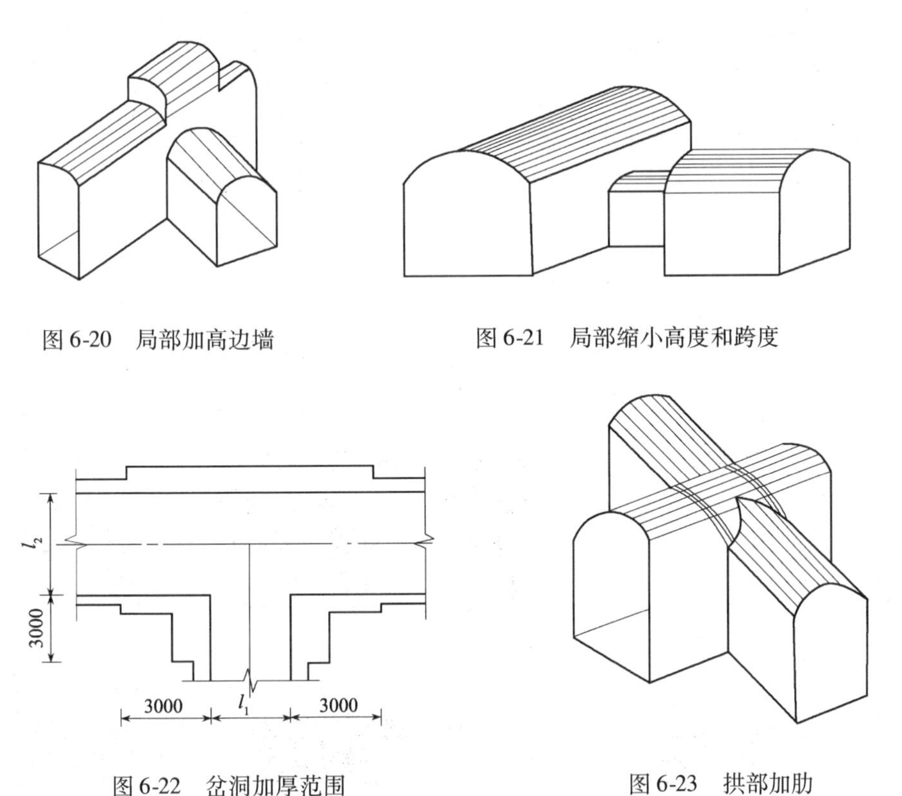

图6-20 局部加高边墙

图6-21 局部缩小高度和跨度

图6-22 岔洞加厚范围

图6-23 拱部加肋

（4）拱顶平交岔洞处斜交拱的受力筋和构造，可参考图6-25布置。配筋加强范围内的边墙一般可不配筋，但其厚度应适当增加5～10cm，搭接拱范围内的配筋，参照0.2%配筋率配置构造钢筋。斜交拱及搭接拱均按双面配置钢筋。

斜交拱的配筋，可通过对斜交拱的近似验算加以确定。斜交拱内力按两端固定在边墙上的无铰拱计算，所承受的荷载有垂直围岩压力（按斜交拱跨考虑，且不考虑空间作用的折减系数）、回填荷载、斜交拱自重，以及由搭接拱脚传给斜交拱的三角形垂直荷载。

（5）L字形岔洞的配筋构造，可参照图6-26布置。

上述用斜交拱或加肋等措施来处理岔洞结构的方案，在形式上是多样化的。例如，有的工程采用如图6-27的加固方案，或再辅以锚杆加固岔洞处围岩稳定的措施（其加固范围可参照图6-24、图6-25进行）。工程中，首先处理好围岩的稳定问题，然后再进行结构处理，看来是比较稳妥的方法。设计时，应根据工程所在的具体情况，采取综合技术措施是很必要的。总之，目前由于尚无比较实用的合理计算方法，采取一些必要的构造处理措施来弥补岔洞结构计算中的不足，仍然是很重要的。

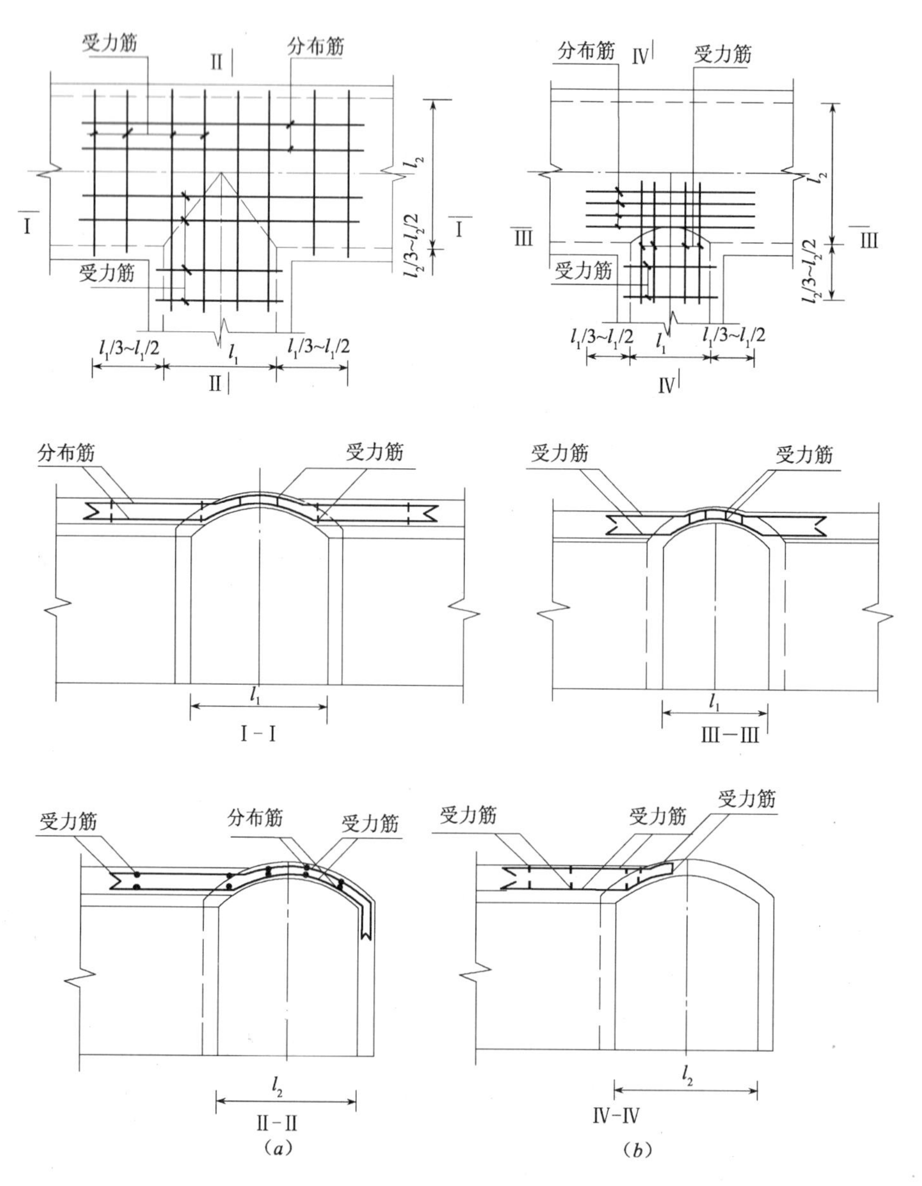

(*a*) (*b*)

图 6-24 T 字形岔洞配筋布置图

(*a*) 拱顶平交；(*b*) 拱部半交

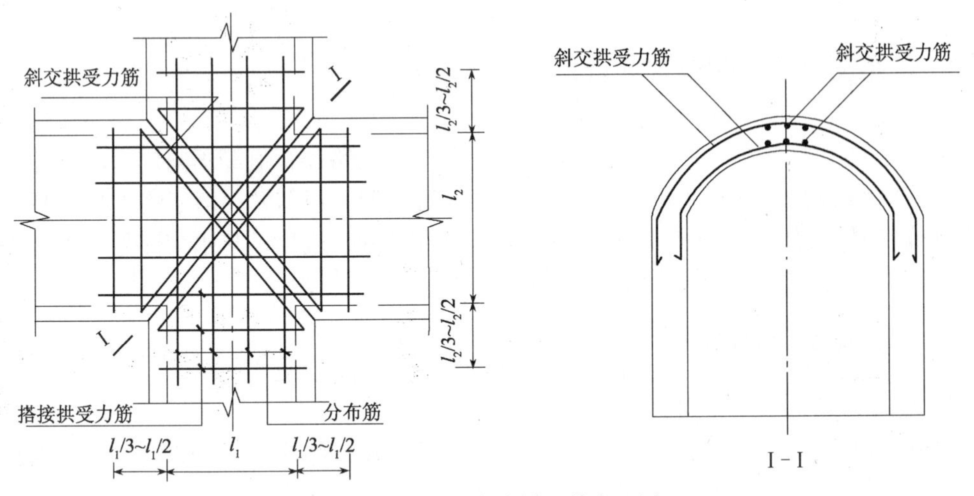

图 6-25 十字形斜交拱配筋布置图

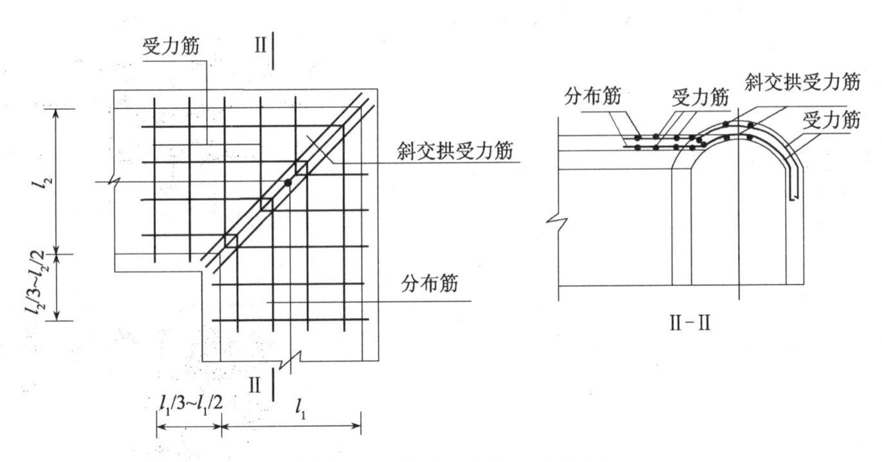

图 6-26 L 字形岔洞配筋布置图

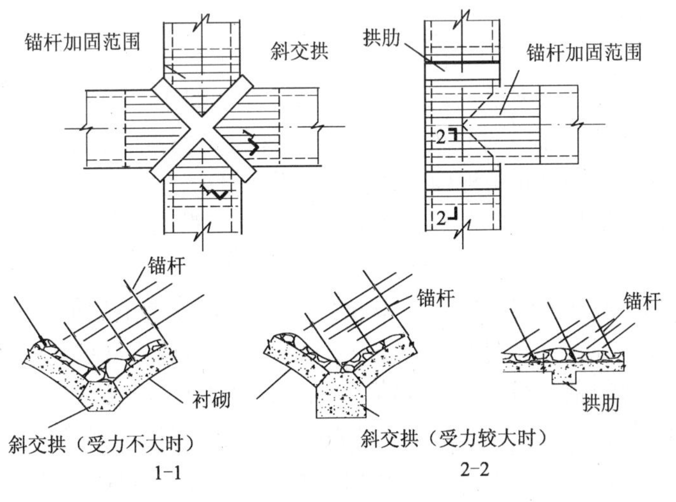

图 6-27 斜交拱和拱肋加固岔洞结构

6.6 竖井及斜井衬砌设计和计算

地下建筑由于通风、排烟、交通运输，以及动力线路和管道等不同用途，有时需布置成垂直或倾斜的永久性辅助洞室，这种辅助洞室称为竖井或斜井。对于施工中需要增加工作面，或临时性通风、运输等所构筑的临时竖井或斜井，应尽量与永久性竖井或斜井相结合，以节省人力、材料和降低工程造价。

6.6.1 竖井的构造和计算

1. 竖井衬砌的形式和构造

竖井衬砌由井口、井筒以及与水平洞室相邻的连接段组成（图 6-28）。接近地表的竖井衬砌，称为井口，竖井与水平洞室相邻的连接衬砌，称为连接段，竖井其他部分，称为井筒。

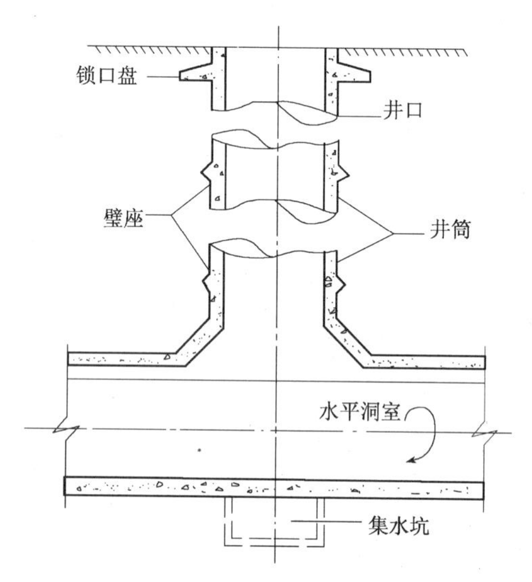

图 6-28 竖井的组成图

由于井口一般位于围岩不稳定的表土层，或风化岩层中，同时，也是地下建筑的口部之一，故它的作用是支承井口衬砌的自重和作用于井口衬砌上的地面荷载，以及围岩压力、水压力、井口附近滑裂面内地面荷载所产生的水平压力等。在有防护要求的地下建筑中，尚应承受武器动荷载（由专门规范确定）。因此，井口需做衬砌。通常，可用钢筋混凝土或混凝土构筑。

井口埋入地表以下的深度，按有关单位经验，当为浅表土层时，宜埋置在基岩以下 2 ~3m；厚表土层时，应埋置在冰冻线以下 0.25m 以下，并将底部扩大成盘状（锁扣盘）。

井筒是竖井衬砌的基本部分（主体），如地质和技术条件许可，应优先考虑喷锚结构。目前，国内已有断面为 6m ×10m、高 100m 的竖井（烟囱）采用喷锚结构的经验可供借鉴。当井筒用其他材料构筑永久性衬砌时，沿井筒全长，每隔一定深度是否需要用混凝土构筑一圈井筒壁座，则应视地质条件、衬砌类型（现浇、装配、砌块等）来确定。

壁座能将井筒衬砌的重量和其他荷载传递给支承壁座的围岩。但在较好的围岩中，当采用现浇混凝土衬砌时，由于井筒和围岩间存在着粘结抗剪力，实际上能足以支承一定高度的井筒，故一般可不做壁座。我国已有建于石灰岩层中，高 100m 的现浇混凝土竖井未做壁座的工程实例。如表土层或破碎带较厚，则需穿过软弱层，将壁座搁置在较好的围岩上。

连接段一般为钢筋混凝土构筑而成。设计时，应尽量避免与主洞室的拱部连接，它的位置宜设置在主洞室的端部或侧面。设置在侧面，可以保证有一定的岩体间壁作为水平连接段（利于稳定）。水平连接段长度，在中等坚硬的岩层中，一般不小于 10m。

竖井底部，应设置集水坑，以便于抽水机将积水定时排出洞室。

竖井断面形式，一般多为圆形。但在某些其他用途的竖井中，有时，不得不采用矩形（或正方形）、椭圆形以及多跨闭合形框架等形式（图 6-29）。矩形（或正方形）和多跨闭和形框架做竖井井筒时，衬砌中的弯矩较大，需要较厚的截面尺寸，或采用钢筋混凝土，故经济效果较差。一般，仅在埋设深度和围岩压力均不大的情况下采用。在径向均布围岩水平压力作用下，圆形竖井是最有利的结构形式。此时，竖井衬砌的截面仅承受轴向压力，而无弯矩作用，故可用混凝土（或混凝土预制块）、天然石料等抗压强度较好的材料构筑。椭圆形竖井衬砌的受力性能介于上述两种形式之间。

竖井的截面最小尺寸和材料最低强度等级，均可参考表 6-9 和表 6-10 确定，或参考某些类似工程的经验选取。

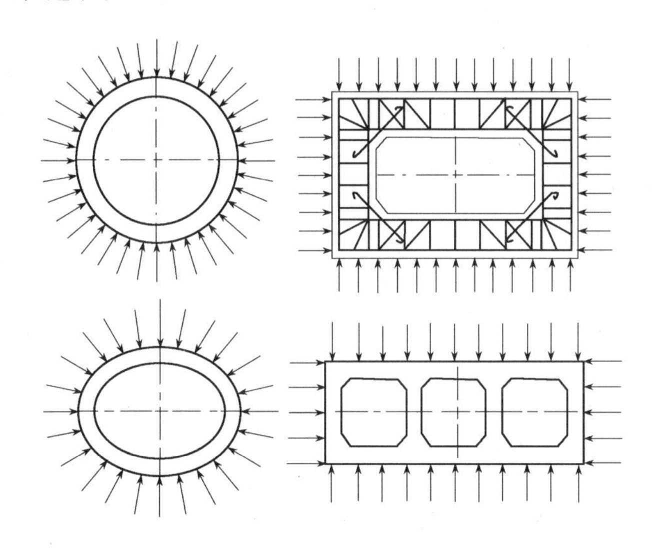

图 6-29　竖井衬砌断面形式

衬砌材料最低强度等级　　**表 6-10**

衬砌材料 / 用途 / 工程部位	水泥砂浆		混凝土					料石
	喷射	砌筑	喷射	素混凝土衬砌		钢筋混凝土衬砌		砌筑
				现浇	预制块	现浇	装配	
拱圈及边墙	M15	M10	C20	C15	C15	C15	C20	MU30

竖井围岩压力计算，可按作用于竖井侧面的水平主动土压力计算。

尚应指出，工程实践中，为了节省模板和支撑木料，曾采用了一些相应的永久性结构措施，以解决这个施工中的问题。例如，在可能情况下，除尽量采用喷锚结构（图 6-30）外，有时可用锚杆代替模板支撑（图 6-31），有时还可用 T 形砌块内衬（图 6-32）、砖砌内衬（图 6-33）等代替模板。由于锚杆加固了围岩，T 形砌块和砖砌内衬既作为结构的组成部分，又在施工中代替了模板。所以，这些永久性结构措施都有较好的技术经济效果。

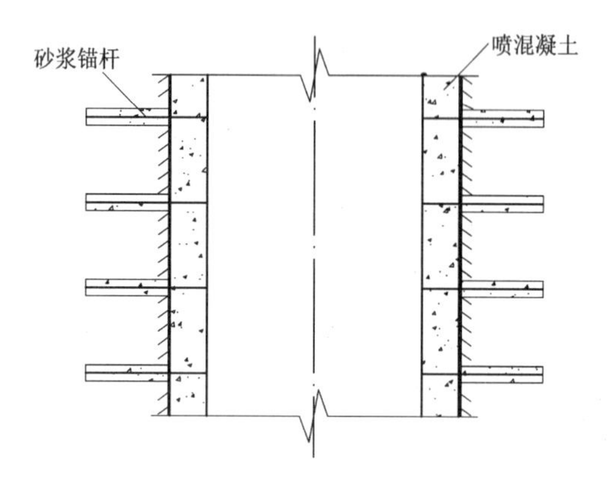

图 6-30　喷锚结构

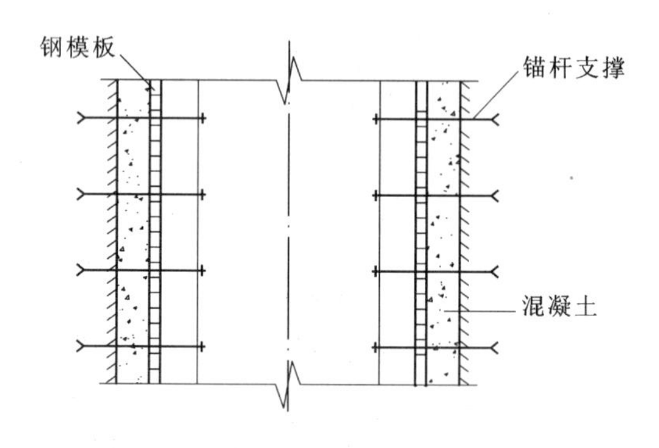

图 6-31　锚杆代支撑

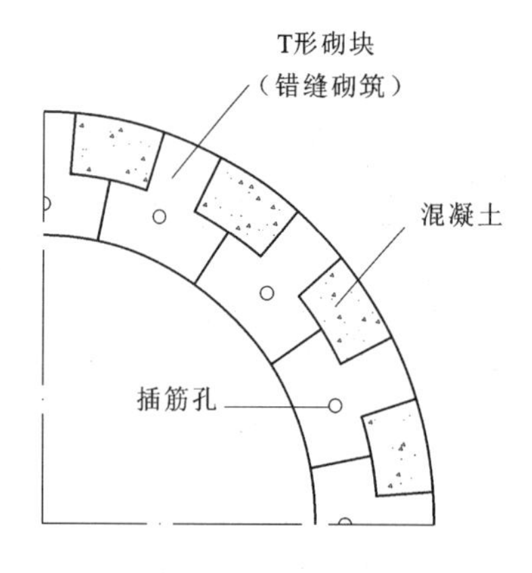

图 6-32　T 形砌块内衬

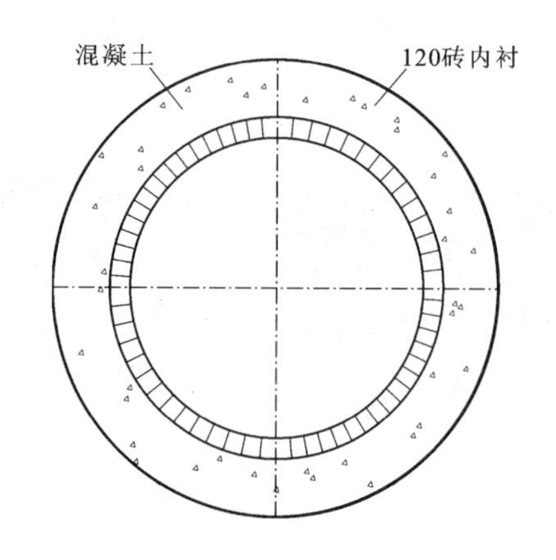

图 6-33　砖砌内衬

2. 井筒厚度计算

（1）圆形竖井井筒

在中等坚硬的岩层中，可参考表 6-11 初步选定井筒壁厚。

常用竖井井筒壁厚参考表　　**表 6-11**

竖井直径（m）	井壁厚度（cm）	
	混凝土衬砌	混凝土预制块衬砌
4.5	30	40
5.0	35	45
6.0	40	50

续表

竖井直径（m）	井壁厚度（cm）	
	混凝土衬砌	混凝土预制块衬砌
7.0	45	55
8.0	50	60
9.0	55	65

较精确地进行井筒内力分析，属于弹性理论空间问题。由于井筒所承受的围岩压力分布和大小，现阶段计算方法尚不甚完善，且对内力的分析精度将有所影响。为了简化计算，一般按垂直于井筒轴线的环形结构进行内力分析。

内力分析时，通常取井筒长1m作为计算单元，先按筒壁厚度 d 和平均半径 r_0 的比值 $\frac{d}{r_0}$，来作为薄壁圆筒和厚壁圆筒的界限，然后，按不同方法进行计算。

根据文献［33］介绍，当 $d/r_0 \leqslant 1/8$ 时，可按薄壁圆筒计算；当 $d/r_0 > 1/8$ 时，可按厚壁圆筒计算。岩石地下建筑的竖井井筒，大多数属于薄壁圆筒。

薄壁圆筒，可按建筑力学一般方法计算，它是一个三次超静定环形结构，其多余未知力易于用弹性中心法解出。但在径向均布围岩压力（通常认为井筒在正常地质情况下所受的围岩压力是径向均匀分布的）作用下，筒壁仅产生轴向压力（筒壁厚度很薄时，可认为截面应力分布是均匀的），按平衡条件（图6-34），可得：

$$N = er_0 = e\frac{r_1 + r_2}{2} \tag{6-16}$$

式中 r_0——井筒平均半径；

r_1——井筒内半径；

r_2——井筒外半径；

e——井筒围岩水平压力。

由于作用在井筒上的径向均布围岩水平压力 e 的大小，系假定随着深度而增加（图6-35，图中无地面荷载），因此，设计时可将井筒全长分成若干段，并分别计算各段的径向均布围岩水平压力和各段的筒壁轴向压力 N，然后，确定筒壁厚度。这种设计成为阶形截面的筒壁，会给施工造成不便，故在深度不大的竖井中，可按井筒底部最大围岩水平压力，或距离筒底三分之一处的围岩水平压力设计成等截面筒壁。有时，也可按分段的围岩水平压力配筋，井筒仍为等截面（即井筒为不同配筋率的等截面衬砌结构）。

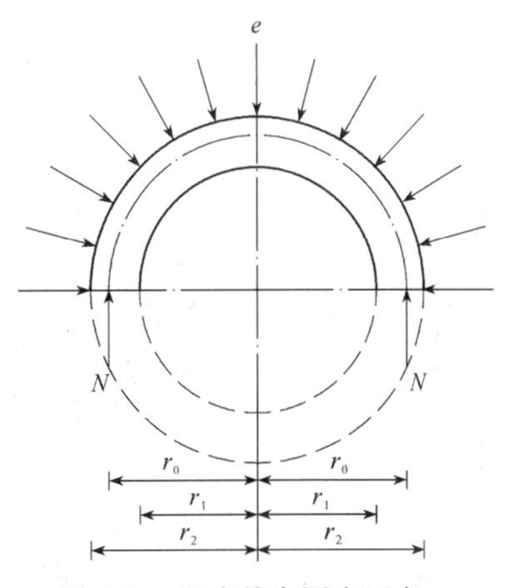

图6-34 径向均布围岩压力作用下的截面内力计算图

对于井口段的筒壁，除承受径向均布围岩水平压力外，还可能承受其他非轴对称荷载（如地面荷载等）。此时，筒壁处于偏心受压状态，其内力分析如前所述，应根据荷载最不利组合，按建筑力学弹性中心法求解超静定结构的多余未知力；筒壁强度则按偏心受压构件验算，此处不再赘述。

以上按薄壁圆筒的计算方法，根据前述文献［33］介绍，当 $d/r_0 \leqslant 1/8$ 时，由公式（6-16）计算筒壁的内力，与按弹性力学方法计算厚壁圆筒的内力相比较，误差小于 0.4 %，当采用建筑力学方法解超静定结构内力时，如忽略轴力和剪力对变形计算的影响，计算误差则小于 3 %。这说明，按上述方法进行计算，仍属简便可行。

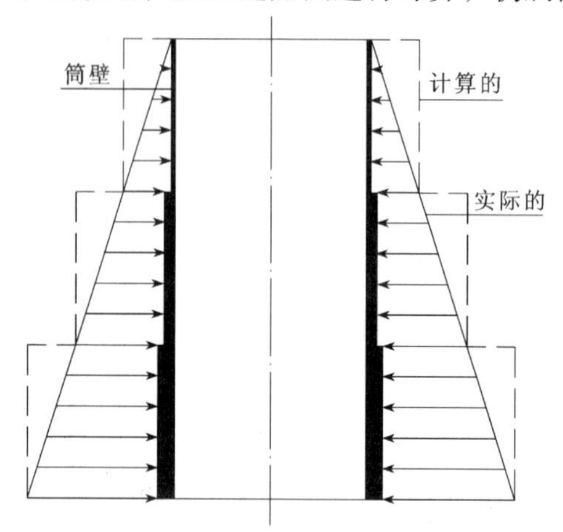

图 6-35　井筒上径向均布围岩水平压力

（2）矩形（或正方形）竖井井筒

在侧向均布围岩压力作用下的矩形竖井井筒截面，处于偏心受压状态，其内力分析按建筑力学超静定结构的一般方法进行。

图 6-36 所示，长边轴线为 $2a$、短边轴线为 $2b$ 的矩形竖井井筒，其内力计算，可利用结构和荷载的对称性，并规定使截面内纤维受拉时的弯矩和使截面受压时的轴力为正。当荷载和结构对称时，可按图中所选择的基本结构求得四个角点（截面 1）的弯矩为：

$$M_1 = -\frac{e}{3}\frac{a^3+b^3}{a+b} \tag{6-17}$$

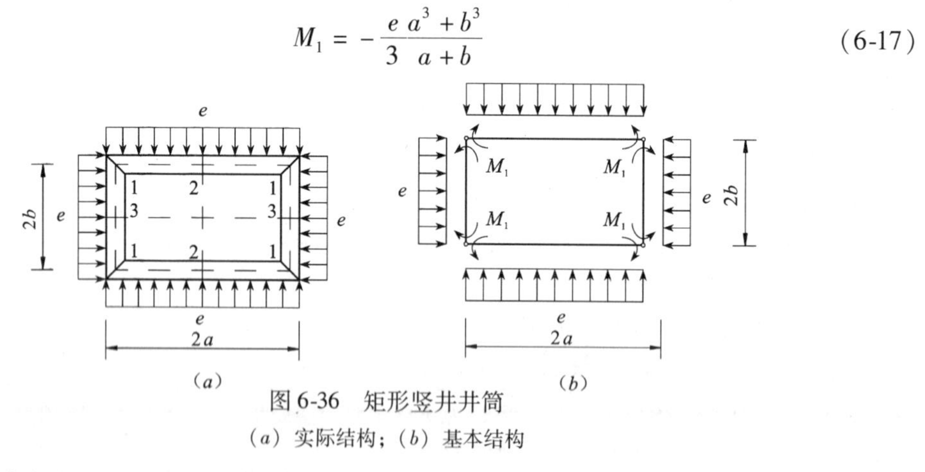

图 6-36　矩形竖井井筒

（a）实际结构；（b）基本结构

各杆件跨中弯矩（截面 2、3）为：

$$\left.\begin{aligned} M_2 &= \frac{e}{6}\cdot\frac{a^3+3a^2b-2b^3}{a+b} \\ M_3 &= \frac{e}{6}\cdot\frac{b^3+3ab^2-2a^3}{a+b} \end{aligned}\right\} \tag{6-18}$$

杆件截面 2 及 3 的轴力为：

$$\left.\begin{aligned} N_2 &= eb \\ N_3 &= ea \end{aligned}\right\} \qquad (6\text{-}19)$$

当为正方形竖井井筒时，因 $a = b$，故可通过式（6-17）～式（6-19）求得相应弯矩及轴力。

某些有特殊要求的竖井中，有时需做成双跨矩形框架式井筒（图 6-37）。

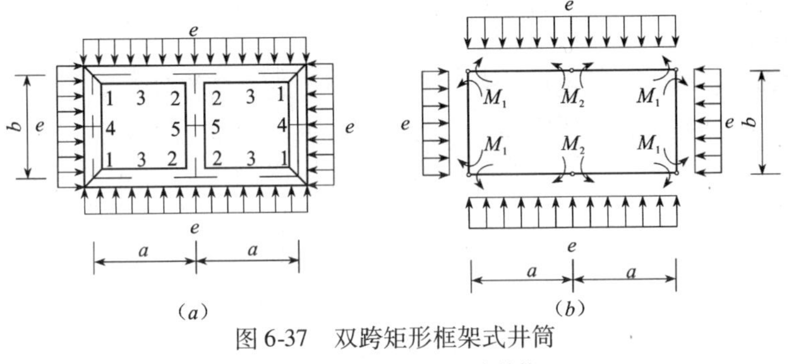

图 6-37　双跨矩形框架式井筒

（a）实际结构；（b）基本结构

依照前述相同原理，可以求得图中所示角点的弯矩为：

$$\left.\begin{aligned} M_1 &= -\frac{a^3 + 2b^3}{12(a+2b)}e \\ M_2 &= -\frac{a^3 + 3a^2b - b^3}{12(a+2b)}e \end{aligned}\right\} \qquad (6\text{-}20)$$

各杆件跨中弯矩（截面 3 及 4）为：

$$\left.\begin{aligned} M_3 &= \frac{a^3 + 3a^2b - b^3}{24(a+2b)}e \\ M_4 &= \frac{2b^3 + 3ab^2 - 2a^3}{24(a+2b)}e \end{aligned}\right\} \qquad (6\text{-}21)$$

杆件截面 3、4 及 5 的轴力为：

$$\left.\begin{aligned} N_3 &= \frac{b}{2}e \\ N_4 &= \frac{2a^3 + 3a^2b + b^3}{4a(a+2b)}e \\ N_5 &= \frac{2a^3 + 5a^2b - b^3}{2a(a+2b)}e \end{aligned}\right\} \qquad (6\text{-}22)$$

（3）椭圆形竖井井筒

长轴为 $2b$，短轴为 $2a$ 的椭圆形竖井井筒的内力，根据弹性理论现有公式，很容易确定。图 6-38 所示截面 1 及 2 的弯矩及轴力为：

$$\left.\begin{aligned} M_1 &= ea^2\lambda \quad & N_1 &= ea \\ M_2 &= -ea^2u \quad & N_2 &= eb \end{aligned}\right\} \qquad (6\text{-}23)$$

式中系数 λ 及 μ 值可由表 6-12 查得。

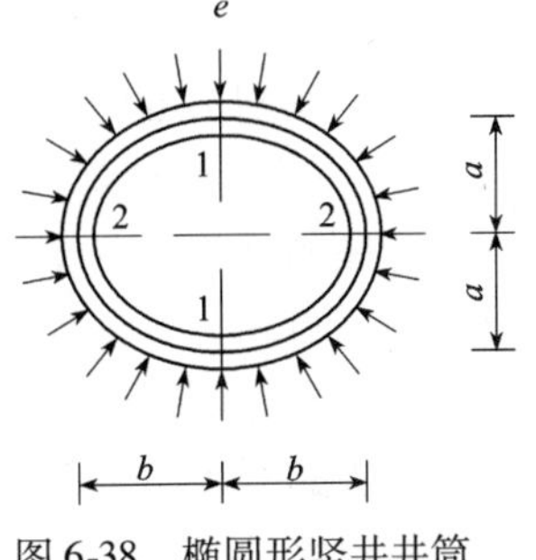

图 6-38　椭圆形竖井井筒

计算椭圆竖形竖井井筒截面内力系数 **λ** 及 **μ** 　　**表 6-12**

a/b	0.5	0.6	0.7	0.8	0.9	1.0
λ	0.629	0.391	0.237	0.133	0.057	0
μ	0.871	0.496	0.283	0.148	0.06	0

在利用现行规范验算筒壁强度时，由于井筒系与围岩紧贴，故可取纵向弯曲系数$\varphi=1.0$。

3. 井口锁口盘计算

精确解答锁口盘的内力，也属于弹性理论问题，这是复杂而繁冗的工作。在实用中，系假定锁口盘为嵌固在井筒上的悬臂梁，并沿嵌固边取弧长为1m 作为计算单元来计算嵌固端的弯矩及剪力。

图 6-39 所示之锁口盘的底部反力，一般假定为均匀分布，其集度为：

$$q=\frac{Q'}{\pi(r_2+B)^2-\pi r_2^2} \tag{6-24}$$

式中 Q'——为第一个壁座以上的井筒自重及其有关荷载；

r_2—— 井筒外半径；

B——锁口盘悬臂宽。

公式（6-24）应满足：

$$q\leqslant[R] \tag{6-25}$$

式中 $[R]$ ——锁口盘底部围岩地基的容许承载力。

当按公式（6-24）算得 $q>[R]$ 时，为安全计，应取 $q=[R]$，并代入公式（6-24）反求锁口盘悬臂宽 B，以保证锁口盘底部围岩地基应有的容许承载力。

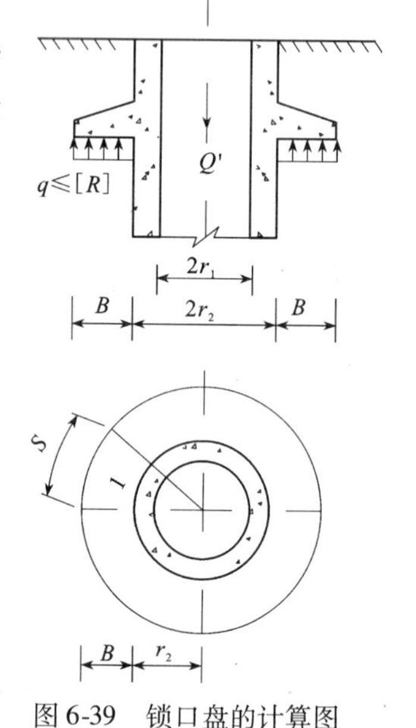

图 6-39 锁口盘的计算图

嵌固端的剪力和弯矩，分别按下式计算：

$$\left.\begin{aligned}V&=qA\\M&=V\frac{B}{2}\end{aligned}\right\} \tag{6-26}$$

其中 A 为锁口盘计算单元内弧长为 1，外弧长为 $s=\dfrac{r_2+B}{r_2}$的扇形面积，按下式计算：

$$A=\frac{B(B+2r_2)}{2r_2} \tag{6-27}$$

根据嵌固端的内力，即可进行配筋计算。

4. 井筒壁座计算

壁座的计算，主要是确定壁座尺寸，以满足壁座的强度要求；此外，壁座底部的地基反力，不得超过容许承载力。

壁座一般用现浇混凝土构筑而成，基本形式有单锥式和双锥式两种（图 6-40），一般多用双锥式，对于中等坚硬的岩层，也可用单锥式。

根据煤矿设计部门经验，壁座上斜边与水平线间的夹角 α，一般取 50°左右；下斜边与水平线间的夹角，一般取值如下：

软　岩　层：$\beta=50°\sim60°$

中等坚硬岩层：$\beta=25°\sim45°$

坚　硬　岩　石：$\beta=0°\sim15°$

所选定的β值，不应大于围岩的内摩擦角。

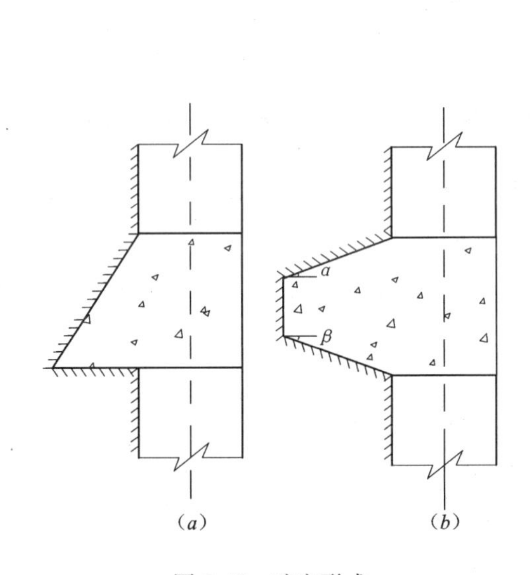

图6-40　壁座形式

(a) 单锥式；(b) 双锥式

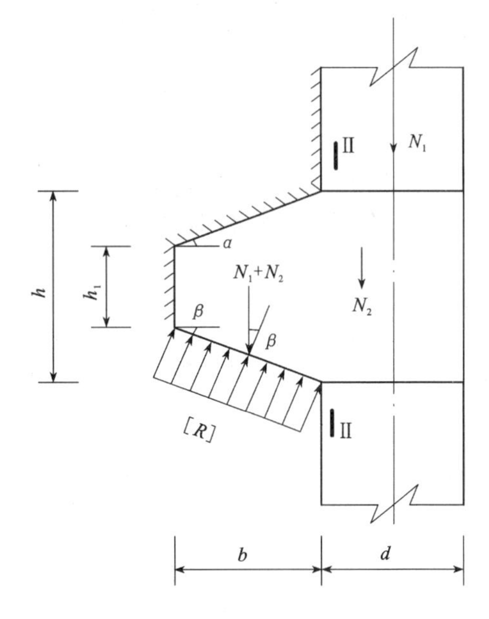

图6-41　双锥式壁座计算图

(1) 双锥式壁座的计算（图6-41）

计算时，不考虑壁筒与围岩间的粘结抗剪力（如考虑，则通过试验确定该值），这时，上下两壁座间的井筒段自重及其他荷载，只能传给壁座的底部围岩。

根据壁座嵌固端的抗弯、抗剪强度条件，及支撑壁座底部的围岩地基容许承载力来确定壁座的宽度和高度。

① 壁座宽度b的计算

设沿井筒每单位弧长两壁座间的井筒衬砌自重及其他荷载为N_1，每单位弧长壁座自重为N_2，则作用在单位弧长壁座底部围岩地基的反力应满足：

$$\frac{N_1+N_2}{b}\cos^2\beta\leqslant[R]$$

解上式，得壁座宽度为：

$$b\geqslant\frac{N_1+N_2}{[R]}\cos^2\beta \tag{6-28}$$

式中　$[R]$——壁座底部围岩地基容许承载力。

按上式算得的壁座宽度，应大于筒壁厚度d，一般可取40～120cm。

② 壁座高度h的计算

根据混凝土受弯构件的正截面强度条件，来确定混凝土壁座嵌固端截面高度。

壁座嵌固端（截面 I-I）的弯矩为：

$$M=\frac{b^2[R]}{2\cos^2\beta} \tag{6-29}$$

由混凝土受弯构件截面正截面强度条件知：

$$KM\leqslant\frac{h^2}{3.5}R_l$$

将式（6-29）代入上式，经整理后得：

$$h\geqslant\frac{1.32b}{\cos\beta}\sqrt{\frac{K[R]}{R_l}} \tag{6-30}$$

所算得的壁座高度需大于壁筒厚度 d，一般可取 100～150cm。同时，尚应按下式验算壁座嵌固端截面的抗剪强度：

$$K(N_1+N_2)\leqslant R_l h \tag{6-31}$$

式中　K——混凝土按抗拉强度计算的受压、受弯构件强度设计安全系数；

　　R_l——混凝土抗拉设计强度。

（2）单锥式壁座的计算

单锥式壁座底部是水平的，故 $\beta=0$（即 $\cos\beta=1$），很容易从式（6-28）、式（6-30）得到计算单锥式壁座宽度和高度的公式为：

$$\left.\begin{aligned}b&=\frac{N_1+N_2}{[R]}\\h&=1.32\sqrt{\frac{K[R]}{R_l}}\end{aligned}\right\} \tag{6-32}$$

壁座嵌固端抗剪强度，仍按式（6-31）验算。

6.6.2　斜井的构造和计算

斜井的工作状态，除与地质条件等因素有关外，还取决于斜井轴线与水平线间的夹角 α（图 6-42）。倾角 α 使得围岩压力 P 产生法向分力 N 和切向分力 T。前者决定着斜井衬砌的强度；后者影响斜井的稳定性。如果倾角 α 大于围岩的内摩擦角 φ 时，斜井将发生剪切滑移，从而直接威胁斜井安全。因此，通常规定倾角 α 不宜大于 30°，并应尽量避免大于 45°。对斜井衬砌的设计和计算，一般作如下处理：

（1）倾角 $\alpha<45°$ 的斜井，按水平洞室设计。计算时，取垂直于斜井轴线的断面作为计算断面，结构形式多用直墙拱形衬砌（图 6-42 剖面 Ⅰ-Ⅰ）。作用在斜井计算断面上的拱部围岩压力，为按相应的水平洞室确定的围岩垂直压力乘以 $\cos\alpha$；边墙水平压力，与相应的水平洞室确定的水平压力相同。同时，为了保证斜井的稳定，避免斜井沿斜面滑移，应采取必要的构造措施。一般可将斜井的墙底做成高度为 0.4～1.0m 的台阶基础（图 6-43）。若斜井边墙为天然石料或混凝土预制块时，则应水平砌筑。有必要时，也可每隔一定长度于衬砌周围设置与衬砌整体连接的壁座。衬砌的计算方法，参考贴壁式直墙衬砌计算的相关方法。

（2）倾角 $\alpha>45°$ 的斜井，按竖井设计。此时，作用在计算断面周围的水平压力，为按相应的竖井算得的水平压力乘以 $\sin\alpha$。结构形式多采用圆形衬砌（图 6-42 剖面 Ⅰ-Ⅰ）；

计算方法与竖井相同。

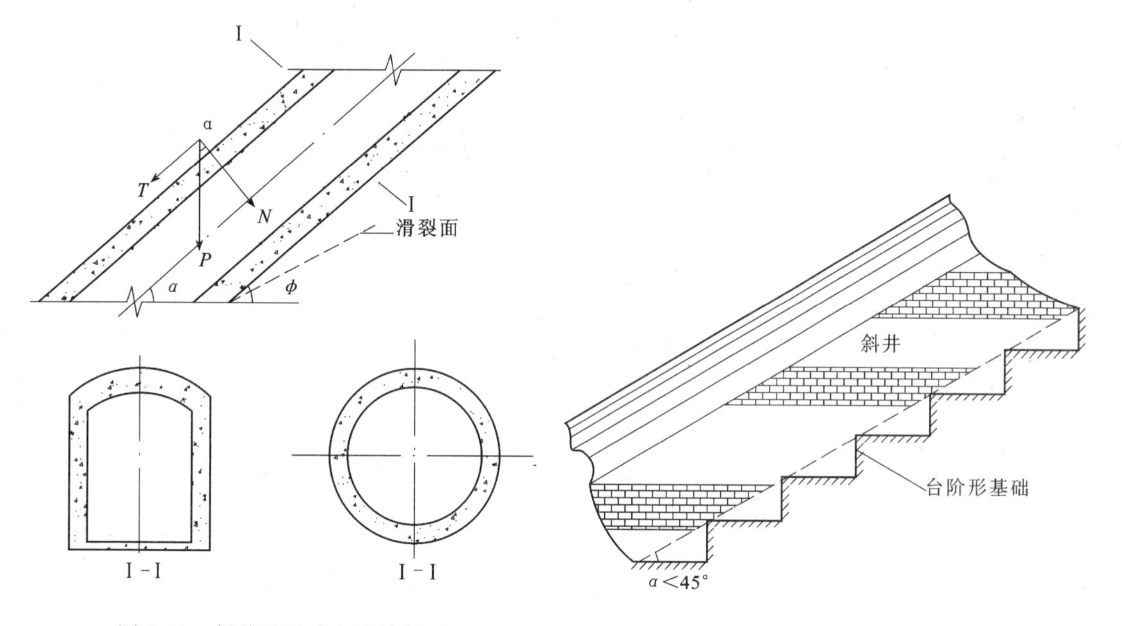

图 6-42　斜井的滑动和计算断面

图 6-43　有台阶形基础的斜井

第 7 章　沉井式结构

7.1　沉井的类型和构造

7.1.1　概述

当上部结构荷载较大，而桩基础又受水文地质条件限制时，常采用沉井基础，此外，沉井在地下结构中的应用也较为广泛。如桥梁墩台基础、地下泵房、水池、油库、地下铁道、水底隧道、矿用竖井以及大型设备基础、高层和超高层建筑物基础等都可以考虑采用沉井式结构。

沉井是一种上下开口竖向的筒形结构物，通常用混凝土或钢筋混凝土材料制成。沉井的施工过程如图 7-1 所示，先在地面制作一个井筒状结构，在其强度达到设计要求后，抽除刃脚垫木，对称、均匀地利用人工或机械方法清除井内土石，在沉井重力作用下克服四周井壁与土的摩阻力和刃脚底面土的阻力而逐步下沉，当第一节沉井沉到适当位置后，在其上接高第二节沉井，然后再继续下沉。重复以上过程直至达到设计标高，清理基底后进行封底、填充井孔和浇筑顶盖板，竣工后即为永久性的深基础。

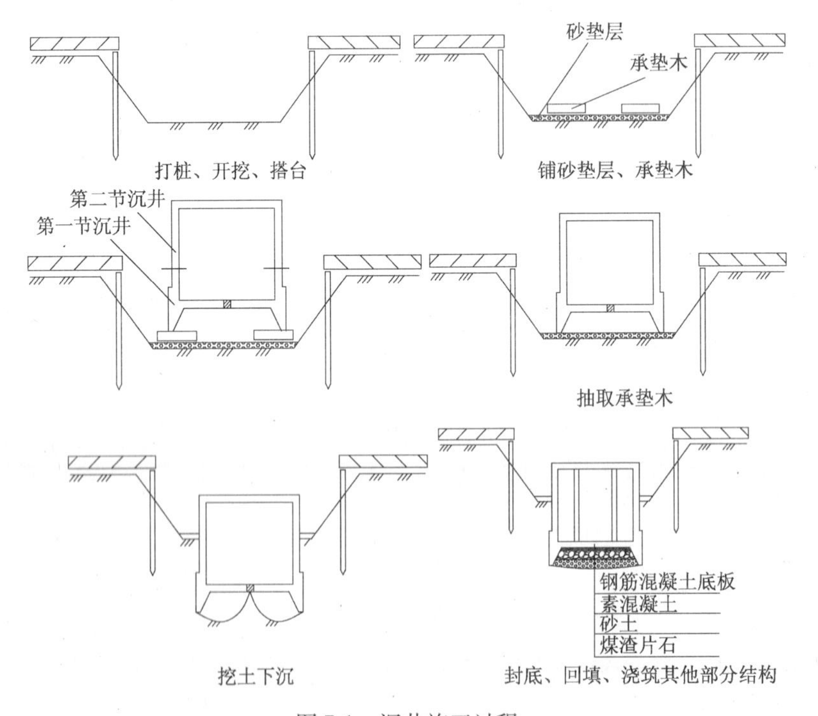

图 7-1　沉井施工过程

虽然许多地下工程可用地下连续墙施工，但是沉井结构的单体造价相对较低，主体的混凝土都在地面上浇筑，质量易于保证，不存在接头的强度和漏水问题，可采用横向主筋构成较经济的结构体系，因此，在一定的条件下，沉井是一种不可取代的较佳方案。

7.1.2 沉井的类型与构造

1. 沉井的类型

（1）按施工方法分

① 一般沉井：直接在设计的位置上制造，依靠井壁自重下沉的沉井。

② 浮式沉井：多为钢壳井壁，也有空腔钢丝网水泥薄壁沉井、钢筋混凝土薄壁沉井，是在岸边预制，通过浮运到位下沉。通常在深水地区（如水深大于10m）或水流流速大、有通航要求、人工筑岛困难或不经济时采用。

（2）按沉井所用材料分

① 素混凝土沉井：适用于中小型工程。混凝土沉井抗压性能好，而抗拉能力较低，故素混凝土沉井多为圆形，在土压力与水压力作用下，沉井中的应力以压应力为主。沉井底端的刃脚需配筋，便于下切土体，避免损伤井筒。素混凝土沉井适用于下沉深度不大（4～7m）、土层较松软的情况。

② 钢筋混凝土沉井：适用于大中型工程。钢筋混凝土沉井抗压抗拉能力强，下沉深度较大，可根据工程需要，做成各种形状、各种规格的重型或薄壁一般沉井及薄壁浮运沉井、钢丝网水泥沉井等。钢筋混凝土沉井在工程中应用最广。

③ 钢沉井：钢沉井由钢材制作，强度高、质量轻、易于拼装、适于制造空心浮运沉井，但用钢量大，国内应用较少。

（3）按横截面形状分

① 单孔沉井：沉井只有一个井孔，如图7-2（*a*）、（*b*）所示。横截面有圆形、正方形、椭圆形、长圆形、矩形等形式。单孔沉井常用于中小型沉井中。

② 单排孔沉井：这种沉井具有一排井孔。根据工程的用途，截面形状有矩形、长圆形等形式，如图7-2（*c*）、（*d*）所示。矩形、长圆形截面的沉井在水压力和土压力的作用下，将产生较大的弯矩，井壁受到的挠曲应力较大，且长宽比越大其挠曲应力越大，通常要在沉井内设隔墙支撑形成单排孔沉井，以增加沉井的刚度，改善受力条件。井孔的布置和大小应满足取土机具操作的需要。单排孔沉井适用于长度大的工程。

③ 多排孔沉井：沉井由多道纵、横墙分隔成多排井孔，如图7-2（*e*）所示。多排孔沉井适用于大型结构物的深基础。

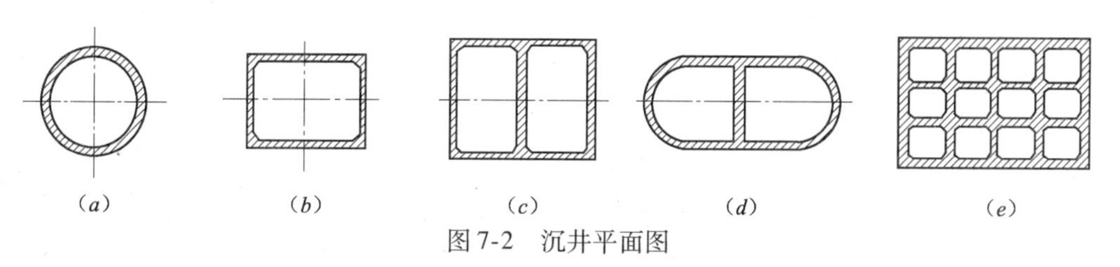

图7-2 沉井平面图

（4）按沉井竖向剖面形状分

① 柱形沉井：柱形沉井竖直剖面上下厚度均相同，为等截面柱的形状，大多数沉井

属于这一种，如图7-3（a）所示。柱形沉井井壁受力较均衡，下沉过程中不易发生倾斜，接长简单，模板可重复利用，但井壁侧阻力较大，若土体密实、下沉深度较大时，易下部悬空，造成井壁拉裂。一般多用于入土不深或土质较松软的情况。

② 锥形沉井：为了减小沉井施工下沉过程中，井筒外壁与土的摩擦阻力，或为了避免沉井由硬土层进入下部软土层时，沉井上部被硬土层夹住，使沉井下部悬挂在软土中发生拉裂，可将沉井井筒制成上小下大的锥形，如图7-3（e）所示。锥形沉井井壁侧阻力较小，但施工较复杂，模板消耗多，沉井下沉过程中易发生倾斜，多用于土质较密实、沉井下沉深度大、自重较小的情况。通常锥形沉井外井壁坡度为1/20～1/40。

③ 阶梯形沉井：鉴于沉井所承受的土压力与水压力，均随深度而增大。为了合理利用材料，可将沉井的井壁随深度分为几段，做成阶梯形，下部井壁厚度大，上部厚度小，如图7-3（b）、（c）、（d）所示。外壁阶梯形沉井所受的摩擦阻力较小。阶梯形井壁的台阶宽为100～200mm。

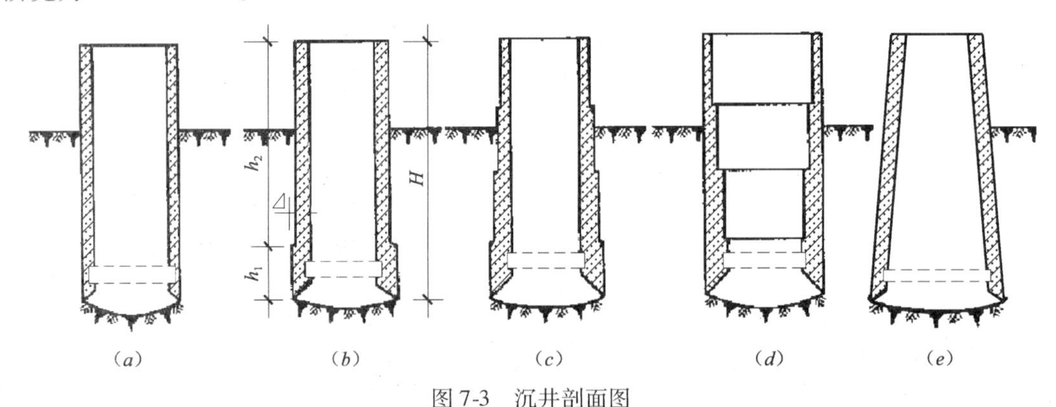

图7-3　沉井剖面图

（a）圆柱形；（b）外壁单阶梯形；（c）外壁多阶梯形；（d）内壁多阶梯形；（e）锥形

2. 沉井的构造

沉井一般由井壁、刃脚、隔墙、取土井孔、顶盖板、凹槽、封底混凝土等部分组成，如图7-4所示。

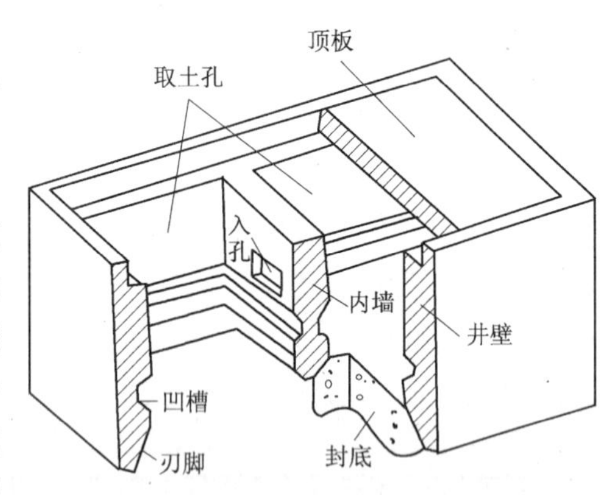

图7-4　沉井结构图

（1）井壁：井壁是沉井的主要部分。在施工阶段，利用自身重量，克服井筒外壁与土的摩擦阻力和刃脚踏面底部土的阻力，使沉井能顺利下沉到设计标高。在沉井下沉过程中，井壁承受四周的土压力和水压力；沉井施工完成后，作为传递上部荷载的基础或基础的一部分，因此，井壁应有足够的厚度与强度。为了承受在下沉过程中各种最不利荷载组合（水、土压力）所产生的内力，在钢筋混凝土井壁中一般应配置两层竖向钢筋及水平钢筋，以承受弯曲应力。

（2）刃脚与凹槽：刃脚是井壁最下端的部分，常做成刀刃状，称为“刃脚”。在沉井下沉过程中起切土下沉的作用。刃脚的最底部为一水平面，称为踏面，踏面宽度b一般为0.35～0.7m，对软土可适当放宽。刃脚内侧的倾斜面的水平倾角α通常大于45°。刃脚的

高度 h 一般在 1.0m 以上，视井壁厚度、便于抽出垫木而定。

刃脚有多种形式（图 7-5），应根据刃脚穿越土层的软硬程度和刃脚单位长度上的反力大小来决定。

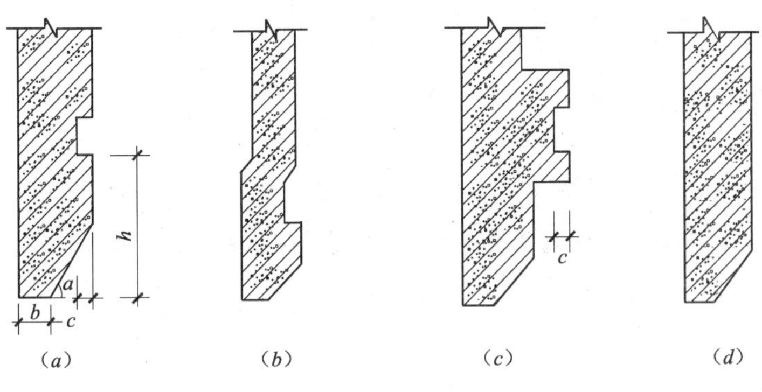

图 7-5　刃脚的形式

沉井下沉深度较深，需要穿过坚硬土到岩层时，可用型钢制成的钢刃尖刃脚，如图 7-6（b）所示；沉井通过紧密土层时可采用钢筋加包以角钢的刃脚，如图 7-6（c）所示；地质构造清楚，下沉过程中不会遇到障碍时可采用普通的钢筋混凝土刃脚。

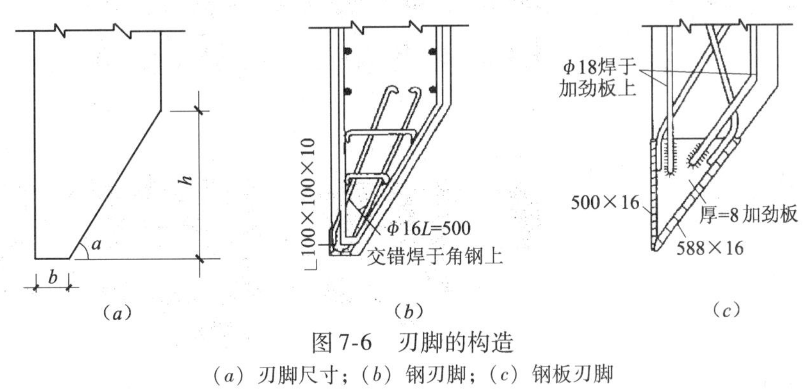

图 7-6　刃脚的构造

（a）刃脚尺寸；（b）钢刃脚；（c）钢板刃脚

为使井壁与封底的现浇混凝土底板连接牢固，在刃脚上方井筒的内壁预先设置一圈凹槽。凹槽高约 1.0m，深度一般为 0.15～0.30m。距刃脚底面 h 高度设有凹槽，h 约为 2.5m，凹槽深度 c 约为 0.15～0.25m，高度约为 1.0m。刃脚及凹槽的主要尺寸见图 7-5 及图 7-6。

（3）内隔墙和底梁：当沉井的平面尺寸较大时，应在沉井内部设置内隔墙，以减小受弯时的净跨度，增加沉井的刚度，减小井壁挠曲应力。隔墙的厚度一般小于井壁。同时，内隔墙将沉井内分隔成多个井孔，各井孔可分别挖土，便于控制挖土下沉，防止或纠正倾斜和偏移。在不能设置内隔墙的沉井中，可在底部增设底梁，并构成框架以增强沉井在施工下沉阶段和使用阶段的整体刚度。内隔墙与底梁的底面应高于刃脚踏面 1.0～1.5m。

（4）井孔：井孔是挖土、排土的工作场所和通道，其尺寸视取土方法而定，最小边长或直径不宜小于 3m。井孔布置应对称于沉井中心轴，以便对称挖土，保证沉井下沉均匀。

（5）封底和顶板：沉井下沉至设计标高进行清理后，在刃脚踏面以上至凹槽处浇筑混凝土形成封底。沉井封底后，若条件允许，为节省圬工量，减轻基础自重，可做成空心沉井基础，或仅填以砂石。此时顶部须设置钢筋混凝土顶板，以承托上部结构的全部荷载。

顶板厚度约为1.5～2.0m，钢筋配置由计算确定。

封底混凝土承受地基土和水的反力，防止地下水涌入井内，这就要求封底混凝土有一定的厚度，根据经验也可取不小于井孔最小边长的1.5倍，其顶面应高出刃脚根部不小于0.5m，并达凹槽上端。

7.2 沉井结构设计计算

沉井结构的强度和刚度必须满足施工阶段和使用阶段这两个阶段的要求。在施工阶段，其强度和刚度必须保证沉井能稳定、可靠地下沉到拟定的标高；待沉到设计标高、全部结构浇筑完毕并正式交付使用后，结构的传力体系、荷载和受力状态均与沉井在施工下沉阶段很不相同，其强度和高度还应满足使用阶段的要求。因此，在沉井结构的设计计算中，必须兼顾这两个阶段。

沉井结构设计的主要内容如下：

1. 沉井建筑平面布置的确定

2. 沉井主要尺寸的确定和下沉系数的验算

（1）参考已建类似沉井的结构，初定沉井的平面尺寸、高度、井孔尺寸、井壁厚度，并估算下沉系数，以控制沉速；

（2）估算沉井的抗浮系数，以控制底板厚度。

3. 施工阶段强度计算

（1）井壁板的内力计算；

（2）刃脚的挠曲计算；

（3）底横梁、顶横梁的内力（包括所受动载在内的）计算。

4. 使用阶段的强度计算

（1）按封闭框架（水平和垂直方向）或圆池结构来计算井壁并配筋；

（2）顶板及底板的内力计算及配筋。

7.2.1 沉井下沉系数的确定

为使沉井顺利下沉，沉井重力（不排水下沉时，应计浮重度）须大于井壁与土体间的摩阻力标准值。设计时，可按下沉系数估算。

下沉系数
$$K_t=\frac{G-P_{fx}}{R}=\frac{G-P_{fx}}{R_f+R_T}\geqslant 1.10\sim1.25 \tag{7-1}$$

式中 G——沉井自重（kN）；

P_{fx}——地下水对沉井的浮托力（kN），排水时为零，不排水下沉时取总浮托力的70%；

R——井壁与土体间的总摩阻力 R_f 及刃脚端部土层的总阻力 R_T 之和（kN）；

K_t——下沉系数，位于软弱土层中的沉井宜取1.10，位于其他土层中的沉井可取1.25；

R_T——刃脚踏面下正面阻力的总和。如沉井有隔墙、底横梁，其正面阻力均应计入。一般在踏面处作均匀分布，在斜面处，可按三角形分布计算。

井壁摩阻力 R_f：

$$R_f = f_0 \cdot F_0 \tag{7-2}$$

式中 F_0——沉井井壁四周总面积（m^2）；

f_0——井壁与土体间单位面积摩擦力的加权平均值，可按下式计算：

$$f_0 = \frac{f_1 h_1 + f_2 h_2 + \cdots + f_n h_n}{h_1 + h_2 + \cdots + h_n} \tag{7-3}$$

式中 h_i——土层的厚度（m）；

f_i——各土层对井壁的单位面积摩擦力，可参照当地已有经验选用。

土与井壁间的摩阻力标准值应根据实践经验或实测资料确定。当资料缺乏时，可根据土的性质、施工措施，参考表7-1选用。

土与井壁间的摩阻力经验值 **表7-1**

土的名称	土井壁的摩擦阻力（kPa）
砂卵石	18~30
砂砾石	15~20
砂土	12~25
流塑黏性土、粉土	10~12
软塑、可塑黏性土、粉土	12~25
硬塑黏性土、粉土	25~50
泥浆润滑套	3~5

注：本表适用于深度不超过30m的沉井。

在实际工程中，关于井壁摩阻力的分布形式，有多种不同的假定（图7-7）：

1. 在深度0~5m范围内单位面积摩阻力按三角形分布，5m以下为常数，则总摩阻力为：

$$R_f = f_0 \cdot F_0 = f_0 \cdot U(h_0 - 2.5) \tag{7-4}$$

式中 U——沉井周长（m）；

h_0——沉井入土深度（m）。

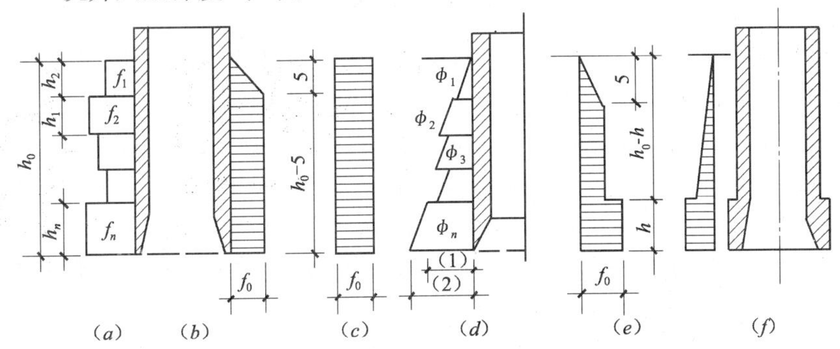

图7-7 井壁摩阻力的分布形式

(a) 各土层的单位摩擦力；(b) 三角形分布；(c) 矩形分布；
(d) 主动土压力与摩擦系数之积；(e)、(f) 阶梯形井壁摩擦力分布

(1) $\gamma h_0 \tan^2(45° - \frac{\varphi}{2}) + \tan\delta$；(2) $\sum_{i=1}^{n} \gamma_i h_i \cdot \tan^2(45° - \frac{\varphi_i}{2}) + \tan\delta_i$

2. 假定入土全深范围内摩阻力为常数，则 $F_0 = U \cdot h_0$（m^2）。

3. 假定摩阻力除与土的种类有关，还与土的埋藏深度有关。因此，采用了摩擦力等于朗肯主动土压力与土和井壁间的摩擦系数之乘积。

实际上，井壁摩阻力的分布在理论上还远未了解清楚，而摩阻力数值大小及分布对沉井设计与施工有着十分重要的意义，因此，采用测量摩阻力的方法更符合实际。

【例 7-1】 计算某个连续沉井（两端无钢封门）下沉接近设计标高时的“下沉系数”。

【解】 （1）沉井自重计算数据见表 7-2。

沉井自重计算表 **表 7-2**

序号	构件	数量（m）	高（m）	宽（m）	长（m）	材料比重（kN/m^3）	重量（kN）
1	井壁	2	7.6	0.8	28.0	25	8510
2	中间底横梁	3	1.2	0.7	12.2	25	770
	两端底横梁	2	1.2	0.8	12.2	25	587
3	中间顶横梁	3	0.6	0.7	12.2	25	385
	两端顶横梁	2	0.6	0.8	12.2	25	293
沉井自重							$\Sigma = 10545$

（2）下沉阻力：

设所处地层为灰色淤泥质黏土地层，土壤对井壁的平均极限摩擦力为 15kPa，则总的土对井壁侧面摩擦力为

$$2 \times 28.0 \times 7.6 \times 15 = 6380\text{kN}$$

设井壁刃脚土的极限正面阻力（底横梁下的土已经掏空）为 100kPa，底面接触面积为

$$2 \times 28.0 \times 0.7 = 39.2\text{m}^2$$

则总的刃脚土极限阻力为 $39.2 \times 10 = 3920\text{kN}$

∴ 下沉系数 $$K_1 = \frac{10545}{6380 + 3920} = 1.03$$ （沉井接近落底时的值）

下沉系数近似等于 1.0，说明这个井的设计是比较经济的。万一在下沉过程中发生困难，可采用施工上的一些措施，如压重或多挖土，或事先用泥浆套等。

实际上沉井的沉降系数 K_1 在整个下沉过程中，不会是常数，有时可能会大于 1.0，有时接近 1.0，有时会等于 1.0。如开始沉降的时候 K_1 必大于 1.0，在沉降到设计标高时 K_1 应该接近于 1.0，一般保持在 $K_1 = 1.10 \sim 1.25$ 左右。

在分节浇筑分节下沉时，应在下节沉井混凝土浇筑完毕而还未开始下沉时，保持 $K_1 < 1$，并具有一定的安全系数。

7.2.2 沉井施工期间的抗浮稳定验算

沉井沉到设计标高后，封底、铺板、浇筑板——内部结构设备安装和顶盖所需时间较长，底板下的水压力增长，对沉井产生浮力、水压力，因此，需验算沉井的抗浮稳定性。

浇筑底板后，由于内部结构和顶盖等尚未施工，此时整个沉井向下的荷载为最小。待

内部结构、设备安装及顶盖施工完成，尚需时日，而底板下的水压力逐渐增长到静水头，会对沉井产生最大的浮力作用，因此，应验算沉井的抗浮稳定性，一般可用抗浮系数 K_2 表示：

$$K_2 = \frac{G + R_f}{Q} \geqslant 1.05 \sim 1.1 \tag{7-5}$$

式中 G——井壁与底板的重量（不包括内部结构和顶盖）(kN)；

R_f——井壁与土体间的总极限摩阻力（kN）；

Q——施工阶段的最大浮力（kN）。

抗浮稳定系数可由底板的厚度来调整，不宜过大，以免造成浪费。

【例 7-2】 验算大型圆形沉井的“抗浮系数”。

已知沉井直径 $D=68\text{m}$，底板浇筑完毕以后的沉井自重是 650100kN，井壁土壤之间摩擦力 $f_0=20\text{kPa}$，5m 内按三角形分布，沉井入土深度为 $h_0=26.5\text{m}$。封底时的地下水净水头 $H=24\text{m}$。

【解】 井壁侧面摩擦力为 $R_f=U(h_0-2.5)f_0=\pi\times68\times(26.5-2.5)\times20=102000\text{kN}$

浮力 $$Q=\frac{\pi}{4}\times68^2\times24\times10=872000\text{kN}$$

施工阶段（底板浇筑完毕后）抗浮稳定验算

抗浮系数 $$K_2=\frac{G+R_f}{Q}=\frac{650100+102000}{872000}=0.86<1.05 \quad \text{（不满足）}$$

采用下述措施：①在施工阶段设置临时倒滤层和集水井，抽去地下水，以消除地下水的浮托力；②在施工阶段降低地下水位，如将地下水位降低 3.5m，则浮力

$$Q=\frac{\pi}{4}\times68^2\times(24-3.5)\times10=744000\text{kN}$$

则 $$K_2=\frac{650100+102000}{744000}=1.01 \quad \text{（近乎满足要求）}$$

经设计和施工单位共同讨论后决定设置临时倒滤层和集水井以解决抗浮稳定问题。该沉井竣工后的重量为 91470t，故竣工后的最终抗浮系数

$$K_2=\frac{914700+102000}{872000}=1.17\approx1.20$$

（一般要求使用期间的抗浮系数≥1.20）

7.2.3 刃脚计算

将刃脚作为悬臂梁计算时，刃脚根部可以认为与井壁嵌固，刃脚高度作为悬臂长度：①当沉井下沉途中，刃脚内侧切入土中深约 1m，且沉井根部露出水面较高（多节沉井约为一节沉井的高度）时，验算刃脚因受井孔内土体的侧向土压力而向外弯曲时的强度。②当沉井已沉到设计标高，刃脚下的土已被挖空时，验算刃脚因受井壁外侧全部水压力和土压力而向内弯曲时的强度。③沉井已沉到设计标高，刃脚下的土被挖空的情况，将刃脚作为闭合的水平框架，计算其水平的弯曲强度。

刃脚下沉切入土内，形成悬臂作用，然后验算刃脚向外和向内挠曲的悬臂受力状态，并据此进行刃脚内、外侧竖向和水平向钢筋的计算。

1．刃脚向外挠曲计算

一次下沉的沉井，在刚开始下沉时，刃脚踏面下土的正面阻力和内侧土体沿着刃脚斜面作用的阻力有将刃脚向外推出的作用。这时沉入深度较浅，井壁侧面的土压力几乎还未发生。沿井壁周边取1m宽的截条作为计算单元（图7-8）。计算步骤如下

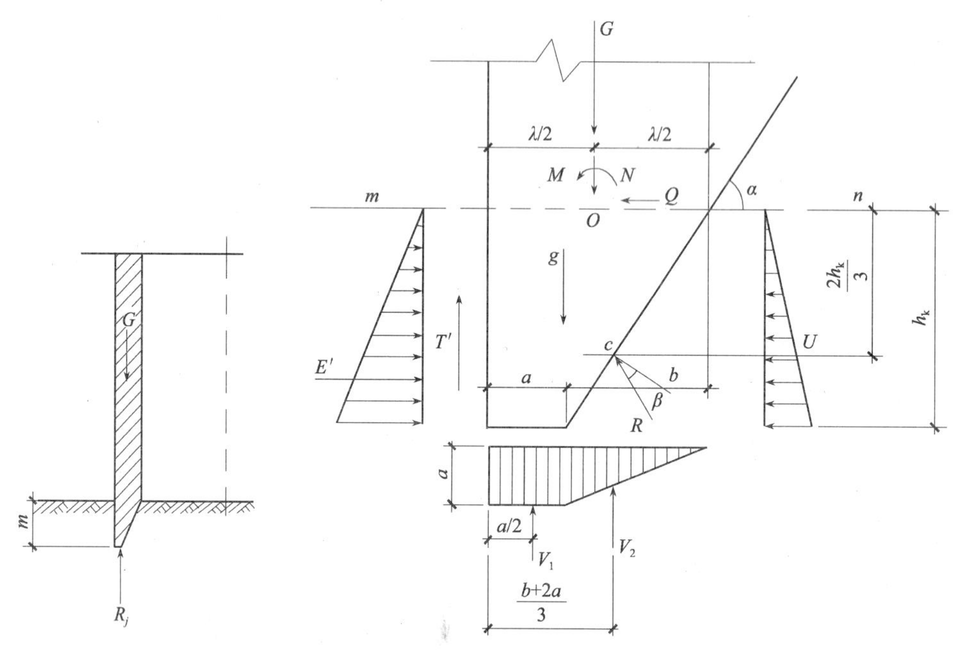

图7-8 沉井开始下沉时刃脚向外挠曲计算

井壁自重 G：沿井壁周长单位宽度上的沉井自重（按全井高度计算，不排水挖土时应扣除浸入水中部分的浮力）；

刃脚自重 g：

$$g=\gamma_h h_k \frac{\lambda+a}{2}$$

式中 γ_h——混凝土的重度。

刃脚上的土压力 E：

$$E=\gamma_s h_k \tan^2\left(45°-\frac{\varphi}{2}\right)$$

式中 φ——土的内摩擦角；

γ_s——土的重度，在地下水位以下时，采用浮重度。

刃脚上土对井壁的摩擦力 T'，可按 $T'=f\cdot E'$ 计算，但不大于 $T'=0.5E'$。

式中 f——井壁与土之间的摩擦力；

E'——作用在井壁上总的主动土压力。

刃脚下土的反力 R_j，即踏面上土反力 V_1 和斜面上的土反力 R，假定其作用方向与斜面法线成 β 角（及摩擦角，按 $\beta=10°\sim20°$ 估算，有时也可取 $30°$），并将 R 分解成竖直的和水平的两个分力 V_2 和 U（均假定为三角形分布）。

根据实际经验可知，在刃脚向外挠曲时，（仅此时）起主要作用的因素是刃脚下土壤的正面阻力，即 V_1、V_2 和 U 的大小，而土压力 E'、侧面摩阻力 T' 和刃脚自重 g 三者在计算中所占比重很小，实用上可忽略不计，其结果则稍偏安全。

有些国家和某些规范规定按沉井沉到一半时的情况计算刃脚向外挠曲。此时，考虑沉入土中部分井壁摩阻力的减荷作用，并假定刃脚完全切入土中。V_1、V_2 和 U 即可。由图7-9可得：

$$V_1 + V_2 = G + g - T - T' \approx G - T \tag{7-6}$$

$$\frac{V_1}{V_2} = \frac{a\sigma}{b\sigma/2} = \frac{2a}{b} \tag{7-7}$$

$$U = V_2\tan(\alpha - \beta) \tag{7-8}$$

式中　T——作用于单位周长井壁上的摩擦力，按 $T = f \cdot F$ 或按 $T = 0.5E$ 计算，计算时取其中较小值；

T'——刃脚侧面摩阻力。

由式（7-6）、式（7-7）可解得

$$V_2 = \frac{G - T}{1 + 2a/b} \tag{7-9}$$

求得 V_1、V_2 和 U 的大小、方向和作用点后，即可求得刃脚根部 $m-n$ 截面上的轴向力 N、剪力 V 和截面中心 O 点的力矩 M，然后即可根据 M,V,N 计算刃脚内侧的竖直钢筋，其面积不小于根部总截面的0.1%～0.15%，并伸入刃脚根部以上足够的锚固长度。

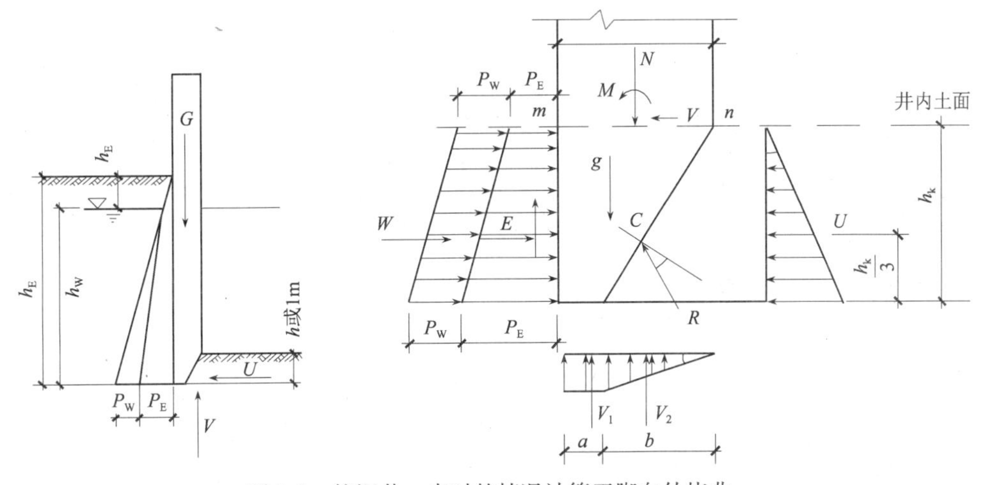

图7-9　按沉井一半时的情况计算刃脚向外挠曲

【例7-3】　设某矩形沉井封底前井自重2778.6t，井壁周长为 $2\times(20+32)=104$m。井壁高8.15m，一次下沉，试求沉井刚开始下沉时刃脚向外挠曲所需的竖直钢筋的数量（踏面宽 $a=35$cm，$b=45$cm，刃脚高80cm）。

【解】　求单位周长上沉井自重 $G = \dfrac{2778.6}{104} = 267\text{kN/m}$

根据公式（7-6）及式（7-7）可得

斜面下土的竖直反力　$V_2 = \dfrac{G - T}{1 + \dfrac{2a}{b}} = \dfrac{26.7 - 0}{1 + \dfrac{2 \times 0.35}{0.45}} = 104\text{kN}$

$$V_1 = G - V_2 = 267 - 104 = 163\text{kN}$$

作用在斜面上的水平反力 $U = V_2\tan(\alpha - \beta)$

式中　$\alpha = \arctan\frac{80}{45} = 60°40'$

$\beta = 12°40'$（上海地区 10° ~ 15°）

则 $U = 10.4\tan(60°40' - 12°40') = 115\text{kN}$

对截面 m-n 中点 O 点的弯矩 M 为

$$
\begin{aligned}
M &= V_1\left(\frac{a}{2} + 0.05\right) - V_2\left(\frac{b}{3} - 0.05\right) + U\left(\frac{2}{3} \times 0.8\right) \\
&= 163\left(\frac{0.35}{2} + 0.05\right) - 104\left(\frac{0.45}{3} - 0.05\right) + 115\left(\frac{2}{3} \times 0.8\right) \\
&= 87.3\text{kN} \cdot \text{m}
\end{aligned}
$$

由于弯矩甚小，仅需按构造配筋即可，选用 $\phi 20@200'$。

2. 刃脚向内挠曲计算

沉井挖土下沉时，一般先挖“锅底”（即中间部分），然后再挖刃脚附近的土，刃脚下的土常被掏空或部分掏空，井壁自重由壁外土产生的摩擦力承担的比例随着沉井的不断下沉而逐渐增大，当沉井沉到设计标高时，井壁自重全部由壁外土摩擦力承担，并且此时井壁外侧作用的水、土压力最大，使刃脚产生最大的向内挠曲，如图 7-10 所示。一般就按此情况确定刃脚外侧竖向钢筋。

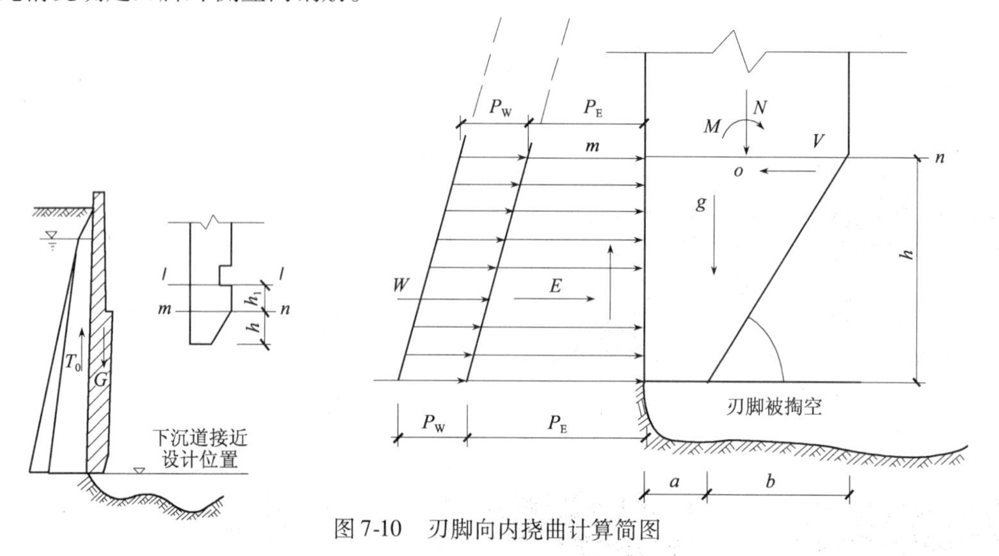

图 7-10　刃脚向内挠曲计算简图

在刃脚向内挠曲计算中，起决定性作用的是刃脚外侧的水土压力 W 及 E，水压力 W 按下列情况计算：

（1）不排水下沉时，井壁外侧水压力按 100% 计算，内侧水压力值一般按 50%，但也可按施工中可能出现的水头差计算。

（2）排水下沉时，在不透水的土中，可按静水压力的 70% 计算；在透水土中，按静水压力的 100% 计算。

7.2.4　施工阶段井壁的计算

1. 沉井在竖直平面内的受弯计算——沉井抽承垫木计算

抽垫木准备下沉时，刃脚踏面下脱空，井壁在自重作用下会产生较大的应力，需根据不同的支承情况，对井壁做抗裂和强度验算。

（1）沉井支承在两点定位垫木上时

重型沉井在制作第一节时，多采用承垫木支承。当第一节沉井制成后，开始抽拔垫木准备下沉时，刃脚踏面下逐渐脱空，井壁在自重作用下会产生较大的压力，因此需要根据不同的支承情况，对井壁作抗裂和强度验算，验算沉井底节竖向受力强度挠曲。

对于矩形沉井，定位垫木的间距按井壁内正负弯矩相等或接近相等的条件来确定（如图7-11）：

$$M_A = M_B = -0.0113qL^2 - 0.15P_1L \tag{7-10}$$

$$M_{中} = 0.05qL^2 - 0.15P_1L \tag{7-11}$$

当沉井平面的边长比≥1.5时，一般可取 $l_2 = 0.7L$。

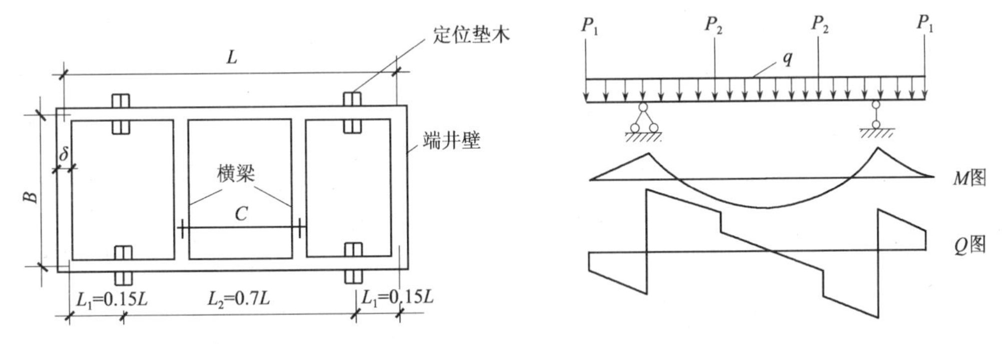

图7-11　两点定位垫木

（2）沉井支承在三支点上时

抽垫木一般先抽四角，再抽跨中，已压密的砂子压实后也会变成支撑点，形成了三支点的两跨连续梁（图7-12），据此可求得中间点处的最大负弯矩，并配置水平钢筋。

对于圆形沉井，有以下四种情况：

① 一般按相互垂直的直径方向的四个支点验算。

② 不排水下沉时，考虑到可能遇到障碍物，按支承于直径上的两个支点验算。

③ 个别大型圆沉井，增加支点，按八根定位垫木验算。

④ 计算沉井内力时，将圆形沉井井壁和连续水平的圆环梁，在均布荷载 q（沉井自重）作用下（图7-13），按表7-3查得剪力 V、弯矩 M、扭矩 M_n。

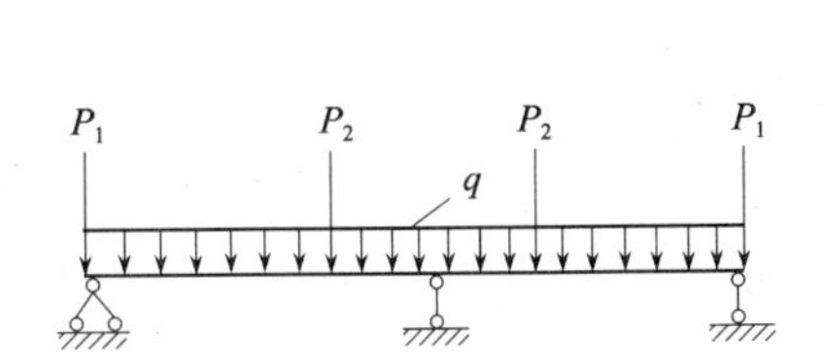

图7-12　沉井支承在三支点上

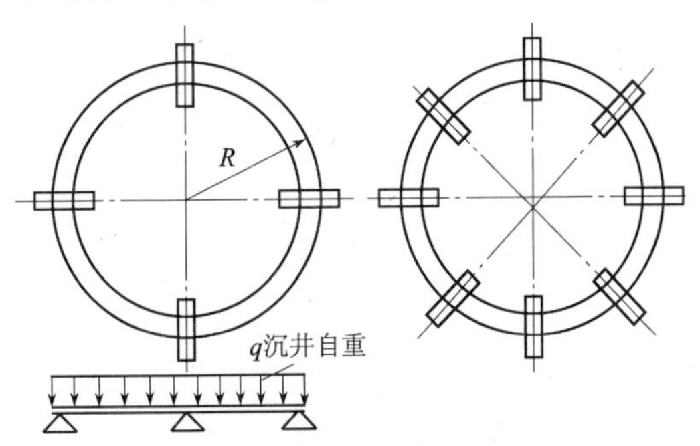

图7-13　圆形沉井支承在定位垫木上

计算圆环梁的内力系数表　　表 7-3

圆环梁支柱数	最大剪力	弯矩		最大扭矩	支柱轴线与最大扭矩截面间的中心角
		在二支柱间的跨中	支柱上		
4	$\frac{R\pi q_0}{4}$	$0.03524\pi q_0 R^2$	$-0.06430\pi q_0 R^2$	$0.01060\pi q_0 R^2$	19°21′
6	$\frac{R\pi q_0}{6}$	$0.01500\pi q_0 R^2$	$-0.02964\pi q_0 R^2$	$0.00302\pi q_0 R^2$	12°44′
8	$\frac{R\pi q_0}{8}$	$0.00832\pi q_0 R^2$	$-0.0165\pi q_0 R^2$	$0.00126\pi q_0 R^2$	9°33′
12	$\frac{R\pi q_0}{12}$	$0.00380\pi q_0 R^2$	$-0.00730\pi q_0 R^2$	$0.00036\pi q_0 R^2$	6°21′

注：表中 R——圆环梁轴线的半径；

q_0——均布荷载。

2. 井壁垂直受拉计算——井壁竖直钢筋验算

当沉井下沉将要达到设计标高时，刃脚下的土已被掏空，井壁上部可能被土层夹住，则井壁下部处于悬挂状态，形成所谓“吊空”现象（图 7-14），按此“吊空”现象验算井壁接缝处的竖向抗拉强度，并假定在接缝处混凝土不承受拉力而由钢筋承受。

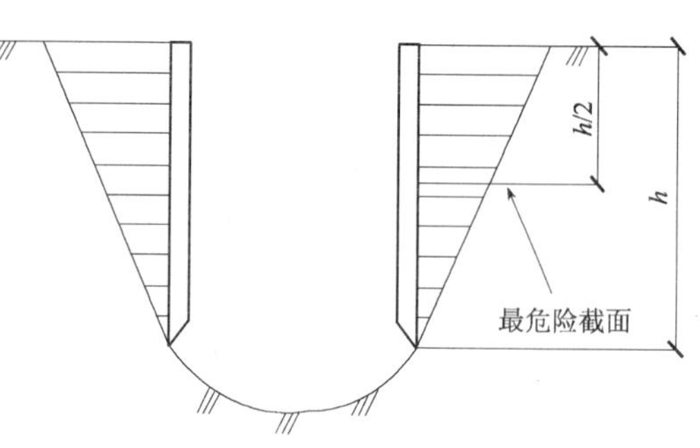

图 7-14　沉井下沉达到设计标高时形成“吊空”

（1）等截面井壁

从井壁受竖向受拉的最不利条件考虑。由于井壁被土层夹住的部位和状况不明确，故计算时假定井壁摩阻力 q_x 沿沉井全高按三角形分布，即在刃脚底面处为0，在地面处达到最大值 q_d，如图 7-15 所示。

按上述假设，沉井的重量 G_k 全部由井壁摩阻力承担，故

$$G_k = \frac{1}{2}q_d hu \tag{7-12}$$

则

$$q_d = \frac{2G_k}{hu}$$

又

$$\frac{q_d}{h} = \frac{q_x}{x}$$

整理得：

$$q_x = \frac{q_d}{h}x = \frac{2G_k}{hu}\cdot\frac{x}{h} = \frac{2G_k x}{h^2 u} \tag{7-13}$$

井壁在基底设计标高以上 x 处所受到的拉力 P_x：

$$P_x = \frac{G_k x}{h} - \frac{q_x xu}{2} = \frac{G_k x}{h} - \frac{2G_k x}{h^2 u}\cdot\frac{xu}{2} = \frac{G_k x}{h} - \frac{G_k x^2}{h^2} \tag{7-14}$$

对式（7-14）求导，并令$\frac{dP_x}{dx}=0$，即

$$\frac{dP_x}{dx} = \frac{G_k}{h} - \frac{2G_k x}{h^2} = 0$$

解之得
$$x = \frac{h}{2}$$

将其代入式（7-14）右边得

$$P_{\max} = \frac{G_k}{h} \cdot \frac{h}{2} - \frac{G_k}{h^2} \cdot \left(\frac{h}{2}\right)^2 = \frac{G_k}{2} - \frac{G_k}{4} = \frac{G_k}{4} \tag{7-15}$$

以上表明，此时最危险截面在沉井入土深度的 1/2 处，且井壁所受的最大竖向拉力 $P_{\max}$ 为沉井全部重量 G_k 的 1/4。

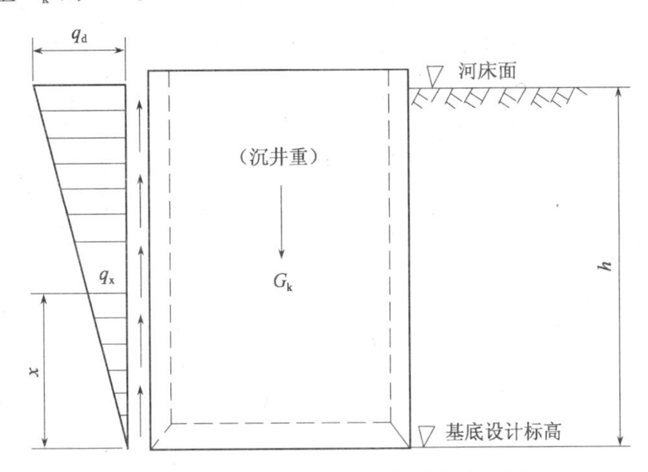

图 7-15　等截面沉井井壁竖向受拉计算图

（2）阶梯形井壁

以图 7-16 所示的 4 台阶沉井为例，设沉井各分段的重量为 G_{ik}（$i = 1 \sim 4$），与等截面井壁时推导方法类似，有

$$G_{1k} + G_{2k} + G_{3k} + G_{4k} = \frac{1}{2} q_d h u \tag{7-16}$$

$$q_d = \frac{2(G_{1k} + G_{2k} + G_{3k} + G_{4k})}{hu} \tag{7-17}$$

$$\frac{q_d}{h} = \frac{q_x}{x} \tag{7-18}$$

井壁 x 处拉力等于 x 范围内沉井自重减去 x 范围内井壁所受到的摩阻力，即：

$$P_x = G_x - \frac{1}{2} x u q_x \tag{7-19}$$

对阶梯形井壁，每段井壁都应进行拉力计算，然后取最大值。计算结果表明，最大拉力发生在各截面变化处。

3. 在水土压力作用下的井壁计算——井壁水平钢筋计算

作用在井壁上的水土压力 $q = E + W$，沿沉井的深度是变化的，因此井壁计算也应沿井的高度方向分段计算。当沉井沉至设计标高，刃脚下的土已掏空，此时井壁承受最大的水土压力。水土压力的计算和上述计算刃脚时的相同，通常有水、土分算和水土合算两种。一般砂性土采用水土分算，黏性土采用水土合算，并采用三角形直线分布。

水土压力求得后，即可分段进行井壁计算。但鉴于各种沉井结构的布置形式不同，在施工过程中的传力体系也各不相同。因此，计算井壁内力时，应针对沉井的具体情况合理地确定其计算图式。一般说，要精确计算井壁的内力是困难而复杂的，只能采取一些近似的计算方法。

（1）对于在施工阶段井内设有几道横隔墙的沉井结构，其井壁的受力情况可按水平框架分析。计算时，首先计算位于刃脚斜面以上，高度等于井壁厚度的一段受力最大的井壁（图7-17）。由于这一段井壁框架是刃脚悬臂梁的固定端，除承受框架本身高度范围内的水土压力外，尚需承受由刃脚部分传来的水土压力。这样，作用在此段井壁上的均布荷载可取 $q = E + W + Q_1$ 。根据 q 值计算水平框架中的最大 M、N 和 V 值，并进行截面配筋。

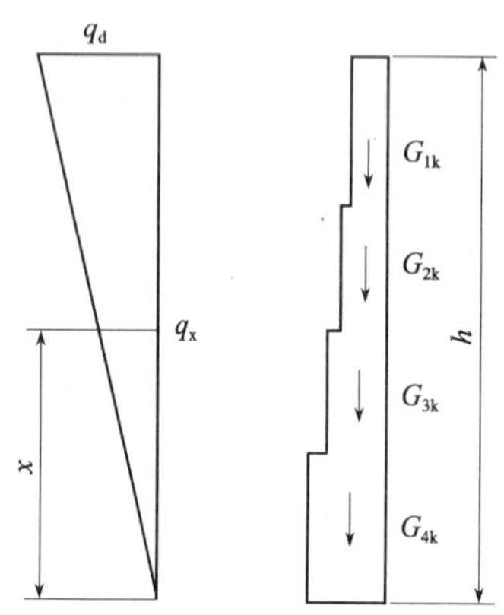

图7-16　阶梯形沉井井壁竖向受拉计算图

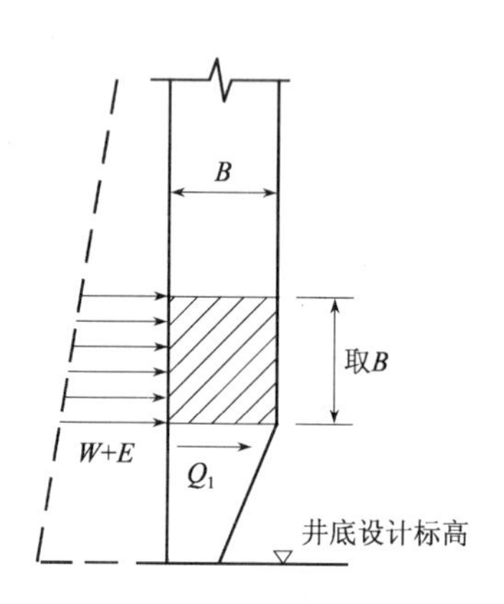

图7-17　刃脚斜面上方某段高度计算

其余各段井壁计算，可按各段所受的水平荷载 $q_i = E_i + W_i$ 分别计算。计算时一般以最下端的水土压力值作为该段的均布荷载进行计算及配筋。分段高度不宜取得太大，井壁断面变化处亦应作为分段的划分点。

横隔墙受力分析时，其节点可作铰接或固端计算，主要视隔墙和井壁的相对抗弯刚度，即两者 d^3/l 的相对比值的大小而定（d—壁厚，l—跨度）。当隔墙抗弯刚度比井壁的小得多时，可将横隔墙作为两端铰支于侧向井壁上的撑杆考虑，其节点可作铰接；当隔墙刚度与井壁相差不多时，可按隔墙与井壁联成固结的空腹框架来分析，其节点可作固端（图7-18）。

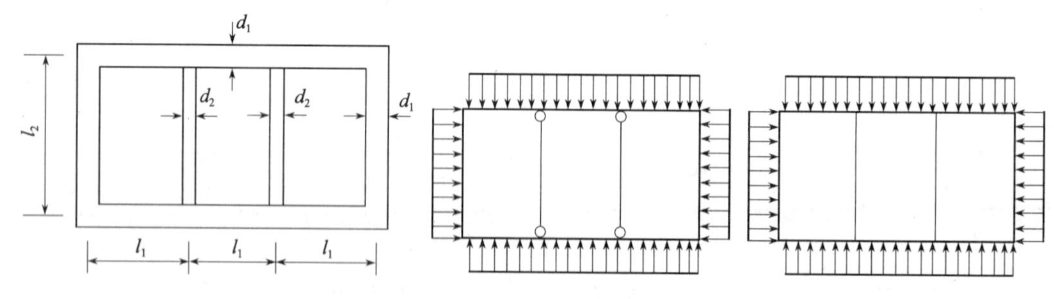

图7-18　横隔墙节点可作铰接或固端计算

（2）对于不能设横隔墙的地下建筑沉井，侧向井壁在施工下沉过程中仅靠上下纵横梁来支持，因此只能用近似方法，根据沉井结构的形式及长、宽、高的相对尺寸大小，将井壁简化为“框架＋平板”的形式计算，而不能一律按水平框架计算。

图7-19为矩形沉井结构，使用时分为上下两层。为了在施工阶段增加井壁的刚度，浇筑了上、中、下三层横梁。这些横梁与圈梁形成了三个水平框架以支撑井壁。在使用阶段，这些横梁则作为支承顶板、底板和中间楼板的大梁。在施工阶段，井壁承受外面的水和土压力，计算井壁的内力时，可分下述三种情况：

① 当h大于水平剖面的最长边（l_1与l_2中的最长边）1.5倍时，可以不考虑横梁的影响，沿竖向取1m宽的一段，按水平矩形闭合框架（图7-19*d*）计算。因水土压力由上至下按梯形分布，故须沿井壁高度取数个水平闭合框架，算出它们的内力作为配筋的依据。

② 当水平剖面的最短边（l_1与l_2中的最短边）大于1.5h时，可沿水平方向取1m宽的一段，按连续梁（图7-19*c*）计算。连续梁的支座反力由横梁与圈梁所构成的竖直框架承担（图7-19*b*）。

③ 当h与l_1、h与l_2的比值小于或等于1.5时，则将每一侧面的井壁分为上下两块双向板计算。例如图7-19（*a*）中*abcd*即为其中的一块双向板，它承受着均布荷载与按三角形分布的荷载，板的弯矩可从相关手册中查得。*abcd*板的支承条件，按*ab*边为简支，另外三边为固定。

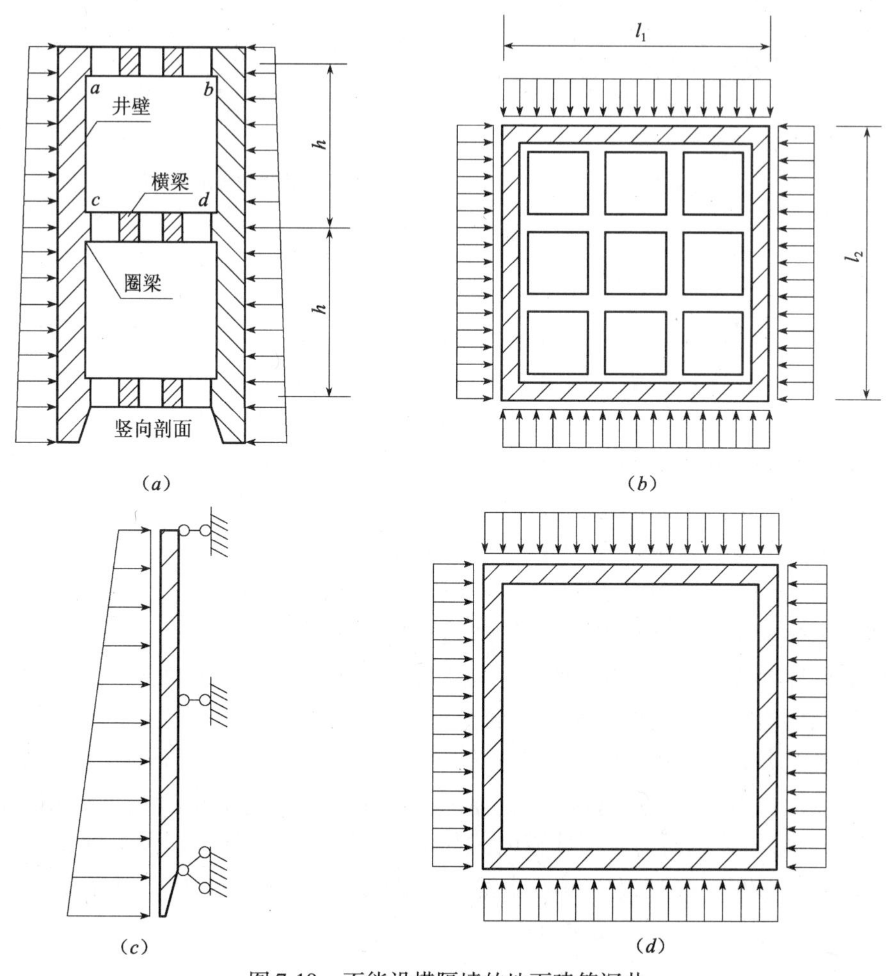

图7-19　不能设横隔墙的地下建筑沉井

图 7-20 为一隧道连续沉井结构，是由两块侧壁用上下多根横梁连接而成。沉井的长度 l 一般为高度 h 的三倍以上。这种沉井结构多用于浅埋的地下通道。在这里，按计算无梁楼盖的方法计算。具体如下：

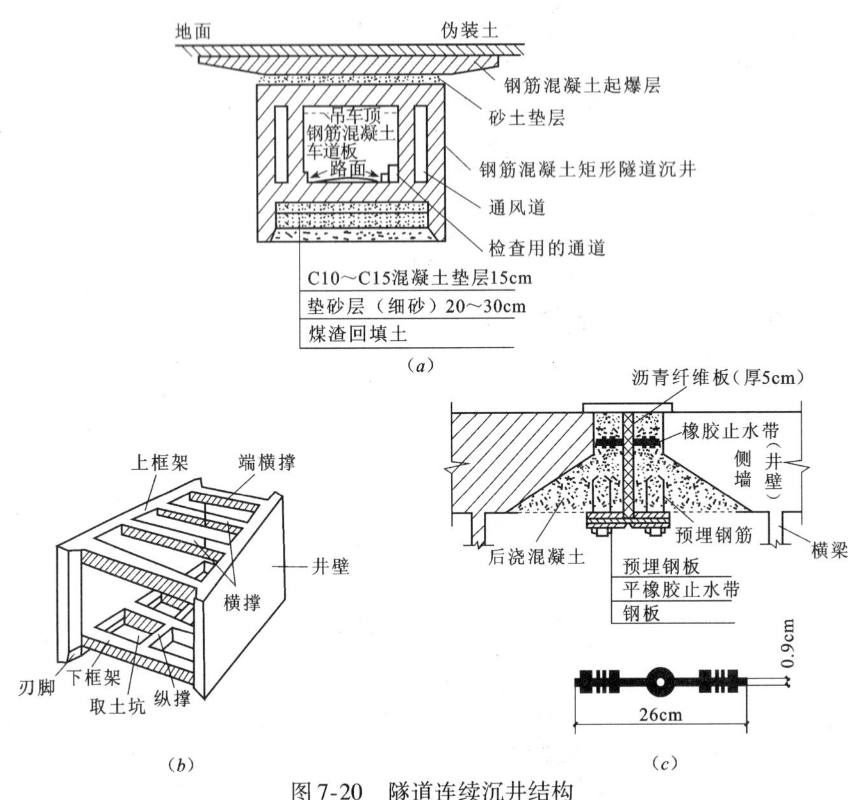

图 7-20　隧道连续沉井结构

（a）使用阶段隧道截面示意图；（b）施工阶段连续沉井示意图；（c）防水接头构造图

取出一面侧壁当做连续梁，如图 7-21（d）所示，将横梁作为连续梁的支座，侧壁上的全部水和土压力为连续梁的荷载，算出跨中弯矩与支座弯矩。

将一面侧壁沿水平方向划分为上、中、下三条板带，如图 7-21（c），把以上算出的跨中弯矩及支座弯矩按以下的比例分配给三条板带：

跨中弯矩的分配：上板带占 25%，下板带占 30%，中间板带占 45%。

支座弯矩的分配：上板带占 35%，下板带占 40%，中间板带占 25%。

按照以上分配的弯矩计算侧壁水平方向的配筋数量。

沿侧壁的竖直方向取 1m 宽的截条，在水和土压力的作用下按简支梁（ 图 7-21e）计算，按照求出的弯矩计算侧壁的竖向配筋。

(3) 圆形沉井井壁内力计算

作用在图形沉井井壁任一标高上的水平侧压力 q，理论上讲应是各处相等的（ 图 7-22），则圆环只承受轴向力，而井壁内的弯矩等于零，而实际情况并非如此。因为土质是不均匀的，沉井在下沉过程中也可能发生倾斜，因而井壁外侧压力常常不是均匀分布的。为了便于计算，一般采用简化方法。

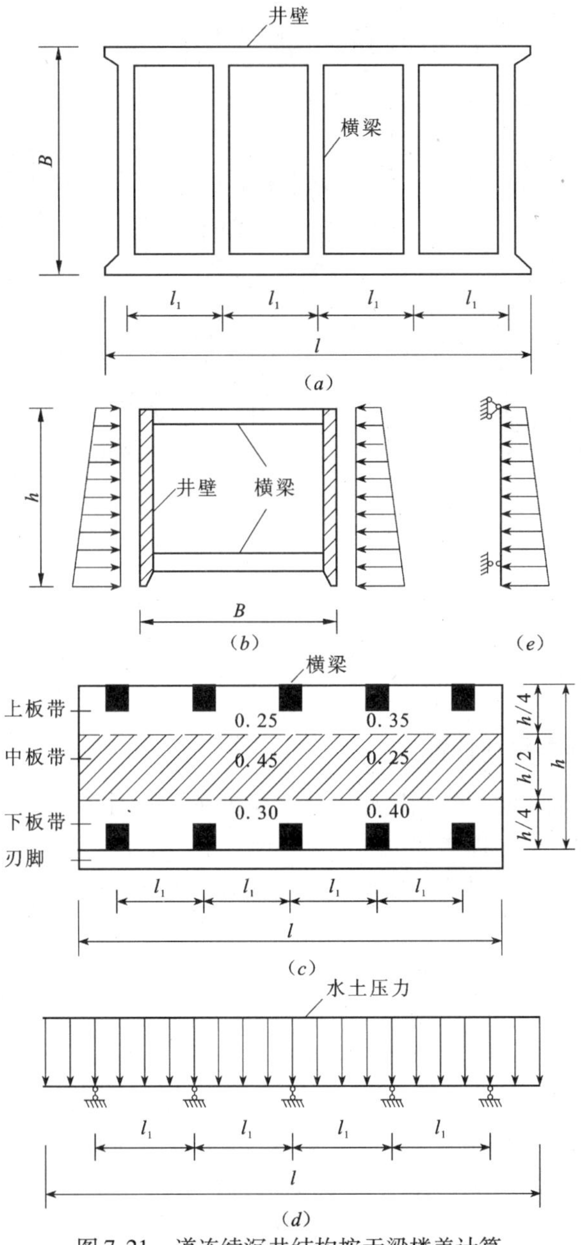

图 7-21　道连续沉井结构按无梁楼盖计算

我国用得较多的简化方法是假定在倾斜方向的前后两侧土压力均有增大，其增量相当于土壤的内摩擦角减小 2.5°～5°，而在垂直于此倾斜方向的左右两侧土压力均较小，相当于内摩擦角增大 2.5°～5°，如图 7-23 所示。

A 点与 B 点之间土压力变化按下式计算：

$$q_{\alpha} = q_{A}(1 + \omega' \sin\alpha) \tag{7-20}$$

式中　$\omega' = \omega - 1$，$\omega = \dfrac{q_{B}}{q_{A}}$，

$q_A = \gamma h\tan\left(45° - \frac{\varphi_A}{2}\right)$，$q_B = \gamma h\tan\left(45° + \frac{\varphi_B}{2}\right)$

$\varphi_A = \varphi + (2.5° \sim 5°)$，$\varphi_B = \varphi - (2.5° \sim 5°)$。

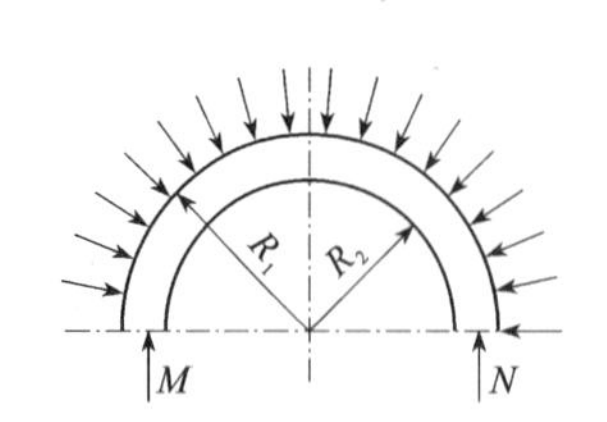

图 7-22　作用在图形沉井井壁任一标高上的水平侧压力

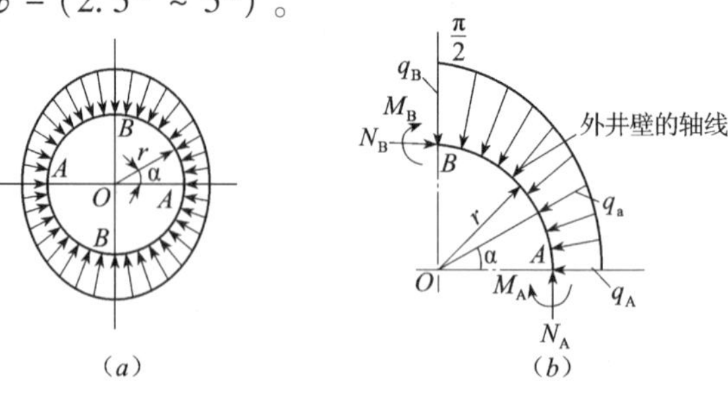

图 7-23　圆形沉井井壁内力计算

(a) 受力简图；(b) 单元分析

则作用在 A、B 截面上的内力为：

$$\left.\begin{aligned} N_A &= q_A r(1 + 0.7854\omega') \\ M_A &= -0.1488 q_A r^2 \omega' \\ N_B &= q_A r(1 + 0.5\omega') \\ M_B &= 0.1366 q_A r^2 \omega' \end{aligned}\right\} \tag{7-21}$$

7.2.5　沉井底横梁竖向挠曲计算

当沉井平面尺寸较大时，常采用底横梁以减少底板的钢筋用量，此外在连续沉井中也须用横梁来连系两侧井壁，以增加沉井的整体刚度。

当沉井下沉时，底横梁可能支撑于土上，其荷载集度近似为：

$$q = \bar{q} \cdot b_{梁} - q_{梁} \tag{7-22}$$

式中　$\bar{q}$——地基平均反力（kPa），等于井重除以沉井底面（包括底横梁）和地基的总接触面积；

$b_{梁}$——底横梁与地基接触的梁的宽度（m）；

$q_{梁}$——底横梁单位长度的梁自重（m）。

上式中的 q 值如果大于地基土的极限荷载，则取极限荷载。

底横梁与井壁的联结介于固端与铰支之间，此时底横梁跨中的弯矩系数可取用 −1/16，支点处的弯矩系数取用 +1/16（图 7-24）。

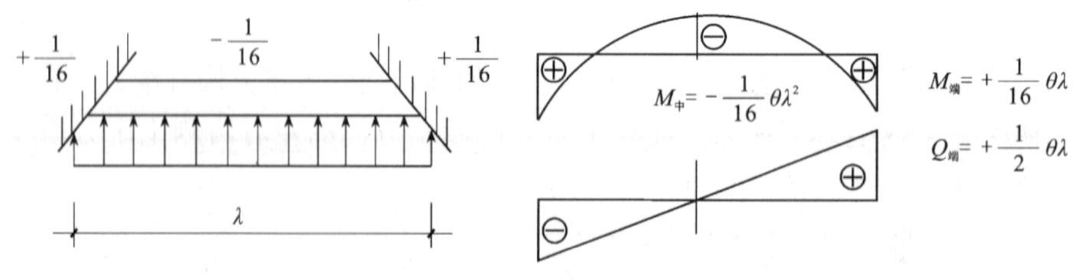

图 7-24　沉井底横梁竖向挠曲计算

7.2.6　水下封底混凝土厚度计算

如果排水下沉的沉井，其基底若处于不透水的黏土层中或基底虽有涌水、翻砂，但数量不大时，应尽量采用干封底，以保证封底混凝土的质量，并减小封底混凝土的厚度。根据经验一般可取0.6～1.2m。

当水文地质条件极为不利时，需采用水下混凝土封底，又称湿封底。如位于江中、江边的沉井工程，在下沉过程中常要采取不排水下沉；在地层极不稳定时，为防止流沙、涌泥、突沉、超沉以及倾侧歪斜，也需要采用灌水下沉。有时即使沉井停在不透水黏土层中，但其厚度不足以抵抗地下水的“顶破”（涌水）作用，即由底层含水砂层中的地下水压力所引起的破坏（图7-25），以致产生沉井施工中非常严重的事故，则也应采用水下封底的办法。

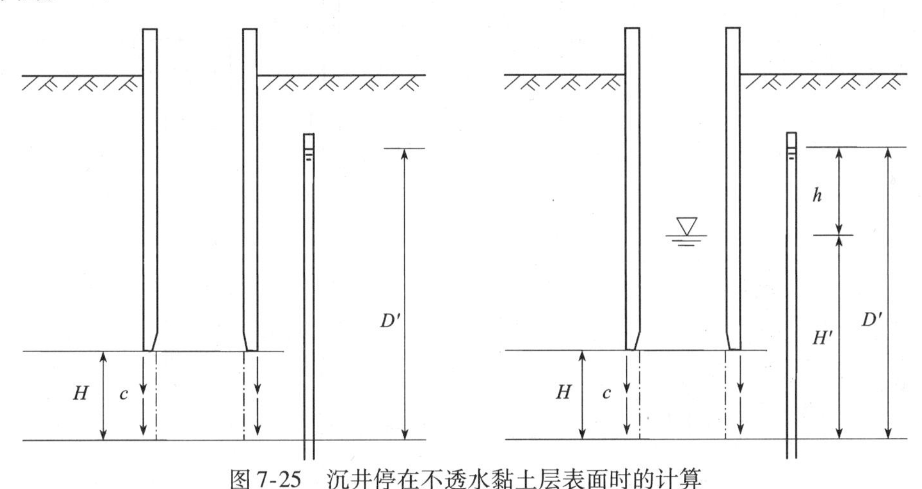

图7-25　沉井停在不透水黏土层表面时的计算

当 $A\gamma H + cUH > A\gamma_w D'$，黏土层厚度 H 足够，不会发生顶破；

当 $A\gamma H + cUH < A\gamma_w D'$，则会发生顶破，此时井孔中灌水高度必须满足下列条件：

$$A\gamma' H + A\gamma_w H' + cUH > A\gamma_w D' \quad (7\text{-}23)$$

式中　A——沉井壁内底面积；

γ——土重度；

H——刃脚下面不透水黏土层厚度；

γ'——土的浮重度；

γ_w——水的重度；

H'——井孔中灌水水面到黏土层底面的高度；

c——土的黏聚力；

U——沉井壁内底面周长；

D'——透水砂层水头高度。

换言之，井内外的水位差，决不能超过：

$$h = \frac{\gamma' H}{\gamma_w} + \frac{cUH}{\gamma_w A} \quad (7\text{-}24)$$

水下封底混凝土的厚度应根据抗浮和强度两个条件确定：

（1）抗浮条件：沉井封底抽水后，在底面最大水浮力的作用下，沉井结构是否会上浮，用抗浮系数来衡量井的稳定性，并进行最小封底混凝土厚度计算，此时井内水已抽干，井内水重不能再计入，且要保证足够的抗浮系数。

（2）按封底素混凝土的强度条件来决定：封底后，将井内水抽干，在尚未做钢筋混凝土底板以前，封底混凝土将受到可能产生的最大水压作用，其向上荷载值即为地下水头高度（浮力）减去封底混凝土重量。封底混凝土作为一块素混凝土板除验算承受水浮力产生的弯曲应力外，还应验算沿刃脚斜面高度截面上产生的剪应力（图7-26）。

【例7-4】 某沉井刚达设计标高，其下为不透水黏土层，其中不透水黏土层的厚度 $H=2\text{m}$，黏聚力 $c=25\text{kPa}$，$\gamma=21\text{kN/m}^3$，$\gamma'=13\text{kN/m}^3$，如图7-27。沉井壁内底面面积 $A=113.1\text{m}^2$，周长 $U=37.7\text{m}$；底层含水砂层的承压水头 $D'=7\text{m}$（计算中取 $\gamma_w=10\text{kN/m}^3$）。

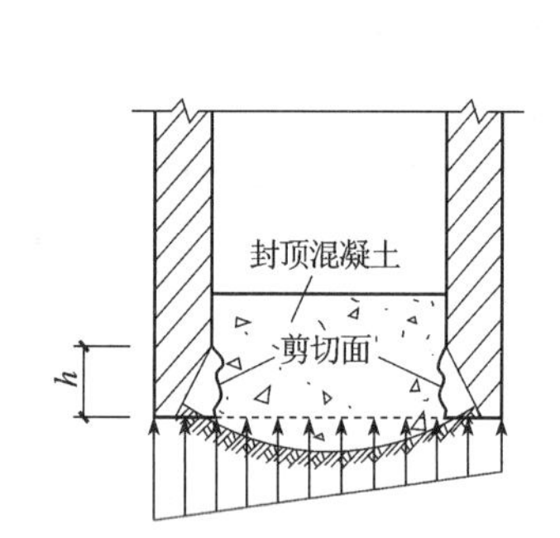

图7-26 验算沿刃脚斜面高度截面上产生的剪应力

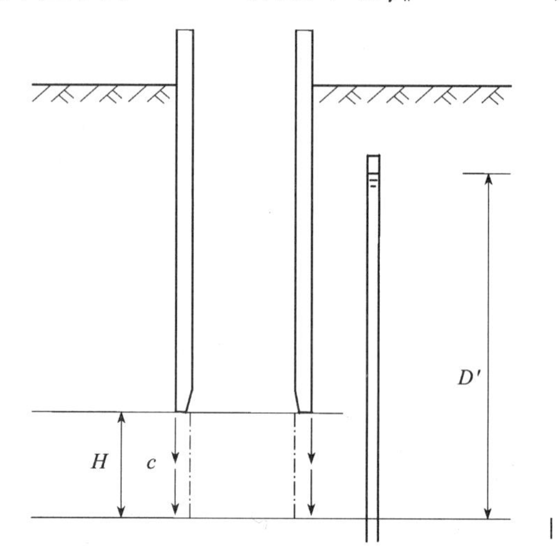

图7-27 沉井刚达设计标高算例

（1）试判断会否发生含水砂层地下水的“顶破”作用；

（2）若该沉井高12m，壁厚0.8m，重度 25kN/m^3，试求井壁断面上的最大拉力为多少？

【解】 （1）

$\gamma AH+cUH=21\times113.1\times2+25\times37.7\times2=6635.2\text{kN}$

$A\gamma_w D'=113.1\times10\times7=7917\text{kN}>\gamma AH+cUH$，故会发生“顶破”现象。

（2）井壁断面上的最大拉力

$$P_{l\max}=\frac{1}{4}\pi(r_{外}^2-r_{内}^2)h\gamma=\frac{1}{4}\pi(6.8^2-6^2)\times12\times25=2412.5\text{ kN}$$

7.2.7 沉井底板计算

考虑到封底混凝土在持续作用的高水头压力下，其抗渗性是不可靠的。因此，不论“干封底”还是“湿封底”，作用在沉井的底板上荷载均为（图7-28）：

$$q=p-g \tag{7-25}$$

式中 p——底板下最大的静水压力；

g——底板自重。

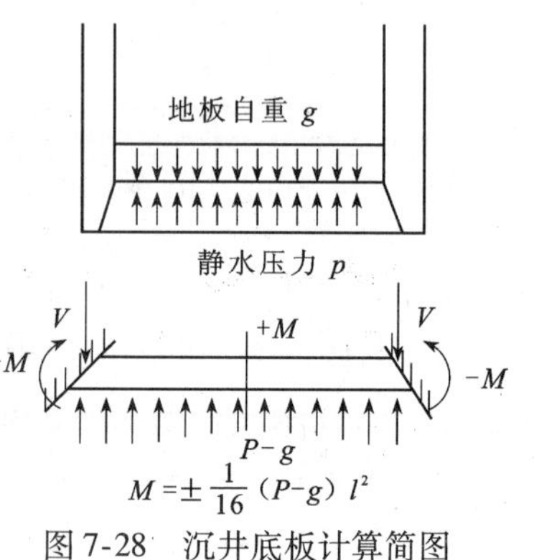

图7-28 沉井底板计算简图

底板的计算图式可根据底板两侧井壁和底横梁上

的支承情况确定，可按单向板或双向板计算内力并配筋。

7.2.8 使用阶段沉井的计算

沉井使用阶段应按全部竣工时的静、活、动荷载作用下进行结构内力计算，计算方法与施工阶段基本相同。一般取施工阶段与使用阶段两者中的不利情况作为截面配筋的依据。使用阶段的荷载包括：沉井自重、水土压力、各种活载等。计算内容包括：强度、抗浮、地基强度及变形计算。

例如在使用阶段中，对于图 7-19 所示的不能设横隔墙的地下建筑沉井，其井壁的计算：由于在施工阶段已对水土压力作用下的井壁进行了计算，且封底之前，井壁的变形已经完成，故在使用阶段不必再进行这项计算。但在使用阶段如果井壁所承受的水和土压力有所增加，应根据增加的这部分水和土压力对井壁进行计算。这时沉井结构在使用阶段虽然增加了顶板和底板及中间楼板，但井壁的结构性能基本上没有改变，故仍可按施工阶段所采用的计算简图计算；其横梁、顶底板和中间楼板的计算：顶板承受着回填土的重量及自重，按单向板或双向板计算。四根横梁承担由顶板传来的荷重，为交叉梁系（井字梁）。对于这种梁的内力计算，可从相关手册中查出内力系数。至于中间楼板和底板的计算与顶板的计算相同，但荷载不同。底板除承受设备的重量外，还承受着地下水的浮力。

对于图 7-20 所示的隧道连续沉井结构，在使用阶段中由于沉井在顶板和底板浇筑完毕后，连同侧壁已构成一个箱形结构，其性能与施工阶段完全不同。此时在回填土的压力作用下应按前述的闭合框架结构计算。至于使用阶段井壁的计算，由于在施工阶段水土压力的作用，侧壁的变形已经完成，故在使用阶段如侧壁受的水和土压力没有增加，则不必再作此项计算。

第 8 章　盾构法装配式圆形衬砌结构

8.1　概述

1．圆形结构

在地下工程结构形式中，圆形结构应用十分广泛，特别在岩土性较差的土层中，圆形结构具有受力合理、可机械化施工的显著优点。在施工方法上主要有喷射混凝土、钢筋混凝土、盾构法装配式圆形衬砌结构，如图 8-1（*a*）、（*b*）、（*c*）所示。

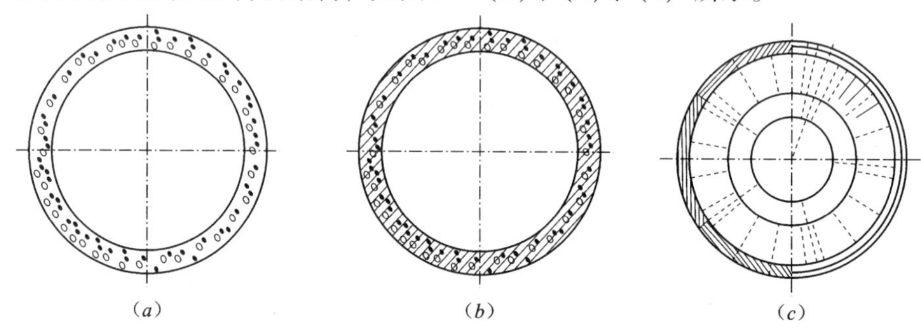

图 8-1　圆形结构
（*a*）喷射混凝土；（*b*）钢筋混凝土；（*c*）圆形盾构装配

圆形结构在建筑功能上具有多种用途，如电力隧道、铁路隧道、公路隧道、水道、通信隧道、煤气管隧道、城市市政公共管线廊道等。

2．盾构

圆形结构多采用盾构法施工。盾构是一种钢制的活动防护装置或活动支撑，是通过软弱含水层，特别是河底、海底，以及城市居民区修建隧道的一种机械。

盾构推进主要依靠盾构内部设置的千斤顶。头部的刀盘可以安全地开挖地层，尾部可以装配预制管片或砌块，迅速地拼装成隧道永久衬砌。盾构施工一次掘进长度可达1400～2500m 左右。盾构机前端为切口环，中部为支承环，后部为盾尾，如图 8-2 所示，通常由盾构壳体、推进系统、拼装系统、出土系统四大部分组成。

采用盾构法施工的断面形式，不仅有圆形，还有方形、复圆形、椭圆形、矩形等形状，圆形因其抵抗水土压力较理想，衬砌拼装简便，构件可以互换，较为通用，数量最多。在修建松软含水地层中的隧道、水底隧道及地下铁道时常采用盾构法施工，该施工方法属地表以下暗挖施工，不受地面交通、河道、航运、潮汐、季节等条件的影响。

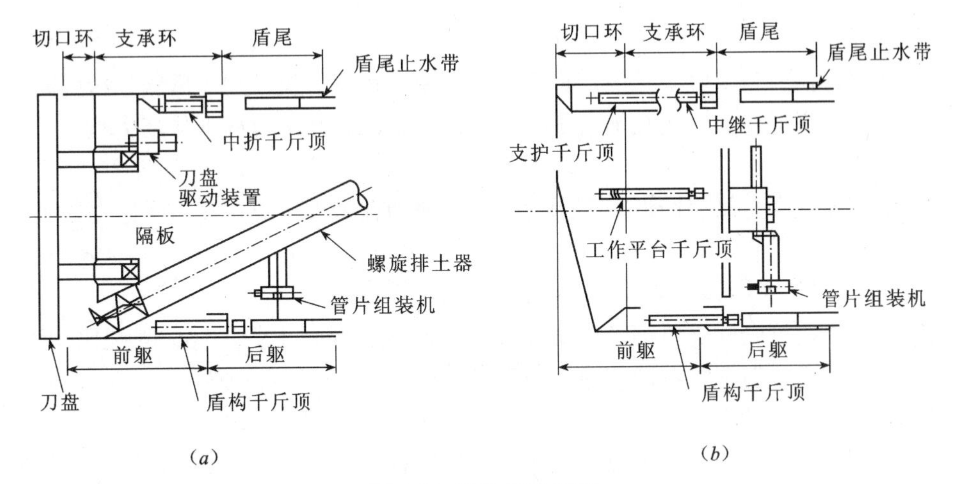

图 8-2　盾构机示意图

（a）闭胸式盾构；（b）敞开式盾构

8.2 衬砌形式和构造

1. 衬砌结构的作用

（1）施工阶段，作为临时支撑，并承受盾构千斤顶顶力以及其他施工荷载。

（2）竣工后，作为隧道永久性支撑结构，支承水土压力以及使用阶段和某些特殊需要的荷载。

（3）防止泥、水渗入，满足隧道结构的预期使用要求。

（4）内衬；修正施工误差；防水；装饰；共同抵抗外荷载。

2. 外层衬砌的分类

（1）按材料及形式分类

① 钢筋混凝土管片（RC 管片）

a. 箱型管片　一般用于较大直径的隧道。单片管片重量较轻，管片本身强度低，在盾构顶力下易开裂，如图 8-3（a）。

b. 平板型管片　平板型是指有实心断面的管片，适用于小直径隧道，一般由钢筋混凝土制作，单块管片自重较大，对盾构千斤顶顶力具有较强的抵抗力，如图 8-3（b）。

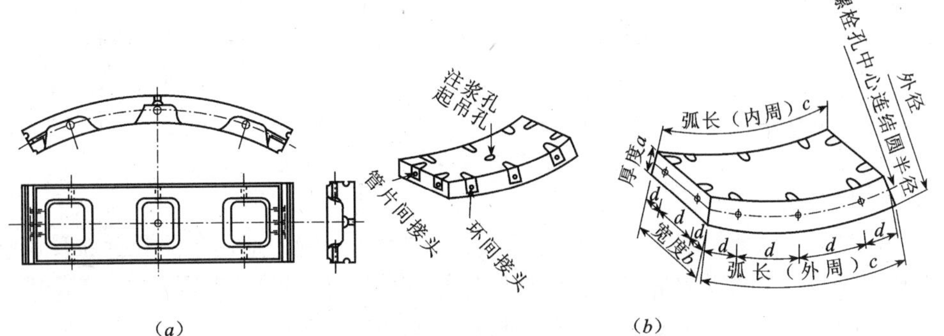

图 8-3　钢筋混凝土管片

② 铸铁管片

采用球墨铸铁，自重轻，强度接近于钢材，耐蚀性好，机械加工后管片精度高，能有效防渗，但金属消耗量大，机械加工量大，价格昂贵，在冲击荷载下易产生脆性破坏。

③ 钢管片

自重轻，强度高，耐锈蚀性差，刚度小。金属消耗量大，成本高，需做混凝土或钢筋混凝土内衬。

④ 复合管片

钢板外壳，在钢壳内浇筑钢筋混凝土。自重比钢筋混凝土管片轻，刚度比钢管片大，金属消耗量相对小，但钢耐锈蚀性差，加工复杂。

（2）按结构形式分类

前述钢筋混凝土管片可分为箱型管片和平板型管片。一般的，钢筋混凝土管片四侧都设有螺栓与相邻管片连接。平板管片有时可不设螺栓，此时称为砌块。砌块四侧设有不同几何形状的接缝槽口，以便连接。

① 管片

适用于不稳定地层内各种直径的隧道。一般采用错缝拼装，此时可近似地看作一匀质刚度圆环，接缝处设置的螺栓可承受较大的正负弯矩。环缝设置纵向螺栓，使结构能抵抗纵向变形。螺栓的大量设置使拼装进度降低，增加了工人的劳动强度，费用增大。

② 砌块

适用于含水量较低的稳定地层。由多砌块拼装的圆环形成一个不稳定的多铰圆环结构。衬砌结构在变形（变形量必须予以限制）后，地层对圆环的约束使圆环得以稳定。拼装速度降快，费用相对低。但砌块间以及相邻环间接缝处的防水、防泥必须解决，否则会引起圆环变形量的增大而导致圆环丧失稳定性。

（3）按构造形式分类

大致可分为单层衬砌和双层衬砌两种。

3. 装配式钢筋混凝土管片

（1）环宽

无论是钢筋混凝土管片还是金属管片，环宽一般在300～1200mm，国内外常用的环宽是750～1000mm，管片厚度一般为250～600mm。曲线段推进时设有楔形管片，按隧道曲率半径计算。

（2）分块

大断面隧道可分成6～10块，小断面可分为4～6块。管片的最大弧长一般不超过4m，管片愈薄其长度应越短。分块主要从管片制作、运输、安装等方面的实践经验而定。

（3）封顶管片形式

采用小封顶形式。封顶块的拼装形式有径向楔入和纵向插入两种。

（4）拼装形式

一般有通缝、错缝拼装两种。纵缝环环对齐的称为通缝，适用于需要拆除管片修建旁侧通道或结构需要比较柔的情况下，以便于进行结构处理。纵缝互相错开，对称错缝，其优点在于能加强圆环接缝刚度，使圆形结构可近似地按均质圆环等刚度考虑，因此使用较普遍，缺点是错缝拼装容易使管片顶碎。在接缝防水上，丁字缝较十字缝易处理。

（5）环、纵向螺栓

环向螺栓根据衬砌接缝内力设置成单排或双排。纵向缝上的螺栓，对于大直径隧道，设置双排螺栓，外排抵抗负弯矩，内排抵抗正弯矩，每排有 2～3 只螺栓；小直径隧道设置单排螺栓，其孔设置在离隧道内侧 $h/3$ 处。螺栓形式有直螺栓和弯螺栓两种。

8.3 衬砌圆环内力计算

隧道衬砌的两个最基本的使用要求有以下两点：满足结构强度和刚度的要求，以承受水土压力；提供一个能满足使用要求的环境。

8.3.1 钢筋混凝土管片的设计要求和方法

1. 按照强度、变形、裂缝限制等分别进行验算。

2. 确定衬砌结构的几个工作阶段——施工荷载阶段、基本使用荷载阶段和特殊荷载阶段，提出各个阶段的荷载和安全质量指标要求（衬砌裂缝宽度、接缝变形和直径变形的允许量、隧道抗渗防漏指标、结构安全度、衬砌内表面平整度要求等）进行各个工作阶段和组合工作阶段的结构验算。

8.3.2 结构计算方法的选择

1. 按自由变形的匀质（等刚度）圆环计算

目前装配式圆形隧道衬砌结构的计算方法大都把衬砌看作一按自由变形的匀质（等刚度）圆环计算，而接缝上的刚度不足往往采用衬砌环的错缝拼装予以弥补。即：加强接缝刚度的处理、匀质（等刚度）圆环。适用：饱和含水地层中的隧道衬砌结构的计算。

2. 按多铰圆环计算

实际上衬砌环接缝刚度远小于断面部分的刚度，做到均质等刚度圆环几乎不可能，因此可将接缝处视作“铰”，则整个圆环变为一个多铰圆环（铰的数量大于 3 个）。当圆环处于周围土层介质中，周围土层给圆环结构提供了附加约束，这种约束常随着多铰圆环的变形而提供了相应的地层抗力，于是多铰圆环就处于稳定状态。因此，在地层较好的情况下，衬砌按多铰圆环计算是较为经济合理的。但应注意，当按多铰圆环计算时，必须根据工程的使用要求，对圆环变形量加以限制。

8.3.3 荷载的确定

1. 基本使用阶段（衬砌环宽按 1m 考虑）

荷载简图如图 8-4 所示：

（1）自重

$$g = \gamma_h \cdot \delta \tag{8-1}$$

式中 g——自重，通常取 1m 作为计算单元；

δ——管片厚度（m）；

γ_h——材料重度，通常取 25～26 kN/m^3。

（2）竖向地层压力 q

竖向土压即拱上部地层压力

$$q = \sum \gamma_i h_i \tag{8-2}$$

（3）拱背部的土压

拱背部土重

$$G = 2\left(1 - \frac{\pi}{4}\right)R_H^2 \cdot \gamma = 0.429R_H^2 \cdot \gamma \tag{8-3}$$

式中　R_H——衬砌圆环计算半径。

将拱背部的土重近似化成均布荷载，即

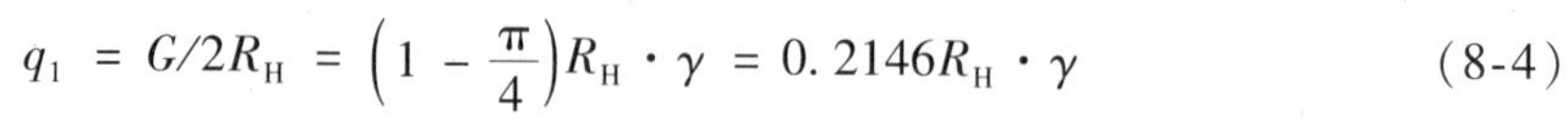

$$q_1 = G/2R_H = \left(1 - \frac{\pi}{4}\right)R_H \cdot \gamma = 0.2146R_H \cdot \gamma \tag{8-4}$$

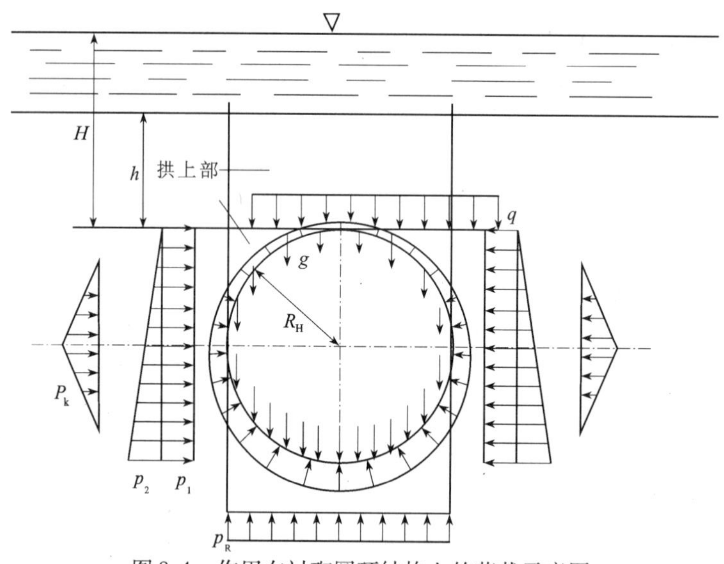

图 8-4　作用在衬砌圆环结构上的荷载示意图

（4）地面超载

竖向地层压当隧道埋深较浅时，须考虑地面荷载的影响，此项荷载可累加到竖向地层压力项，日本资料一般取为 10kN/m^2。

（5）侧向均匀主动土压

$$p_1 = q \cdot \tan^2\left(45° - \frac{\varphi}{2}\right) - 2c\tan\left(45° - \frac{\varphi}{2}\right) \tag{8-5}$$

式中　q——竖向土压；

γ、φ、c——取衬砌圆环侧向各土层相应指标的加权平均值。

（6）侧向三角形主动土压

$$p_2 = 2R_H \cdot \gamma \cdot \tan^2\left(45° - \frac{\varphi}{2}\right) \tag{8-6}$$

（7）侧向土壤抗力

侧向土体抗力是指圆形隧道在横向发生变形时，地层产生的被动抗力。土体抗力大小与隧道圆环的变形成正比，按文克尔局部变形理论，抗力图形为一等腰三角形，抗力分布在隧道水平中心线上下 45°的范围内。

$$P_k = k \cdot y \tag{8-7}$$

式中　k——衬砌圆环侧向土层（弹性）压缩系数（t/m^3）；

y——衬砌圆环在水平直径处的变形量（t/m^3）。

$$y = \frac{(2q - p_1 - p_2 + \pi g)R_H^4}{24(\eta EJ + 0.045kR_H^4)} \tag{8-8}$$

式中　EJ——衬砌圆环抗弯刚度（$t \cdot m^2$）；

η——衬砌圆环抗弯刚度的折减系数，取0.25~0.8。

（8）水压力

静水压力对隧道衬砌的受力状态影响很大，为便于计算，常将静水压力分为沿圆环均布的径向压力H（H为地下水位至圆环顶点的距离）和从圆环顶部向下呈月牙形变化的径向压力$2R_H$（如图8-5所示），前者在衬砌中只引起轴向力，后者使衬砌环产生偏心压力。

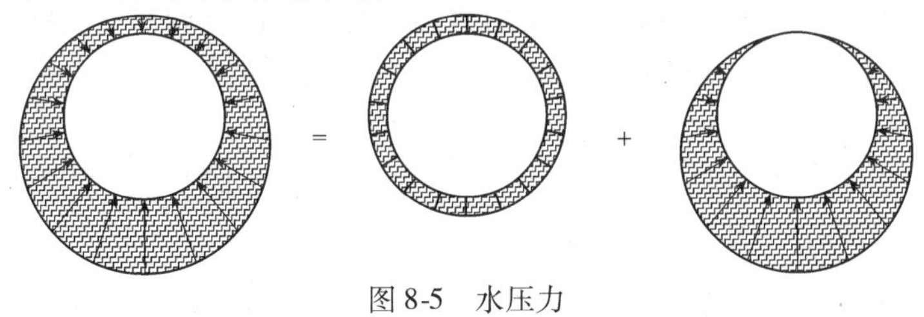

图8-5　水压力

（9）拱底反力

$$p_R = q + \pi g + 0.2146R_H \cdot \gamma - \frac{\pi}{2}R_H\gamma_w \tag{8-9}$$

式中　p_R为拱底反力，等式右边第一项q由拱上部地层压力产生，第二项πg为圆环自重，第三项$0.2146R_H \cdot \gamma$系由拱背部地层压力产生，第四项$-\frac{\pi}{2}R_H\gamma_w$由静水压力产生。

（10）几点说明（理论计算与实际情况有一定出入）

a. 竖向土压

软黏土层中，拱顶土压接近于覆土的荷载γH；砂土层，且隧道埋深大于隧道衬砌的外径时，顶部土压小于全土压力γH。

b. 侧向主动土压

一般按朗肯土压力公式计算，但侧压受地层、施工方法和衬砌结构刚度的影响。

c. 地层侧向弹性抗力

地层较好（标贯$N>4$），可以按p_k值采用，当$N<4$时，p_k值几乎等于零。地层的压缩系数可通过实测确定。

2. 施工阶段

衬砌结构在施工阶段有可能碰到比基本使用阶段较为不利的工作条件，产生了极为不利的内力状态，导致出现了衬砌结构的开裂、破碎、变形、沉降和漏水等可能状况。这种状况尤以推进过程为甚。必须进行现场观测和相应的附加验算。

如管片拼装成环时，管片制作精度不高，端面不平，拧紧螺栓时往往使管片局部产生较大的应力，导致管片开裂和出现局部内应力。

盾构推进时，当盾构千斤顶施加在环缝面上，特别是千斤顶顶力存在偏心的情况下，极易使管片开裂和顶碎。衬砌环的受力难以确切计算，一般采用盾构总的推力除以衬砌环环缝面积计算：

$$\sigma = \frac{P}{F} \leqslant \frac{[\sigma]}{K} \tag{8-10}$$

式中 P——盾构总推力；

F——环缝面积；

$[\sigma]$——混凝土容许抗压强度；

K——安全系数，一般取 $K > 3$。

改善的方法是合理选择管片形式，提高钢模制作精度和管片混凝土强度。在拼装管片时提高拼装质量。采用错缝拼装也是较好的办法。

在衬砌背后的建筑间隙内压注水泥浆或水泥砂浆，以改善衬砌结构的工作条件和防止地面出现大量的沉降量，但过高的压力常引起圆环变形和出现局部的集中应力，故必须控制注浆压力。注浆压力产生的荷载大小难以确定，只能通过采用附加安全系数，以保证衬砌结构的安全度。

当衬砌初出盾尾时，衬砌顶部土压迅速作用在衬砌上，而侧压却因某种原因未能及时作用，这时衬砌可能处于比基本使用阶段更为不利的工作条件。

3. 特殊荷载阶段

特殊荷载往往属于瞬时性荷载，且荷载作用时间又短，验算时，可合理地选择结构的附加安全系数和适当提高材料的物理力学性质指标。结构动力计算一般可用拟静力法，按弹性或弹塑性工作阶段进行，结构内力计算方法与只承受静载的结构相同。

8.3.4 衬砌内力计算

1. 按自由变形均质圆环内力计算

在饱和含水软土地层中，接缝具有一定刚度的衬砌圆环，可近似地看作一匀质刚度圆环。衬砌圆环上的荷载分布如图 8-6所示。由于荷载对称，整个圆环为二次超静定结构，按结构力学原理，具体求解过程如下。

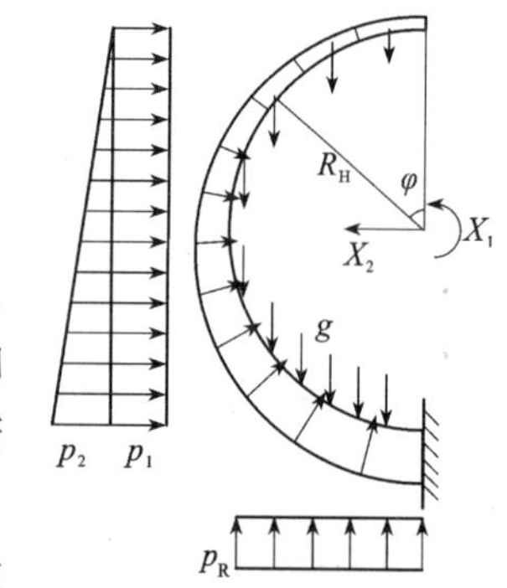

图 8-6 衬砌内力计算

采用弹性中心法。取如图 8-6 所示的基本结构，根据弹性中心处的相对角变和相对水平位移等于零的条件，列出力法方程：

$$\left.\begin{aligned} \delta_{11}X_1 + \Delta_{1P} = 0 \\ \delta_{22}X_2 + \Delta_{2P} = 0 \end{aligned}\right\} \tag{8-11}$$

式中：

$$\delta_{11} = \frac{1}{EI}\int_0^{\pi} \overline{M}_1^2 R_H \mathrm{d}\varphi = \frac{1}{EI}\int_0^{\pi} R_H \mathrm{d}\varphi = \frac{\pi R_H}{EI} \tag{8-12}$$

$$\delta_{22} = \frac{1}{EI}\int_0^{\pi} \overline{M}_2^2 R_H \mathrm{d}\varphi = \frac{1}{EI}\int_0^{\pi} (-R_H\cos\varphi)^2 R_H \mathrm{d}\varphi = \frac{\pi R_H^3}{2EI} \tag{8-13}$$

$$\Delta_{1P} = \frac{1}{EI}\int_0^{\pi} M_P R_H d\varphi \tag{8-14}$$

$$\Delta_{2P} = -\frac{\pi R_H^2}{EI}\int_0^{\pi} M_P \cos\varphi d\varphi \tag{8-15}$$

式中　M_P——基本结构中，外荷载对圆环任意截面产生的弯矩。

由以上可得：

$$X_1 = -\frac{\Delta_{1p}}{\delta_{11}} = \frac{\frac{-R_H}{EI}\int_0^{\pi} M_P d\varphi}{\frac{\pi R_H}{EI}} = -\frac{1}{\pi}\int_0^{\pi} M_P d\varphi \tag{8-16}$$

$$X_2 = -\frac{\Delta_{2p}}{\delta_{22}} = \frac{\frac{-R_H^2}{EI}\int_0^{\pi} M_P \cos\varphi d\varphi}{\frac{\pi R_H^3}{2EI}} = \frac{2}{\pi R_H}\int_0^{\pi} M_P \cos\varphi d\varphi \tag{8-17}$$

由此可求出多余力 X_1、X_2，则圆环中任意截面的内力可由下式计算：

$$M_{\varphi} = X_1 - X_2 R_H \cos\varphi + M_P \tag{8-18}$$

$$N_{\varphi} = X_2 \cos\varphi + N_P \tag{8-19}$$

亦可直接利用表 8-1（断面内力系数表）解出各个截面上的 M、N 值。注意，表中各内力值以 1m 为单位，应用时应乘以环宽 b；弯矩 M 以内缘受拉为正，外缘受拉为负，轴力 N 以受压为正，受拉为负。

断面内力系数表　　**表 8-1**

荷　重	截面位置	内力 M(t·m)	内力 N(t)	p
自重	$0\sim\pi$	$gR_H^2(1-0.5\cos\alpha-\alpha\sin\alpha)$	$gR_H(\alpha\sin\alpha-0.5\cos\alpha)$	g
上荷重	$0\sim\frac{\pi}{2}$	$qR_H^2(0.193+0.106\cos\alpha-0.5\sin^2\alpha)$	$qR_H(\sin^2\alpha-0.106\cos\alpha)$	q
	$\frac{\pi}{2}\sim\pi$	$qR_H^2(0.693+0.106\cos\alpha-\sin\alpha)$	$qR_H(\sin\alpha-0.106\cos\alpha)$	
底部反力	$0\sim\frac{\pi}{2}$	$P_R R_H^2(0.057-0.106\cos\alpha)$	$0.106 P_R R_H\cos\alpha$	P_R
	$\frac{\pi}{2}\sim\pi$	$P_R R_H^2(-0.443+\sin\alpha-0.106\cos\alpha-0.5\sin^2\alpha)$	$P_R R_H(\sin^2\alpha-\sin\alpha-0.106\cos\alpha)$	
水压	$0\sim\pi$	$[-R_H^3(0.5-0.25\cos\alpha-0.5\alpha\sin\alpha)]\gamma_w$	$[R_H^2(1-0.25\cos\alpha-0.5\alpha\sin\alpha)+HR_H]\gamma_w$	
均布侧压	$0\sim\pi$	$P_1 R_H^2(0.25-0.5\cos^2\alpha)$	$P_1 R_H(\cos^2\alpha)$	P_1
Δ侧压	$0\sim\pi$	$P_2 R_H^2(0.25\sin^2\alpha+0.083\cos^3\alpha-0.063\cos\alpha-0.125)$	$P_2 R_H\cos\alpha(0.063+0.5\cos\alpha-0.25\cos^2\alpha)$	P_2

自由变形圆环法计算简便，概念清晰，但由于未考虑地层的弹性抗力，故计算所得的各截面弯矩值偏大，为此在隧道衬砌结构设计中，此法仅用来初步拟定衬砌截面尺寸。

2. 考虑地基土侧向弹性抗力的圆环内力计算

按均质刚度圆环考虑。

当外荷作用在隧道衬砌上，一部分衬砌向地层方向变形，使地层产生弹性抗力。弹性抗力的分布规律很难确定，常采用假定弹性抗力分布规律法，如日本的三角形分布，原苏联布加耶娃的月牙形分布（水工隧洞中常常采用此法），以及二次、三次抛物线分布等方法。

（1）日本惯用的计算方法

荷载分布见图 8-7。

地基土抗力分布在水平直径上下各 45°范围内，在水平直径处的抗力：

$$P_k = ky(1 - \sqrt{2}|\cos\alpha|) \tag{8-20}$$

圆环水平直径处受荷后最终半径变形值：

$$y = \frac{(2q - p_1 - p_2 + \pi g)R_H^4}{24(\eta EJ + 0.045kR_H^4)} \tag{8-21}$$

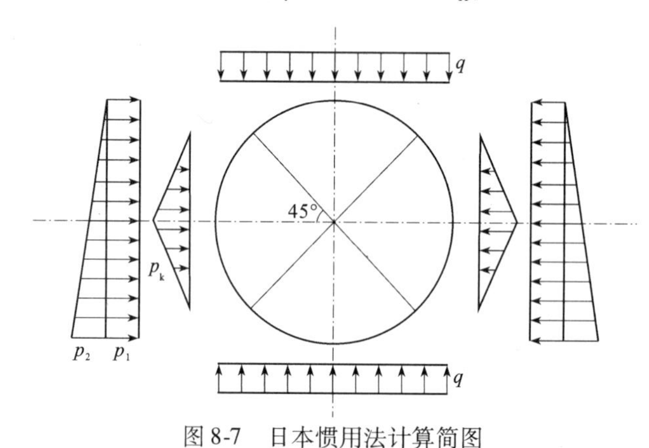

图 8-7　日本惯用法计算简图

由 P_k 引起的圆环内力 M、N、V 见表 8-2 。由 P_k 引起的圆环内力和其他衬砌外荷引起的圆环内力进行叠加，形成最终的圆环内力。

P_k 引起的圆环内力表　　**表 8-2**

内力	$\frac{\pi}{4} \leqslant \alpha \leqslant \frac{\pi}{2}$	$\frac{\pi}{2} \leqslant \alpha \leqslant \frac{3\pi}{4}$
M	$(0.2346 - 0.3536\cos\alpha)P_k R_H^2$	$(-0.3487 + 0.5\sin^2\alpha + 0.2357\cos^3\alpha)P_k R_H^2$
N	$0.3536\cos\alpha P_k R_H$	$(-0.707\cos\alpha + \cos^2\alpha + 0.707\sin^2\alpha\cos\alpha)P_k R_H$
V	$0.3536\sin\alpha P_k R_H$	$(\sin\alpha\cos\alpha + 0.707\cos^2\alpha\sin\alpha)P_k R_H$

（2）苏联布加耶娃法

该法假定圆环受到竖向荷载后产生两个方向的变形：水平直径处的变形 y_a 和底部的变形 y_b，整个土层的弹性抗力分布图形呈一新月形，如图 8-8 所示。

圆形抗力图形：

$$P_k = 0 \qquad 0 \sim \frac{\pi}{4}$$

$$P_k = \begin{cases} -ky_a\cos2\alpha, & \alpha = \frac{\pi}{4} \sim \frac{\pi}{2} \\ -ky_a\sin^2\alpha + ky_b\cos^2\alpha, & \alpha = \frac{\pi}{2} \sim \pi \end{cases} \tag{8-22}$$

可利用下列四个联立方程式解出圆环上的四个未知数 x_1, x_2, y_a, y_b

$$\begin{cases}x_1\delta_{11}+\delta_{1q}q+\delta_{1pk}p_k=0\\x_2\delta_{22}+\delta_{2q}q+\delta_{2pk}p_k=0\\y_a=\delta_a q+\delta_a p_k+x_1\delta_{a1}+x_2\delta_{a2}\\\sum Y=0\end{cases} \tag{8-23}$$

各个截面上的 M,N 值

$$M_\alpha=M_q+M_{pk}+x_1-x_2R_H\cos\alpha$$
$$N_\alpha=N_q+N_{pk}+x_2\cos\alpha \tag{8-24}$$

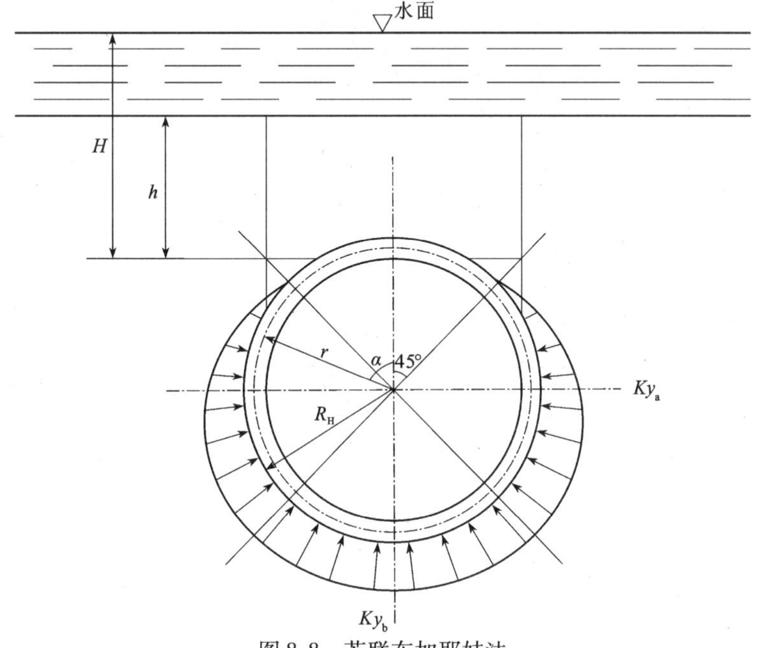

图 8-8　苏联布加耶娃法

利用上述计算公式，已将由竖向荷载 q，自重 g，静水压力三种荷载引起的圆环各个截面的内力列表于后：

由竖向荷载引起：

$$M_\alpha=qR_HR_0b\ [A\beta+B+C_n\ (1+\beta)]$$
$$N_\alpha=qR_0b\ [D\beta+F+Q_n\ (1+\beta)] \tag{8-25}$$

式中　q——竖向荷载（kN/m^2）；

R_H——圆环计算半径（m）；

R_0——圆环外半径（m）；

b——圆环宽度（m）。

$$\beta=2-\frac{R_0}{R_H}$$

$$n=\frac{1}{m+0.06416}$$

式中　$m=EJ/R^3R_0kb$

EJ——圆环断面抗弯刚度（kN·m^2）；

k——土壤介质压缩系数（kN/m^3）。

由竖向荷载 q 引起圆环内力系数见表8-3。

竖向荷载 q 引起的圆环内力 **表8-3**

截面位置 α	系数					
	A	B	C	D	F	Q
0°	0.1628	0.0872	-0.007	0.2122	-0.2122	0.021
45°	-0.025	0.025	-0.00084	0.15	0.35	0.01485
90°	-0.125	-0.125	-0.00825	0	1	0.00575
135°	0.025	-0.125	0.00022	-0.15	0.9	0.0138
180°	0.0872	0.1628	-0.00837	-0.2122	-0.7122	0.0224

由自重引起：

$$M_{\alpha}=gR_{H}^{2}b\ (A_1+B_1n)\qquad (\text{kN}\cdot\text{m})$$

$$N_{\alpha}=gR_{H}b\ (C_1+D_1n)\qquad (\text{kN})\tag{8-26}$$

由自重 g 引起圆环内力系数见表8-4。

自重 g 引起的圆环内力 **表8-4**

截面位置 α	系数			
	A_1	B_1	C_1	D_1
0°	0.3447	-0.02198	-0.1667	0.6592
45°	0.0334	-0.00267	0.3375	0.04661
90°	-0.3928	0.02689	1.5708	0.01804
135°	-0.0335	0.00067	1.9186	0.0422
180°	0.4405	-0.0267	1.7375	0.0701

由静水压力引起

$$M_{\alpha}=-R_0^2R_{H}b(A_2+B_2n)$$

$$N_{\alpha}=-R_0^2b(C_2+D_2n)+R_0Hb\tag{8-27}$$

式中 H——静水压头（m）。

由静水压力引起的圆环内力系数见表8-5。

静水压力引起的圆环内力系数表 **表8-5**

截面位置 α	系数			
	A_1	B_1	C_1	D_1
0°	0.1724	-0.01097	-0.58385	0.03294
45°	0.01673	-0.00132	-0.42771	0.02329
90°	-0.19638	0.01294	-0.2146	0.00903
135°	-0.01679	0.00036	-0.39413	0.02161
180°	0.22027	-0.01312	-0.63125	0.03509

3. 按多铰圆环计算圆环内力

（1）日本山本稳法

A. 原理：圆环多铰衬砌环在主动土压和被动土压作用下产生变形，圆环由一不稳定结构逐渐转变为稳定结构，圆环在变形过程中，铰不发生突变。

B. 假定：a. 结构为圆形结构；b. 衬砌环在转动时，管片或砌块视作刚体；c. 衬砌环外围土抗力按均变形式分布，土抗力的计算要满足衬砌环稳定性的要求，土抗力作用方向全朝向圆心；d. 计算中不计及圆环与土介质间的摩擦力，这对于满足结构稳定性是偏于安全的；e. 土抗力和变位间关系按文克尔公式计算。

C. 计算方法：具有 n 个衬砌组成的多铰圆环结构计算，如图 8-9 所示，$n-1$ 个铰由地层约束，剩下一个铰成为非约束铰，整个结构可按静定结构分析。

衬砌各个截面处地层抗力方程：

$$q_{\alpha i} = q_{i-1} + \frac{(q_i - q_{i-1})\alpha_i}{\theta_i - \theta_{i-1}} \tag{8-28}$$

式中 q_{i-1}——[$i-1$]铰处的土层抗力；

q_i——[i]铰处的土层抗力；

α_i——以 q_i 为基轴的截面位置；

θ_i——[i]铰与竖轴的夹角；

θ_{i-1}——[$i-1$]铰与竖轴的夹角。

解 1-2 杆（如图 8-10）：

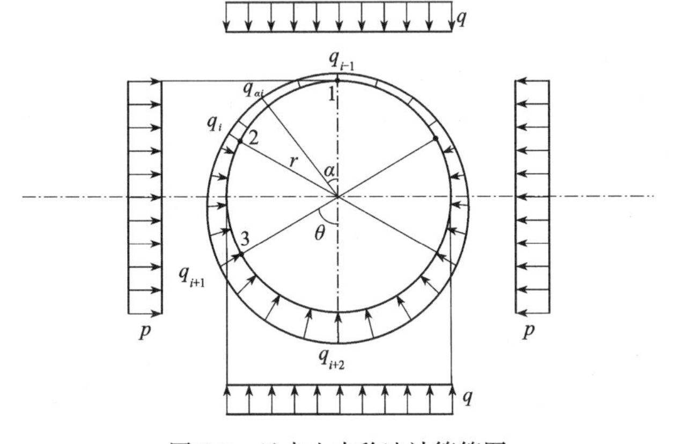

图 8-9 日本山本稳法计算简图

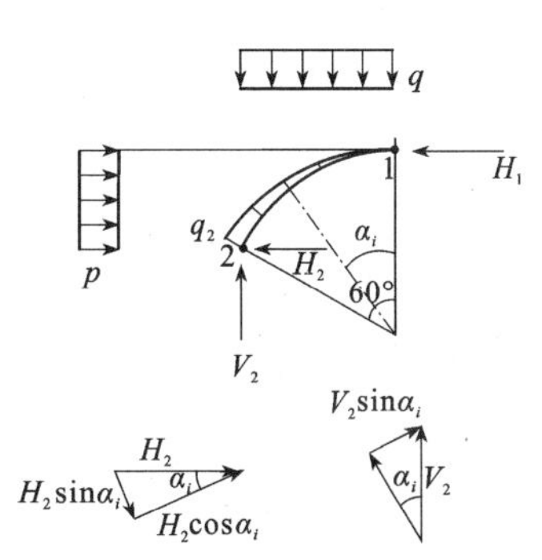

图 8-10 1-2 杆计算简图

$$\theta_{i-1} = 0 , \theta_i = 60^\circ$$

由 $\sum X=0$ 得：

$$H_1 = H_2 + pr(1 - \cos\theta_i) + r\int_0^{\theta_i-\theta_{i-1}} \frac{q_2\alpha_i}{\pi/3}\sin(\theta_{i-1} + \alpha_i)\mathrm{d}\alpha_i$$

整理得：

$$H_1 = H_2 + 0.5pr + 0.327q_2r$$

由 $\sum Y=0$ 得：

$$V_2 = qr\sin\theta_i + r\int_0^{\theta_i-\theta_{i-1}} \frac{q_2\alpha_i}{\pi/3}\cos\alpha_i\mathrm{d}\alpha_i$$

整理得：

$$V_2 = 0.866qr + \frac{3q_2 r}{\pi}\left(\frac{\sqrt{3}\pi - 3}{6}\right) = 0.866qr + 0.388q_2 r$$

由 $\sum M_2 = 0$ 得:

$$0.5H_1 r = q\frac{(r\sin\theta_i)^2}{2} + p\frac{[r(1-\cos\theta_i)]^2}{2} + \frac{3r^2}{\pi}q_2\int_0^{\theta_i-\theta_{i-1}} \alpha_i \sin(\theta_i - \theta_{i-1} - \alpha_i)\mathrm{d}\alpha_i$$

$$= 0.375qr^2 + 0.125pr^2 + \frac{3r^2}{\pi}q_2\left(\frac{2\pi - 3\sqrt{3}}{6}\right)$$

$$= 0.375qr^2 + 0.125pr^2 + 0.173q_2 r^2$$

则 $H_1 = (0.75q + 0.25p + 0.346q_2)r^2$

解2-3杆（图8-11）

$$\theta_i - \theta_{i-1} = 120° - 60° = 60°$$

由 $\sum X = 0$,

$$H_2 + H_3 = P \cdot 2r\sin\left(\frac{\theta_i - \theta_{i-1}}{2}\right) + \frac{3r}{\pi}\int_0^{\theta_i-\theta_{i-1}} \left[\frac{\pi}{3}q_2 + (q_3 - q_2)\right]\sin(\theta_{i-1} + \alpha_i)\mathrm{d}\alpha_i$$

$$\therefore \quad H_2 + H_3 = Pr + \frac{r}{2}(q_3 + q_2)$$

由 $\sum Y = 0$,

$$V_2 = V_3 - \frac{3r}{\pi}\int_0^{\theta_i-\theta_{i-1}} \left[\frac{\pi}{3}q_2 + (q_3 - q_2)\alpha_i\right]\cos(\theta_{i-1} + \alpha_i)\mathrm{d}\alpha_i = V_3 + 0.089(q_3 - q_2)$$

由 $\sum M = 0$,

$$H_2 \cdot r = \frac{pr^2}{2} + \frac{3r^2}{\pi}\int_0^{120°-60°} \left[\frac{\pi}{3}q_2 + (q3 - q_2)\alpha_i\right]$$

$$\times \sin(\theta_i - \theta_{i-1} - \alpha_i)\mathrm{d}\alpha_i = \frac{pr^2}{2} + 0.173q_3 r^2 + 0.327q_2 r^2$$

$$H_2 = \left(\frac{r}{2} + 0.173q + 0.327q_2\right)r$$

解3-4杆（图8-12）

$$\theta_{i-1} = 120°$$
$$\theta_i = 180°$$
$$\theta_i - \theta_{i-1} = 180° - 120° = 60°$$

由 $\sum X = 0$,

$$H_4 = H_3 + pr[1 - \cos(\theta_i - \theta_{i-1})] + \frac{3r}{\pi}\int_0^{180°-120°} \left[\frac{\pi}{3}q + (q_4 - q_3)\alpha_i\right]\sin(\theta_i + \alpha_i)\mathrm{d}\alpha_i$$

$$= H_3 + 0.5pr + 0.327q_3 + 0.173q_4$$

由 $\sum Y = 0$,

$$V_3 = qr\sin(\theta_i - \theta_{i-1}) - \frac{3r}{\pi}\int_0^{180°-120°} \left[\frac{\pi}{3}q_3 + (q_4 - q_3)\alpha_i\right]\cos(\theta_i + \alpha_i)\mathrm{d}\alpha_i$$

$$= 0.866qr + 0.389q_3 + 0.478q_4$$

由 $\sum M = 0$,

$$H_3 r[1 - \cos(\theta_i - \theta_{i-1})] + \frac{p}{2}\{r[1 - \cos(\theta_i - \theta_{i-1})]\}^2 + q\frac{[r\sin(\theta_i - \theta_{i-1})]^2}{2}$$

$$+\frac{3r^2}{\pi}\int_0^{180°-120°}\left[\frac{\pi}{3}q_3+(q_4-q_3)\alpha_i\right]\sin(\theta_i-\theta_{i-1}-\alpha_i)\mathrm{d}\alpha_i$$

$$=V_3 r\sin(\theta_i-\theta_{i-1})=0.866rV_3$$

$$\therefore\quad 0.866rV_3=0.5H_3+\frac{pr}{g}+0.375qr+0.328q_3r+0.173q_4r$$

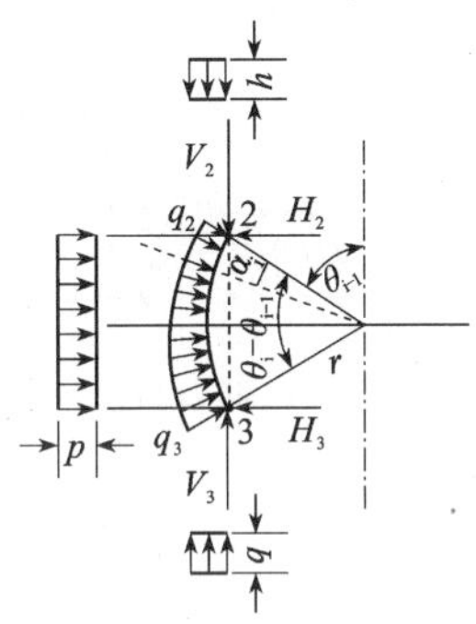

图 8-11　2-3 杆计算简图

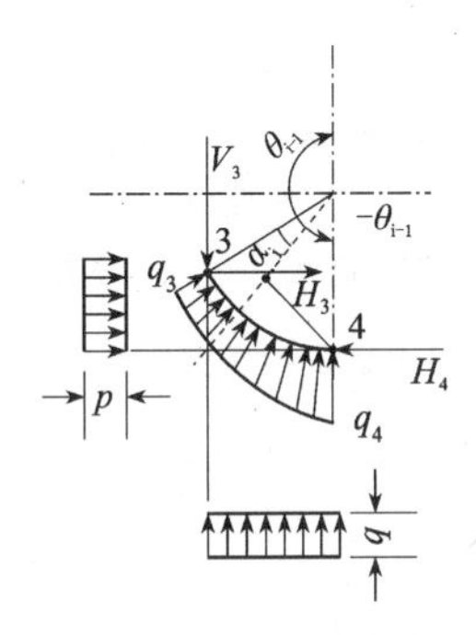

图 8-12　3-4 杆计算简图

九个方程解出九个未知数：q_2、q_3、q_4、H_1、H_2、H_3、H_4、V_2、V_3。在上述几个未知数解出来后，即可算出各个截面上的 M 、N 、V 的值。

各个约束铰的径向位移：$\mu=q/k$

式中　k——土壤（弹性）压缩系数（t/m^3）。

计算注意点：

a. 衬砌圆环各个截面上的 q_i 值与侧向或底部的作用荷载叠加后的数值要求有一定的控制，不能超越一般容许值。

b. 圆环除强度计算外，还得计算其变形及稳定要求。

圆环破坏条件：

以非约束铰为中心的三个铰（$i-1$）、（i）、（$i+1$）的坐标系统排列在一直线上，则结构丧失稳定。

同理可对其余杆进行静力平衡分析，一共得到九个方程，解出九个未知数，即可求出各截面上的 M、N、V 值。

(2) 前苏联的多铰圆环内力计算

与山本法最大的差异在于苏联法认为衬砌与地层间不产生相对的位移，而山本法则认为衬砌环与地层间能完全自由滑移。

前苏联的多铰圆环法与日本山本法的最大区别在于前苏联法认为衬砌与地层不产生相对的位移（考虑了圆环与土介质之间的摩擦力），而山本法则认为衬砌环与地层间能完全自由滑移（不计及摩擦力），山本法则忽略了地层抗力的切线部分（图 8-13）。

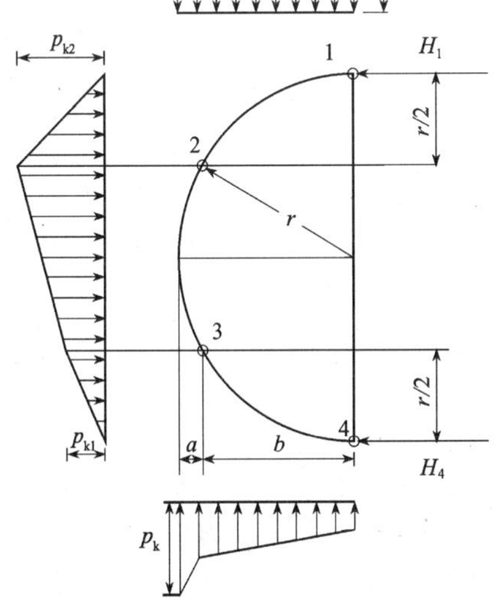

图 8-13　前苏联的多铰圆环内力计算简图

图 8-14 和图 8-15 分别为前苏联法和山本法在计算 M、N 内力的结果对比。

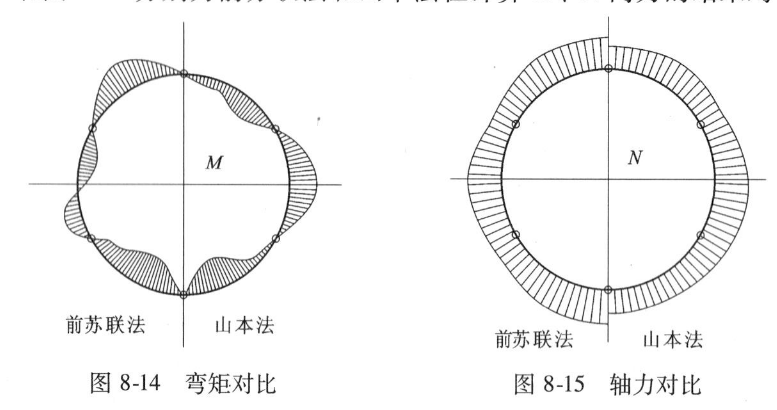

图 8-14　弯矩对比　　　图 8-15　轴力对比

8.3.5　带拉杆圆管结构的计算

为增强圆管结构抵抗特殊荷载的能力，在结构内常设置一道或两道拉杆。以下仅介绍装配式圆管结构按整体式自由变形圆环的计算。

当圆环拼装完成后，立即装上拉杆，并加给拉杆一定的拉力，称之为安装拉力。此项安装拉力在圆环中引起内力，应按无拉杆的圆环计算。拉杆安装完成后，水土压力作用在圆环上，此时应按带拉杆的圆环计算。圆环的最终内力，为以上两种情况下荷载的叠加。现将以上两种情况内力的计算分别说明如下。

1. 圆环在安装拉力作用下的计算

如图 8-16 所示，假设上拉杆的拉力为 P_1，下拉杆的拉力为 P_2。拉杆支点到圆心的连线与竖直线的交角分别为 θ_1 与 θ_2。根据叠加原理可将 P_1 与 P_2 分开计算。

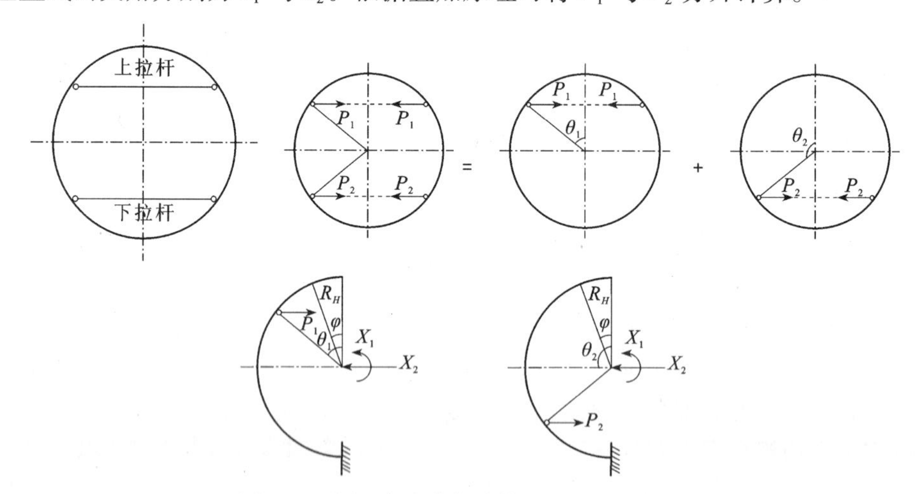

图 8-16　圆环在安装拉力作用下的计算简图

2. 带拉杆圆环在水土压力作用下的计算

取如图 8-17 所示的基本结构。由于结构与荷载均对称，圆环顶部剪力为零，因此，未知数只有 4 个，即 X_1、X_2 和上下拉杆的内力 X_3、X_4。按弹性中心法，可列出力法方程。

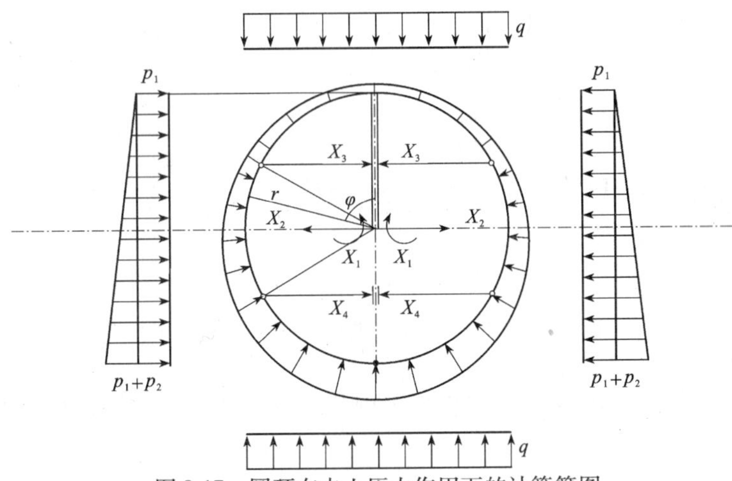

图 8-17　圆环在水土压力作用下的计算简图

现以图 8-18 中所示的带一道下拉杆的圆环为例。在基本使用阶段，不考虑下拉杆的结构作用，当在承受基本使用阶段荷载和特殊荷载组合阶段时，则考虑下拉杆的作用。

如图所示，设拉杆支点到圆心的连线与竖直线的交角 θ。由于结构与荷载均对称，圆环顶部剪力为零，因此，未知数只有 3 个，即 X_1、X_2 和下拉杆的内力 X_3。根据弹性中心处相对转角和相对水平位移为零，以及拉杆切口处相对水平位移为零的条件，可列出如下方程：

$$\left.\begin{aligned}\delta_{11}X_1+\delta_{13}X_3+\Delta_{1q}&=0\\\delta_{22}X_2+\delta_{23}X_3+\Delta_{2q}&=0\\\delta_{31}X_1+\delta_{32}X_2+\left(\delta_{33}+\frac{l_3}{E_3F_3}\right)X_3+\Delta_{3q}&=0\end{aligned}\right\}\qquad(8\text{-}29)$$

式中　l_3、E_3、F_3——下拉杆的长度、弹性模量和横截面积。

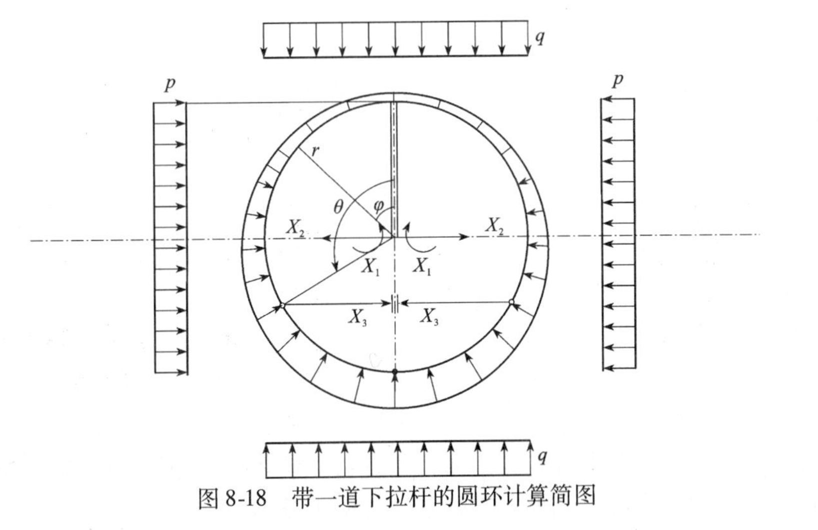

图 8-18　带一道下拉杆的圆环计算简图

$\overline{M}_1=1$；

$\overline{M}_2=-r\cos\varphi$；

$$\overline{M}_3 = \begin{cases} 0 & \varphi \leqslant \theta \\ r(\cos\theta - \cos\varphi) & \theta < \varphi \leqslant \pi \end{cases};$$

$$\delta_{11} = \frac{1}{EI}\int_0^{\pi}\overline{M}_1^2 r\mathrm{d}\varphi = \frac{1}{EI}\int_0^{\pi} r\mathrm{d}\varphi = \frac{\pi r}{EI};$$

$$\delta_{22} = \frac{1}{EI}\int_0^{\pi}\overline{M}_2^2 r\mathrm{d}\varphi = \frac{1}{EI}\int_0^{\pi}(-r\cos\varphi)^2 r\mathrm{d}\varphi = \frac{\pi r^3}{2EI};$$

$$\delta_{12} = \delta_{21} = 0;$$

$$\delta_{13} = \delta_{31} = \frac{1}{EI}\int\overline{M}_1\overline{M}_3\mathrm{d}s = \frac{1}{EI}\int_{\theta}^{\pi} r^2(\cos\theta - \cos\varphi)\mathrm{d}\varphi = \frac{r^2}{EI}[\cos\theta(\pi - \theta) + \sin\theta];$$

$$\delta_{23} = \delta_{32} = \frac{1}{EI}\int\overline{M}_2\overline{M}_3\mathrm{d}s = \frac{1}{EI}\int_{\theta}^{\pi}(-r\cos\varphi)(r\cos\theta - r\cos\varphi)r\mathrm{d}\varphi = \frac{r^3}{EI}\left[\frac{1}{2}\sin\theta\cos\theta + \frac{\pi - \theta}{2}\right];$$

$$\delta_{33} = \frac{1}{EI}\int\overline{M}_3^2\mathrm{d}s = \frac{1}{EI}\int_{\theta}^{\pi}(r\cos\theta - r\cos\varphi)^2 r\mathrm{d}\varphi = \frac{r^3}{EI}\left[\cos^2\theta(\pi - \theta) + \frac{\pi - \theta}{2} + \frac{3}{4}\sin 2\theta\right];$$

$$\Delta_{1\mathrm{q}} = \int\frac{M_{\mathrm{q}}}{EI}\mathrm{d}s = -\frac{r^3}{EI}(\pi q + 3\pi p);$$

$$\Delta_{2\mathrm{q}} = \int\frac{\overline{M}_2 M_{\mathrm{q}}}{EI}\mathrm{d}s = \frac{r^4}{2EI}(-p\pi);$$

$$\Delta_{3\mathrm{q}} = \int\frac{\overline{M}_3 M_{\mathrm{q}}}{EI}\mathrm{d}s = -\frac{r^4}{EI}\left\{\left[\cos\theta\cdot\frac{\pi - \theta}{2} + \frac{1}{2}\sin\theta\cos^2\theta + \frac{1}{3}\sin^3\theta\right]q + \right.$$
$$\left.\left[\cos\theta(\pi - \theta) + \cos\theta\sin\theta + \cos\theta\cdot\frac{\pi - \theta}{2} - \frac{1}{6}\sin\theta\cos^2\theta + \frac{5}{3}\sin\theta + (\pi - \theta)\right]p\right\}$$

$$M_{\mathrm{q}} = -\frac{1}{2}q(r\sin\alpha)^2 - \frac{1}{2}Pr^2(1 - \cos\alpha)^2$$

由以上可求出多余未知力 X_1、X_2、X_3，则圆环中各截面上的内力可由下式计算：

当 $0 \leqslant \varphi \leqslant \theta$ 时：

$$M_{\varphi} = X_1 - X_2 R_{\mathrm{H}}\cos\varphi - \frac{1}{2}qR_{\mathrm{H}}^2\sin^2\varphi - \frac{1}{2}pR_{\mathrm{H}}^2(1 - \cos\varphi)^2$$
$$N_{\varphi} = X_2\cos\varphi + qR_{\mathrm{H}}^2\sin^2\varphi - pR_{\mathrm{H}}(1 - \cos\varphi)\cos\varphi \tag{8-30}$$

当 $\theta \leqslant \varphi \leqslant \pi$ 时：

$$M_{\varphi} = X_1 - X_2 R_{\mathrm{H}}\cos\varphi - X_3 R_{\mathrm{H}}(\cos\theta - \cos\varphi) - \frac{1}{2}qR_{\mathrm{H}}^2\sin^2\varphi - \frac{1}{2}pR_{\mathrm{H}}^2(1 - \cos\varphi)^2$$
$$N_{\varphi} = (X_2 - X_3)\cos\varphi + qR_{\mathrm{H}}^2\sin^2\varphi - pR_{\mathrm{H}}(1 - \cos\varphi)\cos\varphi \tag{8-31}$$

8.4 衬砌断面选择

断面选择在各个不同的工作阶段有不同的内容和要求。在基本使用荷载阶段，需进行抗裂或裂缝限制、强度和变形等验算，而在组合基本荷载阶段和特殊荷载阶段的衬砌内力时，一般仅进行强度的检验，变形和裂缝开展可不予考虑。

8.4.1 抗裂及裂缝限制的计算

对一些使用要求较高的隧道工程，衬砌必须进行抗裂或裂缝宽度限制的计算，以防止钢筋锈蚀而影响工程使用寿命。

抗裂计算：当衬砌不允许出现裂缝时，需进行抗裂计算。

偏压构件断面上的内力分别为弯矩 M、轴向力 N。

混凝土抗拉极限应变值：

$$\varepsilon_l = 0.6R_l(1 + 0.3\beta^2) \times 10^{-5} \tag{8-32}$$

$$\beta = \frac{\mu}{d}$$

$$\mu = \frac{A_g}{bh} \times 100\%$$

式中 μ——断面含钢百分率；

d——钢筋平均直径。

$$\varepsilon_l \approx 1.5 \sim 2.5 \times 10^{-4}$$

受拉钢筋应变值：

$$\varepsilon_g = \frac{h_0 - x}{h - x}\varepsilon_l \tag{8-33}$$

混凝土最大压应变：

$$\varepsilon_h = \frac{x}{h - x}\varepsilon_l \tag{8-34}$$

受压钢筋应变值：

$$\varepsilon'_g = \frac{x - a'}{x}\varepsilon_h = \frac{x - a'}{h - x}\varepsilon_l \tag{8-35}$$

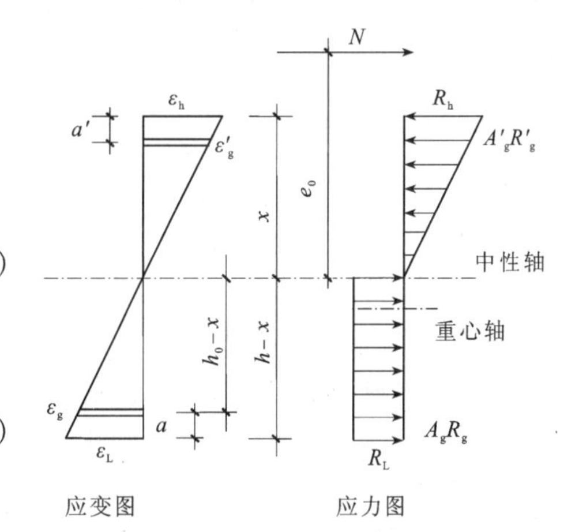

图 8-19 抗裂计算简图

求裂缝出现前的中性轴 x 的位置（图 8-19）：

按 $\sum X = 0$：

$$N + (h - x)b \cdot R_l + A_g\varepsilon_g E_g = A'_g\varepsilon'_g E_g + \frac{1}{2}R_h \cdot x \cdot b$$

由上式可解出中性轴高度 x。

式中 A'_g、A_g——受压、受拉钢筋面积；

R_h——裂缝出现前混凝土压应力；

b、h——衬砌断面的宽度、高度；

ε_l、ε_g——混凝土截面纤维最大拉应变和受拉钢筋应变值；

ε_h、ε'_g——混凝土截面纤维最大压应变和受压钢筋应变值；

E_g——钢筋的弹性模量。

按 $\sum M_{A_g} = 0$：

$$KN(e_0 + h_0 - x) + (h - x)b \cdot R_l\left(\frac{h - x}{2} - a\right)$$

$$= \frac{1}{2}R_h \cdot x \cdot b\left(\frac{2x}{3} + h_0 - x\right) + A'_gR'_g(h_0 - a')$$

由上式可解出 K。

若对偏心距 e_0 取 K，

$$N(K_{e_0}e_0+h_0-x)+(h-x)b\cdot R_l\left(\frac{h-x}{2}-a\right)$$

$$=\frac{1}{2}R_h\cdot x\cdot b\left(\frac{2x}{3}+h_0-x\right)+A'_gR'_g(h_0-a')$$

由上式可解出 K_{e_0}（即对偏心距 e_0 取 K）。

K 或 K_{e_0}一般都要求大于或等于 1.3。

一般隧道衬砌结构常处于偏心受压状态，由于衬砌结构受荷情况常常是不够明确的，实际的大偏心受压状态下，结构的承载能力往往是由受拉情况下特别是弯矩 M 值控制，故为偏于安全计，常按 K_{e0}验算。

8.4.2 衬砌断面强度计算

衬砌结构根据不同工作阶段的最不利内力，分别进行正、负弯矩的偏压构件强度计算和截面选择。

基本使用荷载阶段——按混凝土结构设计规范进行。

基本使用荷载和特殊荷载组合阶段——按考虑特殊荷载的规定进行。

由于隧道衬砌结构的接缝部分刚度较为薄弱，通过相邻环间采用错缝拼装以及利用纵向螺栓或环缝面上的凹凸榫槽加强接缝刚度。这样，接缝部位的部分弯矩 M 值可通过纵向构造设置，传递到相邻的环截面上去。这种纵向传递能力大致为（20% ~40%）M。这样，断面强度计算时，其弯矩 M 值应乘以传递系数 1.3，而接缝部位则乘以折减系数 0.7。

隧道衬砌结构的强度计算往往是先假定衬砌的混凝土横断面尺寸：宽度 b 和厚度 h，根据使用上的要求，给定混凝土强度等级（一般装配式构件强度等级大于等于 C40）和钢筋种类（较多使用 16mm），然后选择钢筋面积 A_g 和 A'_g。

强度计算和配筋选择可根据现行的混凝土结构规范，依据如图 8-20 所示计算简图，按一般钢筋混凝土偏压构件计算。

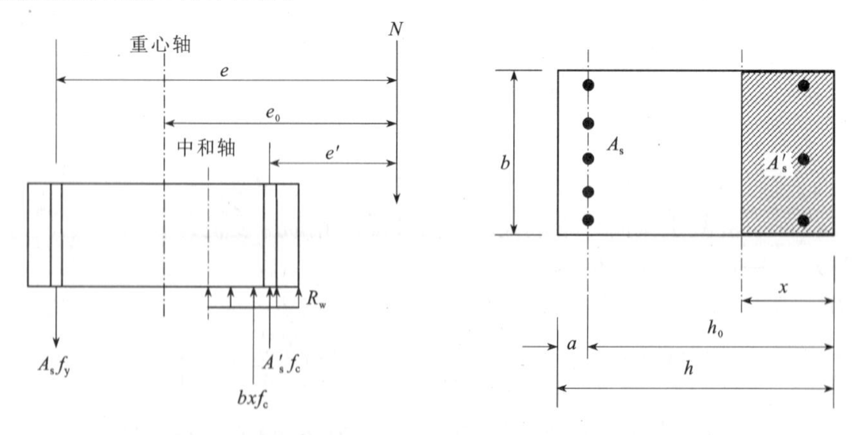

图 8-20　衬砌断面强度计算简图

8.4.3 衬砌圆环直径变形计算

为满足隧道使用上和结构计算的需要，必须进行衬砌圆环的直径变形量计算和控制，直径变形可采用一般结构力学方法求得。

衬砌圆环的水平直径变形量计算（图 8-21）。

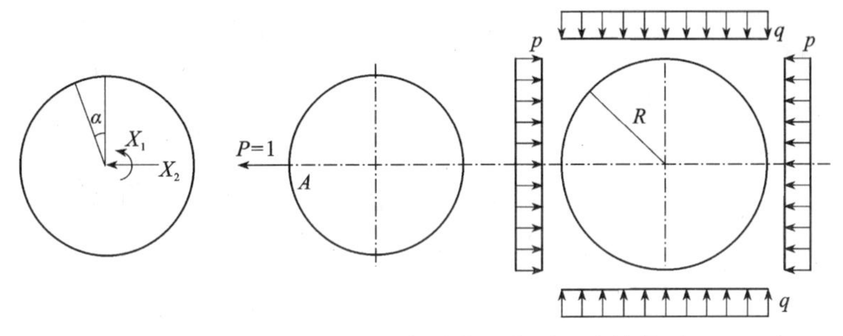

图 8-21 衬砌圆环的水平直径变形量计算简图

1. 采用弹性中心法，根据弹性中心处的相对角变和相对水平位移等于零的条件，列出力法方程：

$$\left.\begin{aligned}\delta_{11}X_1+\Delta_{1P}=0\\ \delta_{22}X_2+\Delta_{2P}=0\end{aligned}\right\} \tag{8-36}$$

解出 X_1 和 X_2。

2. $X_1=1$ 及 $X_2=1$ 在 A 点所产生的位移 δ_{a1} 和 δ_{a2} 为：

$$\delta_{1a}=\frac{1}{EI}\int\overline{M}_a\overline{M}_1\mathrm{d}s=\frac{1}{EI}\int_0^A\overline{M}_a\overline{M}_1\mathrm{d}s+\frac{1}{EI}\int_A^B\overline{M}_a\overline{M}_1\mathrm{d}s$$

$$=\frac{1}{EI}\int_A^B(-r\cos\alpha)\mathrm{d}\alpha=\frac{1}{EI}\int_{\frac{\pi}{2}}^{\pi}(-r^2\cos\alpha)\mathrm{d}\alpha=\frac{r^2}{EI}$$

$$\delta_{2a}=\frac{1}{EI}\int_0^A\overline{M}_a\overline{M}_2\mathrm{d}s+\frac{1}{EI}\int_A^B\overline{M}_a\overline{M}_2\mathrm{d}s=\frac{1}{EI}\int_A^B\overline{M}_a\overline{M}_2\mathrm{d}s$$

$$=\frac{1}{EI}\int_A^B r^2\cos^2\alpha\mathrm{d}s=\frac{r^3}{EI}\int_{\frac{\pi}{2}}^{\pi}\cos^2\alpha\mathrm{d}\alpha=\frac{\pi r^3}{4EI}$$

$$\overline{M}_a=-r\cos\alpha\ ;\ \overline{M}_1=1\ ;\ \overline{M}_2=-r\cos\alpha$$

3. 外荷载 p 及 q 在 A 点所产生的位移 δ_{ap} 和 δ_{aq} 为：

$$\delta_{aq}=\frac{1}{EI}\int\overline{M}_aM_q\mathrm{d}s\ ,\ M_q=-\frac{1}{2}q(r\sin\alpha)^2$$

$$\delta_{ap}=\frac{1}{EI}\int\overline{M}_aM_p\mathrm{d}s\ ,\ M_p=-\frac{1}{2}pr^2(1-\cos\alpha)^2$$

4. 水平直径变形量为：

$$y_{水平}=X_1\cdot\delta_{1a}+X_2\cdot\delta_{2a}+\delta_{ap}+\delta_{aq} \tag{8-37}$$

表 8-6 列出各种荷载条件下的圆环水平直径变形系数。

各种荷载条件下的圆环水平直径变形系数 **表 8-6**

编号	荷重形式	水平直径处（半径方向）	图示
1	竖直分布荷重 q	$\frac{1}{12}qr^4/EI$	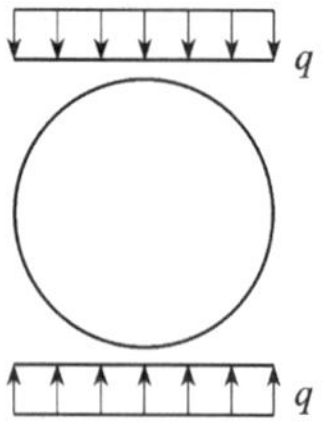 q q
2	水平均布荷重 p	$-\frac{1}{12}pr^4/EI$	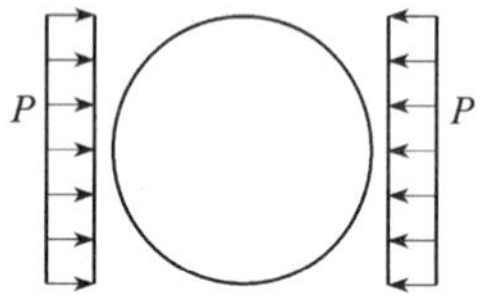 P P
3	等边分布荷重	0	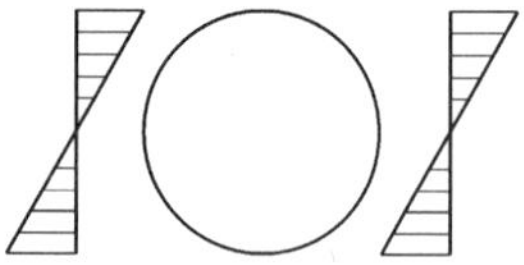
4	等腰三角形分布荷重	$-0.0454P_k r^4/EI$	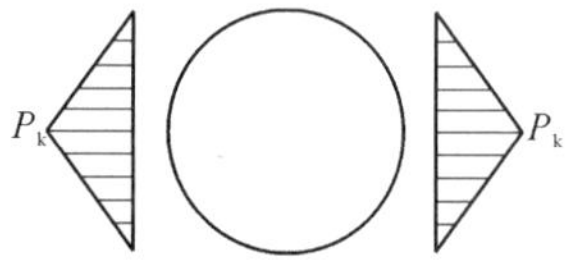 P_k P_k
5	自重	$0.1304gr^4/EI$	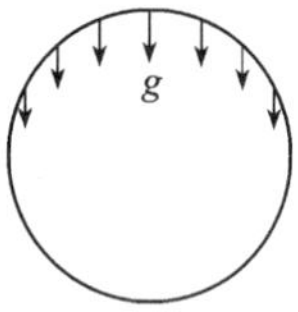 g

衬砌圆环的垂直直径变形量计算与水平直径处相似。

8.4.4 纵向接缝计算

结构破坏大都开始于薄弱的接缝处。在基本使用荷载阶段要分别进行接缝变形及接缝强度的计算；在基本使用荷载和特殊使用荷载阶段要进行接缝强度的计算。

1. 接缝张开的验算：

管片拼装时，由于受到螺栓预加应力 σ_l 的作用，在接缝上产生预压应力 σ_{c1}、σ_{c2}（图 8-22）。

$$\begin{matrix}\sigma_{c1}\\ \sigma_{c2}\end{matrix} = \frac{N}{F} \pm \frac{N \cdot e_0}{W} \tag{8-38}$$

式中 N——螺栓预应力 σ_l 引起的轴向应力，$N=\sigma_l \cdot A_g$，$\sigma_1 \approx 500 \sim 1000\text{kg/cm}^2$；

e_0——螺栓与重心轴偏心距；

F、W——衬砌截面面积和截面距。

当接缝处受到外荷后的应力状态（图 8-23）：

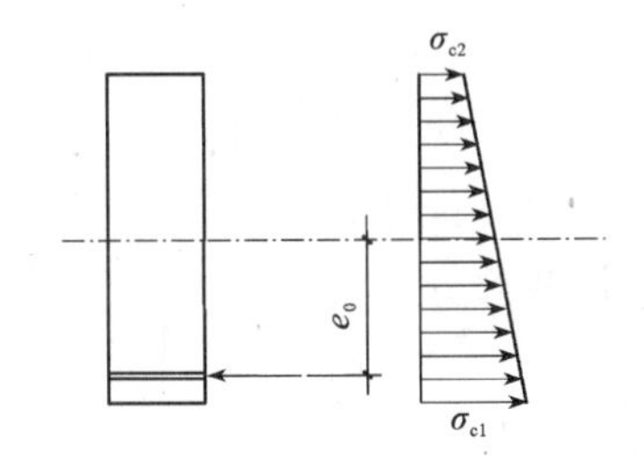

图 8-22　管片拼装时产生预压应力

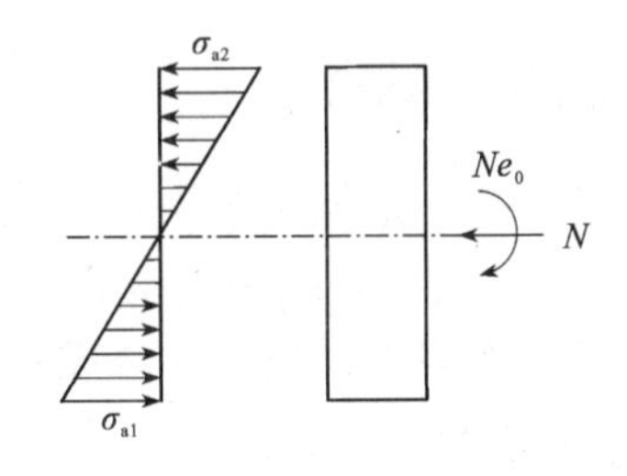

图 8-23　接缝处受到外荷后的应力状态

$$\begin{matrix}\sigma_{a1}\\ \sigma_{a2}\end{matrix} = \frac{N}{F} \pm \frac{N \cdot e_0}{W} \tag{8-39}$$

故接缝最终应力（图 8-24）：

$$\sigma_p = \sigma_{a2} - \sigma_{c2}$$

$$\sigma_c = \sigma_{c1} + \sigma_{a1} \tag{8-40}$$

接缝变形量：

$$\Delta l = \frac{\sigma_p}{E} \cdot l \tag{8-41}$$

上边缘（外边缘）可能受拉、可能受压、也可能不受力，若受拉，则需考量涂料强度及变形能力。

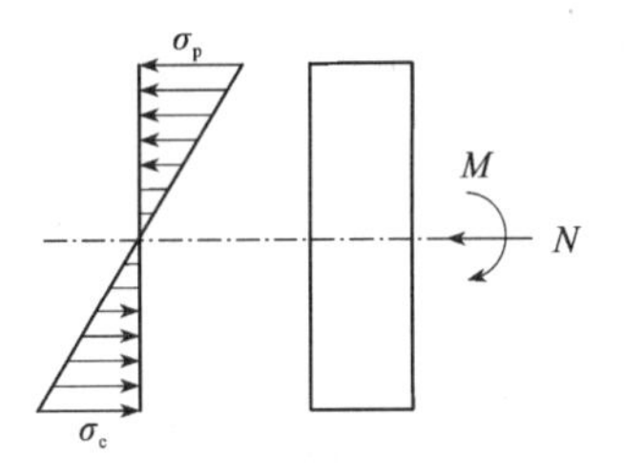

图 8-24　接缝最终应力

2. 纵向接缝强度计算

由装配式衬砌结构组成的隧道衬砌，接缝是结构最关键的部位，从一些试验结果来看，装配式衬砌结构破坏大都开始于薄弱的接缝处，因此接缝构造设计及其强度计算在整个结构设计中尤占突出地位。

接缝强度计算方法中，近似地把螺栓看作受拉钢筋按钢筋混凝土截面强度验算进行。

接缝计算时，一般先假定螺栓直径、数量和位置，然后对接缝强度的安全度进行验算。

具体按现行混凝土结构设计规范进行计算，计算简图如图 8-25 所示。

纵向接缝中环向螺栓位置 a（高度）的设置如图 8-26 所示。

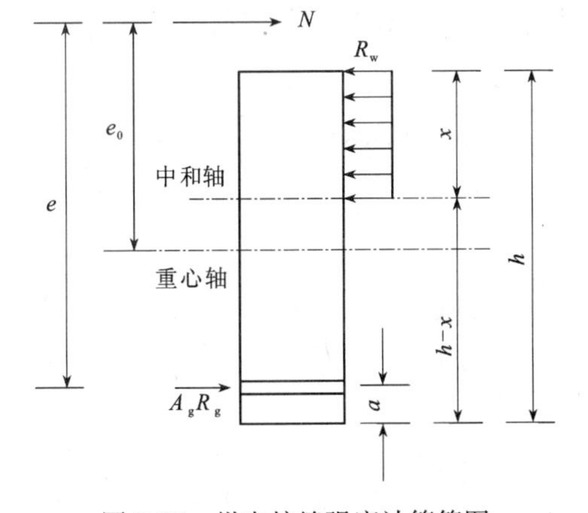

图 8-25　纵向接缝强度计算简图

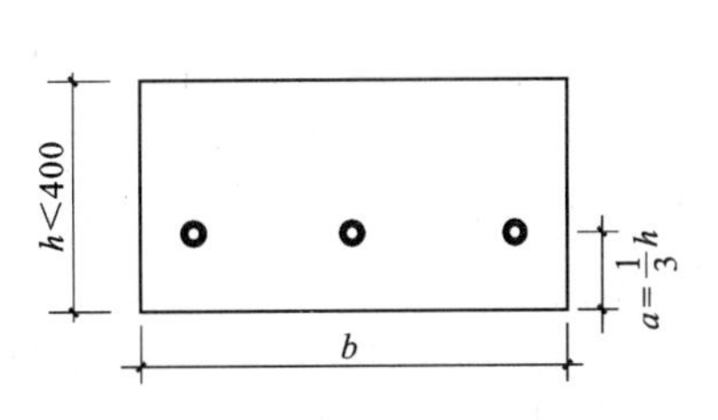

图 8-26　环向螺栓位置

8.4.5 环缝的近似计算

为加强结构抵抗纵向变形的能力，应对环缝的构造进行设计计算，其中，对纵向螺栓的选择是最重要的。环缝是由钢筋混凝土管片和纵向螺栓两部分组成。

1. 环缝的合成纵向强度（合成刚度）

环缝的综合伸长量： $\Delta l = \Delta l_1 + \Delta l_2$

管片伸长量： $\Delta l_1 = \dfrac{Ml_1}{E_1 W_1}$

纵向螺栓伸长量： $\Delta l_2 = \dfrac{Ml_2}{E_2 W_2}$

环缝的合成刚度：

$$(EW)_{合} = \frac{M(l_1 + l_2)}{\Delta l} = \frac{M(l_1 + l_2)}{\dfrac{Ml_1}{E_1 W_1} + \dfrac{Ml_2}{E_2 W_2}} = \frac{(l_1 + l_2)}{\dfrac{l_1}{E_1 W_1} + \dfrac{l_2}{E_2 W_2}} \tag{8-42}$$

式中 l_1、E_1、W_1——分别为衬砌环宽、弹性模量、截面模量；

l_2、E_2、W_2——分别为纵向螺栓的长度、弹性模量、截面模量。

2. 环缝的合成抗弯强度

$$M_{合} = E_{合} \cdot W_{合} \cdot \varepsilon_{合} \tag{8-43}$$

式中：

$$\varepsilon_{合} = \frac{\Delta l_{合}}{l_{合}} = \frac{l_1 \varepsilon_1 + l_2 \varepsilon_2}{l_1 + l_2}$$

$$\varepsilon_2 = \frac{\sigma_2}{E_2},\quad \varepsilon_1 = \varepsilon_2 \cdot \frac{E_2 W_2}{E_1 W_1}$$

【例 8-1】

（1）16 只纵向螺栓（图 8-27）的抗弯强度（不按合成断面考虑），M30 纵向螺栓，45 钢，

$$A_g = 5.19\text{cm}^2,$$

$$R_g = 360000\text{kPa},\ r = 2.84\text{m}。$$

$$M = 4 \cdot A_g \cdot \gamma \cdot R_g\left(\cos 10° + \frac{\cos 30°}{\cos 10°}\cos 30° + \frac{\cos 60°}{\cos 10°}\cos 60° + \frac{\cos 80°}{\cos 10°}\cos 80°\right)$$

$$= 4 \times 5.19 \times 2.84 \times 3600 \times \left(0.98481 + \frac{0.866^2 + 0.5^2 + 0.1737^2}{0.9848}\right)$$

$$= 4310\text{kN} \cdot \text{m}$$

（2）钢筋混凝土管片的纵向抗弯刚度（图 8-28）。

配纵向钢筋 79ϕ10，$A_g = 79 \times 0.785 = 62\text{cm}^2$，$R_g = 3200\text{kPa}$

混凝土面积 $A_h = \pi(3.1^2 - 2.75^2) = 6.44\text{m}^2 = 64400\text{cm}^2$

按环形横断面计算

$$\alpha = \frac{\varphi}{\pi} = \frac{A_g R_g}{A_h R_w + 2A_g R_g} = \frac{62 \times 3200}{64400 \times 290 + 2 \times 62 \times 3200} = 0.0104 < 0.3$$

$$\sin\varphi = \sin\alpha\pi = \sin 0.104 \times 180° = \sin 1.872° = \sin 1°52'19'' = 0.03267$$

$$M = \left[A_h R_w\left(\frac{r_1 + r_2}{2}\right) + 2 \times A_g R_g \times r_g\right] \times \frac{\sin\varphi}{\pi}$$

$$= \left[64400 \times 290 \times \left(\frac{310 + 245}{2}\right) + 2 \times 62 \times 3200 \times 306\right] \times \frac{0.033}{3.1416}$$

$$= 5863\text{kN} \cdot \text{m}$$

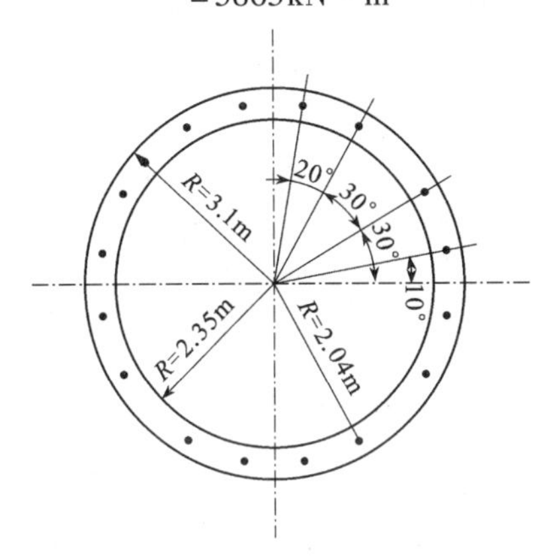

图 8-27　16 只纵向螺栓位置

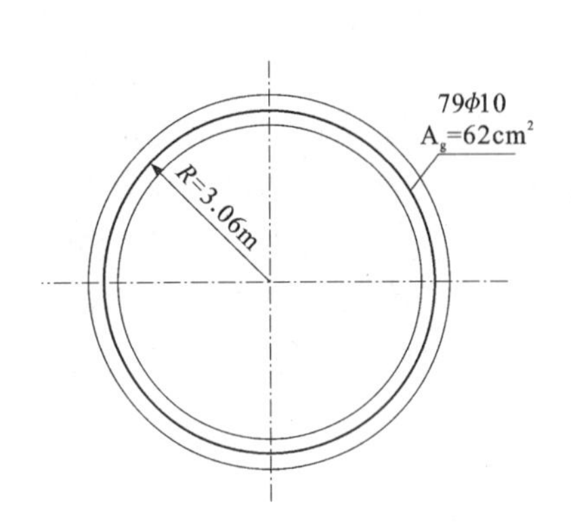

图 8-28　纵向钢筋配置

（3）钢筋混凝土管片和纵向螺栓的合成纵向抗弯强度。

管片宽度：90cm，螺栓长度 18.5cm

弹性模量：混凝土 $E_1 = 3.3 \times 10^7 \text{kPa}$

钢　　$E_2 = 2.1 \times 10^8 \text{kPa}$

断面模量：混凝土

$$W_1 = \frac{0.1 \times (6.2^4 - 5.5^4)}{3.1} = 18.4\text{m}^3 = 18.6 \times 10^6 \text{cm}^3$$

螺栓

$$W_2 = \frac{nA_g r^2}{r} = 4 \times 5.19 \times 2.84^2 [\cos^2 10° + \cos^2 30° + \cos^2 60° + \cos^2 80°] / 2.84$$

$$= 1.18 \times 10^4 \text{cm}^3$$

$$(EW)_{合} = \frac{90 + 18.5}{\dfrac{90}{3.3 \times 10^5 \times 18.14 \times 10^4} + \dfrac{18.5}{2.1 \times 10^5 \times 1.18 \times 10^5}} = 142.5 \times 10^7 \text{kN} \cdot \text{m}$$

螺栓应变值：
$$\varepsilon_2 = \frac{3600}{2.1 \times 10^6} = 1.8 \times 10^{-3}$$

混凝土应变值：
$$\varepsilon_1 = \varepsilon_2 \times \frac{l_1 E_2 W_2}{l_2 E_1 W_1} = \varepsilon_2 \times \frac{90 \times 2.1 \times 10^6 \times 1.18 \times 10^4}{18.5 \times 3.3 \times 10^5 \times 18.4 \times 10^6}$$

$$= 1.8 \times 10^{-3} \times 0.2 \times 10^{-1} = 0.36 \times 10^{-4}$$

$$\varepsilon_{合} = \frac{90 \times 0.36 \times 10^{-4} + 18.5 \times 1.8 \times 10^{-3}}{108.5} = 0.336 \times 10^{-3}$$

$$\therefore \quad M_{合} = (EW)_{合} \cdot \varepsilon_{合} = 142.5 \times 10^9 \times 0.336 \times 10^{-3} = 4800\text{kN} \cdot \text{m}$$

3. 纵向螺栓（或环缝上的凹凸榫槽）的纵向传递能力的估算

纵向螺栓（或环缝上的凹凸榫槽）的另一个主要功能在于通过纵向螺栓的预压应力

所引起的摩阻力，将邻环纵向接缝上的部分内力传到对应的衬砌断面上，这样就近似保证了衬砌圆环的匀质刚度要求。

环缝面上的摩阻力

$$f = \mu\sigma \tag{8-44}$$

式中 σ——由纵向螺栓在环缝面上引起的预压应力

$$\sigma = \frac{nA_{g}\sigma_{a}}{\pi(r_{外}^{2} - r_{内}^{2})} \tag{8-45}$$

式中 nA_g——环缝上所有纵向螺栓总面积；

σ_a——纵向螺栓的最后预应力值；

$r_{外}$、$r_{内}$——衬砌圆环外、内半径值；

μ——相邻环间的摩阻系数（近似取0.3）。

则环缝内纵向螺栓纵向传递能力（图8-29），

$$M = \frac{1}{2}fh \cdot \frac{1}{2}l \cdot \frac{2}{3}l = \frac{fhl^2}{6} \tag{8-46}$$

式中 h——衬砌厚度；

l——衬砌环管片的弦长。

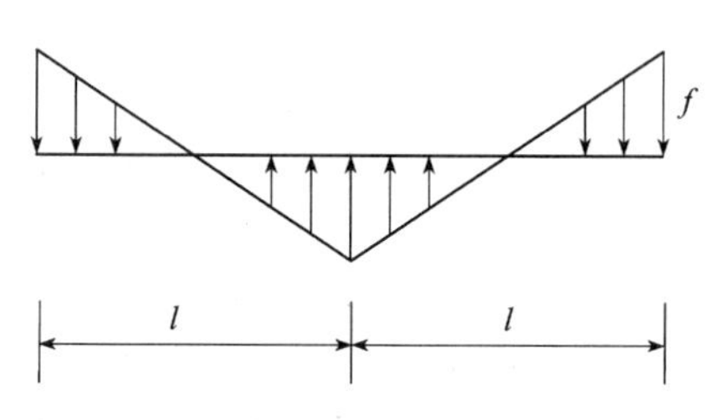

图8-29 纵向螺栓纵向传递能力计算简图

【例8-2】

一隧道的外径为11.2m，内径为10.1m，覆土深度为21.2。地下水位在地面以下1m处。隧道内设置一道下拉杆，以加强抵抗特殊荷载的结构能力。隧道两侧土壤介质的内摩擦角 $\varphi = 17.5°$。隧道在基本使用阶段不考虑下拉杆的结构作用；当在承受基本使用阶段荷载和特殊荷载组合阶段时，则考虑下拉杆作用（图8-30）。

衬砌结构尺寸：

基本使用阶段：

重心 z（图8-31）

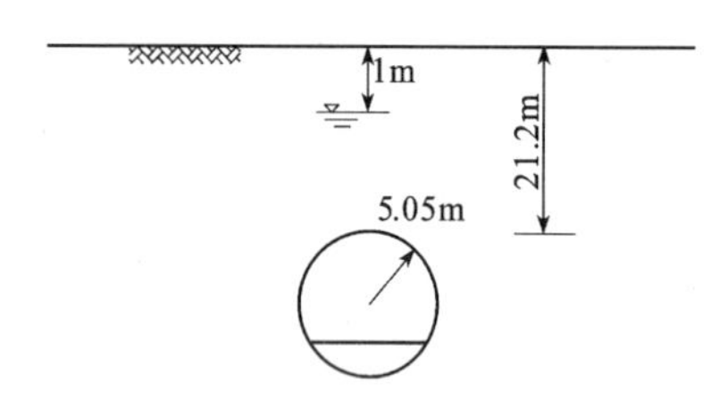

图8-30 隧道几何尺寸及位置

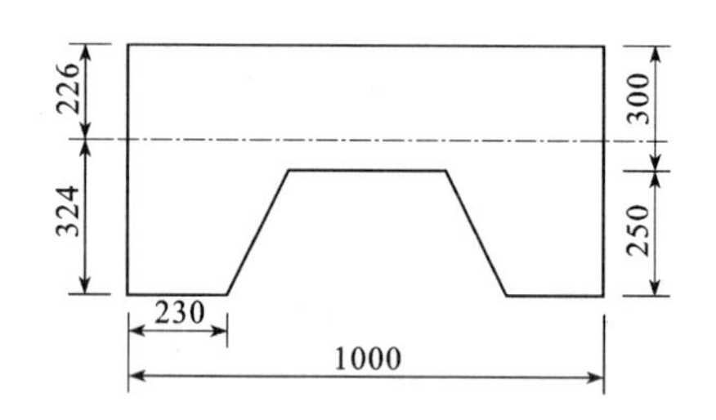

图8-31 隧道衬砌剖面

$$z = \frac{30 \times 100 \times 40 + 2 \times 23 \times 25 \times 12.5}{30 \times 100 + 2 \times 23 \times 25} = 32.4\text{cm}$$

计算半径 r：

$$r = 5.05 + 0.324 = 5.374\text{m}$$

基本使用荷载+特殊荷载组合阶段：

考虑在外层管片内部再行敷设200厚内衬钢筋混凝土（图8-32）。

计算半径 r：

$$r = 4.85 + 0.375 = 5.225\text{m}$$

$$r^2 = 27.3\text{m}^2$$

$$r^3 = 142.64\text{m}^3$$

$$r^4 = 745.3\text{m}^4$$

$$EI = 3.3 \times 10^6 \times 0.03516 = 11.6 \times 10^5 \text{kN} \cdot \text{m}^2$$

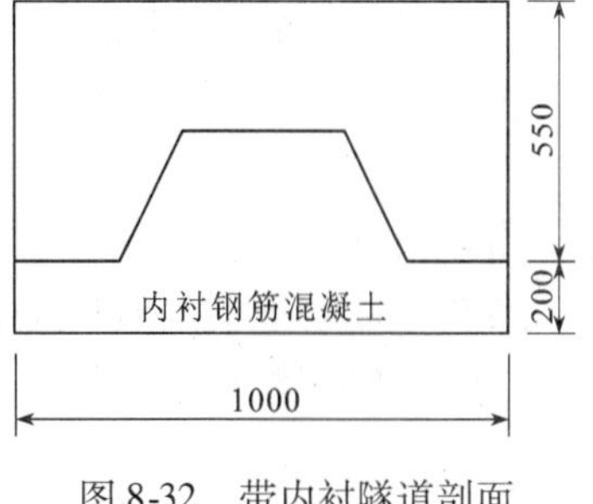

图 8-32 带内衬隧道剖面

（1）基本使用阶段

荷载计算

a. 垂直荷载

$$q = 1 \times 18 + 20.2 \times 8 = 18 + 161.6 = 179.6\text{kPa}$$

b. 均布侧载

$$p_1 = 179.6 \times \tan^2\left(45 - \frac{17.5}{2}\right) = 179.6 \times 0.5376 = 96.55\text{kPa}$$

c. 三角形侧载

$$p_2 = 2 \times 5.374 \times 8 \times 0.5376 = 46.22\text{kPa}$$

d. 自重

$$g = 26 \times 0.55 = 14.3\text{kPa}$$

e. 拱背荷载

$$G = 2 \times \left(1 - \frac{\pi}{4}\right) r^2 \cdot r = 0.43 r^2 r = 0.43 \times 5.374^2 \times 8 = 99.35\text{kPa}$$

f. 拱底反力

$$K = 180 + \pi \times 14.3 - \frac{\pi}{2} \times 53.7 + \left(1 - \frac{\pi}{4}\right) \times 53.7 \times 0.8 = 150\text{kPa}$$

基本使用阶段各个荷载在各截面引起的弯矩 *M*、轴力 *N* 表 8-7

截面	内力	自重 q	⊥荷 q	水压 ω	均布侧压 p_1	⊿侧压 p_2	地层反力 K	拱背荷重 G	每米内力
0°	M(kN-m)	206.5	1554.3	−388	−699	−137.7	−212	45.6	369.7
	N(kN)	−40	−102.5	1302.1	520.2	76.4	85.3	−10.1	1831.4
15°	M	180.2	1361.4	−348.6	−604.1	−123.7	−196.5	42.1	310.8
	N	−35	−34.2	1268.6	485.4	73.7	82.4	−8.9	1832
45°	M	58.4	93.6	−70.9	0	−20	−77.8	16.6	0.1
	N	19.4	411.1	1243.1	255.3	50.5	60.3	−3.3	2036.4
75°	M	−158	−1279	305.5	604.1	139.4	128.2	−42.1	−302.1
	N	87	870	1151.1	34.8	11.1	22	37	2219
75°	M	−225	−1595	442.3	699	163.9	246.2	−67.7	−337.2
	N	118	967.3	1147.7	0	0	0	48.9	2281.9
135°	M	−123.7	−463.1	241.8	0	2	385	−28.4	26.6
	N	150.8	756.5	1185	255	71.7	−227	42	2234
180°	M	619.4	3051.5	−1164	−699	−190.1	−1458	145.5	305.3
	N	40	102.5	1446.5	520.2	167.6	−85.3	10.2	2201.7

（2）特殊荷载作用下内力计算

$$M_1 = 1$$

$$M_2 = -r\cos\varphi$$

当 $\varphi \leqslant \theta$ 时，$M_3 = 0$

当 $\theta < \varphi \leqslant \pi$ 时，$M_3 = r(\cos\theta - \cos\varphi)$

式中：$\theta = 106.7°$

$$\sin\theta = 0.958,\quad \sin^2\theta = 0.918,\quad \sin^3\theta = 0.879$$

$$\cos\theta = -0.287,\quad \cos^2\theta = 0.0824,\quad \cos^3\theta = -0.024$$

$$\pi - \theta = 3.1416 - 1.8617 = 1.28$$

拉杆长度 $= \sqrt{5.225^2 - 1.5^2} = 5.005$ m（半根拉杆）

设拉杆采用 $2M42$

$$E_a F_a = 2.1 \times 10^6 \times 2.1^2 \times \pi = 29.1 \times 10^4 \text{ kN}$$

$$-\frac{EIl}{E_a F_a} = \frac{11.6 \times 10^5 \times 5.005}{2.91 \times 10^5} \approx 20$$

计算半径：$r = 5.225$ m，$r^2 = 27.3$ m^2，$r^3 = 142.64$ m^3，$r^4 = 745.3$ m^4

单位变位：

$$\delta_{11} = \pi r/EI$$

$$\delta_{22} = \pi r^3/2EI$$

$$\delta_{33} = \frac{r^3}{EI}\left[\cos^2\theta(\pi - \theta) + 1.5\cos\theta\sin\theta + \frac{1}{2}(\pi - \theta)\right] = 0.333lr^3/EI$$

$$\delta_{12} = \delta_{21} = 0$$

$$\delta_{13} = \delta_{31} = \frac{r^2}{EI}[\cos\theta(\pi - \theta) + \sin\theta] = 0.59r^3/EI$$

$$\delta_{23} = \delta_{32} = \frac{r^2}{EI}\left[\frac{1}{2}\sin\theta\cos\theta + \frac{1}{2}(\pi - \theta)\right] = 0.5r^3/EI$$

载变位：

$$\Delta_{1q} = -\frac{r^3}{4EI}(\pi q + 3\pi p)$$

$$\Delta_{2q} = \frac{r^4}{2EI}(-p\pi)$$

$$\begin{aligned}\Delta_{3q} = & -\frac{r^4}{EI}\left\{\left[\cos\theta\cdot\frac{1}{2}(\pi - \theta) + \frac{1}{2}\sin\theta\cos^2\theta + \frac{1}{3}\sin^3\theta\right]q\right. \\ & + \left[\cos\theta\cdot(\pi - \theta) + \sin\theta\cos\theta + \frac{1}{2}\cos\theta\cdot(\pi - \theta)\right. \\ & \left.\left. - \frac{1}{6}\sin\theta\cos^2\theta + \frac{5}{3}\sin\theta + (\pi - \theta)p\right]\right\} \\ = & -\frac{r^4}{2EI}(0.135q + 1.926p)\end{aligned}$$

解方程：

$$\begin{cases} \pi r x_1 + 0.59 r^2 x_3 - r^3(\pi q + 3\pi p) = 0 \\ \frac{\pi r^3}{2} x_2 + 0.5 r^3 x_3 - \frac{\pi r^4}{2} p = 0 \\ 0.59 r^2 x_1 + 0.5 r^3 x_2 + (0.333 r^3 + 20) x_3 - \frac{r^4}{2}(0.149 q + 2.037 p) = 0 \end{cases}$$

得：

$$\begin{cases} x_1 = 18.8p + 8.8q \\ x_2 = 4.67p + 0.63q \\ x_3 = 1.7p - 2q \end{cases}$$

圆环各截面上的 M、N：

当 $0 \leqslant \varphi \leqslant \theta$ 时，

$$M = M_n + x_1 - x_2 Y\cos\varphi 、N = N_q + x_2\cos\varphi 、V = V_q - x_2\sin\varphi$$

当 $\theta \leqslant \varphi \leqslant \pi$ 时，

$$M = M_q + x_1 - x_2 r\cos\varphi - x_3 r(\cos\theta - \cos\varphi)$$

$$N = N_q + (x_2 + x_3)\cos\varphi 、V = V_q - (x_2 - x_3)\sin\varphi$$

特殊荷载作用下在各截面引起的弯矩 *M*、轴力 *N*　　　表 8-8

截面位置	M	N
0°	$5.5q - 5.6p$	$4.67p + 0.63q$
15°	$4.71q - 4.8p$	$4.34p + 0.96q$
45°	$0.38p - 0.36q$	$2.22p + 2.16q$
75°	$4.99p - 4.79q$	$0.21p + 5.03q$
90°	$5.15p - 4.85q$	$5.225q$
135°	$0.03p - 0.1q$	$3.58p + 1.81q$
180°	$4.64q - 5.07p$	$4.08p + 1.37q$

设 $q = 100\text{kPa}$，$p = 40\text{kPa}$

特殊荷载 $q = 100$kPa，$p = 40$kPa 作用下在各截面引起的弯矩 *M*、轴力 *N*　　　表 8-9

截面位置	M（kN·m）	N（kN）
0°	550 − 224 = 326	186.8 + 63 = 249.8
15°	471 − 192 = 279	173.6 + 96 = 269.6
45°	15.2 − 36 = −20.8	88.8 + 216 = 304.8
75°	206 − 485 = −279	8.4 + 503 = 511.4
90°	206 − 485 = −279	522.5
135°	−10 + 1.2 = −8.8	353 + 72.4 = 430.4
180°	464 − 202.8 = 261.2	163.2 + 137 = 300.2

基本使用阶段和特殊荷载阶段的内力组合 **表 8-10**

截面位置	基本使用阶段		特殊荷载阶段		组合	
	M	N	M	N	M	N
0°	369.7	1831.4	326	249.8	695.7	2081.2
15°	310.8	1832	279	269.6	600.8	2101.6
45°	0.1	2036.4	-20.8	304.8	-20.7	2341.2
75°	-302.1	2219	-279	511.4	-581.9	2730.4
90°	-337.2	2231.9	-279	522.5	-616.2	2804.4
135°	26.6	2234	-8.8	430.4	17.8	2664.4
180°	305.3	2201.7	261.2	300.2	566.5	2501.9

（3）断面选择

1）接头验算

① 负弯矩接头（75°断面处，见图 8-33，没有考虑纵向传递）

$$M = -581.9\text{kN}\cdot\text{m},\ N = 2730.4\text{kN}$$

$$e_0 = \frac{M}{N} = \frac{581.9}{2730.4} = 0.213\ \text{m}$$

求中和轴 x_T：

$\sum X = 0$

$$N + A_g R_g = R_w bx$$

$$2730.4 + 2.28\times10^{-3}\times3.6\times10^5 = 2.9\times10^4\times1\times x$$

$$x = \frac{3551.2}{2.9\times10^4} = 0.122\text{m} = 12.2\text{cm} < 0.55\text{h}_0$$

式中：A_g 为 3M36 螺栓的有效面积，

$A_g = 3\times7.6 = 22.8\text{cm}^2$

R_g 为 45#钢钢材的设计强度

$R_g = 360000\text{kPa}$

$\sum M_{Ag} = 0$：

$$N(ke_0 - 12.5) = 1\times0.122\times2.9\times10^4\times(0.25 - 0.122/2)$$

$$2730.4\times10^3\times(0.213k - 0.125) = 668.68$$

$$k = 1.74$$

已满足要求（$k\geqslant1.1$）

② 正弯矩接头（15°断面处，图 8-34）

$$M = 600.8\text{kN}\cdot\text{m}, N = 2101.6\text{kN}$$

$$e_0 = \frac{600.8}{2101.6} = 0.286\text{m}$$

求中和轴 x：

$\sum X = 0$：

$$2101.6 + 2.28\times10^{-3}\times3.6\times10^5 = 2.9\times10^4\times1\times x$$

$$x = \frac{2924.6}{29\times10^4} = 0.101\text{m} = 10.1\text{cm} \leqslant 0.55h_0$$

$\sum M_{Ag}=0$：

$$N(ke_0+0.125)=0.101\times1\times2.9\times10^4\times\left(0.5-\frac{0.101}{2}\right)$$

$$2101.6\times(0.286k+0.125)=0.101\times1\times2.9\times10^4\times0.45$$

$$k=1.75$$

已满足要求（$k\geqslant1.1$）

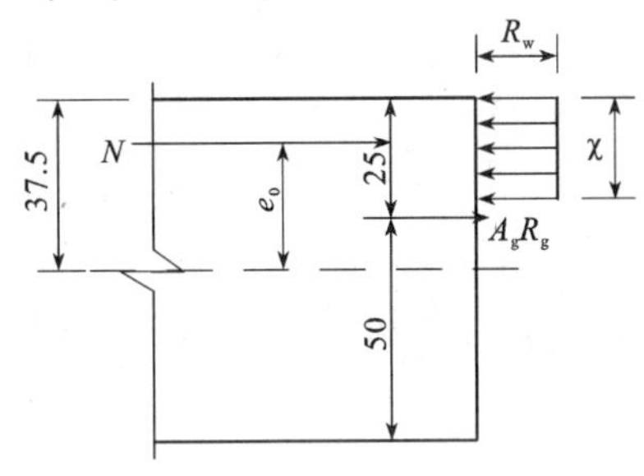

图 8-33　负弯矩接头验算

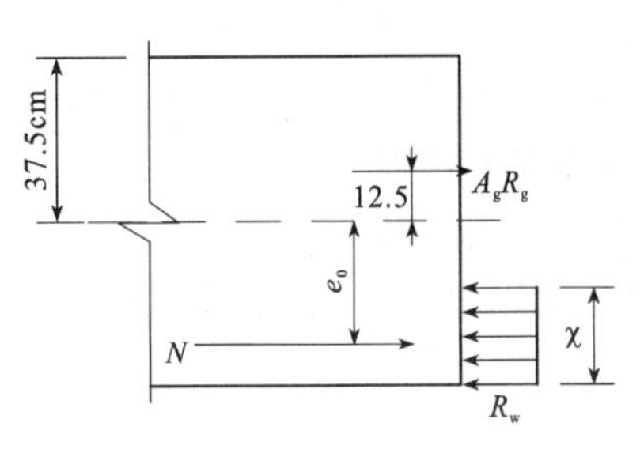

图 8-34　正弯矩接头验算

2）钢筋选择

取0°断面（图 8-35）的内力 M、N 进行计算

$$M=695.7\text{kN}\cdot\text{m},\ N=2081.2\text{kN}$$

$$e_0=\frac{695.7}{2081.2}=0.334\text{m}=33.4\text{cm}>0.3h_0$$

$$=0.3\times70=21\text{cm}$$

属于大偏心。

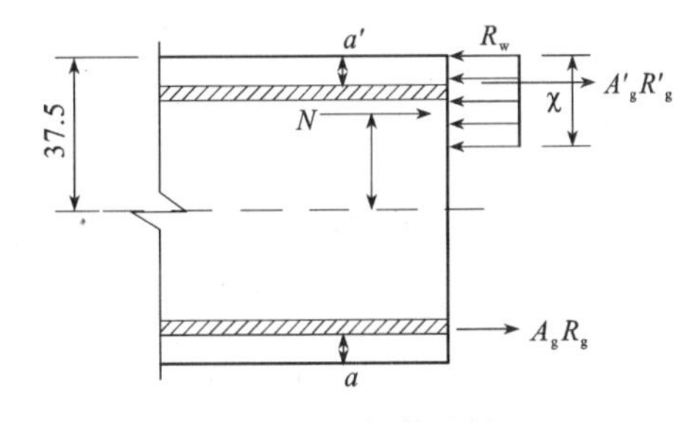

图 8-35　钢筋选择

取 $k=1.1$，$a=d=5\text{cm}$

$$e=ke_0+\frac{h}{2}-a=1.1\times0.334+0.375-0.05=0.6924\text{m}=69.24\text{cm}$$

含 $x=0.55h_0$

求 A'_g

$$A'_g=\frac{Ne-0.4\times b\times h_0{}^2\times R_w}{R'_g(h_0-a')}$$

$$=\frac{2081.2\times0.6924-0.4\times1\times0.7^2\times2.9\times10^4}{340000\times(0.7-0.05)}$$

$$=\text{负值}$$

$$\therefore\quad A'_g=0.2\%\times100\times70=14\text{cm}^2$$

$\sum M_{Ag}=0$：

$$Ne=bxR_w\left(h_0-\frac{x}{2}\right)+A'_gR'_g(h_0-a')$$

$$2081.2\times0.6924=1\times x\times2.9\times10^4\times\left(0.7-\frac{x}{2}\right)+14\times10^{-4}\times3.4\times10^5\times(0.7-0.05)$$

$$1441=20300x-14500x^2+309.4$$

$$14500x^2-20300x+1131.6=0$$

$$x^2 - 1.4x + 0.07804 = 0$$

$$x = \frac{1.4 - \sqrt{1.4 - 4 \times 0.07804}}{2} = 0.06\text{m} = 6\text{cm} < 2a' = 10\text{cm}$$

对 A'_g取矩

$\sum M'_{Ag} = 0$：

$$A_g = \frac{Ne'}{R_g(h_0 - a')} = \frac{2081.2 \times 0.0425}{3.4 \times 10^5 \times 0.65} = 4 \times 10^{-4}\text{m}^2 = 4\text{cm}^2$$

式中：$e = 1.1 \times 33.4 - 37.5 + 5 = 41.75 - 37.5 = 4.25$ cm

∵ $A_g < 0.2bh_0/100$

∴ A_g 取 $0.2bh_0/100 = 14\ \text{cm}^2$

90°负弯矩截面处由于计算方法与0°正弯矩截面计算方法相似，故不予重复验算。

第9章　沉管结构

9.1　概述

世界上第一条沉管铁路隧道建于1910年，穿越美国 Michigan 州和加拿大 Ontario 省之间的 Detroit 河。沉管法从19世纪50年代起普遍应用，如今共有100多座沉管隧道。20世纪50年代解决了两项关键技术——水力压接法和基础处理，沉管法已经成为水底隧道最主要的施工方法，尤其在荷兰。我国现有6条沉管法隧道：上海金山供水隧道，另外5条在宁波（宁波甬江水底隧道）、广州（广州珠江水底隧道）、香港（香港西区沉管隧道、香港东区沉管隧道）和台湾。

沉管法亦曾称作预制管段沉放法。先在隧址以外的预制场制作隧道管段，两端用临时封墙密封，制成以后用拖轮拖运到隧址指定位置上。预先在设计位置处，挖好水底沟槽。待管段定位就绪后，往管段中注水加载，使之下沉，然后将沉设完毕的管段在水下连接起来，覆土回填，完成隧道（图9-1），称之谓"沉管隧道"。

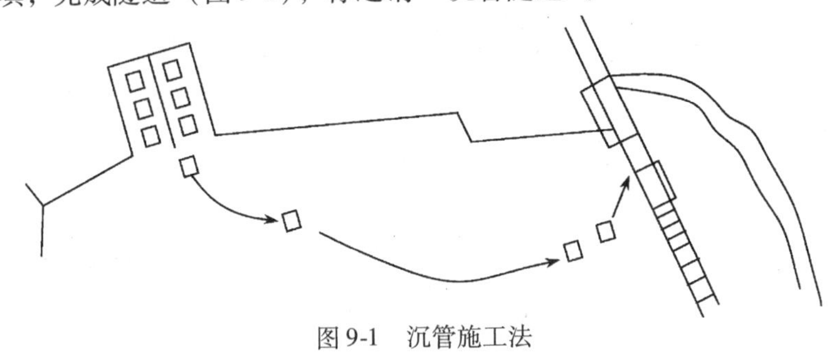

图9-1　沉管施工法

水底沉管隧道具有施工质量有保证、建筑单价和工程总价均较低、隧位现场的施工期短、操作条件好、对地质条件的适应性强、断面形状选择自由度大及断面空间利用率高等特点。

沉管隧道有圆形和矩形两类，其设计、施工及所用材料有所不同。

（1）圆形沉管隧道：这类沉管内边均为圆形、外边则为圆形、八角形或花篮形，多半用钢壳作为防水层；

（2）矩形沉管隧道：在每个断面内可以同时容纳2～8个车道，矩形断面的空间利用率较高。

9.2　沉管结构设计

沉管隧道的设计包括：总体几何设计；结构设计；通风设计；照明设计；内装设计；给排水设计；供电设计；运行管理设施设计等。以下主要介绍沉管结构设计。

9.2.1 沉管结构设计的特点——浮力设计

沉管结构设计与其他地下建筑迥然不同的特点，就是必须处理好浮力与重量间的关系，这就是所谓浮力设计。浮力设计内容包括干舷的选定和抗浮安全系数的验算，其目的是最终确定沉管结构的高度和外廓尺寸。

1. 干舷

管段在浮运时，为了保持稳定，必须使其管顶露出水面，露出的高度就称作为干舷。具有一定干舷的管段，遇到风浪而发生倾侧后，它就会自动产生一个反倾力矩，使管段恢复平衡（图 9-2）。

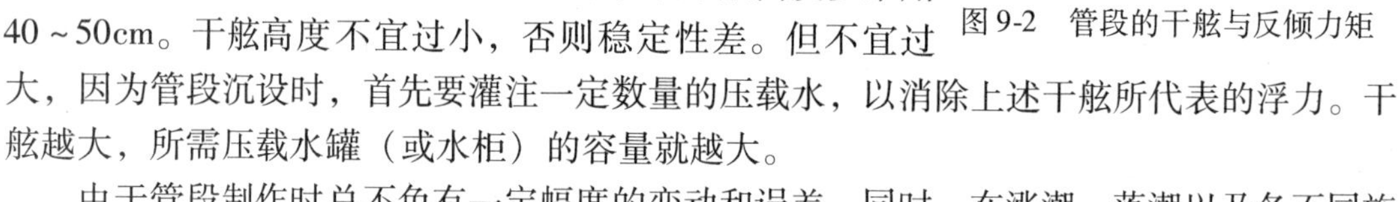

图 9-2　管段的干舷与反倾力矩

一般矩形断面的管段，干舷高度多为 10 ~ 15cm，圆形、八角形、花篮形断面管段，因顶宽较小，故干舷高度多采用 40 ~ 50cm。干舷高度不宜过小，否则稳定性差。但不宜过大，因为管段沉设时，首先要灌注一定数量的压载水，以消除上述干舷所代表的浮力。干舷越大，所需压载水罐（或水柜）的容量就越大。

由于管段制作时总不免有一定幅度的变动和误差，同时，在涨潮、落潮以及各不同施工阶段中，河水比重也会有一定幅度的变动。所以，在进行浮力设计时，应按最大的混凝土容重、最大的混凝土体积和最小的河水比重来计算干舷。

2. 抗浮安全系数

在管段沉设施工阶段，应采用 1.05 ~ 1.1 的抗浮安全系数。且计算时，应按覆土回填开始前的情况计算，不计临时安设在管段上的施工设备（如索具、定位塔、出入筒、端封墙等）的重量。

覆土完毕后的使用阶段，应采用 1.2 ~ 1.5 抗浮安全系数，且计算时，可考虑管段两侧填土的部分负摩擦力作用。

进行浮力设计时，应按最小的混凝土重度和体积，最大的河水相对密度来计算各阶段的抗浮安全系数。

3. 沉管的结构高度

通过总体几何设计，虽已确定了隧孔的内净宽度及车行道净空高度，但沉管结构的全高以及其他外廓尺寸都还未定，这些尺寸都必须经过浮力计算和结构分析的多次试算和复算，才能予以确定。

9.2.2 作用在沉管结构上的荷载

（1）结构自重

恒载。按沉管结构的几何尺寸及材料计算。对于钢筋混凝土材料，取重度 $\gamma = \begin{matrix} 24.6\text{kN/m}^3(\text{浮运阶段}) \\ 24.2\text{kN/m}^3(\text{使用阶段}) \end{matrix}$；而压载时所用混凝土，取重度 $\gamma = 22.5\text{kN/m}^3$。

（2）水压力

主要荷载之一。在覆土较小的区段中，水压力是作用在管段上的最大荷载。设计时需按各种荷载组合情况分别计算高、低潮水位的水压力，以及台风或百年一遇的特大洪水位的水压力。

(3) 土压力

另一主要荷载，且常不是恒载。作用在管段顶面上的垂直土压力（土荷载），一般为河床底面到管段顶面之间的土体重量。但在不稳定情况下，还要考虑河床变迁所产生的附加土荷载；作用在管段侧边上的水平土压力，也不是一个常量。在隧道刚建成时往往较小，以后逐渐增加，最终可达静止土压力。设计时应按不利组合分别取用其最小值和最大值。

(4) 浮力

作用在管段上的浮力，也不是个常量。一般说来，浮力应等于排水量，但作用于沉管在黏土层中管段上的浮力，有时也会由于“滞后现象”（水作用于土粒上，土粒再作用在管段上）的作用而大于排水量。

(5) 施工荷载

主要是端封墙、定位塔、压载等重量。在进行浮力设计时，应计算施工荷载。在计算浮运阶段的纵向弯矩时，施工荷载将是主要荷载。

(6) 沉降摩擦力

沉降摩擦力是在覆土回填之后，沟槽底部受荷不均，沉降亦不均的情况下产生的。沉管底下的荷载比较小，沉降亦小，而其两侧荷载较大（侧面水土荷载远比沉管自重大的多，有时大到10倍以上），沉降亦较大，因而，在沉管的侧壁外侧就受到这种沉降摩擦力的作用（图9-3）。

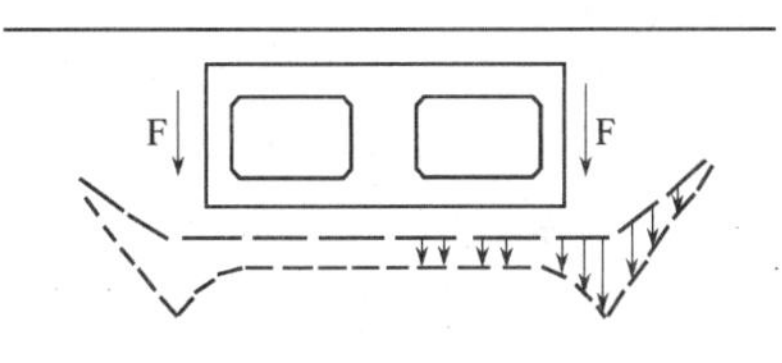

图9-3 沉降摩擦力

(7) 地基反力

恒载。按：反力按直线分布；反力强度与各点地基沉降量成正比（文克勒假定）；地基为半无限弹性体等不同假定的分布规律计算地基反力。

(8) 沉船荷载

是沉船失事后恰巧沉在隧道顶上时所产生的荷载。应视船只类型等多因素而定。设计中常假定为50~130kPa。

(9) 变温影响

主要由沉管外壁的内外侧温差引起。设计时以持续5~7天的日平均最高气温或最低气温（日平均）计算。

至于波浪力、车辆活载等在结构设计时一般略去不计。

9.2.3 结构分析与配筋

1. 横向结构分析

沉管的横截面结构形式为多孔箱形框架。由于荷载组合的种类较多，箱形框架结构分析必须经过“假定构件尺寸—分析内力—修正尺寸—复算内力”的多次循环；为了避免采用剪力钢筋，并为改善结构受力，减少裂缝出现，常采用变截面或折拱形结构；同时，由于隧道纵坡和河底标高变化，各处断面所受土、水压力不同等因素，不能按一个横截面的结构分析法来进行整节管段、甚至整个隧道的横向配筋。

2. 纵向受力分析

施工阶段沉管的纵向受力分析，主要计算浮运、沉设时施工荷载所引起的内力；使用阶段沉管的纵向受力分析，按弹性地基梁理论进行计算。

3. 配筋

沉管结构的截面和配筋设计，按《公路桥涵设计规范》进行。

沉管结构的混凝土28天的强度，宜采用$(3\sim4.5)\times10^4$kPa。

沉管结构在外防水层保护下的最大容许裂缝宽度为0.15～0.2mm，因此不宜采用HRB 400以上钢筋；钢筋容许应力限于$(13\sim16)\times10^4$kPa。

设计时采用的容许应力可按不同的荷载组合条件，分别加以相应的提高率。

沉管结构的纵向钢筋不少于0.25%。

9.2.4 预应力的应用

一般情况下沉管隧道多采用普通钢筋混凝土结构，但当隧孔跨度较大（三车道以上），且水、土压力较大时采用预应力混凝土结构。在沉管结构横断面采用预应力时有两种情况：①全预应力；②部分预应力（多采用）。全部预应力索在制作干坞中张拉完毕，并做好压浆和锚具的防水处理。在隧孔跨中，于顶、底板之间设置临时性的对拉预应力筋，可省去大量不起永久作用的普通钢筋。

9.3 沉管基础

9.3.1 地质条件与沉管基础

在一般地面建筑中，如果建筑物基底下的地质条件差，就得做适当的基础，否则就会产生有害的沉降，甚至有发生坍塌的危险。

在水底沉管隧道中，情况就完全不同。首先，不会产生由于土固结或剪切破坏所引起的沉降。这是因为作用在沟槽底面的荷载，在设置沉管后非但没增加，反倒减小了。

在开槽前，作用在槽底（图9-4）上的压力是

$$P_0 = \gamma_s (H + C) \tag{9-1}$$

式中 γ_s——土的有效重度，5～9kN/m^3；

H——沉管全高；

C——覆土厚度，一般为0.5m，有特殊需要时，则为1.5m。

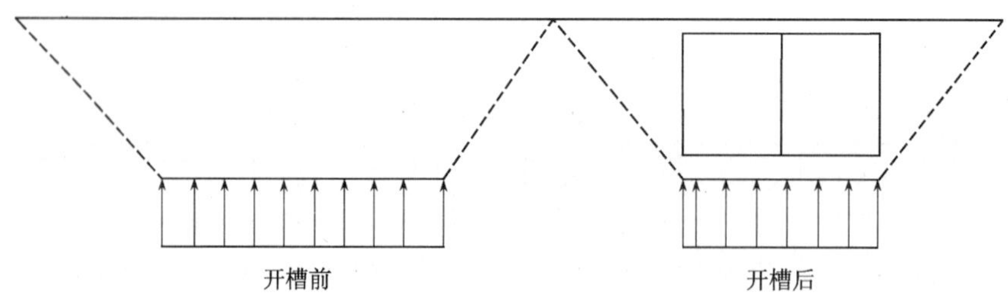

图9-4 管段底面上的压力变化

在管段沉设、覆土回填完毕后，作用在槽底上的压力是

$$P = (\gamma_t - 1)H \tag{9-2}$$

式中　γ_t——竣工后，管段的重度（包括覆土重量在内）。

设 $\gamma_s = 7kN/m^3, H = 8m, C = 0.5m, \gamma_t = 12.5kN/m^3$，则

$$P_0 = \gamma_s(H + C) = 7 \times (8 + 0.5) = 59.5kPa;$$

$$P = (\gamma_t - 1)H = (12.5 - 1) \times 8 = 20kPa \ll P_0$$

因而沉管隧道很少需要构筑人工基础以解决沉降问题。

此外，沉管隧道施工时是在水下开挖沟槽的，没有产生流砂的可能。

所以，沉管隧道对各种地质条件的适应性很强。

9.3.2 基础处理

开槽作业中，挖成后的槽底表面不平整，形成槽底表面与沉管地面之间的不规则空隙，导致地基土受力不均，引起不均匀沉降，使沉管结构受到较高的局部应力导致开裂，故对沉管隧道必须进行基础处理——垫平。

沉管隧道的基础垫平处理方法可分为先铺法和后填法两大类。先铺法包括刮砂法和刮石法，适用于底宽较小的沉管工程；后填法包括灌砂法、喷砂法、灌囊法、压砂浆法及压混凝土法，适用于底宽较大的沉管工程。

9.3.3 软弱土层中的沉管基础

若沉管下的地基土特别软弱，则需要采取：①以砂置换软弱土层（增加费用很多，且有液化危险）；②打砂桩并加荷预压（大量增加费用，适用固结密实时间长，影响工期，一般不用）；③减轻沉管重量（能减少沉降，但影响沉管的抗浮安全系数，不实用）；④桩基（比较适宜）。

沉管隧道采用桩基会遇到：基桩桩顶标高达不到完全齐平，难以保证所有桩顶与管底接触的问题。为使基桩受力均匀，在沉管基础设计中必须采取一些措施。解决的办法大体有三种：

（1）水下混凝土传力法　基础打好后，浇一两层水下混凝土将桩顶裹住，再在其上铺一层砂石垫层，使沉管荷载经砂石垫层和水下混凝土层传递到基桩上。

（2）砂浆囊袋传力法　在管底与桩顶之间，用大型化纤囊袋灌注水泥砂浆加以垫实，使所有基桩均能同时受力。所用囊袋强度要高，透水性好；囊内的灌注砂浆强度略高于地基土，但流动度要高，一般均在水泥砂浆中掺入斑脱土泥浆。

（3）活动桩顶法　①在所有的基桩顶端设一小段预制混凝土活动桩顶。在管段沉设完毕后，向活动桩顶与桩身之间的空腔中灌注水泥砂浆，将活动桩顶顶升到与管底密贴接触为止。②采用一种钢制的活动桩顶。在基桩顶部与活动桩顶之间，用软垫层垫实。垫层厚度，按预计沉降量来决定。在管段沉设完毕后，在管底与活动桩顶之间，灌注砂浆加以填实。

第 10 章　顶管结构

10.1　概述

顶管法是修建地下管道和隧道的重要方法。该法采用液压千斤顶或具有顶进、牵引功能的设备，以顶管工作井作承压壁，将预制好的管道按设计高程、方位、坡度逐根顶入土层直至预定位置（图 10-1）。

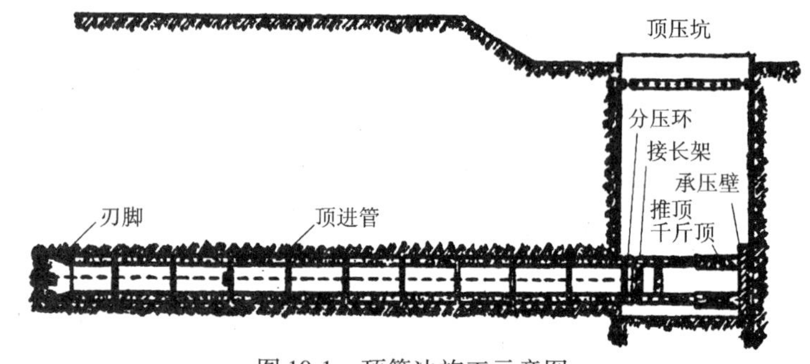

图 10-1　顶管法施工示意图

顶管法主要用于特殊地质条件下的管道工程中，如：

① 穿越江河、湖泊、港湾水体下的供水、输气、输油管道工程；

② 穿越城市建筑群、繁华街道地下的上下水、煤气管道工程；

③ 穿越重要公路、铁路路基下的通信、电力电缆管道工程；

④ 水库坝体涵管重建工程等。

顶管法的关键技术有：

① 方向控制：与设计轴线一致，对顶力的影响，保证中继环正常工作；

② 顶力大小及方向：管尾顶进方式，顶进距离必然受到限制，一般采用中继环接力；

③ 工具管开挖面正面土体的稳定性；

④ 承压壁后靠结构及土体的稳定性。

顶管法的工程地质勘察要点：

① 土层类别、埋深；

② 各土层土体的物理、力学性质；

③ 地下水位、压力；

④ 地下水和土的腐蚀性；

⑤ 土层冻结深度；

⑥ 地下管线；

⑦ 地下洞室；

⑧ 邻近建筑物基础；

⑨ 地面动载。

10.2 顶管工程设计

本节主要论述工作井设置、顶管顶力估算以及承压壁后靠结构及土体的稳定问题。

10.2.1 顶管工作井

1. 顶管工作井设置（图 10-2）

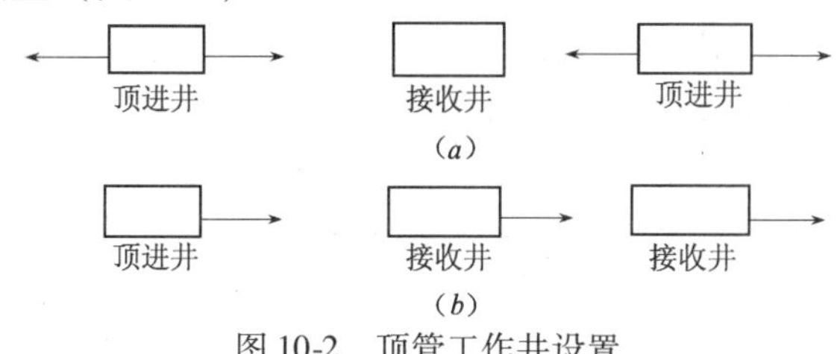

图 10-2　顶管工作井设置

(a) 双向顶进；(b) 单向顶进

供顶管机头安装用的顶进工作井（称顶进井）；供顶管工具管进坑和拆卸用的接收工作井（称接收井）。

工作井实质上是方形或圆形的小基坑，其支护类型同普通基坑，其平面尺寸较小，支护经常采用钢筋混凝土沉井和钢板桩。管径≥1.8m 或顶管埋深≥5.5m 时普遍采用钢筋混凝土沉井作为顶进工作井。沉井作为工作井时，一般采用双向顶进；采用钢板桩支护工作井时，一般采用单向顶进。

一般一井多用。工作井在施工结束后，一部分将改为阀门井、检查井。

工作井地面影响范围一般按井深的 1.5 倍计算，在此范围内的建筑物和管线等均应采取必要的技术措施加以保护。

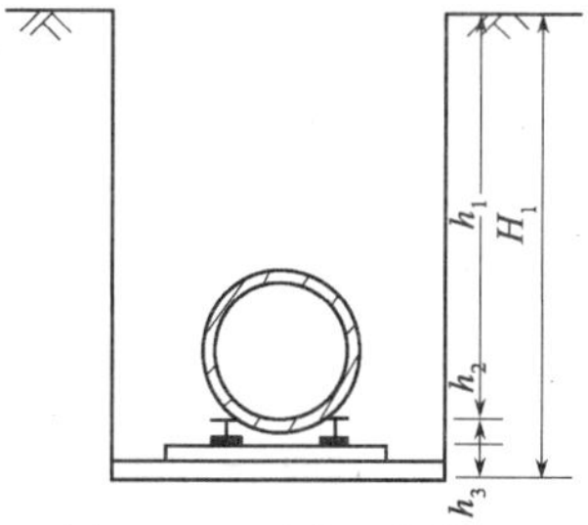

图 10-3　顶进工作井

2. 顶管工作井的深度

(1) 顶进工作井（图 10-3）

$$H_1 = h_1 + h_2 + h_3 \quad (10\text{-}1)$$

式中　h_1——地表至导轨顶的高度（m）；

h_2——导轨高度（m）；

h_3——基础厚度（包括垫层）（m）。

(2) 接收工作井（图 10-4）

$$H_2 = h_1 + h_3 + h_4 + t \quad (10\text{-}2)$$

式中　H_2——地表至基底的高度（m）；

h_1——地表至支承垫顶的高度（m）；

h_3——基础厚度（包括垫层）（m）；

h_4——支承垫厚度（m）；

t——管壁厚度（m）。

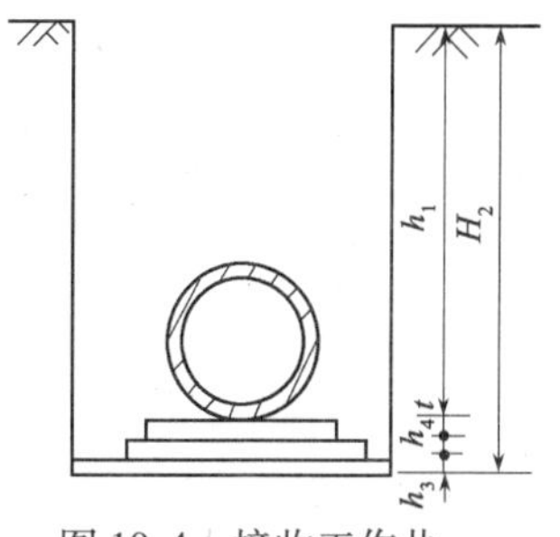

图 10-4　接收工作井

3. 防水构造

工作井的洞口应进行防水处理，设置挡水圈和封门板，进出井的一段距离内应进行井点降水或地基加固处理，以防土体流失，保持土体和附近建筑物的稳定。

工作井的顶标高应满足防汛要求，坑内应设置集水井，在暴雨季节施工时应防止地下水流入工作井，事先在工作井周围设置挡水围堰。

10.2.2 顶管顶力估算

克服顶管管壁与土的摩阻力及前刃脚切土时的阻力：

$$P = k\left[N_1 f_1 + (N_1 + N_2) f_2 + 2Ef_3 + RA\right] \tag{10-3}$$

式中 N_1——管顶以上的荷载（kN）；

N_2——全部管道自重（kN）；

E——顶管两侧的土压力（kN）；

R——土对钢刃脚正面的单位面积阻力（kPa）；

k——系数，一般采用1.2；

A——钢刃脚正面面积（m^2）；

f_1——管顶管壁与其上荷载的摩擦系数，由试验确定，无试验时，可视顶上润滑处理情况确定：涂石蜡为0.17～0.34，涂滑石粉浆为0.30，涂机油调制的滑石粉为0.20，无润滑处理为0.52～0.69，覆土为0.7～0.8；

f_2——管顶管壁与基底土摩擦系数，由试验确定，无试验时，可视基底土性质取0.7～0.8；

f_3——顶管管壁与管侧土的摩擦系数，由试验确定，无试验时，可视基底土性质取0.7～0.8。

10.2.3 顶管承压壁后靠土体的稳定验算

1. 沉井支护工作井承压壁后靠土体的稳定验算

$$P = 2F_1 + F_2 + F_p - F_a \tag{10-4}$$

各分量计算（图10-5）

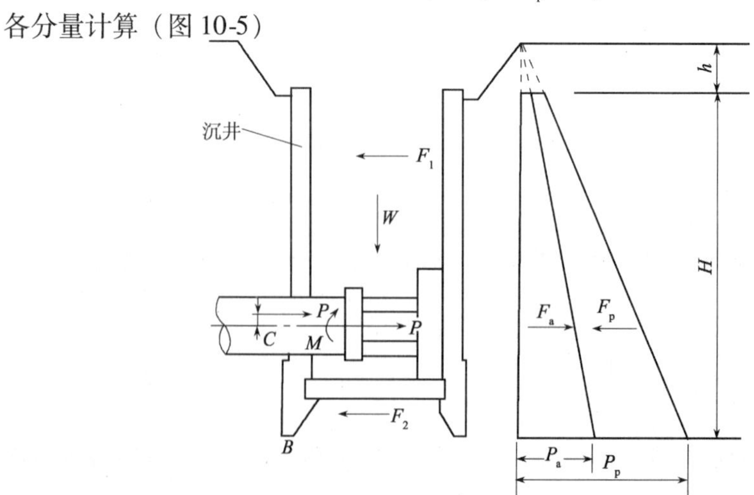

图10-5 沉井支护工作井承压壁后靠土体的稳定验算

式中　F_1——沉井一侧的侧面摩擦阻力（kN）：

$$F_1=\frac{1}{2}P_aHA_1\mu \tag{10-5}$$

F_2——沉井底面摩擦阻力（kN）：

$$F_2=W\mu \tag{10-6}$$

F_a——沉井顶向井壁的总主动土压力（kN）：

$$F_a=A\left[\frac{1}{2}\gamma H^2\tan^2\left(45°-\frac{\varphi}{2}\right)-2cH\tan\left(45°-\frac{\varphi}{2}\right)+\gamma hH\tan^2\left(45°-\frac{\varphi}{2}\right)\right] \tag{10-7}$$

F_p——沉井承压井壁的总被动土压力（kN）：

$$F_p=A\left[\frac{1}{2}\gamma H^2\tan^2\left(45°+\frac{\varphi}{2}\right)+2cH\tan\left(45°+\frac{\varphi}{2}\right)+\gamma hH\tan^2\left(45°+\frac{\varphi}{2}\right)\right] \tag{10-8}$$

P_a——沉井一侧井壁底端的主动土压力强度；

H——沉井高度（m）；

A_1——沉井一侧（除顶向和承压井壁外）的侧壁长度（m）；

μ——混凝土与土体摩擦系数；

W——沉井底面的总竖向压力（kN）；

h——沉井顶面距地面距离（m）；

γ——土体重度（kN/m^3）；

φ——内摩擦角（°）；

c——黏聚力，取各层土加权平均值。

注意：

① 无绝对把握的前提下，F_1 及 F_2 均不予考虑。

② 若不考虑 F_1 及 F_2，一般采用下式进行沉井承压壁后靠土体的稳定性验算：

$$P\leqslant\frac{F_p-F_a}{S} \tag{10-9}$$

式中 S 为沉井稳定系数，一般取 $S=1.0\sim1.2$。土质越差，S 的取值越大。

2. 钢板桩支护工作井承压壁后靠土体的稳定验算

（1）首先可以假定不存在板桩（图 10-6）

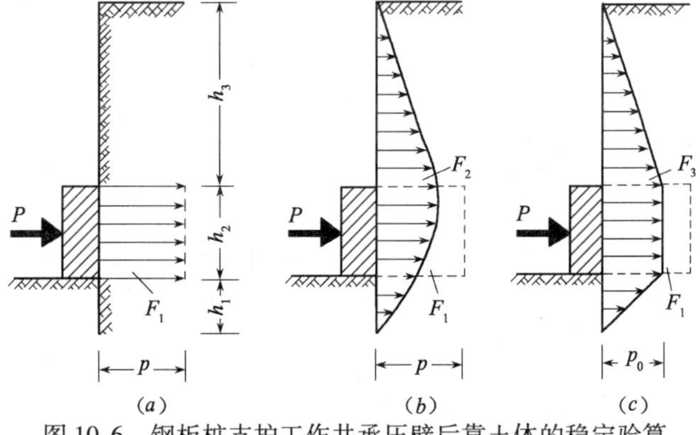

图 10-6　钢板桩支护工作井承压壁后靠土体的稳定验算

$$p=P/F \tag{10-10}$$

$$F = bh_2 \tag{10-11}$$

式中 P——承压壁承受的顶力（kN）；

F——承压壁面积（m^2）；

b——承压壁宽度（m）；

h_2——承压壁高度。

板桩的参与作用，便出现了一条类似于板桩弹性曲线的荷载曲线

$$p_0\left(h_2 + \frac{1}{2}h_1 + \frac{1}{2}h_3\right) = ph_2 \tag{10-12}$$

式中 p_0——承压壁后靠土体的单位面积反力（kPa）；

p——承压壁承后顶力 P 后的平均压力（kPa）。

（2）两段支护情况

只有最下面的一段参与承受和传递来自承压壁的反作用力。要用混凝土将下段板桩与上段板桩之间的空隙填充起来，以构成封闭的传力系统。否则，需将 h_3 缩短到上段板桩的下沿。钢板桩支护工作井的传力系统见图 10-7。

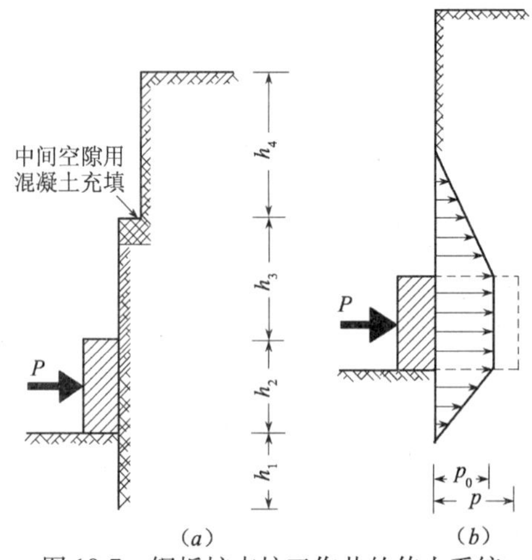

图 10-7 钢板桩支护工作井的传力系统

① 单双段支护下的顶管工作井承压壁后靠土体的稳定验算（图 10-8）

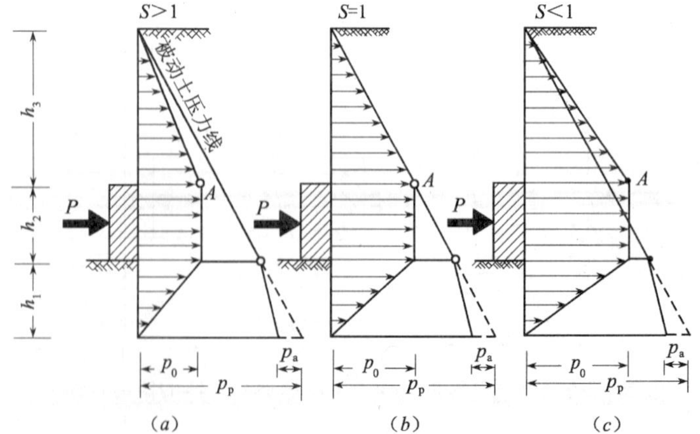

图 10-8 单双段支护下的顶管工作井承压壁后靠土体的稳定验算

$$\gamma\lambda_p h_3 \geqslant S\frac{2P}{b(h_1+2h_2+h_3)} \quad (10\text{-}13)$$

式中 λ_p——被动土压力系数，$\lambda_p = tan^2(45° + \frac{\varphi}{2})$。

当 A 点在后靠土体被动土压力线上或在其左侧时，则后靠土体是稳定的。

② 双段支护下的顶管工作井承压壁后土体的稳定验算（图 10-9）

$$\gamma\lambda_p(h_3+h_4) \geqslant S\frac{2P}{b(h_1+2h_2+h_3)} \quad (10\text{-}14)$$

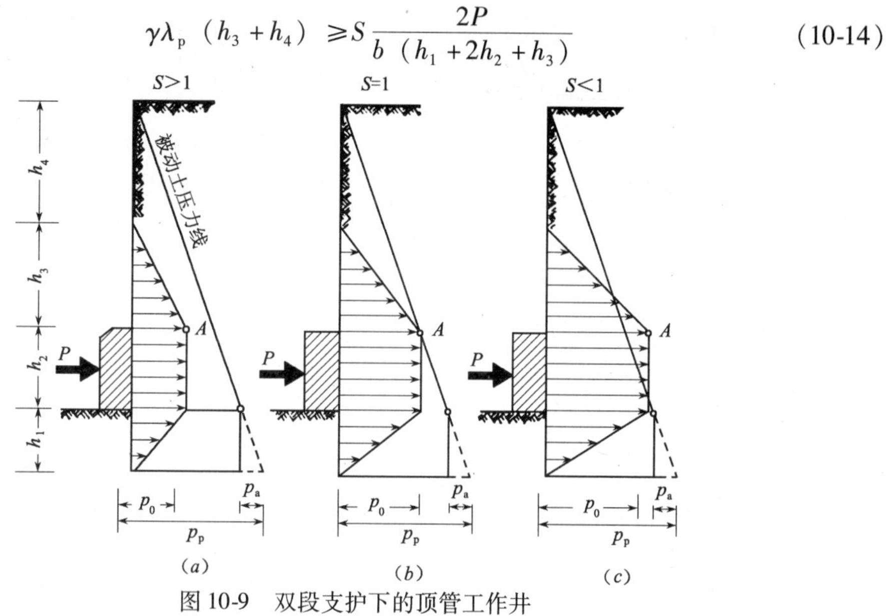

图 10-9 双段支护下的顶管工作井

③ 承压壁后靠土体的稳定验算：

留有孔口时则平均压力应修改为：

$$p = \frac{P}{bh_2 - \frac{1}{4}\pi D^2} \quad (10\text{-}15)$$

$$\gamma\lambda_p h_3 \geqslant S\left(\frac{2P}{h_1+2h_2+h_3}\cdot\frac{h_2}{bh_2-\frac{1}{4}\pi D^2}\right) \quad (10\text{-}16)$$

$$\gamma\lambda_p(h_3+h_4) \geqslant S\left(\frac{2P}{h_1+2h_2+h_3}\cdot\frac{h_2}{bh_2-\frac{1}{4}\pi D^2}\right) \quad (10\text{-}17)$$

式中 D——管道外径（m）。

④ $S<1$ 用缩小 h_3 的办法来增大 h_2，或者增大 b，直至 S 达到 1 为止，直至降低 P 的数值。即增加承压面积。

10.2.4 常用顶管工具管

顶管工具管有手掘式、挤压式、泥水平衡式、三段两铰型水力挖土式和多刀盘土压平衡式等。

1. 手掘式顶管工具管（图 10-10）：为正面全敞开，采用人工挖土。

2. 挤压式顶管工具管（图 10-11）：网格切土装置或刃脚放大。

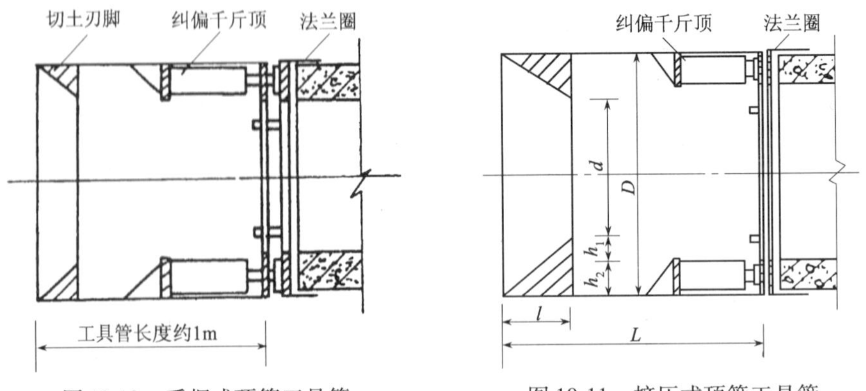

图 10-10　手掘式顶管工具管　　　图 10-11　挤压式顶管工具管

3. 泥水平衡式顶管工具管（图 10-12）

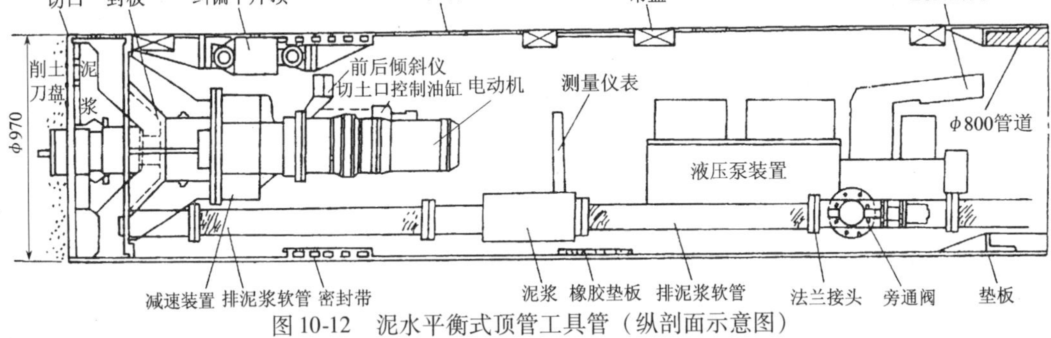

图 10-12　泥水平衡式顶管工具管（纵剖面示意图）

4. 三段两铰型水力挖土式顶管工具管（图 10-13）

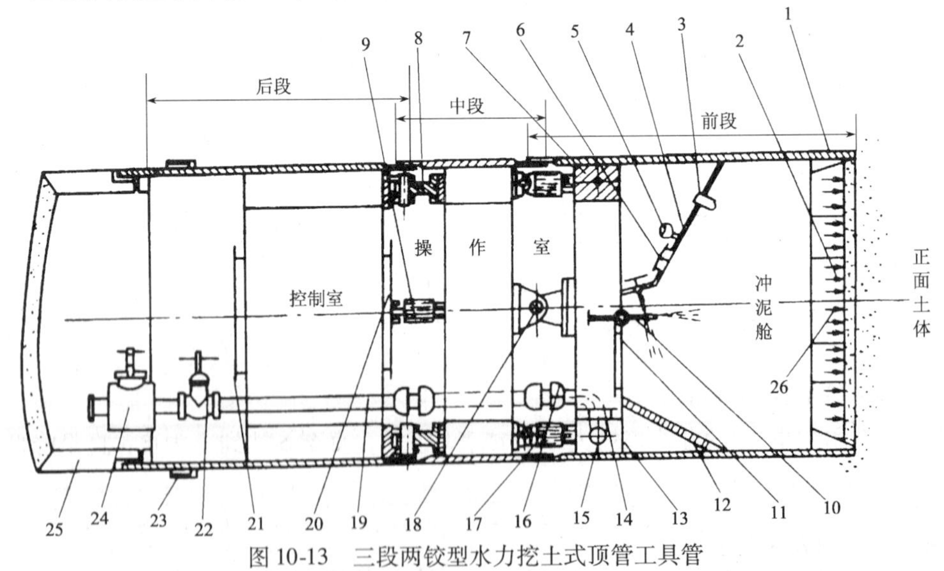

图 10-13　三段两铰型水力挖土式顶管工具管

1—刃脚；2—格栅；3—照明灯；4—胸板；5—真空压力表；6—观察窗；7—高压水仓；8—垂直铰链；9—左右纠偏油缸；10—水枪；11 小水密门；12—吸口格栅；13—吸泥门；14—阴井；15—吸管进口；16—双球活接头；17—上下纠偏油缸；18—水平铰链；19—吸泥管；20—气闸门；21—大水密门；22—吸泥管闸筏；23—泥浆环；24—清理阴井；25—管道；26—气压

5. 多刀盘土压平衡式顶管工具（图 10-14）

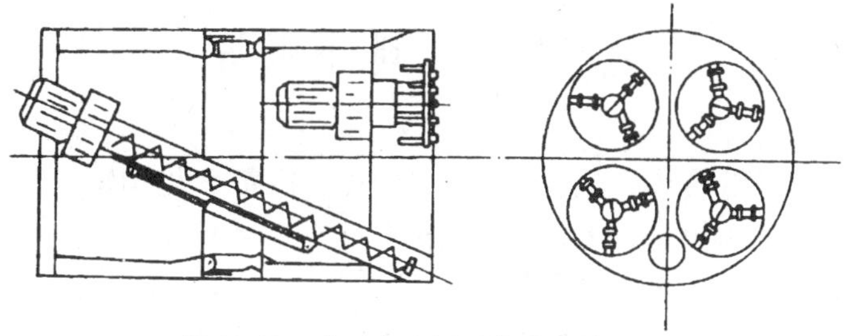

图 10-14　多刀盘土压平衡式顶管工具

6. 大刀盘土压平衡顶管机（图 10-15）

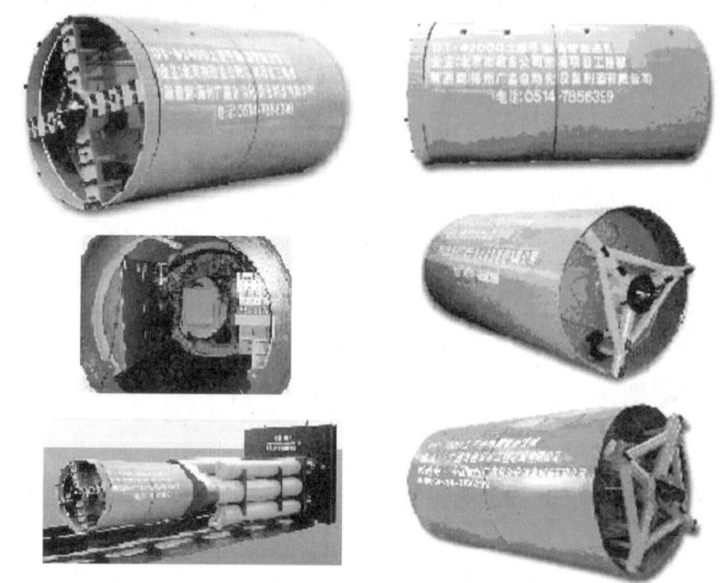

图 10-15　大刀盘土压平衡顶管机

7. 主顶设备（图 10-16）

图 10-16　主顶设备

8. 地表沉降：一般顶管工具引起的地表沉降量可控制在 50～100mm，而采用泥水平衡式顶管工具管引起的地表沉降量控制在 30mm 以下。

顶管工具管的基本原理及施工工艺与盾构基本相似。

外包钢板复合式钢筋混凝土管和钢筋混凝土管道的顶距已达 100～290m，钢管的顶距已达 1200m。2002 年 1 月嘉兴污水处理排海工程中，利用直径为 2m 的钢筋混凝土顶管，实现了一次顶进 2060m，超越上海奉贤创造一次顶进 1856m（1999 年）纪录。

第 11 章　地下贮库

地下贮库有：地下物资库，油、气贮库，粮库，冷库，火药库，飞机库等。地下贮库的结构形式主要有：直墙拱形、大跨度曲墙拱等（图 11-1）。

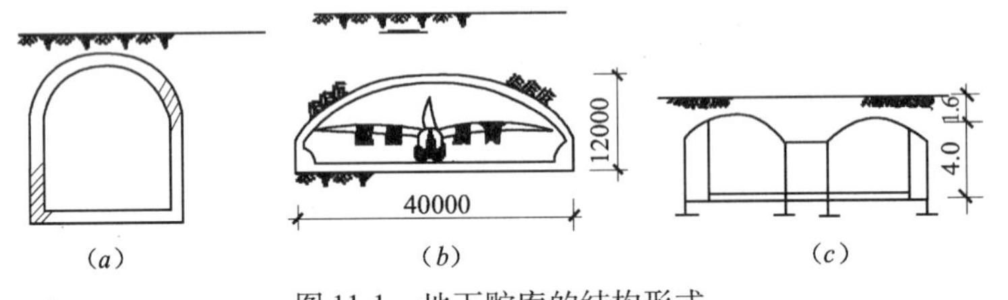

图 11-1　地下贮库的结构形式
（a）直墙拱形；（b）40m 跨轰炸机库拱结构；
（c）中间通道两边直墙拱形结构

下面以地下冷库、粮库为例，说明地下贮库设计应考虑的因素。

11.1　城市地下冷库

11.1.1　冷库设计原则

（1）划分地下部分规模、技术要求、冷藏物品的种类；

（2）按照制冷工艺要求进行布局，把制冷工艺与功能结合起来；

（3）高度 6 ~ 7m 为宜，洞体宽度不宜大于 7m；

（4）选址要考虑地形、地势、岩性及环境情况，应选择山体厚、排水畅通、稳定，以及导热。

11.1.2　冷库功能分析图

冷库的一般工艺为加工、检验分级、称重、冷冻、贮存、称重、出库几个环节（图 11-2）。

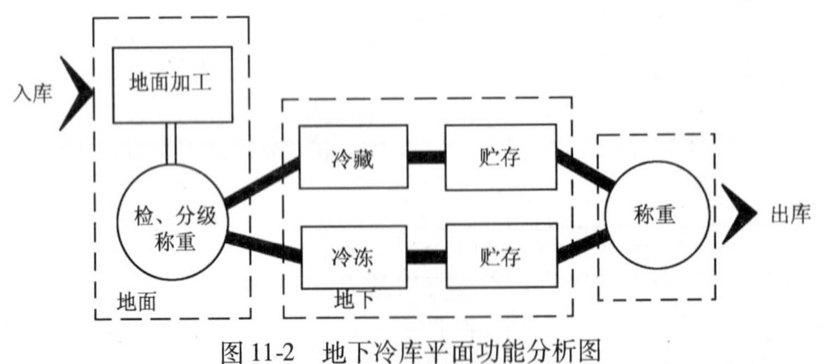

图 11-2　地下冷库平面功能分析图

11.1.3 冷库平面类型

冷库平面类型除必须满足工艺要求外，还要视基地环境及岩土状况、性质来确定。冷库平面主要有矩形平面和走道式组合平面两种形式（图 11-3）。

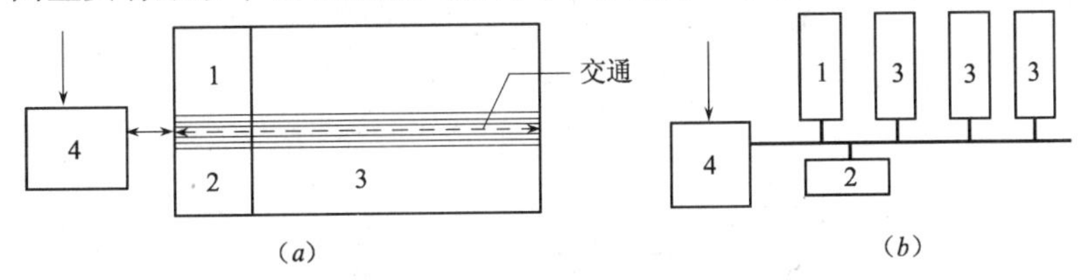

图 11-3　两种冷库平面类型

（a）矩形平面；（b）走道式组合平面

1—冷藏；2—冷冻；3—冷贮；4—辅助用房

11.2 地下粮库

11.2.1 地下粮库的基本要求

（1）满足粮库的温度、湿度，防止霉烂变质、发芽；

（2）具备良好的封密性与保鲜功能，既不发生虫、鼠害，又能保持一定的新鲜度；

（3）具有可靠的防火设施；

（4）平面合理，方便运输。

11.2.2 地下粮库设计基本因素

（1）粮库设计主要由粮仓、运输、设备、管理几个部分组成；

（2）一般贮存面积占建筑面积50%左右，一般每平方米贮粮面积可存放袋装粮1.2～1.5t；

（3）袋装粮码成垛堆放称为“桩”，有实桩和通风桩两种；

（4）实桩堆放适用于长期贮存干燥粮食，堆放高度可达20m；

（5）通风桩有“工”字、“井”字形堆放，使粮袋间留出通风空隙，高度一般为8～12m；

（6）桩间留0.6m空隙，桩与墙之间留0.5m距离。

11.2.3 地下粮库设计方案

（1）单建式地下粮仓（图 11-4）

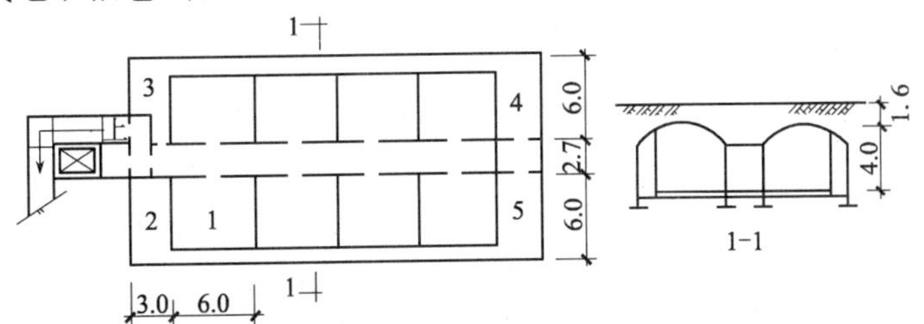

图 11-4　单建式地下粮仓

1—粮仓；2—办公；3—贮藏；4—风机；5—食油库

（2）散装粮库（图 11-5）

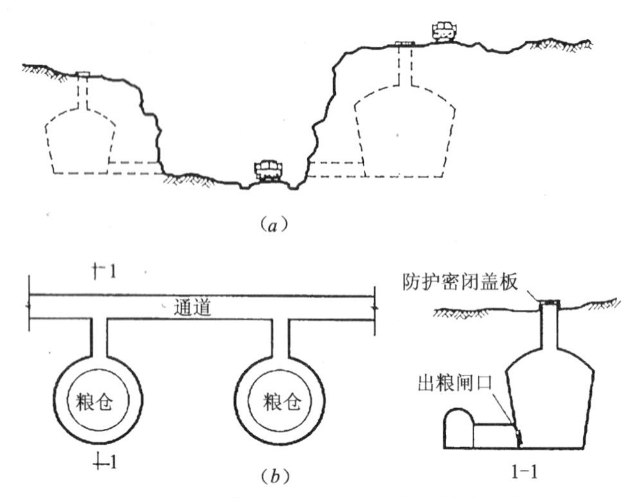

图 11-5　黄土地区地下马蹄形散装粮库
（*a*）单仓，利用地形自流装卸；（*b*）多仓散装库

第 12 章　挡　土　墙

12.1 概述

挡土墙是用来支撑天然边坡或人工填土边坡以防止墙后土体坍塌和滑移的建筑物。在房屋建筑、公路、铁路、桥梁、港口和水利工程中被广泛地应用，例如：地下室的外墙、支撑建筑物周围填土的挡土墙、堆放散粒材料的挡墙、码头、桥台以及道路边坡的挡土墙等。

挡土墙按结构形式可分为重力式、悬臂式、扶壁式、板桩式及加筋土挡土墙等，通常用毛石、砖、混凝土或钢筋混凝土等材料建造，一般挡土墙的结构形式和建造材料应根据工程需要、土层构造、地下水情况、材料供应、施工技术以及造价等因素合理地选择。本章主要介绍重力式、悬臂式和扶壁式挡土墙。

挡土墙的土压力是指墙后填土因自重及外荷载作用对墙背产生的侧向压力。它与填料的摩擦角、黏聚力、挡土墙断面形状、挡土墙位移方向等因素有关，目前大多采用古典的朗肯（Rankine，1857）和库仑（Coulomb，1776）土压力理论来计算。尽管这些理论都是建立在假定和简化基础上的，但大量挡土墙模型试验、原位观测及理论研究结果均表明这两种古典理论仍是实用可靠的计算方法。

挡土墙设计应合理地选择其构造尺寸，在墙后土压力作用下，必须具有足够的整体稳定性和结构强度。设计时应验算挡土墙沿基底的滑移稳定性、墙身抗倾覆稳定性、墙底地基承载力和墙身强度，当土质软弱时，还有必要验算圆弧面滑动稳定性。

在房屋建筑、公路、铁路、桥梁、港口和水利工程中建设中，常把建筑物建于山坡上、江河岸边。边坡在水、风、冰冻等自然因素的长期作用下，经常发生变形和破坏。例如边坡的地表土在温差作用下形成胀缩循环和干湿循环，可导致强度衰减和剥蚀，在水流作用下形成冲沟以及滑坍等。为保证边坡的稳定性，除做好建筑物地基排水外，还必须采取有效的工程措施，对黏土、粉砂、细砂及容易风化的岩石边坡，进行必要的防护。

12.2 重力式挡土墙

重力式挡土墙依靠墙身自重维持稳定，因而墙体必须做成厚重的实体，墙身断面较大，材料用量大，一般由价格便宜的块石砌筑，缺乏块石的地区可用砖、素混凝土。重力式挡土墙优点是结构简单，施工方便，能就地取材，在建筑工程中应用广泛；缺点是其施工主要由人工操作，耗费的材料和人工过多，占地面积过大，工程量大，沉降大。重力式挡土墙在高度小于 5m 的地方使用，还是比较经济合理的，而高度大于 8m 的挡土墙，因土压力较大，需要的挡土墙体量也相对庞大，还需在重力式挡土墙建造之前开挖边坡的坡脚，施工难度较大，易出现安全事故，在经济上很不合算。

12.2.1 重力式挡土墙的选型

重力式挡土墙形式的选择，主要考虑以下几个方面：

1. 挡土墙墙背倾斜形式

重力式挡土墙按墙背的倾斜情况分为仰斜、直立和俯斜三种，如图 12-1（*a*）、（*b*）、（*c*）所示。仰斜墙主动土压力最小，俯斜墙主动土压力最大，垂直墙主动土压力处于仰斜和俯斜两者之间，因此仰斜墙较为合理，墙身截面设计较为经济，应优先考虑应用。当重力式挡土墙的高度在 8～12m 时，宜用衡重式，如图 12-1（*d*）所示。衡重式挡土墙上下墙背间设有衡重台，利用衡重台上填土重力和墙身自重共同作用维持其稳定，其断面尺寸较重力式小。此外，在进行墙背的倾斜形式选择时，还应根据使用要求、地形条件和施工等情况综合考虑确定。

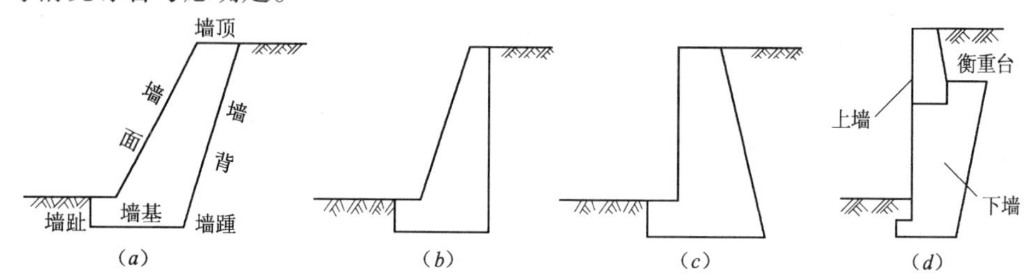

图 12-1　重力式挡土墙墙背倾斜形式

（*a*）仰斜式；（*b*）直立式；（*c*）俯斜式；（*d*）衡重式

2. 墙的背坡和面坡的选择

仰斜墙墙背坡愈缓，则主动土压力愈小，但墙背坡度不宜缓于 1：0.25（高宽比），为方便施工，墙面宜尽量与墙背平行（图 12-2*a*）。

在地面横坡陡峻时，俯斜式挡土墙可采用陡直的墙面，以减小墙高。墙背也可做成台阶形（图 12-2*b*），以增加墙背与填料间的摩擦力。直立式挡土墙墙背的特点介于仰斜和俯斜墙背之间。

衡重式挡土墙在上下墙之间设衡重台，并采用陡直的墙面（图 12-2*c*）。上墙俯斜墙背的坡度为 1：0.25～1：0.45，下墙仰斜墙背在 1：0.25 左右，上下墙的墙高比一般采用 2：3。

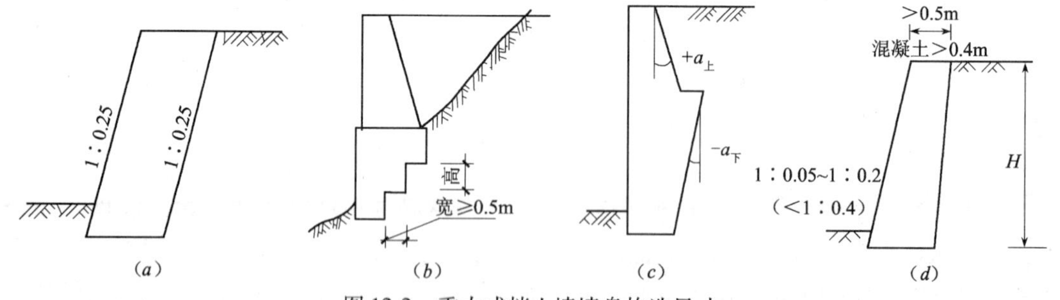

图 12-2　重力式挡土墙墙身构造尺寸

墙面坡度应根据墙前地面坡度确定，对于墙前地面坡度较陡时，墙面坡度取 1：0.05～1：0.2，如图 12-2（*d*）所示，矮墙可采用陡直墙面，当墙前地面坡度平缓时，墙面坡度取 1：0.2～1：035 较为经济，直立式挡土墙墙面坡度不宜缓于 1：0.4，以减少墙体材料。

3. 基底逆坡坡度

在墙体稳定性验算中，倾覆稳定较易满足要求，而滑动稳定常不易满足要求。为了增加墙身的抗滑稳定性，常将基底做成逆坡。对于土质地基的基底逆坡（$n:1$）一般不宜大于0.1∶1，对于岩石地基一般不宜大于0.2∶1，如图12-3所示。

由于基底倾斜，会使基底承载力减小，因此需将地基承载力特征值折减。当基底逆坡为0.1∶1时，折减系数为0.9；当基底逆坡为0.2∶1时，折减系数为0.8。

4. 墙趾台阶

当墙身高度超过一定限度时，基底压应力往往是控制截面尺寸的重要因素。为了减小基底压应力和增加抗倾覆稳定性，可在墙底加设墙趾台阶，以加大承压面积。

墙趾高 h 和墙趾宽 a 的比例可取 $h:a=2:1$，a 不得小于0.2m（墙趾台阶尺寸如图12-4所示）。墙趾台阶的夹角一般应保持直角或钝角，若为锐角时不宜小于60°。此外，基底法向反力的偏心距必须满足 $e \leqslant 0.25b$（b 为无台阶时的基底宽度）。

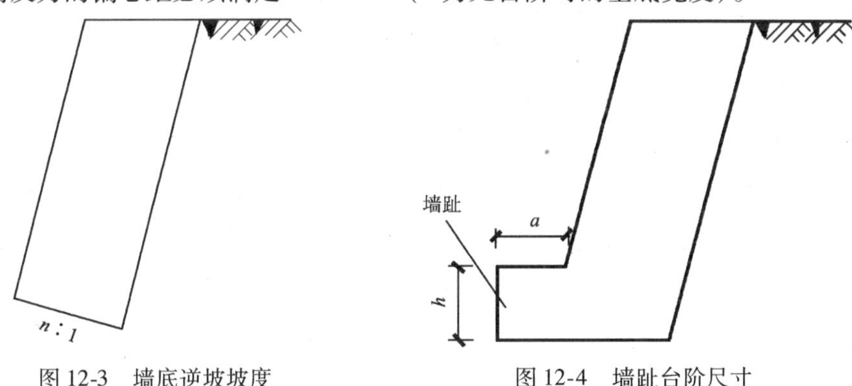

图12-3　墙底逆坡坡度　　图12-4　墙趾台阶尺寸

12.2.2　重力式挡土墙的构造

1. 挡土墙的埋置深度

挡土墙的埋置深度（如基底倾斜，则按最浅的墙趾处计算）根据地基土的承载力、冻结因素、水流冲刷情况和岩石风化程度确定，并从坡脚排水沟底起算，如基底倾斜，则按最浅的墙趾处计算。

2. 墙身构造

挡土墙各部分的构造必须符合强度和稳定的要求，并根据就地取材经济合理施工方便，按地质地形等条件确定。一般块石挡土墙顶宽不应小于0.4m。

3. 排水措施

雨季时节，雨水沿坡下流。如果在设计挡土墙时没有考虑排水措施，或因排水不良，将使墙后土的抗剪强度降低，导致土压力的增加。此外，由于墙背积水，又增加了水压力。这是造成挡土墙倒塌的主要原因。为了使墙后积水易于排出，通常在墙身布置适当数量的泄水孔。

4. 填土质量要求

根据土压力理论进行分析，为了使作用在挡土墙上的土压力最小，应该选择抗剪强度高、性质稳定、透水性好的粗颗粒材料作填料，例如卵石、砾石、粗砂、中砂等。如果施工质量得到保证，填料的内摩擦力大，对挡土墙产生的主动土压力就较小。

黏性土遇水体积会膨胀，干燥时又会收缩，性质不稳定，由于交错膨胀与收缩可在挡土墙上产生较大的侧应力，这种侧应力在设计中是无法考虑的，因此会使挡土墙遭到破坏。

5. 沉降缝和伸缩缝

由于墙高、墙后土压力及地基压缩性的差异，挡土墙宜设置沉降缝；为了避免因混凝土及砖石砌体的收缩硬化和温度变化等作用引起的破裂，挡土墙宜设置伸缩缝。沉降缝与伸缩缝，实际上是同时设置的，可把沉降缝兼作伸缩缝，一般每隔 10～20m 设置一道，缝宽约 2cm，缝内嵌填柔性防水材料。

6. 挡土墙的材料要求

石料：石料应经过挑选，在力学性质、颗粒大小和新鲜程度等方面要求一致，不应有过分破碎、风化外壳或严重的裂缝。

砂浆：挡土墙应采用水泥砂浆，只有在特殊条件下才采用水泥石灰砂浆、水泥黏土砂浆和石灰砂浆等。在选择砂浆强度等级时，除应满足墙身计算所需的砂浆强度等级外，在构造上还应符合有关规则要求，在 9 度地震区，砂浆强度等级应比计算结果提高一级。

7. 挡土墙的砌筑质量

条石砌筑的挡土墙，多采用一顺一顶砌筑方法，上下错缝，也有少数采用全顺全顶相互交替的做法。毛石砌筑的挡土墙，应尽量采用石块自然形状，保证各轮顶顺交替、上下错缝地砌筑。砌料应紧靠基坑侧壁，使与岩层结成整体，待砌浆强度达到 70% 以上时，方可进行墙后填土。在松散坡积层地段修筑挡土墙，不宜整段开挖，以免在墙完工前土体发生滑动；宜采用跳槽间隔分段开挖方式，施工前应先做好地面排水。

12.2.3 重力式挡土墙的计算

挡土墙的计算通常包括下列内容：①抗倾覆验算；②抗滑移验算；③地基承载力验算；④墙身强度验算；⑤抗震计算。

1. 挡土墙抗倾覆验算

从挡土墙破坏的宏观调查来看，其破坏大部分是倾覆。要保证挡土墙在土压力作用下不发生绕墙趾 O 点的倾覆，挡土墙的受力图如图 12-5 所示，且有足够的安全储备，抗倾覆安全系数 K_t（绕墙趾 O 点的抗倾覆力矩 M_1 与倾覆力矩 M_2 之比）应满足下式要求：

$$K_t = \frac{G \cdot x_0 + E_{az} \cdot x_f}{E_{ax} \cdot z_f} \geqslant 1.6 \tag{12-1}$$

对于建在软弱地基上的挡土墙，在倾覆力矩作用下墙趾底面地基可能产生局部冲切破坏，地基反力合力作用点内移，导致抗倾覆安全系数降低，有时甚至会沿圆弧滑动而发生整体破坏，因此验算时应注意土的压缩性。

2. 抗滑动稳定性验算

在土压力的作用下，挡土墙还可能沿基础底面发生滑动。要保证挡土墙在土压力作用下不发生滑动，且有足够的安全储备，抗滑安全系数 K_s（抗滑力与滑动力之比）应满足下式要求（图 12-6）：

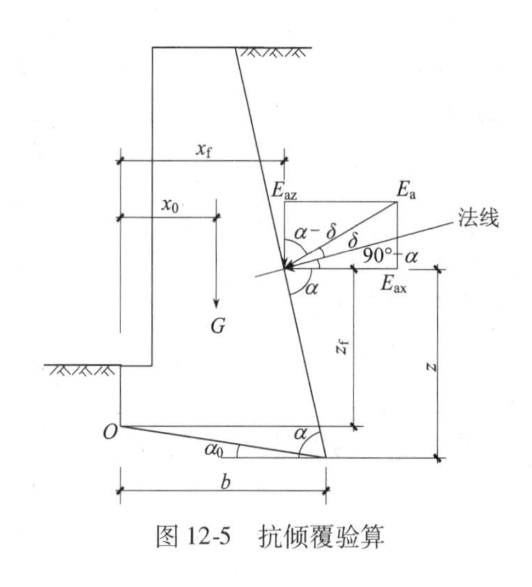

图 12-5　抗倾覆验算

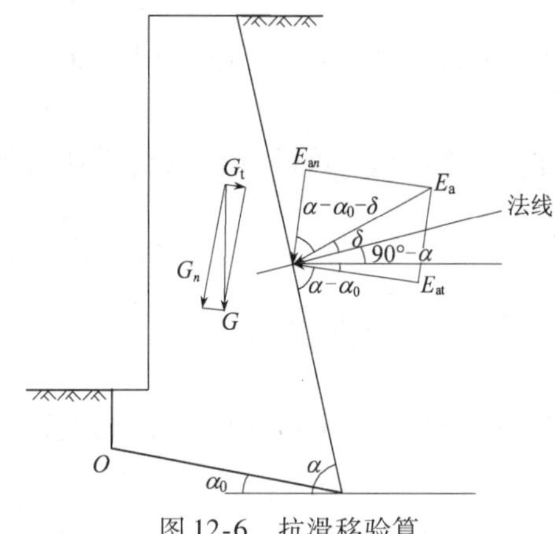

图 12-6　抗滑移验算

$$K_s=\frac{(G_n+E_{an})\mu}{E_{at}-G_t}\geqslant 1.3 \tag{12-2}$$

3. 挡土墙的地基承载力验算

持力层地基承载力验算

① 基底垂直合力的偏心距 e

对于土质地基上有墙趾台阶且底面有逆坡的重力式挡土墙，地基承载力验算与一般偏心受压基础验算方法相同。

由合力投影定理可知，作用于挡土墙上的自重力 G 与土压力 E 的合力 E_a 在基底上法线方向的分力 E_n（即为作用于基底上的垂直合力 N）等于自重力 G 与土压力 E_a 在基底法线方向投影的代数和，其大小为（图 12-7）：

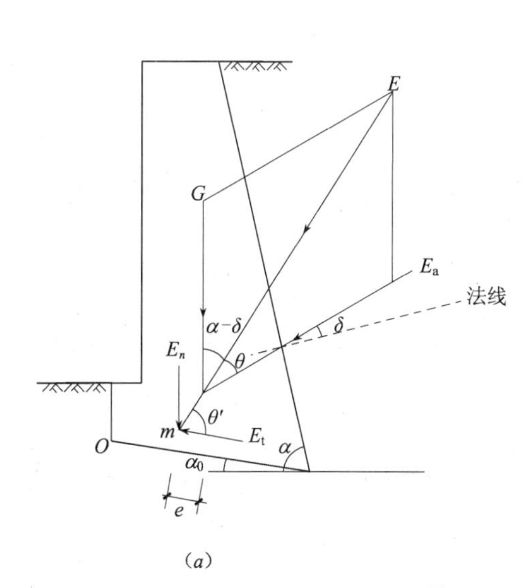

（a）

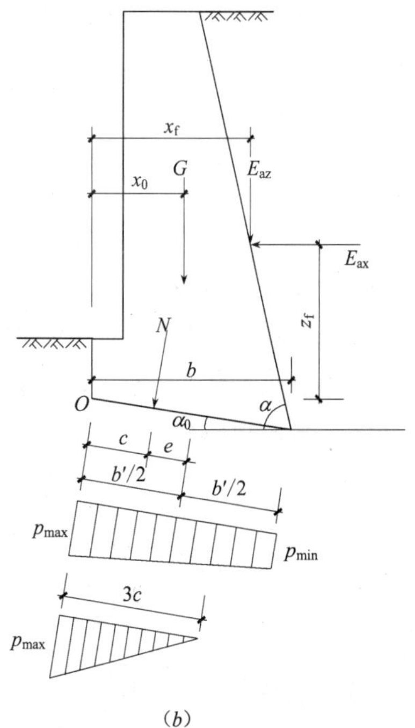

（b）

图 12-7　地基承载力验算图

（a）荷载向基底法线、切线方向简化；（b）基底压应力分布图

$$N = E_n = G\cos\alpha_0 + E_a \sin(\alpha + \alpha_0 + \delta) \quad (12\text{-}3)$$

同理可得，合力 E 在基底上切线方向的分力 E_t 大小为：

$$E_t = G\sin\alpha_0 + E_a \cos(\alpha + \alpha_0 + \delta) \quad (12\text{-}4)$$

由合力矩定理，可得 N 作用点到 O 点距离 c 为：

$$c = \frac{Gx_0 + E_{az}x_f - E_{ax}z_f}{G\cos\alpha_0 + E_a \sin(\alpha + \alpha_0 + \delta)} \quad (12\text{-}5)$$

于是可得 N 的偏心距 e：$e = \frac{b'}{2} - c$

② 当 $e \leqslant \frac{b'}{6}$ 时，基底压应力呈梯形或三角形分布，地基应满足：

$$p = \frac{N}{b'} \leqslant f_a \quad (12\text{-}6)$$

$$p_{max} = \frac{N}{b'}\left(1 + \frac{6e}{b'}\right) \leqslant 1.2f_a \quad (12\text{-}7)$$

③ 当 $e > \frac{b'}{6}$ 时，基底部分受拉，拉区与地基分离，受压部分压应力呈三角形分布，地基应满足：

$$p_{max} = \frac{2N}{3c} \leqslant 1.2f_a \quad (12\text{-}8)$$

上式中 f_a 为修正后的地基承载力特征值，当基底倾斜时，应乘以 0.8 的折减系数。

4. 挡土墙墙身强度验算

重力式挡土墙一般用毛石砌筑，需验算任意墙身截面处的法向应力和剪切应力，这些应力应小于墙身材料极限承载力。对于截面转折或急剧变化的地方，应分别进行验算，即墙身强度验算取墙身薄弱截面进行。

（1）抗压验算

$$N \leqslant \gamma_a \cdot \varphi \cdot A \cdot f \quad (12\text{-}9)$$

（2）抗剪计算

$$V \leqslant \gamma_a (f_v + 0.18\sigma_u) \cdot A \quad (12\text{-}10)$$

5. 挡土墙的抗震计算

计算地震区挡土墙时需考虑两种情况，即有地震时的挡土墙和无地震时的挡土墙。在这两种情况的计算结果中，选用其中墙截面较大者。

（1）抗倾覆验算

$$K_t = \frac{G \cdot x_0 + E_{az} \cdot x_f}{E_{ax} \cdot z_f + F \cdot z_w} \geqslant 1.2 \quad (12\text{-}11)$$

（2）抗滑移验算

$$K_s = \frac{(G_n + E_{an} + F \cdot \sin\alpha_0)\mu}{E_{at} - G_t + F \cdot \cos\alpha_0} \geqslant 1.2 \quad (12\text{-}12)$$

（3）地基承载力验算

当基底合力的偏心距 $e \leqslant \frac{b'}{6}$ 时：

$$p_{max} = \frac{N + F\sin\alpha_0}{b'}\left(1 + \frac{6e}{b'}\right) \leqslant 1.2f_a \tag{12-13}$$

当基底合力的偏心距 $e > \frac{b'}{6}$ 时：

$$p_{max} = \frac{2(N + F\sin\alpha_0)}{3c} \leqslant 1.2f_a \tag{12-14}$$

式中

$$c = \frac{Gx_0 + E_{az}x_f - E_{ax}z_f - Fz_w}{N + F\sin\alpha_0} \tag{12-15}$$

(4) 墙身强度验算

① 抗压验算

$$N \leqslant \gamma_a \cdot \varphi \cdot A \cdot f \tag{12-16}$$

② 抗剪计算

$$V \leqslant \gamma_a(f_v + 0.18\sigma_u) \cdot A \tag{12-17}$$

计算 Q 值时，要考虑地震力 F。

12.3 悬臂式挡土墙

当现场地基土较差或缺少石料时，可采用钢筋混凝土悬臂式挡土墙。悬臂式挡土墙是将挡土墙设计成悬臂梁形式，$b/H_1 = 1/2 \sim 1/3$，墙趾宽度 b_1 约等于 $b/3$。墙高可大于5m，截面常设计成 L 形。

12.3.1 悬臂式挡土墙的构造特点

1. 截面形式

墙身（立壁）承受着作用在墙背上的土压力所引起的弯曲应力。为了节约混凝土材料，墙身常做成上小下大的变截面，有时在墙身与底板连接处设置支托。

墙趾和墙踵均承受着弯矩，可按悬臂板进行设计。墙趾和墙踵宜做成上斜下平的变截面，节约混凝土，有利于排水。

2. 抗滑键

键的宽度应根据剪力要求，其最小值为30cm。

3. 配筋

墙身受拉一侧按计算配筋，在受压一侧为了防止产生收缩与温度裂缝也要配置纵横向的构造钢筋网 ϕ10@300，其配筋率不低于0.2%。计算截面有效高度 h_0 时，钢筋保护层应取30mm；对于底板不小于30mm，无垫层时不小于70mm。

12.3.2 悬臂式挡土墙的计算方法

悬臂式挡土墙的计算，包括确定侧压力、墙身（立壁）的内力及配筋计算、地基承载力验算、基础板的内力及配筋计算、抗倾覆稳定验算、抗滑移稳定验算等。在一般情况下，取单位长度为计算单元。

1. 确定侧压力

2. 墙身内力及配筋计算

挡土墙的墙身按下端嵌固在基础板中的悬臂板进行计算，每延米的设计弯矩值为：

$$M = \gamma_0\left(\gamma_G E_{a1} \cdot \frac{H}{3} + \gamma_Q E_{a2} \cdot \frac{H}{2}\right) \tag{12-18}$$

式中 γ_0——结构重要性系数，对重要的构筑物取1.1，一般的取1.0，次要的取0.9；

γ_G——墙后填土的荷载分项系数，取为1.2；

γ_Q——墙面活荷载的荷载分项系数，取为1.4。

由于沿墙身高度方向的弯矩从底部（嵌固弯矩）向上逐渐变小，其顶部弯矩为零，故墙身厚度和配筋可以沿墙高由下到上逐渐减少。墙身顶部最小宽度为200mm。配筋方法：一般可将底部钢筋的1/2至1/3伸至顶部，其余的钢筋可交替在墙高中部的一处或两处切断。受力钢筋应垂直配置于墙背受拉边，而水平分布钢筋则应与受力钢筋绑扎在一起形成一个钢筋网片，分布钢筋可采用ϕ10@300。若墙身较厚，可在墙外侧面（受压的一侧）配置构造钢筋网片ϕ10@300（纵横两个方向），其配筋率不少于0.2%。

受力钢筋的数量，可按下列公式进行计算：

$$A_s = \frac{M}{\gamma_s f_y h_0} \tag{12-19}$$

3. 地基承载力验算

墙身截面尺寸及配筋确定后，可假定基础底板截面尺寸，设底板宽度为b，墙趾宽度为b_1，墙纵板宽度为b_2及底板厚度为h，并设墙身自重G_1、基础板自重G_2、墙踵板在宽度b_2内的土重G_3、墙面的活荷载G_4、土的侧压力E'_{a1}及E'_{a2}，由下式可以求得合力的偏心e值

$$e = \frac{b}{2} - \frac{(G_1 a_1 + G_2 a_2 + G_3 a_3 + G_4 a_4) - E'_{a1}\frac{H}{3} - E'_{a2}\frac{H'}{3}}{G_1 + G_2 + G_3 + G_4} \tag{12-20}$$

（1）当$e \leqslant \frac{b}{6}$时，截面全部受压

$$p_{\min}^{\max} = \frac{\sum G}{b}\left(1 \pm \frac{6e}{b}\right) \tag{12-21}$$

（2）当$e > \frac{b}{6}$时，截面部分受压

$$p_{\max} = \frac{2\sum G}{3c} \tag{12-22}$$

（3）要求满足条件：

$$p = \frac{p_{\max} + p_{\min}}{2} \leqslant f_a \tag{12-23}$$

$$p_{\max} \leqslant 1.2 f_a \tag{12-24}$$

4. 基础板的内力及配筋计算

（1）墙趾

作用在墙趾上的力有基底反力、突出墙趾部分的自重及其上土体重量，墙趾截面上的弯矩对可由下式算出（图12-8）：

$$M_1 = \frac{p_1 b_1^2}{2} + \frac{(p_{max} - p_1) b_1}{2} \cdot \frac{2b_1}{3} - M_a$$

$$= \frac{(2p_{max} + p_1) b_1^2}{6} - M_a \quad (12\text{-}25)$$

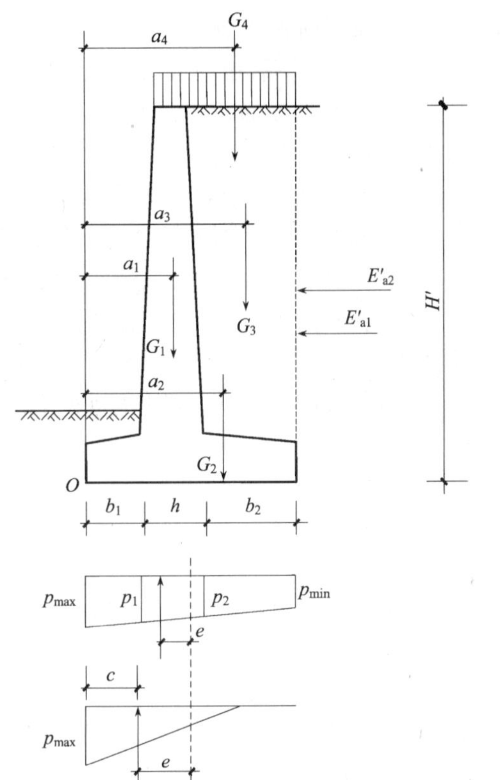

图 12-8

式中 M_a——墙趾板自重及其上土体重量作用下产生的弯矩。墙趾板自重很小，其上土体重量在使用过程中有可能被移走，因而一般可忽略这两项力的作用，也即 $M_a=0$，则上式可写为：

$$M_1 = \frac{(2p_{max} + p_1) b_1^2}{6} \quad (12\text{-}26)$$

根据弯矩 M_1 计算求得的钢筋应配置在墙趾的下部。

（2）墙踵

作用在墙踵（墙身后的基础板）上的力有墙踵部分的自重（即 G_2 的一部分）及其上土体重量 G_3、均布活荷载 G_4、基底反力，这些力的共同作用使突出的墙踵向下弯曲，产生的弯矩 M_2 可由下式算得：

$$M_2 = \frac{q_1 b_2^2}{2} - \frac{p_{min} b_2^2}{2} - \frac{(p_2 - p_{max}) b_1^2}{3 \times 2}$$

$$= \frac{1}{6}[3q_1 - 3p_{min} - (p_2 - p_{min})]b_2^2$$

$$= \frac{1}{6}[2(q_1 - p_{min}) - (q_1 - p_2)]b_2^2 \quad (12\text{-}27)$$

式中 q_1——墙踵自重及 G_3、G_4 产生的均布荷载。

根据弯矩 M_2 计算求得的钢筋应配置在墙趾的上部。

5. 稳定性验算

（1）抗倾覆稳定性验算

$$K_t = \frac{G_1 \cdot a_1 + G_2 \cdot a_2 + G_3 \cdot a_3}{E'_{a1} \cdot \frac{H'}{3} + E'_{a2} \cdot \frac{H'}{2}} \geqslant 1.6 \quad (12\text{-}28)$$

（2）抗滑移验算

$$K_s = \frac{(G_1 + G_2 + G_3)\mu}{E'_{a1} + E'_{a2}} \geqslant 1.3 \quad (12\text{-}29)$$

式中不考虑活荷载 G_4。当有地下水浮力 Q 时，（$G_1+G_2+G_3$）中要减去浮力 Q 值。

（3）提高稳定性的措施

若抗倾覆验算验算结果不能要求时，可按以下措施处理：

① 增大挡土墙底宽和减小墙面坡度，这样增大了 G 及力臂，抗倾覆力矩增大，但工程量也相应增大，且墙面坡度受地形条件限制。

② 加长加高墙趾，x_0 增大，抗倾覆力矩增大。但墙趾过长，则墙趾端部弯矩、剪力较大，易产生拉裂拉断或剪切破坏，需要配置钢筋。

③ 墙背做成仰斜式，可减小土压力；仰斜式一般用于挖方护坡，但填方护坡用仰斜式施工不够方便。

若抗滑动稳定性验算结果不能满足要求时，可按以下措施处理：

① 修改挡土墙断面尺寸，以加大 G 值，但工程量也相应增大。

② 墙基底面做成砂、石垫层，以提高 μ 值。

③ 在软土地基上，其他方法无效或不经济时，可在墙踵后加拖板，利用拖板上的土重来抗滑。

④ 基底做成逆坡，利用滑动面上部分反力来抗滑，如图 12-9 所示，倾斜角 $\alpha \leqslant 10°$。

$$N = \sum G\cos\alpha_0 + E_a\sin\alpha_0 \tag{12-30}$$

抗滑力为：$\mu N = \mu(\sum G\cos\alpha_0 + E_a\sin\alpha_0)$

滑移力为：$E_a\cos\alpha_0 - \sum G\sin\alpha_0$

如图 12-9 所示，如果倾斜坡度为 1∶6 时，则 $\cos\alpha_0 = 0.986$，$\sin\alpha_0 = 0.164$。由以上两式可以看出，基底倾斜时，抗滑力增加而滑移力却减少了。

(4) 设置抗滑键

如图 12-10 所示，防滑键设置于基础底板下端，键的高度 h_j 与键离墙趾端部 A 点的距离 a_j 的比例，宜满足下列条件：

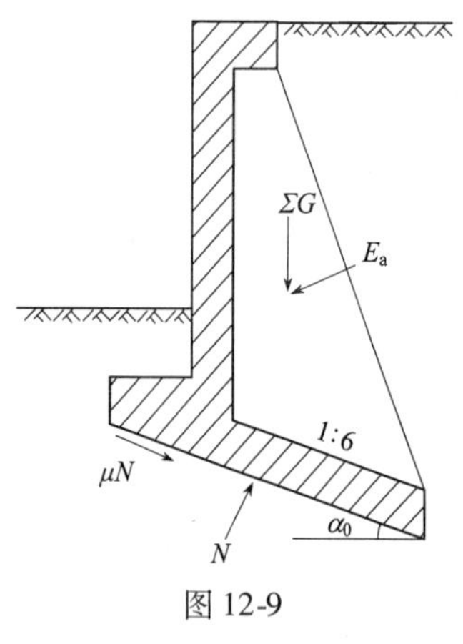

图 12-9

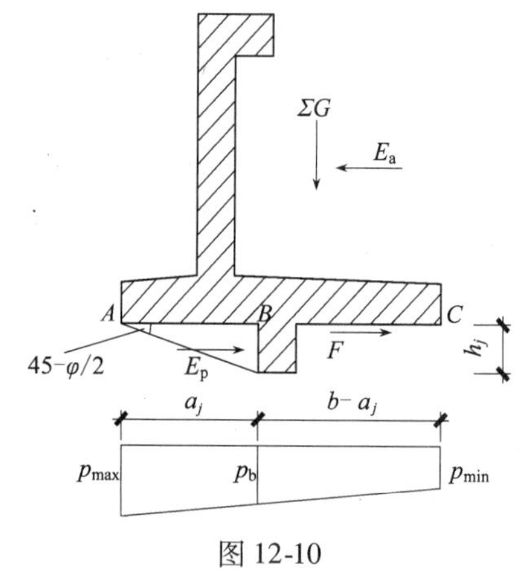

图 12-10

$$\frac{h_j}{a_j} = \tan\left(45° - \frac{\varphi}{2}\right) \tag{12-31}$$

被动土压力 E_p 值为

$$E_p = \frac{p_{max} + p_b}{2}\tan^2\left(45° + \frac{\varphi}{2}\right)h_j \tag{12-32}$$

当键的位置满足式（12-31）时，被动土压力 E_p 最大。键后面土与底板间的摩擦力 F 为

$$F = \frac{p_b + p_{min}}{2}(b - a_j)\mu \tag{12-33}$$

应满足条件

$$\frac{\psi_p E_p + F}{E_a} \geqslant 1.3 \tag{12-34}$$

式中ψ_p值是考虑被动土压力E_p不能充分发挥一个影响系数，一般可取$\psi_p=0.5$。

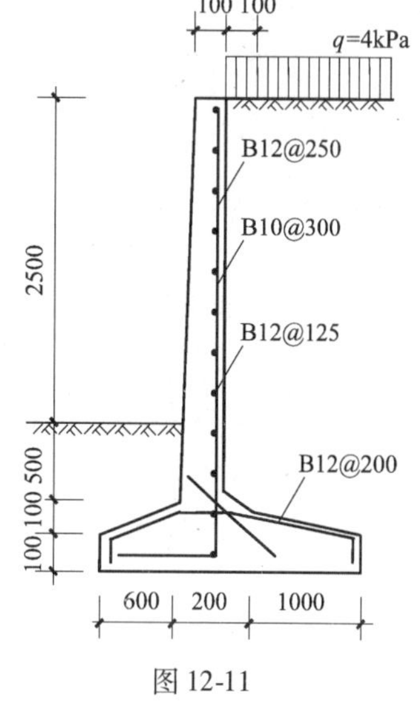

图 12-11

【例 12-1】 悬臂式挡土墙截面尺寸如图 12-11 所示。墙面上活荷载$q=4\text{kPa}$，地基土为黏性土，承载力特征值$f_a=100\text{kPa}$。墙后填土重度$\gamma=18\text{kN/m}^3$，内摩擦角$\varphi=30°$。挡土墙底面处在地下水位以上。求挡土墙墙身及基础底板的配筋，进行稳定性验算和土的承载力验算，挡土墙材料采用 C25 级混凝土及 HPB235、HRB335 级钢筋。

【解】 1. 确定侧压力

$$E_a=E_{a1}+E_{a2}=\frac{1}{2}\gamma H^2\tan^2\left(45°-\frac{\varphi}{2}\right)+qH\tan^2\left(45°-\frac{\varphi}{2}\right)$$

$$=\frac{1}{2}\times18\times3^2\times\tan^2\left(45°-\frac{30°}{2}\right)+4\times3\times\tan^2\left(45°-\frac{30°}{2}\right)$$

$$=27+4=31\ \text{kN/m}$$

2. 墙身内力及配筋计算

每延米设计嵌固弯矩M

$$M=\gamma_0\left(\gamma_G E_{a1}\cdot\frac{H}{3}+\gamma_Q E_{a2}\cdot\frac{H}{2}\right)$$

$$=1\times\left(1.2\times27\times\frac{3}{3}+1.4\times4\times\frac{3}{2}\right)=40.8\text{kN}\cdot\text{m/m}$$

$$f_c=11.9\text{N/mm}^2,\ f_y=300\text{N/mm}^2$$

墙身净保护层厚度取 35mm

$$\alpha_s=\frac{M}{\alpha_1 f_c b h_0^2}=\frac{40800000}{1\times11.9\times1000\times165^2}=0.126$$

查表得$\gamma_s=0.932$

$$A_s=\frac{M}{\gamma_s f_y h_0}=\frac{40800000}{0.932\times300\times165}=884\text{mm}^2/\text{m}$$

沿墙身每米配置 8Φ12（$A_s=905\text{mm}^2$）的竖向受力钢筋，钢筋的 1/2 伸至顶部，其余的在墙高中部（1/2 墙高处）截断。在水平方向配置构造分布筋 φ10@300。

3. 地基承载力验算

每延米墙身自重G_1

$$G_1=\frac{1}{2}(0.1+0.2)\times3\times25=11.3\text{kN/m}$$

每延米基底板自重G_2

$$G_2=\frac{1}{2}(0.1+0.2)\times1.6\times25+0.2\times0.2\times25=7\text{kN/m}$$

每延米墙踵板在宽度b_2内的土重G_3

$$G_3=\left(\frac{0.1}{2}+3\right)\times1\times18=54.9\text{kN/m}$$

每延米墙面活荷载G_4

$$G_4 = 4 \times 1 = 4\text{kN/m}$$

挡土墙压力

$$E'_{a1} = \frac{1}{2}\gamma H'^2 \tan^2\left(45° - \frac{\varphi}{2}\right) = \frac{1}{2} \times 18 \times 3.2^2 \times \tan^2\left(45° - \frac{30°}{2}\right) = 30.7\text{kN/m}$$

$$E'_{a2} = qH'\tan^2\left(45° - \frac{\varphi}{2}\right) = 4 \times 3.2 \times \tan^2\left(45° - \frac{30°}{2}\right) = 4.3\text{kN/m}$$

基础底面土反力的偏心距 e

$$e = \frac{b}{2} - \frac{(G_1a_1 + G_2a_2 + G_3a_3 + G_4a_4) - E'_{a1}\dfrac{H}{3} - E'_{a2}\dfrac{H'}{3}}{G_1 + G_2 + G_3 + G_4}$$

$$= \frac{1.8}{2} - \frac{(11.3 \times 0.72 + 7 \times 0.87 + 54.9 \times 1.3 + 4 \times 1.3) - 30.7 \times \dfrac{3.2}{3} - 4.3 \times \dfrac{3.2}{2}}{11.3 + 7 + 54.9 + 4}$$

$$= 0.9 - \frac{51.2}{77.2} = 0.237\text{m} < \frac{b}{6} = \frac{1.8}{6} = 0.3\text{m}$$，截面全部受压

$$p_{\min}^{\max} = \frac{\sum G}{b}\left(1 \pm \frac{6e}{b}\right) = \frac{77.2}{1.8 \times 1}\left(1 \pm \frac{6 \times 0.237}{1.8}\right) = \begin{matrix} 76.8\text{kPa} \leqslant 1.2f_a = 120\text{kPa} \\ 9.0\text{kPa} \end{matrix}$$

$$p = \frac{p_{\max} + p_{\min}}{2} = \frac{76.8 + 9}{2} = 42.9\text{kPa} \leqslant f_a = 100\text{kPa}$$

计算结果满足要求。

4. 基础板的内力及配筋计算

计算底板配筋时要采用设计荷载，故自重和填土自重要乘以荷载分项系数 1.2，活荷载要乘以荷载分项系数 1.4。则合力的偏心距 e 为

$$e = \frac{1.8}{2} - \frac{(11.3 \times 0.72 + 7 \times 0.87 + 54.9 \times 1.3) \times 1.2 + (4 \times 1.3) \times 1.4 - 39.6}{(11.3 + 7 + 54.9) \times 1.2 + 4 \times 1.4}$$

$$= 0.9 - \frac{70.42}{93.44} = 0.15\text{m} < \frac{b}{6} = \frac{1.8}{6} = 0.3\text{m}$$

$$p_{\min}^{\max} = \frac{\sum G}{b}\left(1 \pm \frac{6e}{b}\right) = \frac{93.44}{1.8 \times 1}\left(1 \pm \frac{6 \times 0.15}{1.8}\right) = \begin{matrix} 77.9\text{kPa} \\ 26\text{kPa} \end{matrix}$$

(1) 墙趾部分

$$p_1 = 26 + (77.9 - 26) \times \frac{1 + 0.2}{1.8} = 60.6\text{kPa}$$

$$M_1 = \frac{(2p_{\max} + p_1)b_1^2}{6} = \frac{(2 \times 77.9 + 60.6) \times 0.6^2}{6} = 12.98\text{kN·m/m}$$

基础底板厚 $h_1 = 200\text{mm}$，$h_{01} = 200 - 45 = 155\text{mm}$（有垫层）

$$\alpha_s = \frac{M}{\alpha_1 f_c b h_{01}^2} = \frac{12980000}{1 \times 11.9 \times 1000 \times 155^2} = 0.045$$

查表得 $\gamma_s = 0.977$

$$A_s = \frac{M_s}{\gamma_s f_y h_0} = \frac{12980000}{0.977 \times 300 \times 155} = 286\text{mm}$$

可利用墙身竖向受力钢筋下弯。

（2）墙踵

$$\gamma_G G' = 1.2 \times 1 \times 0.15 \times 25 = 4.5\text{kN/m}$$

$$q_1 = \frac{\gamma_G G_3 + \gamma_Q G_4 + \gamma_G G'_2}{b_2} = \frac{1.2 \times 54.9 + 1.4 \times 4 + 4.5}{1} = 75.98\text{kN/m}$$

$$p_2 = p_{\min} + (p_{\max} - p_{\min})\frac{b_2}{b} = 26 + (77.9 - 26) \times \frac{1.0}{1.8} = 54.83\text{kPa}$$

$$M_2 = \frac{1}{6}[2(q_1 - p_{\min}) + (q_1 - p_2)]b_2^2$$

$$= \frac{1}{6}[2 \times (75.98 - 26) + (75.98 - 54.83)] \times 1^2 = 20.19\text{kN} \cdot \text{m/m}$$

墙趾与墙踵根部高度相同，$h_1 = h_2$，则 $h_{01} = h_{02} = 155\text{mm}$，可得

$$\alpha_s = \frac{M_2}{\alpha_1 f_c b h_{02}^2} = \frac{20190000}{1 \times 11.9 \times 1000 \times 155^2} = 0.071$$

查表得 $\gamma_s = 0.963$

$$A_s = \frac{M_2}{\alpha_1 f_c b h_{02}^2} = \frac{20190000}{1 \times 11.9 \times 1000 \times 155^2} = 450\text{mm}$$

选用ф12@200（$A_s = 565\text{mm}^2$）。

5. 稳定性验算

（1）抗倾覆稳定性验算

抗倾覆力矩：$M_r = G_1 a_1 + G_2 a_2 + G_3 a_3 = 11.3 \times 0.72 + 7 \times 0.87 + 54.9 \times 1.3 = 85.6\text{kN} \cdot \text{m/m}$

倾覆力矩：$M_s = E'_{a1} \cdot \frac{H'}{3} + E'_{a2} \cdot \frac{H'}{2} = 30.7 \times \frac{3.2}{3} + 4.3 \times \frac{3.2}{3} = 39.6\text{kN} \cdot \text{m/m}$

$K_t = \frac{M_r}{M_s} = \frac{85.6}{39.6} = 2.16 \geqslant 1.6$，满足要求。

（2）抗滑移验算

取 $\mu = 0.3$

$$K_s = \frac{(G_1 + G_2 + G_3)\mu}{E'_{a1} + E'_{a2}} = \frac{0.3 \times (11.3 + 7 + 54.9)}{30.7 + 4.3} = 0.63 < 1.3$$

抗滑移验算结果不满足要求。选用底面夯填300～500mm碎石提高 μ 值后，仍不满足要求。所以采用底板加设防滑键的办法来解决。

$$p_b = p_{\min} + (p_{\max} - p_{\min})\frac{b - a_j}{b} = 9 + (76.8 - 9) \times \frac{1}{1.8} = 46.7\text{kPa}$$

$$a_j = 0.8\text{m}$$

$$h_j = a_j \tan\left(45° - \frac{\varphi}{2}\right) = 0.8 \times \tan\left(45° - \frac{30°}{2}\right) = 0.46\text{m}$$

则：

$$E_p = \frac{p_{\max} + p_b}{2}\tan^2\left(45° + \frac{\varphi}{2}\right)h_j = \frac{76.8 + 46.7}{2} \times \tan^2\left(45° + \frac{30°}{2}\right) \times 0.46 = 85.22\text{kN/m}$$

$$F = \frac{p_b + p_{\min}}{2}(b - a_j)\mu = \frac{46.7 + 9}{2} \times (1.8 - 0.8) \times 0.3 = 8.36\text{kN}$$

$\frac{\psi_p E_p + F}{E'_a} = \frac{0.5 \times 85.22 + 8.36}{30.7 + 4.3} = 1.46 > 1.3$，满足要求。抗滑键计算高度为0.46m，

可取为0.5m。

12.4 扶壁式挡土墙

12.4.1 扶壁式挡土墙的构造

在墙高大于8m的情况下，如果采用悬臂式挡土墙，会使墙身弯矩大、厚度增加、配筋多而不经济。为了增强悬臂式挡土墙墙身的抗弯性能，常采用扶壁式挡土墙，即沿墙的长度方向每隔（1/3～1/2）H做一道扶壁。

扶壁式挡土墙与悬臂式挡土墙比较，仅增加扶壁这一部分，由于扶壁的存在，墙身和基础底板受力情况有所改变，计算方法也略有不同。为了使墙身（立壁）、基础底板、扶壁之间能牢固连接成整体，一般在交接处做成支托。

12.4.2 扶壁式挡土墙的计算特点

1. 墙身（立壁）计算

扶壁式挡土墙的墙身由竖向扶壁和基础底板支承。当$l_y/l_x \leqslant 2$时，可近似地按三边固定、一边自由的双向板计算内力及配筋；当$l_y/l_x > 2$时，按连续单向板计算内力及配筋。实际上在墙身和基础底板之间存在着垂直方向的弯矩，配筋时应加以考虑。

2. 墙身内力及配筋计算

基础底板由墙趾板及墙踵板组成。墙趾板按向上弯曲的悬臂板计算，与悬臂式挡土墙的墙趾板设计方法相同。墙踵板由扶壁的底部和墙身的底部支承，作用在墙踵板的荷载有板自重、土重、土压力的竖向分力以及作用在板底的地基反力，墙踵板的计算方法和墙身（立壁）相同。

3. 扶壁的计算

扶壁与墙身连在一起整体工作，按固定在基础底板的一个变截面悬臂T形梁计算。假定受压区合力D作用在墙身的中心，T为钢筋的拉力，从图12-12中可得：

$$D = T = \frac{\frac{H}{3} \cdot E_a \cdot \cos\delta}{b_2 + \frac{h}{2} - a} \tag{12-35}$$

式中a为钢筋保护层，取为70mm。

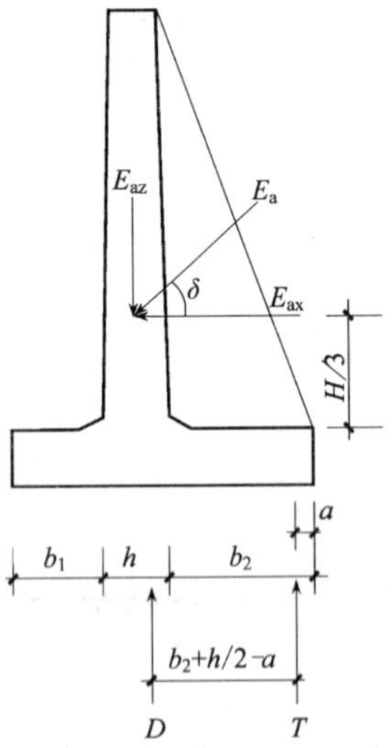

图12-12

扶壁中配置有三种钢筋：斜筋、水平筋和垂直筋。斜筋为悬臂T形梁的受拉钢筋，沿扶壁的斜边布置。水平筋作为悬臂T形梁的箍筋以承受助中的主拉应力，保证肋（扶）壁的斜截面强度；同时，水平筋将扶壁和墙身（立壁）连系起来，以防止在侧压力作用下扶壁与墙身（立壁）的连接处被拉断。垂直筋承受着由于基础底板的局部弯曲作用在扶壁内产生的垂直方向上的拉力，并将扶壁和基础底板连系起来，以防止在竖向力作用下扶壁与基础底板的连接处被拉断。

第 13 章　基坑围护结构

13.1 概述

基坑工程是为保护基坑施工、地下结构的安全和周边环境不受损害而采取的支护、基坑土体加固、地下水控制、开挖等工程的总称，包括勘察、设计、施工、监测、试验等。挡土和截水的结构称为围护结构。围护结构可分为两类：支护型，将支护墙（排桩）作为主要受力构件，如板桩墙、排桩、地下连续墙等；加固型，充分利用加固土体的强度来保持基坑的稳定，如水泥搅拌桩、高压旋喷桩、注浆和树根桩等。在实际工程中，有时也将二者结合起来应用在同一工程中。

围护结构的作用主要有以下几个方面：（1）保证基坑周围未开挖土体的稳定，满足地下结构施工有足够空间的要求；（2）控制土体变形，保证基坑周围相邻的建筑物、构筑物和地下管线在地下结构施工期间不受损害；（3）结合降水、排水等措施，将地下水位降到作业面以下，以满足地下结构施工对环境的要求。

基坑工程具有以下特点：

（1）综合性强。基坑工程涉及工程地质、土力学、渗流理论、结构工程、施工技术和监测设计等。

（2）临时性和风险性大。一般情况下，基坑支护是临时措施，主体结构施工完成时，围护结构即完成任务。因此，围护结构的安全储备相应较小，因而具有较大的风险。

（3）地区性。各地区基坑工程的地质条件不同，同一城市不同区域也有差异。因此，设计要因地制宜，不能简单照搬。

（4）环境条件要求严格。邻近的高大建筑、地下结构、管线、地铁等对基坑的变形限制严格，施工因素复杂多变，气候、季节、周围水体均可产生重大变化。

基坑工程包括了围护体系的设置和土方开挖两个方面。土方开挖的施工组织是否合理对围护体系安全与正常使用会产生重要影响。不合理的土方开挖方式、步骤和速度有可能导致围护结构变形过大，对相邻建筑物、构筑物和地下管线产生不利的影响，甚至引起围护体系失稳和破坏。

13.2 围护结构形式及适用范围

基坑围护结构的形式主要有：放坡开挖及简易支护、悬臂式围护结构、重力式围护结构、内撑式围护结构、拉锚式围护结构、土钉墙围护结构，此外还有其他形式围护结构，主要包括门架式围护结构、拱式组合型围护结构、喷锚网围护结构、沉井围护结构、加筋水泥土围护结构、冻结法围护结构等。

1. 悬臂式围护结构

悬臂式围护结构常采用钢筋混凝土排桩、钢板桩、钢筋混凝土板桩、地下连续墙等结构形式。悬臂式围护结构依靠足够的入土深度和结构的抗弯刚度来挡土和控制墙后土体及结构的变形。悬臂式围护结构对开挖深度十分敏感，容易产生大的变形，有可能对相邻建筑物产生不良的影响。

（1）钢板桩

用槽钢正反扣搭接组成，或用 U 形和 Z 形截面的锁口钢板，使相邻板桩能相互咬合成既能截水又能共同承受荷载的连续护壁结构。带锁口的钢板桩一般能起到隔水作用。钢板桩采用打入法打入土中，完成支挡任务后，可以回收重复使用，一般用于开挖深度为 3 ~ 10m 的基坑。

（2）钢筋混凝土桩挡墙

常采用钻孔灌注桩和人工挖孔桩。直径 600 ~ 1000mm，桩长 15 ~ 30m，组成排桩式挡墙，桩间距应根据排桩受力及桩间土稳定条件确定，一般不大于桩径的 1.5 倍。在地下水位较低地区，当墙体没有隔水要求时，中心距还可大些，但不宜超过桩径 2 倍。为防止桩间土塌落，可在桩间土表面采用挂钢丝网喷浆等措施予以保护。在桩顶部浇筑钢筋混凝土冠梁，一般用于开挖深度为 6 ~ 13m 的基坑。

（3）地下连续墙

在地下成槽后浇筑混凝土，建造具有较高强度的钢筋混凝土挡墙，用于开挖深度达 10m 以上的基坑或施工条件较困难的情况。

2. 重力式围护结构

重力式围护结构通常由水泥搅拌桩组成，有时也采用高压喷射注浆法形成。当基坑开挖深度较大时，常采用格构体系。水泥土和它包围的天然土形成了重力挡土墙，可以维持土体的稳定。深层搅拌水泥土桩重力式围护结构常用于软黏土地区开挖深度 7.0m 以内的基坑工程。重力式挡土墙的宽度较大，适用于较浅的、基坑周边场地较宽裕的、对变形控制要求不高的基坑工程。

3. 内撑式围护结构

内撑式围护结构由挡土结构和支撑结构两部分组成。挡土结构常采用密排钢筋混凝土桩或地下连续墙。支撑结构有水平支撑和斜支撑两种。根据不同的开挖深度，可采用单层或多层水平支撑。

内支撑常采用钢筋混凝土梁、钢管、型钢格构等形式。钢筋混凝土支撑的优点是刚度大，变形小，而钢支撑的优点是材料可回收，且施加预应力较方便。

内撑式围护结构可适用于各种土层和基坑深度。

4. 拉锚式围护结构

拉锚式围护结构由挡土结构和锚固部分组成。挡土结构除了采用与内撑式围护结构相同的结构形式外，还可采用钢板桩作为挡土结构。锚固结构有锚杆和地面拉锚两种。根据不同的开挖深度，可采用单层或多层锚杆。

采用锚杆结构需要地基土提供较大的锚固力，多用于砂土地基或黏土地基。

5. 土钉墙围护结构

通过在基坑边坡中设置土钉，形成加筋土重力式挡土墙。土钉墙施工时，边开挖基坑，边在土坡中设置土钉，在坡面上铺设钢筋网，并通过喷射混凝土形成混凝土面板，最终形成土钉墙。

土钉墙围护结构适用于地下水位以上或人工降水后的黏土、粉土、杂填土以及非松散砂土、碎石土等。

13.3 支护结构上的荷载

13.3.1 土、水压力的计算

支护结构的荷载包括以下几个方面：土压力、水压力（静水压力、渗流压力、承压水压力）、基坑周围的建筑物及施工荷载引起的侧向压力、临水支护结构的波浪作用力和水流退落时的渗透力、作为永久结构时的相关荷载。其中，对一般支护结构，其荷载主要是土压力、水压力。

准确地确定支护结构上的荷载需要根据土的抗剪强度指标并通过土压力理论进行计算。土的抗剪强度指标的影响因素十分复杂，土层天然状态下经过的应力历史，基坑开挖时的应力路径，排水条件，加载、卸载特性，剪胀、剪缩特性，在试验时直接剪切或三轴剪切，计算时采用总应力法还是有效应力法，都会对土压力值产生很大的影响。

目前，土压力计算的基本理论仍然是库仑土压力理论和朗肯土压力理论。库仑和朗肯土压力理论只能计算极限平衡状态下的土压力，而在基坑支护中，当结构的变形不能使土体处于极限平衡状态时，作用在支护结构上实际的土压力值与计算值可相差30%～70%。

计算地下水位以下的土、水压力，有“土水分算”和“土水合算”两种方法。由于主动土压力系数 K_a 一般在0.3左右，大约只有静水压力的1/3，而被动土压力系数 K_p 值一般在3.0左右，约为静水压力的3倍。采用不同的计算方法得到的土压力相差很大，这也直接影响围护结构的设计。对于渗透性较强的土，例如，砂性土和粉上，一般采用土、水分算，也就是分别计算作用在围护结构土压力和水压力，然后相加。对渗透性较弱的土，如黏土，可以采用土、水合算的方法。

因此，确定作用在支护结构上的荷载时，要按土与支护结构相互作用的条件确定土压力，采用符合土的排水条件和应力状态的强度指标，按基坑影响范围内的土性条件确定由水土产生的作用在支护结构上的侧向荷载。

土压力的水土分算法或是水土合算法涉及的问题比较多，难以作出简单的结论，各地也有各自不同的工程经验，以下就两种方法分别说明。

1. 土水压力分算法

土水压力分算法是采用有效重度计算土压力，按静水压力计算水压力将两者叠加。叠加的结果就是作用在挡土结构上的总侧压力。计算土压力时采用有效应力法或总应力法。

采用有效应力法的计算公式为：

$$p_a = \gamma' H K'_a - 2c' \sqrt{K'_a} + \gamma_w H \tag{13-1}$$

$$p_p = \gamma' H K'_p - 2c' \sqrt{K'_p} + \gamma_w H \tag{13-2}$$

式中　γ'、γ_w——土的有效重度和水的重度；

K'_a——按土的有效应力强度指标计算的主动土压力系数，$K'_a = \tan^2(45° - \varphi'/2)$；

K'_p——按土的有效应力强度指标计算的被动土压力系数，$K'_p = \tan^2(45° + \varphi'/2)$；

φ'——有效内摩擦角；

c'——有效黏聚力。

采用有效应力法计算土压力，概念明确。在不能获得土的有效强度指标的情况下，也可以采用总应力法进行计算：

$$p_a = \gamma' H K_a - 2c\sqrt{K_a} + \gamma_w H \tag{13-3}$$

$$p_p = \gamma' H K_p + 2c\sqrt{K_p} + \gamma_w H \tag{13-4}$$

式中　K_a——按土的总应力强度指标计算的主动土压力系数，$K_a = \tan^2(45° - \varphi/2)$；

K_p——按土的总应力强度指标计算的被动土压力系数，$K_p = \tan^2(45° + \varphi/2)$；

φ——按固结不排水剪确定的内摩擦角；

c——按固结不排水剪确定的黏聚力。

2. 土水压力合算法

土水压力分算法在实际使用中有时还存在一些困难，特别是黏性土在实际工程中孔隙水压力常难以确定。因此，在许多情况下，往往采用总应力法计算土压力，即将水压力和土压力合算，各地对此都积累有一定的工程实践经验。由于黏性土渗透性弱，地下水对土颗粒不易形成浮力，故宜采用饱和重度，用总应力强度指标水土合算，其计算结果中已包括了水压力的作用。其计算公式如下：

$$p_a = \gamma_{sat} H K_a - 2c\sqrt{K_a} \tag{13-5}$$

$$p_p = \gamma_{sat} H K_p + 2c\sqrt{K_p} \tag{13-6}$$

式中　γ_{sat}——土的饱和重度，在地下水位以上采用天然重度；

K_a——主动土压力系数，$K_a = \tan^2(45° - \varphi/2)$；

K_p——被动土压力系数，$K_p = \tan^2(45° + \varphi/2)$；

φ——按固结不排水剪确定的内摩擦角；

c——按固结不排水剪确定的黏聚力。

需要指出的是，在土水压力合算法中低估了水压力的作用。

13.3.2　挡土结构位移对土压力的影响

由于支护结构的刚度与一般挡土墙的刚度有相当大的差异，当挡土结构产生变形时，土压力也会发生一定的变化。挡土结构对土压力的影响主要表现在两个方面，一方面是对主动土压力的分布产生影响，另一方面对土压力的量值产生影响。

太沙基通过试验得出：当挡土结构的上端固定，而下端向外移动时，土压力是抛物线（图 13-1*a*），当挡土结构上下两端固定，而中央向外鼓出时，土压力呈马鞍形（图 13-1*b*）。当挡土结构作平行向外移动时，土压力呈抛物线状（图 13-1*c*），当挡土结构只是绕下端中心向外倾移时，才会产生一般的主动土压力（图 13-1*d*），只有当挡土结构完全不移动时，才可能产生静止土压力（图 13-1*e*）。

日本曾对地下连续墙所承受的土压力数值等进行实地量测，认为实测的土压力呈三角形分布，并且随开挖后墙体变形的开展，土压力在逐渐减少。开挖完成后的全土压力值为开挖前的40%～50%。

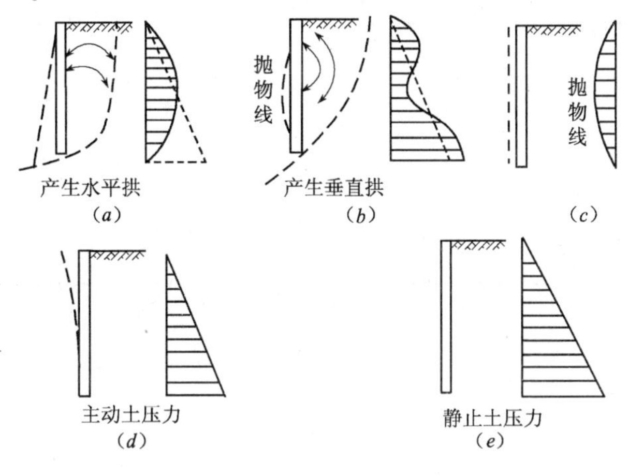

图 13-1　不同变位产生不同的土压力

13.4 悬臂式围护结构内力分析

悬臂式围护结构可取某一单元体（如单根桩）或单位长度进行内力分析及配筋或强度计算。悬臂式围护结构上部悬臂挡土，下部嵌入坑底下一定深度作为固定。宏观上看像是一端固定的悬臂梁，实际上二者有根本的不同之处：首先是确定不出固定端位置，因为杆件在两侧高低差土体作用下，每个截面均发生水平向位移和转角变形；其次，嵌入坑底以下部分的作用力分布很复杂，难于确定。

悬臂式支护结构必须有一定的插入坑底以下土中的深度（又称嵌入深度），以平衡上部土压力、水压力及地面荷载形成的侧压力，这个深度直接关系到基坑工程的稳定性，且较大程度地影响工程的造价。

悬臂式支护结构的嵌入深度，目前常采用极限平衡法计算确定，而常用的又有两种方法来保证桩（墙）嵌入深度具有一定安全储备：第一种方法是规定桩（墙）嵌入深度应使 K_t 满足一定的要求（K_t = 抗倾覆力矩/倾覆力矩）；第二种方法是按抗倾覆力矩与倾覆力矩相等的情况确定临界状态桩长，然后将土压力零点以下桩长乘以一个大于 1 的系数（经验嵌固系数）予以加长。这两种计算方法均对结构两侧的荷载分布作了相应的假设，然后简化为静定的平衡问题。与第二种方法通过加大结构尺寸提高安全储备相比，第一种方法中的安全储备更加直观一些，但第二种方法计算过程相对而言较为简单。

根据支护结构可能出现的位移条件，在桩（墙）的相应部位分别取主动土压力或被动土压力，形成静力极限平衡的计算简图。

如图 13-2（*a*）所示，均质土中的悬臂板桩在基坑底面以上主动土压力的作用下，板桩将向基坑内侧倾移，而下部则反方向变位，即板桩将绕基坑底以下某点（如图中 *E* 点）旋转，因此被动土压力除了在开挖侧出现，在非开挖侧的底部也会出现。作用在悬臂板桩上各点的净土压力为各点两侧的被动土压力和主动土压力之差，其沿墙身的分布情况如图 13-2（*b*）所示，将其简化成线性分布后，悬臂板桩计算图式为图 13-2

（c）所示，即可根据静力平衡条件计算板桩的入土深度和内力。此时，按前述的第一种方法，计算过程如下：

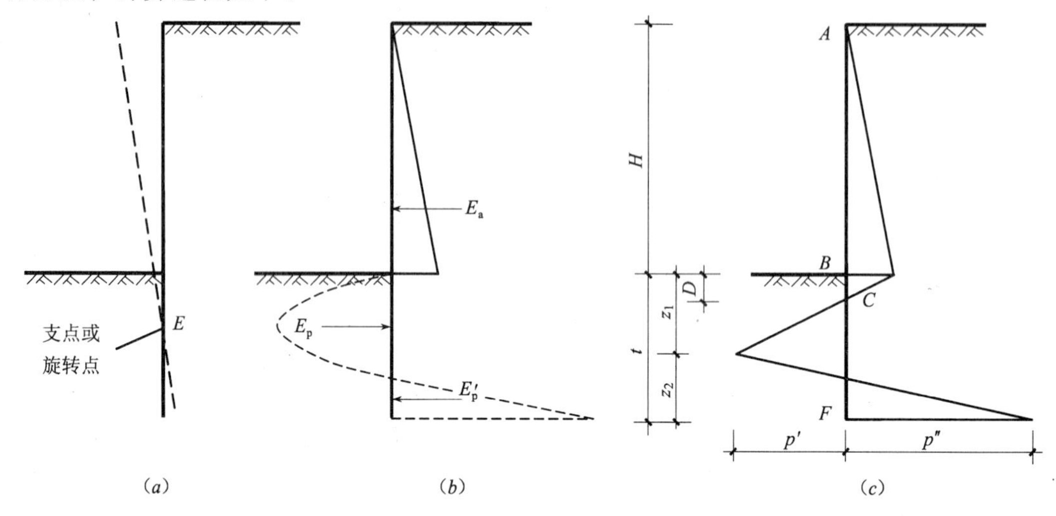

图 13-2　悬臂板桩的变位及土压力分布图

（a）支护桩的变位示意图；（b）桩两侧的主动区和被动区；（c）土压力的计算简图

（1）令开挖面以下板桩受压力为零点 C 到开挖面的距离为 D，即为主动土压力与被动土压力相等的位置。

$$\gamma D K_p + 2c\sqrt{K_p} = \gamma(h + D)K_a - 2c\sqrt{K_a} \tag{13-7}$$

由此可解得

$$D = \frac{\gamma H K_a - 2c(\sqrt{K_p} + \sqrt{K_a})}{\gamma(K_p - K_a)} \tag{13-8}$$

（2）由图 13-2（c），计算所需各点土压力值

$h + z_1$ 深度处土压力

$$p' = \gamma z_1 K_p + 2c\sqrt{K_p} - [\gamma(z_1 + H)K_a - 2c\sqrt{K_a}] \tag{13-9}$$

$h + t$ 深度处的土压力

$$p'' = \gamma(H + t)K_p + 2c\sqrt{K_p} - [\gamma t K_a - 2c\sqrt{K_a}] \tag{13-10}$$

基坑底部主动土压力 p_a^H

$$p_a^H = \gamma H K_a - 2c\sqrt{K_a} \tag{13-11}$$

（3）未知数 z_1（或 z_2）和 t 可用使任一点力矩之和等于零和水平力之和等于零两组方程求解：

$$\left.\begin{aligned} z_2 &= \sqrt{\frac{\gamma K_a(H + t)^3 - \gamma K_p t^3}{\gamma(K_a + K_p)(H + 2t)}} \\ \gamma K_a(H + t)^2 &- \gamma K_p t^2 + \gamma z_2(K_p - K_a)(H + 2t) = 0 \end{aligned}\right\}$$

t、z_2 可用试算法求得。计算得到的 t 值需乘以 1.1 的安全系数作为设计入土深度。

H. Blum 建议以如图 13-3 所示的图形代替。假设悬臂桩在主动土压力作用下，绕嵌固点 E 转动，并假设点 E 以上墙后为主动土压力，悬臂桩前为被动土压力，E 点以下则相

反，桩后为被动土压力，桩前为主动土压力，如图13-3（b）所示。将排桩前后土压力叠加，即可得到如图13-3（c）所示的净土压力分布。

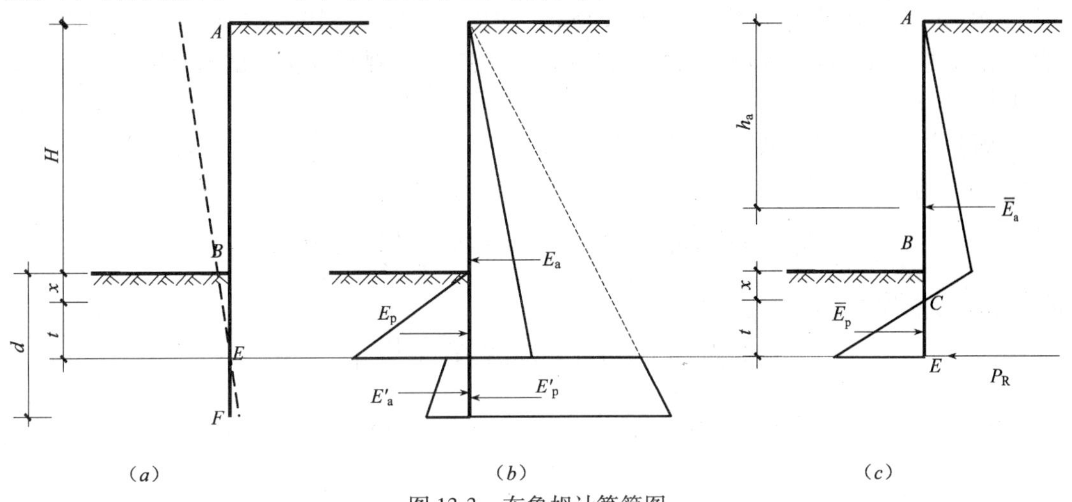

图13-3　布鲁姆计算简图

（a）支护桩的变位示意图；（b）土压力分布图；（c）叠加后简化土压力分布图

悬臂桩后的净主动土压力合力用$\bar{E}_a$表示，该合力作用点距地面为h_a，墙前底部的净被动土压力合力用$\bar{E}_p$表示。C点为净土压力零点，距坑底的距离为x。旋转点E以下部分的土压力通常用一个集中力P_R代替。为计算方便，假定悬臂桩是绕其根部转动，则为保证排桩不绕根部转动，其最小嵌入深度应满足力矩平衡条件。

由$\sum M_E = 0$有：

$$(H - h_a + x + t)\bar{E}_a - \frac{t}{3}\bar{E}_p = 0 \tag{13-12}$$

将$\bar{E}_p = \dfrac{1}{2}\gamma(K_p - K_a)t^2$代入上式，可得：

$$t^3 - \frac{6\bar{E}_a}{\gamma(K_p - K_a)}t - \frac{6(H + x - h_a)\bar{E}_a}{\gamma(K_p - K_a)} = 0 \tag{13-13}$$

由此可求得悬臂桩的有效嵌固深度。为保证悬臂桩的稳定，基坑底面以下的插入深度可取为：

$$d = x + Kt \tag{13-14}$$

式中　K——与土层和环境条件有关的经验系数，依据基坑工程的重要性，对于板桩可取1.9～2.1，对于排桩可取1.2～1.4。

板桩墙最大弯矩应在剪力为零处，设剪力零点距土压力零点距离为x_m，所以，

$$\bar{E}_a - \frac{1}{2}\gamma(K_p - K_a)x_m^2 = 0$$

由此可求得最大弯矩点距土压力零点C的距离x_m为

$$x_m = \sqrt{\frac{2\bar{E}_a}{\gamma(K_p - K_a)}} \tag{13-15}$$

而此处的最大弯矩为

$$M_{\max} = (H - h_a + x + x_m)\bar{E}_a - \frac{\gamma(K_p - K_a)x_m^3}{6} \tag{13-16}$$

【例 13-1】 某基坑开挖深度 $H = 5.5\text{m}$，均质土重度 $\gamma = 19.2\text{kN/m}^3$，内摩擦角 $\varphi = 18°$，黏聚力 $c = 12\text{kPa}$，地面超载 $q_0 = 15\text{kPa}$。采用悬臂式排桩支护，试确定排桩的最小长度和最大弯矩。

【解】 沿支护结构长度方向取 1 延米进行计算。

主动土压力系数

$$K_a = \tan^2\left(45° - \frac{\varphi}{2}\right) = \tan^2\left(45° - \frac{18°}{2}\right) = 0.53$$

被动土压力系数

$$K_p = \tan^2\left(45° + \frac{\varphi}{2}\right) = \tan^2\left(45° + \frac{18°}{2}\right) = 1.89$$

因土体为黏性土，按朗肯土压力理论，墙顶部土压力为零的临界深度为：

$$z_0 = \frac{2c}{\gamma\sqrt{K_a}} - \frac{q_0}{\gamma} = \frac{2 \times 12}{19.2 \times \sqrt{0.53}} - \frac{15}{19.2} = 0.94\text{m}$$

基坑开挖底面处土压力强度为

$$\begin{aligned}\sigma_{aH} &= (q_0 + \gamma H)K_a - 2c\sqrt{K_a} \\ &= (15 + 19.2 \times 5.5) \times 0.53 - 2 \times 12 \times \sqrt{0.53} \\ &= 46.45\text{kN/m}^2\end{aligned}$$

土压力零点距开挖面的距离为

$$x = \frac{(q_0 + \gamma H)K_a - 2c(\sqrt{K_a} + \sqrt{K_p})}{\gamma(K_p - K_a)} = 0.5\text{m}$$

土压力分布如图 13-4 所示。

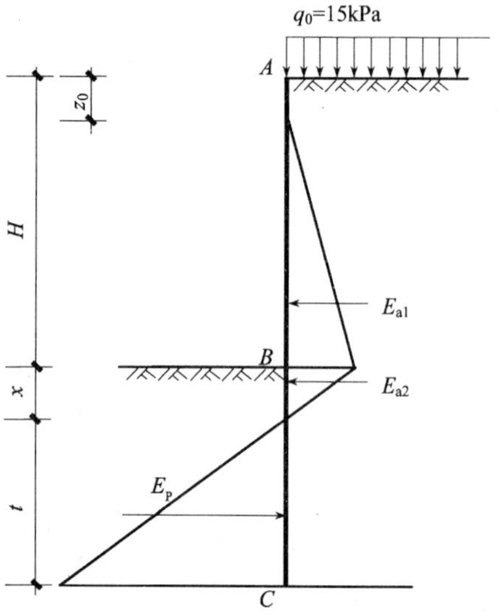

墙后土压力为

$$E_{a1} = \frac{1}{2} \times 46.45 \times (5.5 - 0.94) = 105.9\text{kN/m}$$

$$E_{a2} = \frac{1}{2} \times 46.45 \times 0.5 = 11.6\text{kN/m}$$

图 13-4

墙后土压力合力为

$$\bar{E}_a = E_{a1} + E_{a2} = 105.9 + 11.6 = 117.5\text{kN/m}$$

合力作用点距地表的距离

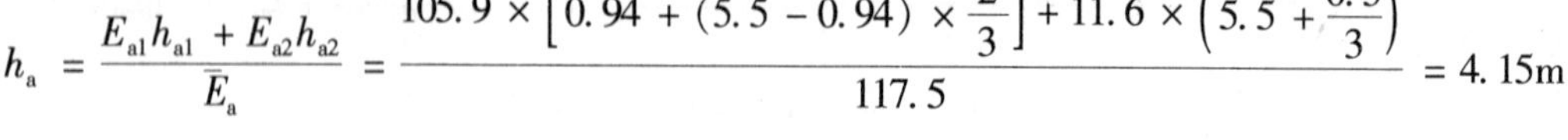

$$h_a = \frac{E_{a1}h_{a1} + E_{a2}h_{a2}}{\bar{E}_a} = \frac{105.9 \times \left[0.94 + (5.5 - 0.94) \times \frac{2}{3}\right] + 11.6 \times \left(5.5 + \frac{0.5}{3}\right)}{117.5} = 4.15\text{m}$$

将 $\bar{E}_a$ 和 h_a 代入下式

$$t^3 - \frac{6\bar{E}_a}{\gamma(K_p - K_a)}t - \frac{6(H + x - h_a)\bar{E}_a}{\gamma(K_p - K_a)} = 0$$

得：

$$t^3-\frac{6\times 117.5}{19.2\times(1.89-0.53)}t-\frac{6\times(5.5+0.5-4.15)\times 117.5}{19.2\times(1.89-0.53)}=0$$

即

$$t^3-27.0t-49.9=0$$

解得 $t=5.95\text{m}$，取增大系数为1.2，则排桩的最小长度为：

$$l_{\min}=H+x+1.2t=5.5+0.5+1.2\times 5.95=13.1\text{m}$$

最大弯矩应在剪力为零处，设剪力零点距压力零点距离为 x_m，有：

$$\bar{E}_a-\frac{1}{2}\gamma(K_p-K_a)x_m^2=0$$

则最大弯矩点距土压力零点的距离 x_m 为

$$x_m=\sqrt{\frac{2\bar{E}_a}{\gamma(K_p-K_a)}}=\sqrt{\frac{2\times 117.5}{19.2\times(1.89-0.53)}}=3.0\text{m}$$

而此处的最大弯矩为

$$M_{\max}=(H-h_a+x+x_m)\bar{E}_a-\frac{\gamma(K_p-K_a)x_m^3}{6}$$

$$=117.5\times(5.5+0.5+3.0-4.15)-\frac{19.2\times(1.89-0.53)\times 3.0^3}{6}$$

$$=452.4\text{kN}\cdot\text{m/m}$$

13.5 锚撑式围护结构内力分析

当填方或挖方高度较大时，采用悬臂式结构不能满足稳定性与变形的要求时，可在悬臂式结构顶部附近设锚杆或加内支撑，成为锚撑式挡土结构。

锚撑式挡土结构一般可视为有支撑点的竖直梁，其上的锚系点可视为一个支点，其底端支承情况与其入土深度、地层岩性有关，当结构埋入土中较浅或底部土体较软弱，此时下端可能发生转动，其端部可视为铰支，而当下端埋入土中较深时，其端部可认为在土中嵌固。对这两种情况，可分别采用平衡法和等值梁法进行计算。

13.5.1 平衡法

平衡法适用于底端自支承的单锚式挡土结构。挡土结构入土深度较小或底端土体较软弱时，认为挡土结构前侧的被动土压力已全部发挥，底端可以转动，故后侧不产生被动土压力。此时挡土结构前后的被动土压力和主动土压力对锚系点的力矩相等，挡土结构处于极限平衡状态，在锚系点铰支而底端为自由端，如图13-5所示。用静力平衡法计算嵌入深度和内力。

为使挡土结构稳定，作用在其上的各作用力必须平衡。亦即

1. 所有水平力之和等于零

$$T_a-E_a+E_p=0 \tag{13-17}$$

2. 所有水平力对锚系点 A 的弯矩之和等于零

$$M=E_ah_a-E_ph_p=0 \tag{13-18}$$

如图13-5所示，有：

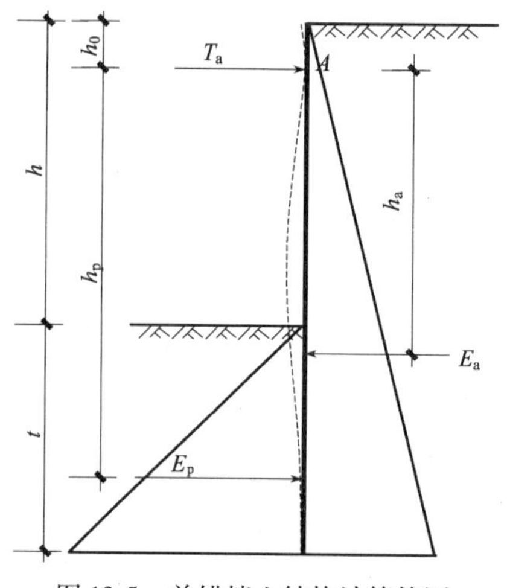

图 13-5　单锚挡土结构计算简图

$$h_a = \frac{2(h+t)}{3} - h_0 \text{ 和 } h_p = h - h_0 + \frac{2t}{3} \tag{13-19}$$

则

$$M = E_a\left[\frac{2(h+t)}{3} - h_0\right] - E_p\left(h - h_0 + \frac{2t}{3}\right) = 0 \tag{13-20}$$

由式（13-20）可解得挡土结构的入土深度 t。一般情况下，计算所得的入土深度 t 尚应再乘以一个增大系数。求出 t 后，可由式（13-17）求得锚系点处锚杆的拉力。

由最大弯矩截面处的剪力等于零的条件可求出挡土结构中最大弯矩的大小及其所在的深度。

13.5.2　等值梁法

当挡土结构入土深度较深时，挡土结构底端向后倾斜，结构的前后侧均出现被动土压力，结构在土中处于弹性嵌固状态，相当于上端简支而下端嵌固的超静定梁，工程上常采用等值梁法计算。

要求解该挡土结构的内力，有三个未知量：T_a、P 和 d（或 t，t 为有效嵌入深度），而可以利用的平衡方程式只有两个，因此不能用静力平衡条件直接求得排桩的入土深度。图 13-6（a）中给出了排桩的挠曲线形状，在挡土结构下部有一反弯点。实测结果表明净土压力为零点的位置与弯矩为零点的位置很接近，因此可假定反弯点就在净土压力为零点处，即图中的 C 点，它距坑底面的距离 x 可根据作用于墙前后侧土压力为零的条件求出。

反弯点位置 C 确定后，假设在 C 点处把梁切开，并在 C 点处设置支点形成简支梁 AC，如图 13-6（e）所示，则 AC 梁的弯矩将保持不变，因此 AC 梁即为 AD 梁上 AC 段的等值梁。根据平衡方程计算支点反力 T_a 和 C 点剪力 V_C。

对 C 点取矩，由 $\Sigma M_C = 0$ 得：

$$\frac{T_a}{S_h} \cdot a_t = \bar{E}_a \cdot a_a \tag{13-21}$$

对锚系点 A 点取矩，由 $\Sigma M_A = 0$ 得：

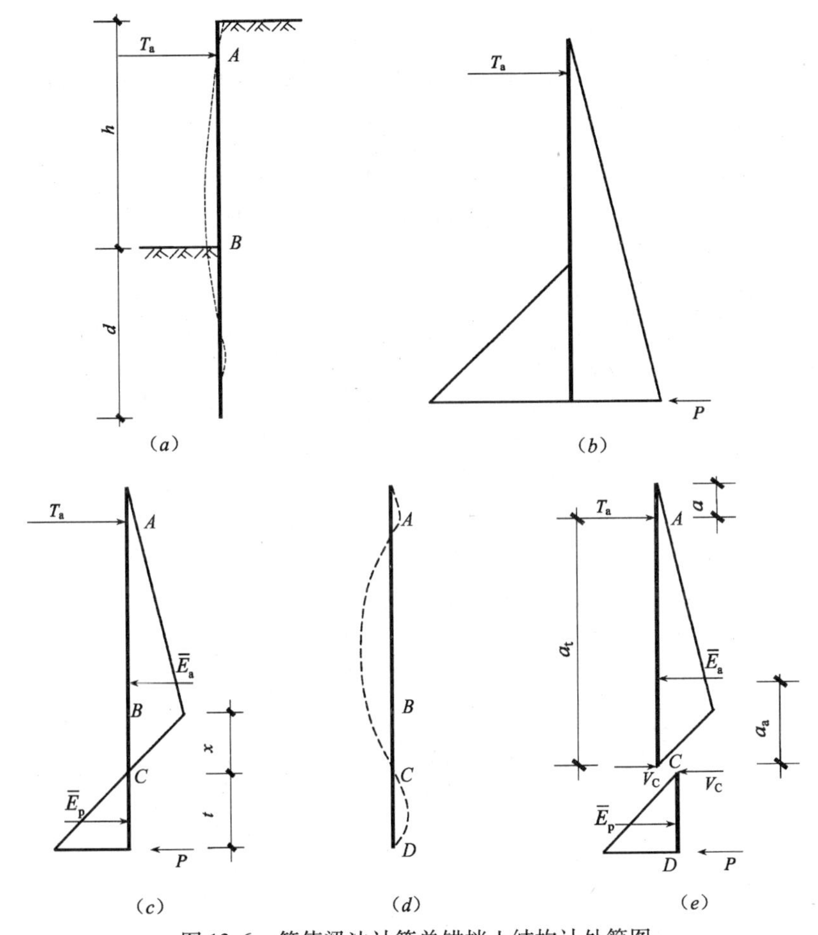

图 13-6　等值梁法计算单锚挡土结构计处简图

（a）桩变形示意图；（b）土压力分布；（c）净土压力分布；（d）变矩示意图；（e）等值梁示意图

$$V_C \cdot a_t = \overline{E}_a (a_t - a_a) \tag{13-22}$$

取板桩墙下段为隔离体，由 $\Sigma M_E = 0$，可求出有效嵌固深度 t：

$$t = \sqrt{\frac{6V_C}{\gamma(K_p - K_a)}} \tag{13-23}$$

【例 13-2】 某基坑工程开挖深度 $H = 7\text{m}$，采用单支点锚杆排桩支护结构，支点离地面距离 $a = 1.2\text{m}$，支点水平间距 $S_h = 1.5\text{m}$。地基土层参数加权平均重度值为：$\gamma = 19.5\text{kN/m}^3$、内摩擦角 $\varphi = 22°$、黏聚力 $c = 8\text{kPa}$，地面超载 $q_0 = 25\text{kPa}$。试以等值梁法计算排桩的最小入土深度、支点水平支锚力 T 。

【解】 取支点水平间距作为计算宽度。

主动土压力系数

$$K_a = \tan^2\left(45° - \frac{\varphi}{2}\right) = \tan^2\left(45° - \frac{22°}{2}\right) = 0.45$$

被动土压力系数

$$K_p = \tan^2\left(45° + \frac{\varphi}{2}\right) = \tan^2\left(45° + \frac{22°}{2}\right) = 2.20$$

墙后地面处主动土压力强度为

$$\sigma_{a1} = q_0 K_a - 2c\sqrt{K_a} = 25 \times 0.45 - 2 \times 8 \times \sqrt{0.45} = 0.52\ \text{kPa}$$

墙后基坑底面处土压力强度为

$$\begin{aligned}\sigma'_{aH} &= (q_0 + \gamma H)K_a - 2c\sqrt{K_a} \\ &= (25 + 19.5 \times 7) \times 0.45 - 2 \times 8 \times \sqrt{0.45} \\ &= 61.94\ \text{kPa}\end{aligned}$$

净土压力零点距基坑底面的距离为

$$\begin{aligned}x &= \frac{(q_0 + \gamma H)K_a - 2c(\sqrt{K_a} + \sqrt{K_p})}{\gamma(K_p - K_a)} \\ &= \frac{\sigma_{aH} - 2c\sqrt{K_p}}{\gamma(K_p - K_a)} \\ &= \frac{61.94 - 2 \times 8 \times \sqrt{2.20}}{19.5 \times (2.20 - 0.45)} \\ &= 1.12\text{m}\end{aligned}$$

墙后净土压力分布如图 13-7 所示，其合力大小分别为

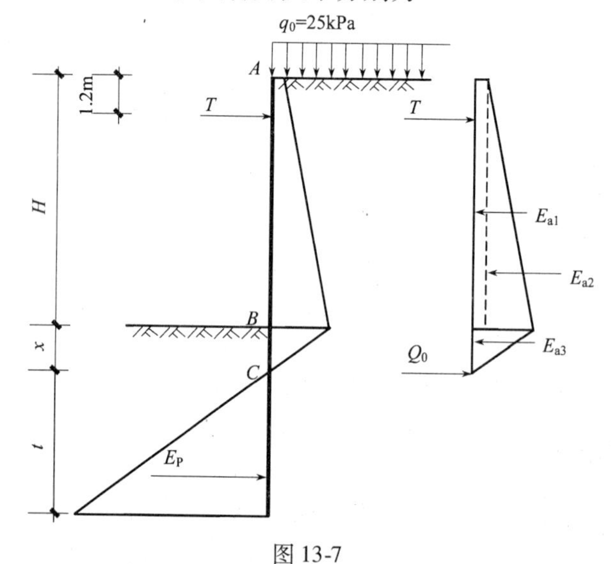

图 13-7

$$E_{a1} = 0.52 \times 7.0 = 3.64\text{kN/m}$$

$$E_{a2} = \frac{1}{2} \times (61.94 - 0.52) \times 7.0 = 214.97\text{kN/m}$$

$$E_{a3} = \frac{1}{2} \times 61.94 \times 1.12 = 34.69\text{kN/m}$$

支点水平支锚力 T'（每延米）为

$$T' = \frac{E_{a1}h_1 + E_{a2}h_2 + E_{a3}h_3}{H + x - a}$$

$$= \frac{3.64 \times \left(\frac{7}{2} + 1.12\right) + 214.97 \times \left(\frac{7}{3} + 1.12\right) + 34.69 \times 1.12 \times \frac{2}{3}}{7 + 1.12 - 1.2}$$

$$= 113.46\text{kN/m}$$

则支点水平支锚力 T 为

$$T = 1.5T' = 1.5 \times 113.46 = 170.19\ \text{kN}$$

土压力零点处的剪力

$$V_0 = \sum E_{ai} - T' = 3.64 + 214.97 + 34.69 - 113.46 = 139.84\ \text{kN}$$

桩的有效嵌固深度为

$$t = \sqrt{\frac{6V_0}{\gamma(K_p - K_a)}} = \sqrt{\frac{6 \times 139.84}{19.5 \times (2.20 - 0.45)}} = 4.96\text{m}$$

桩的入土深度为：$d = x + 1.2t = 1.12 + 1.2 \times 4.96 = 7.1\ \text{m}$。

第 14 章　地下建筑内部结构设计简介

为了满足使用要求，有时尚需在洞内布置由梁、板、柱，以及顶棚等构件所组成的洞内结构，称为内部结构。内部结构的设计和计算，完全与地面结构相同。本章仅介绍内部结构与衬砌连接部分的构造方案，以及有内部结构的衬砌结构设计特点等内容。

14.1　内部结构与衬砌的连接及构造

14.1.1　内部结构的梁板柱与衬砌的连接及构造

内部结构的梁板柱与衬砌的连接，和内部结构的布置有直接关系。根据地下建筑不同的洞室尺寸和使用要求，其布置方案也有所不同。一般来说内部结构的布置原则，与地面结构并无本质差别。随着国民经济和地下建筑实践与理论的发展。各类性质不同的建筑已逐渐可以修建在地下。例如，从较小的洞室逐渐发展为大尺寸的地下建筑、从单层发展为多层等。这样，便对地下建筑设计工作提出了更高、更全面的要求。因此，对于从事地下建筑工程设计的人员来说，不仅要具备地下建筑方面的设计知识，同时，还要具备地面建筑方面的设计知识，而且，更重要的是，必须具备综合运用两方面知识的能力。

与地面结构一样，根据地下建筑的性质和规模，多层内部结构有以下几种布置方案：

1. 横向承重方案

图 14-1 所示的横向承重方案，应根据建筑设计要求，每隔 2.4 ~4.2m 布置一道承重墙，楼盖（或内部结构的顶盖）铺板，都顺着洞室的纵向搁置横墙上。所有楼盖（或顶盖）的垂直荷载，均通过承重墙逐层传递给基础。承重横墙与衬砌的连接，可采取图中构造方案。这种构造，考虑到承重横墙和衬砌系由两种材料在不同时间分别施工，故加设有拉结钢筋以增强整体性，从而，可以使横墙和衬砌直墙连接处抵抗拉裂的能力得到加强。

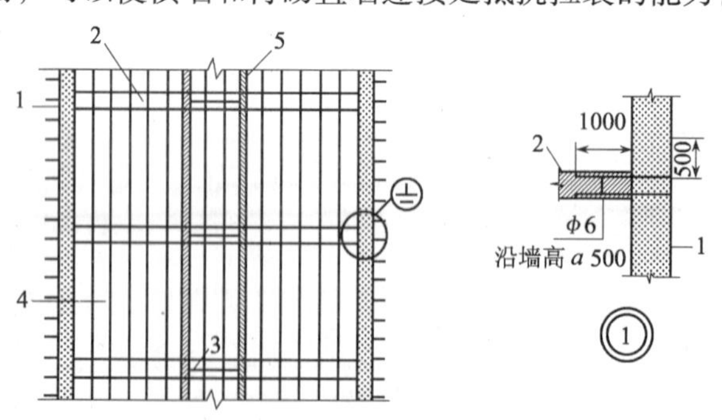

图 14-1　横向承重方案

1—衬砌；2—承重墙；3—走道梁；4—楼盖铺板；5—内纵墙

横向承重方案的楼盖（或顶盖）铺板跨度较小，因而，可节省较多的水泥和材料，缺点是墙体耗料较多。

2. 纵向承重方案

图 14-2 所示纵向承重方案，当房间纵向尺寸较大时，可不必另设横向承重大梁，楼盖（或顶盖）的垂直荷载，直接由纵墙和衬砌直墙传给基础。为了保证承重内纵墙具有足够的横向刚度，需每隔一定距离设置刚性横墙。刚性横墙与衬砌直墙的连接构造与图 14-1 相同。楼盖（或顶盖）搁置在衬砌直墙上的连接构造，可用图 14-2 中的连续（长条）牛腿，或在单独牛腿上再设置承重纵梁的构造方案。前者，施工时衬砌直墙的模板较为复杂。

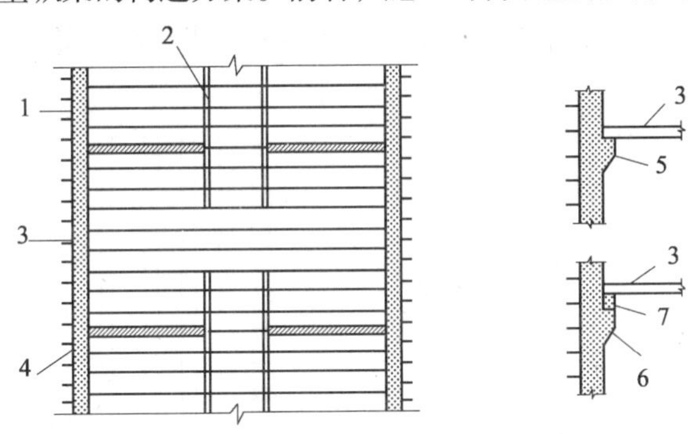

图 14-2　纵向承重方案
1—衬砌；2—承重内纵墙；3—楼盖铺板；4—刚性横墙；
5—连续（长条）牛腿；6—单独牛腿；7—承重纵梁

纵向承重方案的优点是，预制构件的种类较少，安装方便，由于不用承重横梁，室内顶面平整，净空较高。但这种方案，楼板跨度较大，水泥、钢材的消耗量较之横向承重方案要多。

3. 纵横向混合承重方案

图 14-3 所示纵横向混合承重方案，系将楼盖（或顶盖）铺板仍沿洞室纵向铺设，并在无承重横墙处设置承重横梁。此时，横梁一端支承在承重内纵墙上（纵墙有时需设壁柱），另一端支承在衬砌直墙上。承重横墙与衬砌直墙的连接构造与图 14-1 相同。承重横梁与衬砌直墙的连接构造如图 14-3 所示，横梁一端搁置在衬砌直墙的预留孔洞内，其支承长度 a 应根据梁高 h 来确定，当 $h<40$cm 时，$a\geqslant11$cm；当 $h\geqslant40$cm，$a\geqslant17$cm。垂直荷载将通过铺板传给大梁和承重横墙。由于衬砌直墙、承重内纵墙，以及承重横墙都是承重构件，所以称为“混合承重方案”。在承重内纵墙隔成的内走道铺板沿横向布置，这样布置的铺板通常跨度都较小，比较经济。有时，为了施工方便，也可以在内纵墙加设小横梁跨过走道，使得走道铺板同房间内的楼板一样均顺纵向布置，这种布置方案的楼盖（或顶盖）铺板比较统一。

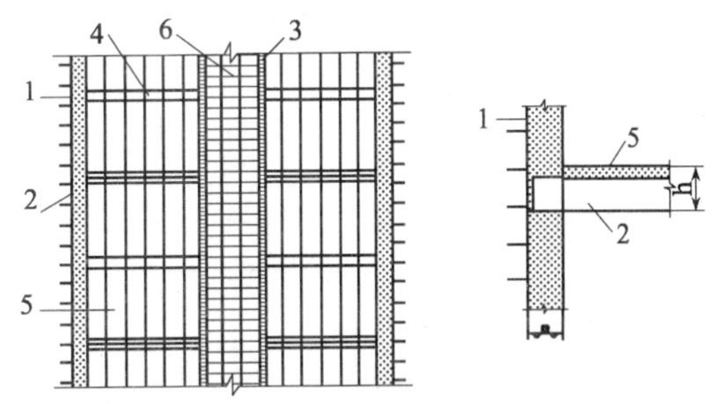

图 14-3　纵横向混合承重方案
1—衬砌；2—承重横梁；3—承重内纵墙；4—承重横墙；
5—楼盖铺板；6—走道铺板

纵横向混合承重方案比较能够适应各种大小不同的房间，且横墙间隔又不远，纵墙的横向刚度仍然较好。

4. 内框架结构承重方案

图 14-4 所示的内框架结构承重方案，适用于多层厂房及仓库等地下建筑。根据使用要求，内部结构均不允许纵横向隔断，但允许布置柱网。柱网多成正方格或长方格，有时沿横向也可以布置成不等距离的。在这类结构方案中，多将楼盖结构的主梁沿横向布置，主梁与中间钢筋混凝土柱整体连接；主梁的两端则简支在衬砌直墙的预留孔或单独牛腿上，其计算简图如图 14-5 所示，称为“内框架结构”。由内框架支承的楼盖，则可根据具体情况，采用主梁与主梁之间沿洞室纵向铺放预制板的方案（图 14-4a），或采用全部现浇楼盖方案（图 14-4b）。

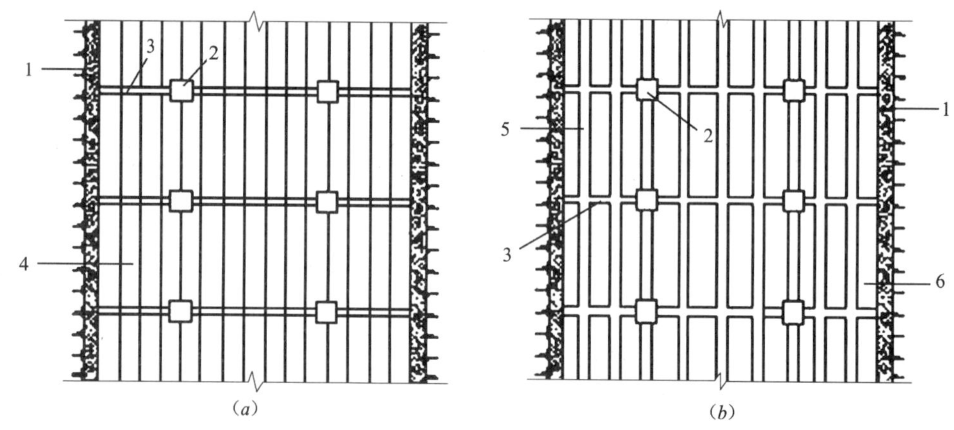

图 14-4　内框架结构承重方案

（a）半框架预制板方案；（b）半框架交梁楼盖方案

1—衬砌；2—钢筋混凝土柱；3—钢筋混凝土主梁；4—楼盖铺板；

5—钢筋混凝土次梁；6—整体式钢筋混凝土板

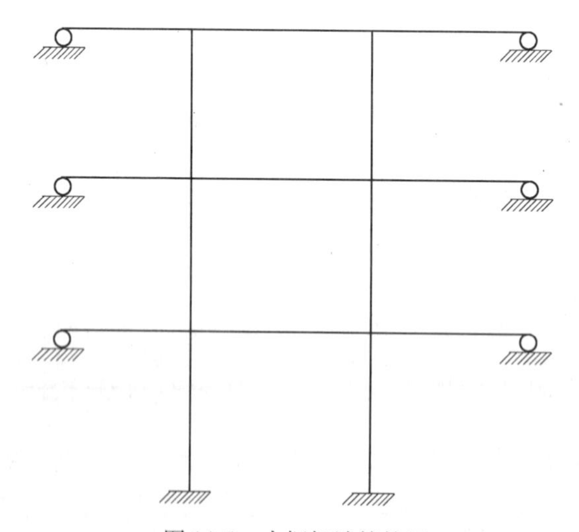

图 14-5　内框架计算简图

在决定柱网尺寸时，既要考虑生产工艺的要求，也要考虑楼盖荷载和结构选型等因素所带来的影响。一般情况下，当柱网间距较大时，虽然易于满足使用要求，但却加大了楼盖结构构件的跨度，从而增加了材料用量。反之，柱网较小会反过来增加柱子的数量。故进行结构布置时，应综合分析和对比各种因素，防止片面性，以求全面贯彻坚固、实用、经济合理、技术先进的方针。

这类结构的垂直荷载，由铺板传给梁，再由梁和衬砌直墙传给各自的基础。

应该指出，某种情况下，地下建筑中的某些房间允许加柱子，而有的不允许有柱，此时，应尽量将跨度较大的房间布置在楼上，否则，会造成结构方案的不合理，并带来明显的浪费。

5. 无梁楼盖承重方案

当某些工业厂房或仓库、冷库建于地下时，内部结构有时可采用无梁楼盖承重方案（图 14-6）。这类建筑的使用荷载通常总在 $500kg/m^2$ 以上，与梁板结构相比，能节约模板；楼盖底面平整，能有效利用室内净空；当柱网不超过 6m 时，有较好的经济效果。这种结构形式，适宜于大统间生产和灵活分间。

无梁楼盖，由板、柱帽和柱子组成。柱网通常布置成正方形。支承方式通常有三种方案，其中图 14-6（*a*），由于边跨有钢筋混凝土边柱，柱顶只能做成半个柱帽的形式，同时，周边设置有圈梁。图 14-6（*b*），系将边跨直接挑出边柱以外形成悬臂，这种边柱的柱帽与中间柱相同，与上述情况相比，减少了柱帽的类型，便于施工。这种方案能收到节省混凝土和钢筋用量的效果，但其缺点是在平面上将使边柱以外形成狭长地带，因此，会造成使用上的不便。图 14-6（*c*）的楼面四周简支在衬砌直墙的连续（长条）牛腿上，楼盖的部分垂直荷载将通过该牛腿传给衬砌直墙，而且楼盖边跨的刚度有所降低。

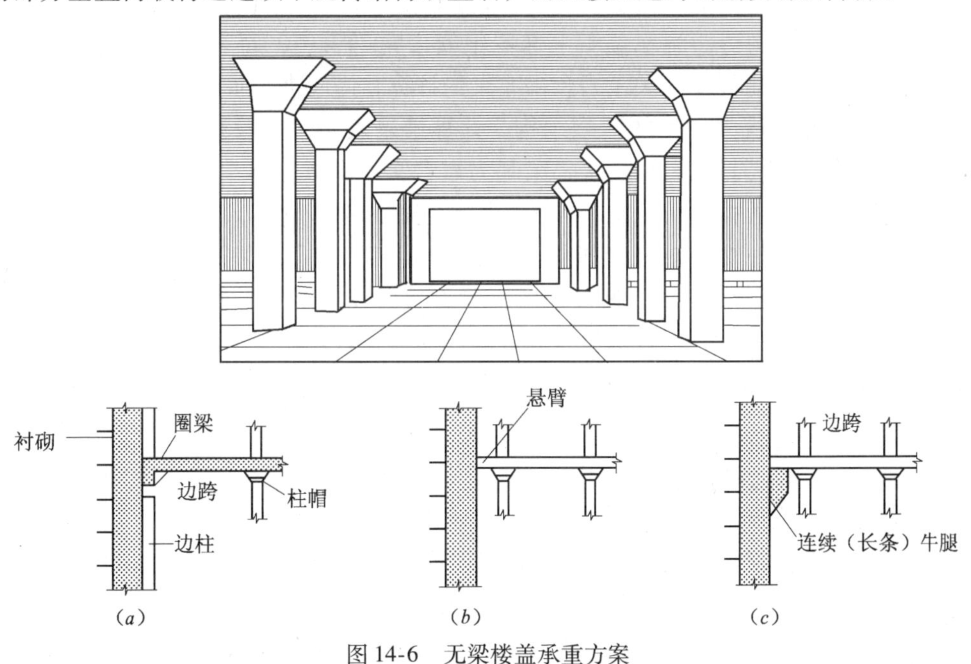

图 14-6　无梁楼盖承重方案

必须指出，内部结构的钢筋混凝土楼盖，不宜与衬砌整体浇筑，一般尽量在构造上采用简支构造措施，以防止钢筋混凝土楼盖与衬砌间的不均匀变形（沉陷和伸缩）而引起开裂。因此，如内部结构需设置紧贴衬砌的边柱，则宜将边柱与直墙分离，或将柱上的横梁采取与柱简支的构造措施，以避免上述不利情况发生。若必须采用与衬砌整体连接的方案，则应有可靠的防裂构造措施。

14.1.2 吊车梁的连接及构造

在地下工业厂房中，由于生产工艺和设备维修的需要，往往要求设置吊车。吊车的种类很多，有桥式吊车、悬挂吊车、壁行吊车和悬臂吊车等。在工业厂房中应用最为广泛的是桥式吊车。

岩石地层的地下工业厂房设置的吊车梁（或支承吊车梁的牛腿），应充分考虑围岩的支承作用，这不仅在技术上是合理的，而且在经济上也有较好的效果。

1. 桥式（或梁式）吊车

根据地下工业厂房的围岩条件所确定的衬砌结构形式来选择吊车梁的构造方案。当前所用的吊车梁形式，有岩台吊车梁、悬吊柱吊车梁以及连续牛腿吊车梁等。

（1）岩台吊车梁

利用岩台来支承的吊车梁，称为岩台吊车梁。当地下工业厂房位于甲、乙类围岩中，可利用围岩岩台吊车梁来支承桥式吊车。图 14-7 所示的两种岩台吊车梁，均与衬砌不发生联系。由于围岩条件较好，吊车所产生的荷载均直接通过吊车梁传给围岩。实践证明，这两种构造方案均较有效。图 14-7（*a*）为施工运输时用的吊车梁，其起重量可达 40t，这种构造形式，用于基本稳定的完整花岗岩中，经受了全断面开挖时的施工爆破考验（月开挖量达 10000m^2 以上）。图 14-7（*b*）为某地下水电站主厂房，吊车容量为 300t/30t/5t 的岩台吊车梁构造，洞室位于上侏罗纪安山角砾岩中，每米长度上的轮压达 88t，经使用证明，运行安全可靠。关于岩台吊车梁的计算，尚应进一步研究。该工程系取出单位长度的梁段，将其视为“牛腿”型结构。计算结果表明，一般均按构造配置弯起钢筋和箍筋。由于侧面有锚杆与岩壁连接，梁基为岩台支承，故基本上认为无纵向弯曲问题，因而梁的纵向钢筋亦可按构造配置。对于与侧壁连接的锚杆验算，可按抵抗吊车梁倾覆时的力矩来分别验算上下两层锚杆的强度。上层锚杆可考虑抵抗 80% 的倾覆力矩；下层锚杆则考虑抵抗 20% 的倾覆力矩。另外，尚应验算岩台在支承面上的承载力，并保证岩台在支承面上的反作用力下，不致沿滑裂面破坏。在验算岩台在支承面上的承载力时，可略去吊车梁与侧向岩壁间的粘结力和锚杆的抗剪强度。

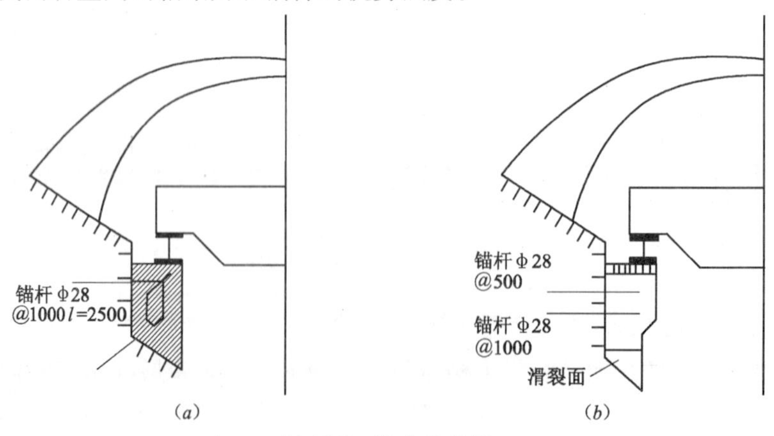

图 14-7 岩台吊车梁

必须指出，以上对岩台吊车梁的计算方法，仅为粗略的估算，比较完善的计算方法，有待进一步研究解决。

（2）与拱圈整体连接的吊车梁

① 悬吊柱吊车梁

图 14-8 所示悬吊柱吊车梁，系将吊车梁与拱圈用钢筋混凝土整体浇筑。悬吊柱吊车梁处，加设锚杆与侧壁围岩连接。在丙类以上的围岩中，由于有可能考虑采用半衬砌结构形式，故在有设置吊车的地下建筑内，可以选择这种形式的吊车梁。

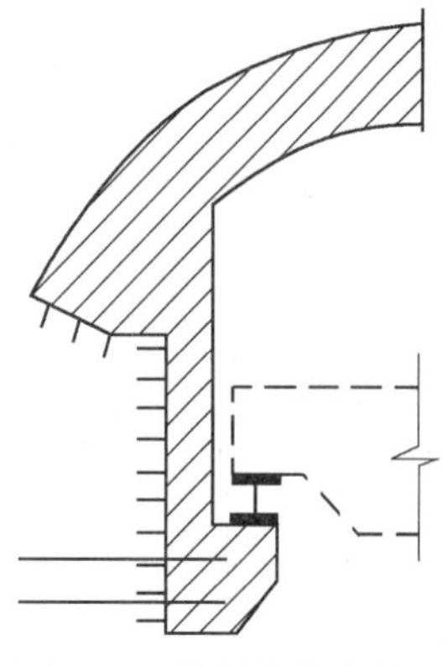

图 14-8　悬吊柱吊车梁

② 肋拱悬挑吊车梁

图 14-9 所示肋拱悬挑吊车梁。这种构造形式用于围岩条件较好的地下工业厂房中。由于围岩条件较好，可以不设衬砌，但考虑到因局部地质问题的影响，以及其他因素（如使用要求等），仍设计成肋拱形式，而吊车梁则连接在各肋拱之间，并悬挑在两侧向岩壁之外，以便桥式吊车行驶。肋拱宽通常为 1m，净距 2m。

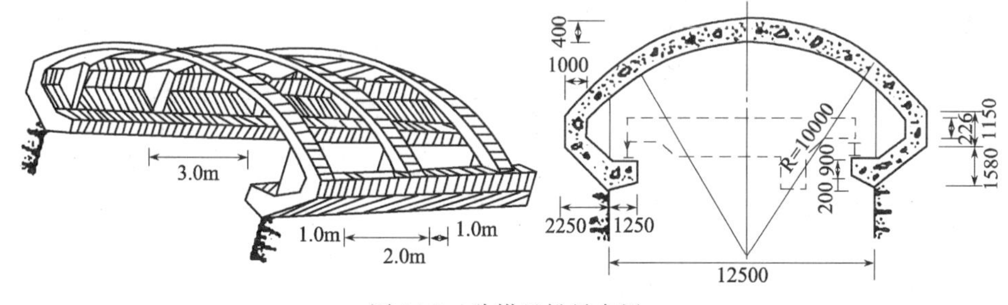

图 14-9　肋拱悬挑吊车梁

由于这种吊车梁在围岩上的支承面较之悬吊柱吊车梁在围岩上的支承面要大得多，因此吊车荷载可通过较大的支承面传给围岩。根据处于中粗粒斑状花岗岩的某地下水电站工程的理论分析和光弹试验表明，基底围岩的应力并不大，起重量为 50t 的吊车对基底围岩的最大压应力，理论分析为 23.6kg/cm^2，试验值为 19.5kg/cm^2。这说明按围岩的允许承载力来满足设计要求时，这种吊车梁适应的围岩种类要比上述的中粗粒斑状花岗岩广泛得多。因此，只要围岩的地质构造无大缺陷，且拱座及吊车梁基底围岩比较稳定；允许承载力能满足设计要求；采用这种吊车梁是比较可靠的。

（3）衬砌边墙支承的吊车梁

图 14-10 所示为连续牛腿吊车梁，在贴壁式直墙上浇筑成整体的连续牛腿形式。这种形式的吊车梁，通常适用于起重量不大的桥式吊车，但有些地下工业厂房设有起重量高达数百 t 的轻级工作制桥式吊车，也用过这种形式，至今运行安全。

桥式吊车的吊车梁，有时也可采用图 14-11 所示的单独牛腿支承方案。单独牛腿与衬砌的直墙整体浇筑，其间距一般为 4 ~ 6m。

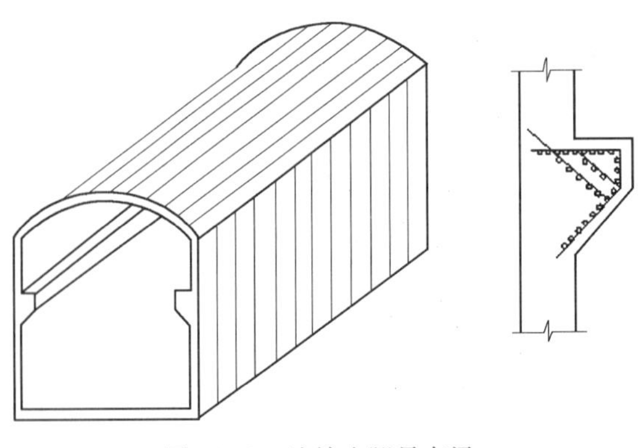

图 14-10　连续牛腿吊车梁

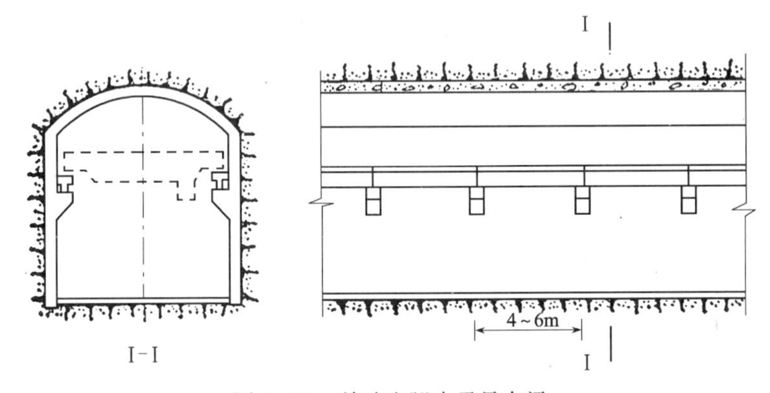

图 14-11　单独牛腿支承吊车梁

在围岩条件较好的地下工业厂房中，有时可采取每隔 4～6m 设置肋形衬砌的结构方案（图 14-12），肋形衬砌之间用预制板装配，此时，吊车梁则支承在与肋形衬砌整体连接的外伸牛腿上。这种结构方案，完全与地面厂房的结构相类似，肋形衬砌间应加连系梁，以保证纵向稳定。

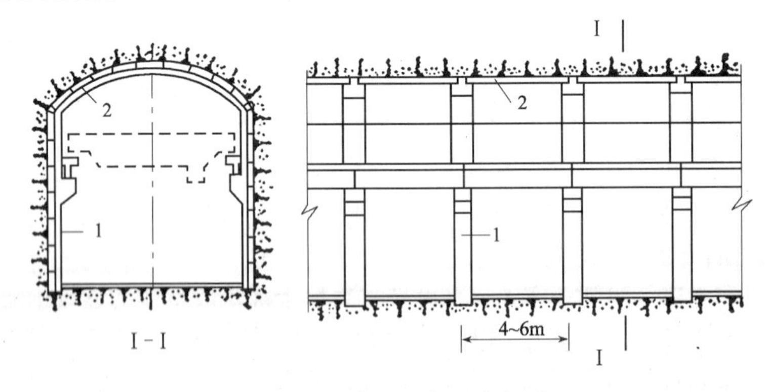

图 14-12　肋形衬砌支承吊车梁

1—肋形衬砌；2—预制板

有的地下工业厂房的吊车梁，曾采用支承在与衬砌整体浇筑的钢筋混凝土柱子上，这种支承方案，适用于吊车起重量较大的地下建筑。

2. 拱圈悬挂吊车

对于某些地下建筑需要设置0.5~3.0t起重量的轻型吊车时，可考虑在拱圈下悬挂电动单梁起重机（图14-13）。这种起重机的吊车梁，可以在拱圈内预先埋设预埋件，再将钢吊车梁与预埋件连接。

图14-13 悬挂电动单梁起重机吊车梁的连接

有的地下建筑，有时需在拱圈某个位置设置起重量在1t以下的单轨悬挂电动葫芦。单轨吊车梁与拱圈的连接，和悬挂电动单梁起重机的吊车梁大致相同（图14-14）。

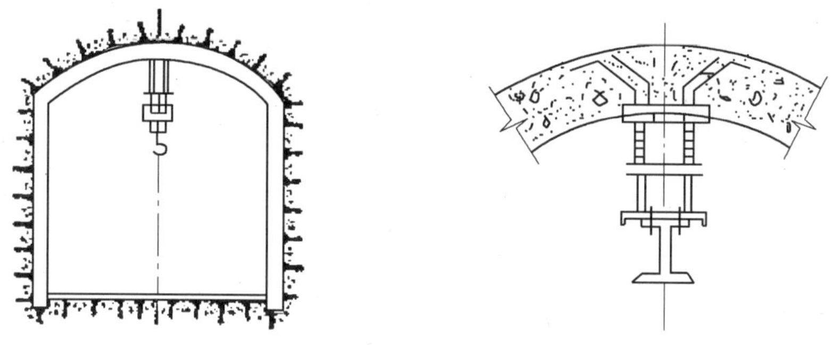

图14-14 单轨悬挂电动葫芦吊车梁的连接

在位于围岩稳定性较好的地下建筑中，根据具体情况，可用喷锚结构加以支护，此时，如需设置上述悬挂吊车，其钢吊车梁可由锚杆悬挂。图14-15是某工程为了安装今后检修立式锅炉用的锚杆支承悬挂吊车梁构造。锚杆长1.8~2.0m，锚杆孔内灌注水泥砂浆以增加其锚固强度，并防止锚杆锈蚀。锚杆的承载力应由现场试验确定，并考虑足够的安全贮备。

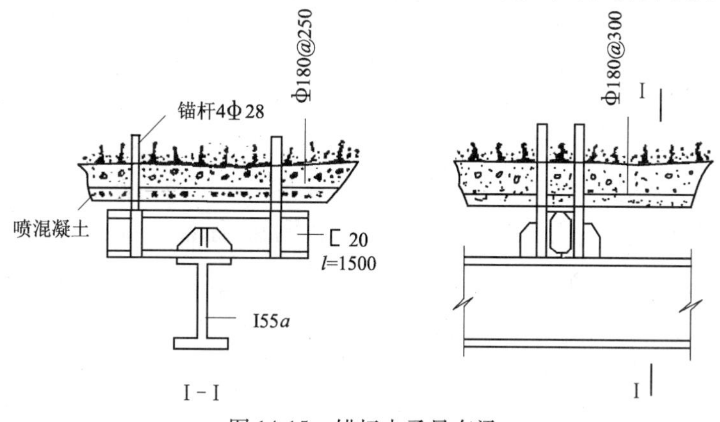

图14-15 锚杆支承吊车梁

14.1.3 顶棚连接构造

地下建筑的拱顶，由于排水、防潮、照明和美观等需要，有时需设置顶棚。顶棚虽系细部结构，但因其所处位置对于使用安全有直接影响。因此，对这部分结构的设计，应保证足够的安全度，故应确定出合理的结构方案。

目前，所采用的洞室顶棚结构方案，大致分两类，一种是悬挂式顶棚（图 14-16）；另一种是拱肋式顶棚（图 14-17）。

悬吊式顶棚结构是利用拱圈的承载能力，通过钢吊杆与拱圈的承载能力，通过钢吊杆与拱圈和顶棚相连接，顶棚荷载则通过吊杆传递给拱圈后，再通过拱脚传给围岩。因此，钢吊杆的防锈蚀问题极为突出。通常将钢吊杆截面选得较计算所需要的大得多（保证锈蚀后仍有足够的截面），并涂刷防锈剂（一般用沥青、漆类或环氧树脂砂浆等），还需加强经常维护。用钢吊杆悬挂顶棚时，由于加大钢吊杆截面，所带来的效果是不经济的。顶棚可用预应力小薄板铺放在被钢吊杆所悬挂的钢筋混凝土小肋或钢肋上，防水层便在预应力小薄板上敷设。

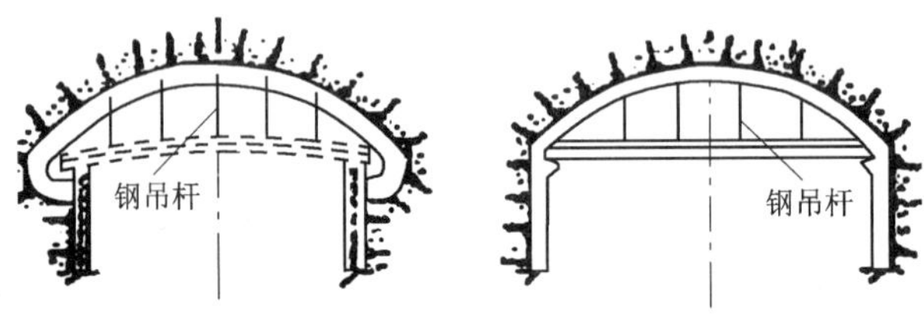

图 14-16 悬挂式顶棚

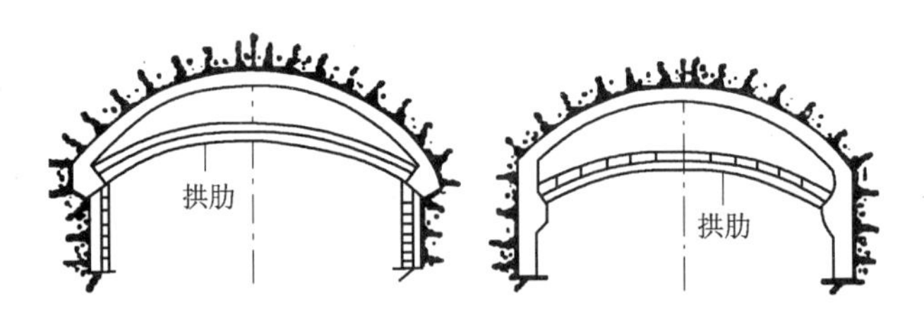

图 14-17 拱肋式顶棚

拱肋式顶棚，是通过拱肋将顶棚荷载直接传递给围岩，或通过边墙悬挑牛腿再传经直墙到围岩。拱肋可采用预制钢筋混凝土结构，其上铺放预应力小薄板和防水材料。钢筋混凝土拱肋式顶棚，虽在施工上较之悬挂式顶棚复杂，但不存在防锈蚀问题，因此，它使用后的经常维护费少，坚固耐久，节约钢材，设计时应优先采用。

当洞室有内部承重墙、柱时，则可利用这些内部结构来支承平顶结构，此时，仅靠近洞室边墙部分的平顶结构，才与衬砌或围岩发生联系。

以上顶棚结构形式，在设计时，均应注意在拱圈和顶棚间留出足够的净空，以便于施工人员操作和平时维修。

14.2 有内部结构的衬砌结构设计特点

对于有着不同用途的地下建筑结构来说，由于在功能上必须使进入洞内的工程满足一定的使用要求，因此，需要布置必要的内部结构。这些由使用要求决定的内部结构，往往都和衬砌有着有机的联系。于是，内部结构就必然会通过不同的传力途径，使地下衬砌结构在受力方面，必然比围岩压力这种单一形式的荷载（包括弹性抗力）要复杂一些，相应的计算工作量也要大一些。为此，对于设计一个完整的地下建筑结构来说，还必须对所布置的内部结构向地下结构衬砌的传力途径有所了解，对内部结构的布置、选型、设计等方面要具备地面工程的知识，然后，综合运用地面、地下结构的知识，来设计地下结构衬砌。

必须指出，具有内部结构的地下建筑结构，在设计程序上应是：先内部结构，后地下衬砌结构。不这样，就无法确定内部结构传给衬砌的荷载。另外，考虑到衬砌和围岩的共同作用（本书以局部变形理论为基础），地下衬砌结构的内力计算和地面结构的根本差别之一是，必须先进行荷载组合（地面结构为内力组合），然后进行内力计算（但应注意，内部结构仍为内力组合）。可见，计算一个有内部结构的地下衬砌结构时，必须首先设计内部结构，而后，将内部结构传给衬砌的载荷和衬砌所承受的围岩压力等组合起来，再分析衬砌内力。

以下，仅就几种具有代表性的、有内部结构的地下衬砌结构设计的特点，作简要介绍。

14.2.1 单跨多层地下建筑结构的设计特点

图14-18所示的两种单跨多层地下建筑结构，其中的内部结构均系与衬砌采用装配式简支连接。

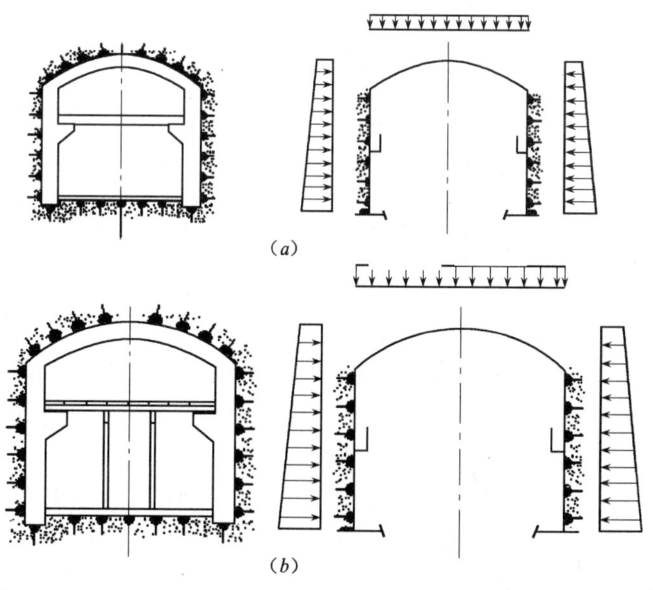

图14-18 单跨多层地下建筑结构
（a）洞内不设柱；（b）洞内设柱

这种形式的内部结构，主要是通过横梁将楼面荷载传给衬砌伸出的单独牛腿上，楼面铺板沿洞室纵向铺设。由于横梁简支在单独牛腿上，且与边墙的安装缝隙一般在 1cm 以上，很难保证横梁与衬砌可靠地共同作用，因此，可以近似地取图中右边所示的计算简图来代替实际结构的工作状况。

按平面跨变钢架计算内力时，通常可在牛腿处沿洞室纵轴方向，前后各 0.5 ~ 1.0m 切取 1.0 ~ 2.0m 宽的衬砌作为计算单元（图 14-19）。图 14-18 的右边，即为这个计算单元的计算简图。图 14-19 中，两计算单元之间无阴影部分，因无牛腿，故其计算简图与整体式直墙拱形衬砌相同，内力计算方法亦相同。现在的问题，是怎样来计算有单独牛腿的计算单元的衬砌内力。

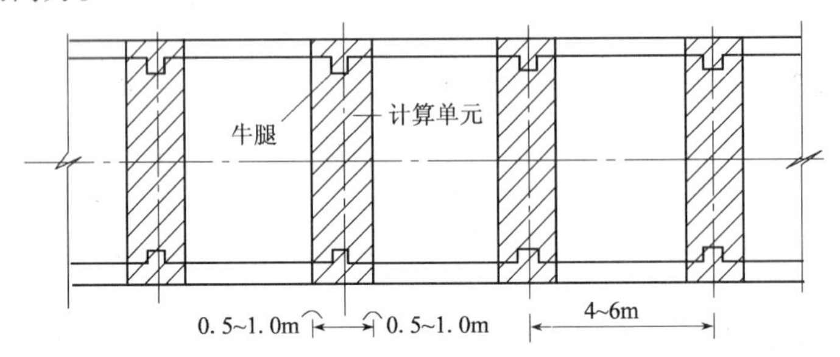

图 14-19　在洞室平面上切取有牛腿部分的计算单元

这种计算单元的内力计算，实际上是比较复杂的。因为考虑到由于内部结构（图 14-18b）的楼面活荷载对衬砌的最不利作用力的位置时，有可能使衬砌的两侧牛腿承受大小不等（非对称）的反力，这实际上就是解对称结构在非对称荷载作用下的非对称问题。从理论上说，用本书所介绍的方法，角变位移法，或不均衡力矩及侧力传播法都可以解出内力，但较繁琐。从满足工程计算的允许精度出发，尚可再作一些简化。

可以认为，牛腿上的作用力对拱圈的内力不致产生较大影响。原因是，由使用要求而决定的内部结构楼层高度，一般在 4m 以上。这种情况下，从牛腿上的作用力位置（牛腿顶面）开始，向上至墙顶（拱脚），向下至墙底，把视为弹性地基梁的衬砌直墙划分为上下两段，其折算长度 αH（H 为楼层高度），一般均较接近 2.75，这种近似长梁的情况，使得牛腿上的作用力对墙顶和墙底的影响甚微，故可忽略其影响。以上，实质上是忽略对拱脚弹性固定系数的影响。这样就把问题简化到按力法求拱顶多余未知力时，像牛腿上没有作用力一样来计算，但在计算直墙的内力时，则应考虑牛腿上的作用力影响。

此外，由于衬砌直墙上伸出的单独牛腿，一般间距为 4 ~ 6m，所以，牛腿对衬砌的影响仅是局部的。这也说明，经上述简化后，对计算精度的影响不会过大。

有关牛腿的计算，可参照地面结构有关内容进行。

对于图 14-18（a）所示的内部结构的衬砌，其内部结构的楼面横梁，有时和衬砌直墙整体连接（图 14-20），这种连接，可以保证横梁与衬砌共同工作。其内力计算，以采用不均衡力矩及侧力传播法较方便。

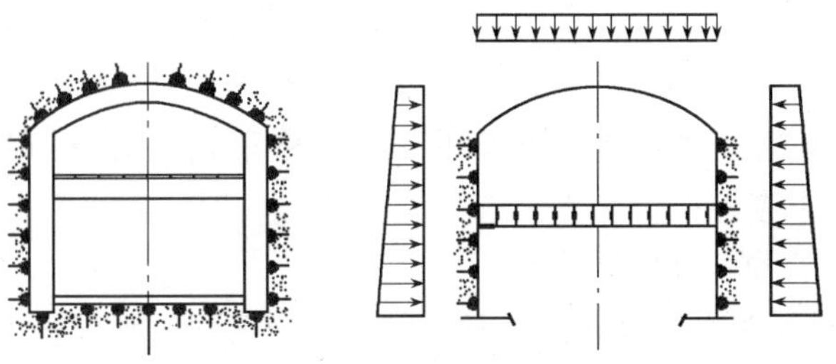

图 14-20 楼面横梁与衬砌整体连接的地下建筑结构

14.2.2 有吊车的地下建筑结构设计要点

为了计算具有吊车的地下建筑结构的内力，首先必须了解吊车荷载是怎样传递给衬砌的。而桥式吊车是具有代表性的吊车，掌握了这种吊车的吊车荷载向衬砌的传力途径之后，对其他类型的吊车荷载也就易于掌握。

1. 吊车荷载

常见的一般桥式吊车，其吊车荷载，不仅包括吊车本身重量和所起吊的重物所产生的竖向荷载，而且还有由于吊车启动或制动产生的水平荷载。

（1）吊车竖向荷载

由图 14-21 可知，吊车的小车下面悬有吊钩，起吊的重物重量，是经小车传给大车（吊车桥）的。小车沿大车上的轨道在洞室横向左右行驶，大车则沿吊车梁上的轨道在洞室纵向行驶。

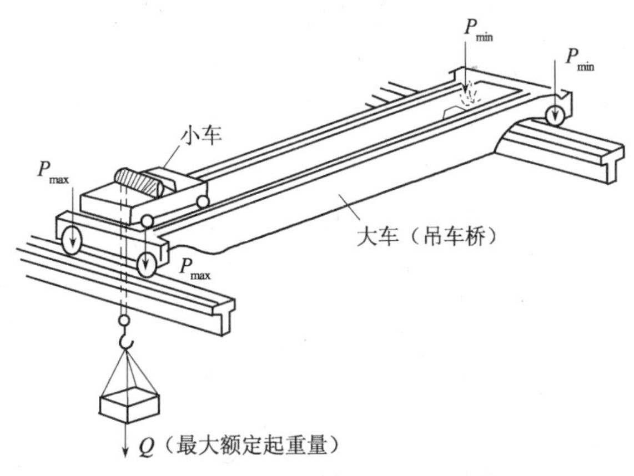

图 14-21 吊车竖向荷载示意图

吊车竖向荷载中，包括桥架重量、小车重量、驾驶室重量和额定最大起重量。吊车梁需要承受大车轮子传给的最大竖向荷载值，称为“最大轮压 P_{max}”。它是指当小车吊有最大额定起重量开到大车某一侧端头极限位置时，这一侧的每个大车轮子传给吊车梁的竖向荷载值称为“最大轮压 P_{max}”。对应另一侧的每个大车轮子传给吊车梁的竖向荷载值称为“最小轮压 P_{min}”。各种类型的梁式或桥式吊车的 P_{max} 值，可直接从吊车产品样本中查得。由于吊车两端各有两个轮子，故 P_{min} 值则可按下式计算：

$$2(P_{max} + P_{min}) = Q_d + Q$$

由此得

$$P_{min} = \frac{Q_d + Q}{2} - P_{max} \tag{14-1}$$

式中　Q_d——吊车总重（桥架重＋小车重＋驾驶室重），可由吊车产品样本或有关设计手册中查得；

Q——吊车最大额定起重量。

当设计吊车梁及其连接部分的强度时，吊车竖向荷载应乘以表14-1的相应动力系数。

吊车竖向荷载的动力系数　　**表14-1**

序　号	吊　车　类　型	钢　吊　车　梁	钢筋混凝土吊车梁
1	轻、中级工作制软钩吊车	1.1	1.1
2	重级工作制软钩吊车	1.1	1.2
3	硬钩吊车、特种吊车（磁力超重级）	1.1	1.3

注：悬挂吊车（包括电葫芦）的动力系数，可按1.1采用。

（2）吊车水平荷载

吊车水平荷载包括横向水平荷载和纵向水平荷载两项。产生的因素较复杂，它可能起因于起重小车刹车时的摩擦力，也可能是由于轨道不平行，大车运行时卡轨所产生的水平挤压力，或为大车运行时摇摆所产生的水平力。目前，对于轻、中级工作制的吊车❶仍按小车刹车时引起的最大摩擦力来计算。如图14-22所示的吊车，其小车和起吊重量之和为$Q+g$（其中Q为最大额定起重量；g为小车重量），小车有四个轮子，其中两个为制动轮，作用在两个制动轮上的垂直荷载为$0.5(Q+g)$。若近似取轮子与钢轨间的摩擦系数为0.1，则由摩擦力传递的小车横向制动力为$0.1 \times 0.5(Q+g) = 0.05(Q+g)$。假定横向水平荷载全部由某一侧的大车轮子平均分担，并传给一侧的吊车梁（图14-22），因此，轻、中级工作制的软钩吊车的每个大车轮传给吊车梁的横向水平荷载为❷：

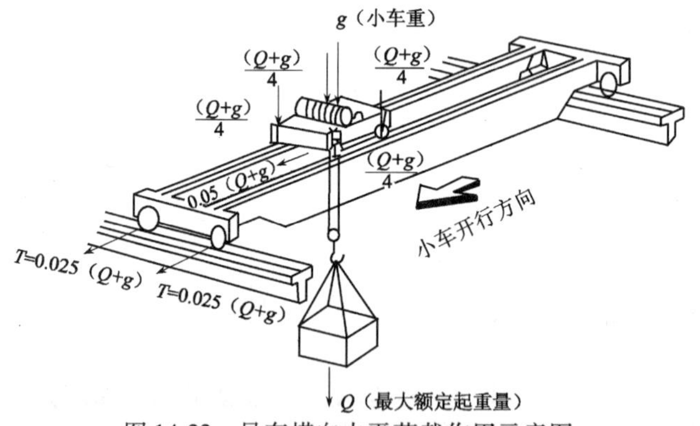

图14-22　吊车横向水平荷载作用示意图

❶　轻级工作制吊车是指吊车工作时间仅占总时间的15%左右，或只用于设备检修及安装吊车，其运行速度<60m/min；中级工作制吊车是工作时间占总时间的25%左右，运行速度为60～90m/min；重级工作制吊车是工作时间占总时间的40%以上，运行速度为80～150m/min、三班生产的吊车。

❷　对于轻、中级工作制硬钩吊车（一般用于平炉车间，目前，地下建筑中尚未应用）的每个大车轮传给吊车梁的横向水平荷载取：

$$T_n = \frac{0.05(Q+g)}{n}$$

$$T_n = \frac{0.05(Q+g)}{n} \tag{14-2}$$

n 为一侧大车轮数。对于起重量≤50t 的吊车，$n=2$；50t＜起重量＜125t，以及起重量 =150t，而吊车跨度≤16m 的吊车，$n=4$；对起重量或跨度更大的吊车，$n=8$。

吊车横向水平荷载，可以认为完全向一侧传递，并可正反两个方向作用在吊车梁顶部水平面上。

当计算重级工作制的吊车梁与柱（或衬砌）的相互连接时，由吊车产生的横向水平荷载应乘以式（14-2）中相应的动力系数。

吊车的横向水平荷载，是当大车制动时，整个吊车和吊重的惯性力通过大车制动轮与吊车梁上的钢轨之间的摩擦力以纵向水平力的形式传到吊车梁的钢轨顶面（图 14-23）。一个吊车梁上所受的纵向水平力，可按下式计算（摩擦系数为 0.1）：

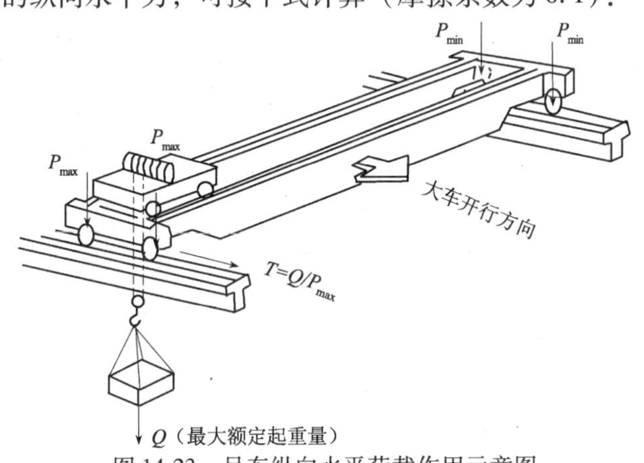

图 14-23　吊车纵向水平荷载作用示意图

$$P_z = 0.1n \cdot P_{max} \tag{14-3}$$

n 为大车每侧的制动轮数，因一侧只有一个制动轮，故对四轮吊车取 $n=1$。

由于衬砌结构的纵向刚度较大，故纵向水平荷载对结构的影响不大，设计时可不考虑其作用。

吊车横向水平荷载的动力系数　　**表 14-2**

序　　号	吊车类别	吊车起重量（t）	钢　结　构		钢筋混凝土结构
			计算吊车梁上翼缘、制动结构	计算吊车梁上翼缘、制动结构、柱相互的连接	计算吊车梁与柱的相互连接
1	软钩吊车	5～10	2.5	5.0	5.0
		15～20	2.0	4.0	4.0
		30～150	1.5	3.0	3.0
		175～275	1.3	2.6	
		300～350	1.1	2.2	
2	硬钩吊车		1.5	3.0	

注：1. 对于没有夹钳吊车和刚性料耙吊车的吊车梁，其动力系数可按表列硬钩吊车的相应值增大一倍采用；
2. 表中所谓连接系指螺栓、铆钉等。

2. 作用在衬砌上的吊车荷载

由于地下建筑结构的衬砌与吊车梁的连接构造不同，作用在衬砌上的吊车荷载也就有差异。可分两种情况来计算作用在衬砌上的吊车荷载。

（1）有连续牛腿吊车梁的衬砌

衬砌上连续牛腿吊车梁所承受的吊车荷载，就是前述的最大轮压 P_{max} 、最小轮压 P_{min} 以及作用在衬砌一侧（左侧或右侧）的吊车横向水平荷载 T_h 。图 14-24 所示，为吊车荷载的四种组合情况。实际上，由于吊车横向水平荷载在同一侧连续牛腿顶面上可能正反两个方向作用（见图中虚线所示横向水平荷载），图 14-24 就出现八种荷载组合情况。当围岩压力为对称作用时，则可利用结构和围岩压力的对称性，将与吊车荷载组合的八种情况，减少到四种组合（见图 14-24 的 *a* 与 *b* 图，*c* 与 *d* 图的对称关系），即图 14-24 中的（*a*）、（*c*）两图，或（*b*）、（*d*）两图的四种组合。然后，根据这四种组合，分别计算各组合的衬砌内力，再由这四种组合的内力，来确定最危险截面，最后进行强度验算。

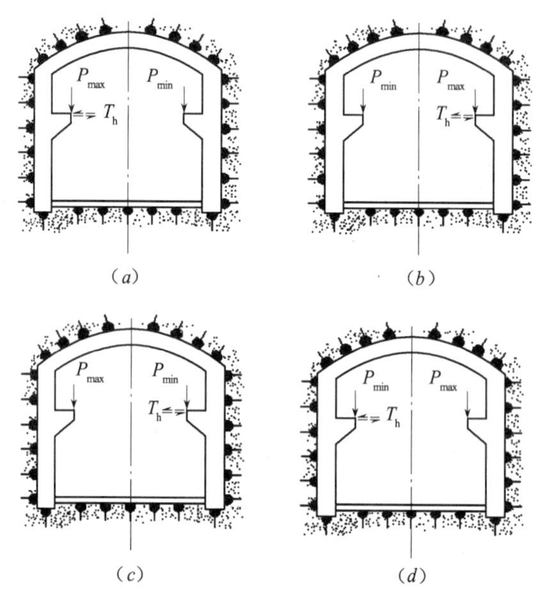

图 14-24　作用在有连续牛腿吊车梁的衬砌上的吊车荷载

（2）有单独牛腿支撑吊车梁的衬砌

有单独牛腿支撑吊车梁的衬砌上的吊车荷载，在计算时要复杂一些。桥式吊车在吊车梁上来回行驶时所产生的轮压，要在某特定位置，才可能是单独牛腿上产生的反力最大。这里，需要影响线来求牛腿上的最大反力。图 14-25 为某单独牛腿 *A* 上两边简支两根吊车梁，当有两台相同起重的吊车时，为求牛腿 *A* 上的最大竖向荷载（最大反力），必须将其中一个轮压 P_{max} 作用在该牛腿处，其余轮子的位置，可根据轮距 *K*、吊车宽 *B* 确定（*K*、*B* 由吊车产品样本查得），于是，按牛腿 *A* 的反力影响线，便可算得作用在该牛腿上的最大竖向荷载值为：

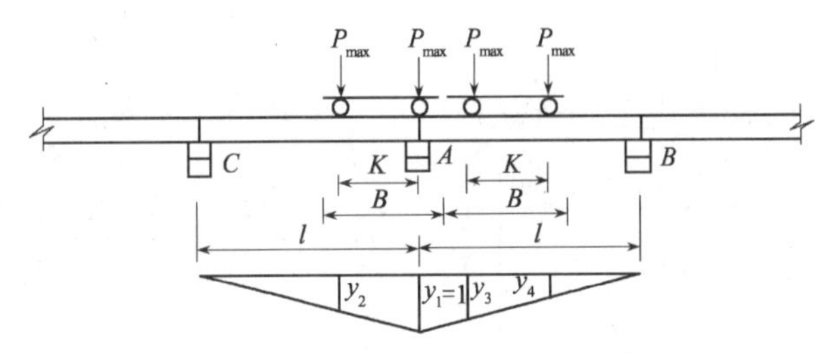

图 14-25　牛腿最大反力影响线

$$D_{max} = P_{max}(1 + y_2 + y_3 + y_4) \tag{14-4}$$

另一侧牛腿承受的相应最小竖向荷载值为：

$$D_{min} = P_{min}(1 + y_2 + y_3 + y_4) \tag{14-5}$$

同理，可以求得作用在牛腿上的吊车最大横向水平荷载为：

$$T_{max} = T_h(1 + y_2 + y_3 + y_4) \tag{14-6}$$

在包括单独牛腿在内的位置从洞室纵向切取 1 ~ 2m 作为计算单元，将上述算得的吊车荷载作用在牛腿上，则有如图 14-26 所示的八种荷载组合，考虑到围岩压力和结构的对称性后，可减少为图中（a）、（c）两图，或（b）、（d）两图的四种组合。

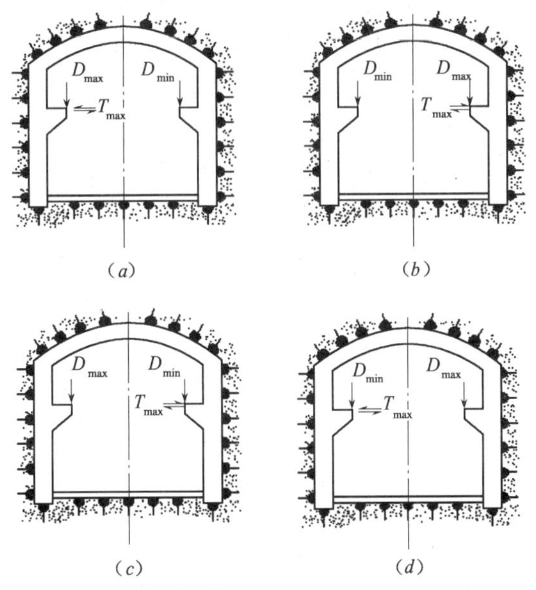

图 14-26　作用在单独牛腿支承吊车梁的衬砌上的吊车荷载

对于图 14-27 所示的悬挂吊车的吊车荷载计算，与有连续牛腿吊车梁的衬砌一样。但应指出，由于悬挂吊车多用电葫芦，小车无刹车装置，且为地面操纵，运行速度慢，水平力小，故不考虑其水平荷载的影响。悬挂吊车的两侧轨道的最大及最小竖向荷载，对衬砌有两种组合作用（图 14-27）。当围岩压力和结构对称时，实际上仅需要计算其中一种组合的内力，便可确定最危险截面。

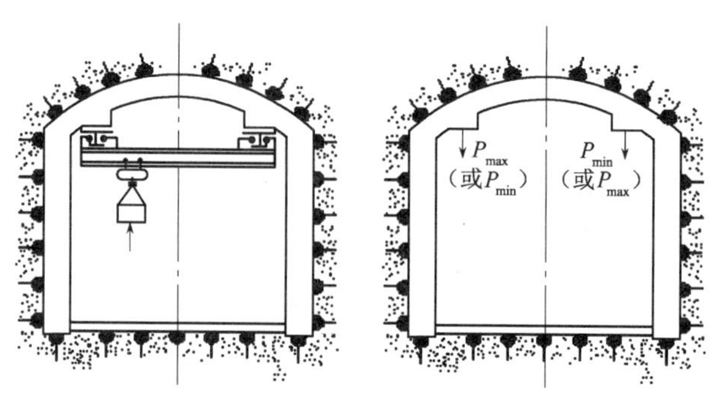

图 14-27　悬挂式吊车作用在衬砌上的竖向荷载

3. 有吊车的地下建筑结构设计特点

（1）有连续牛腿吊车梁的整体式直墙拱形衬砌计算

计算这类衬砌时，由于吊车梁系与衬砌的直墙整体浇筑，吊车可在牛腿上来回行驶。因此，沿洞室纵向任何断面上，吊车都可能开行到该处工作。计算时，则应切取有吊车工作的断面作为计算单元（一般可沿洞室纵向切取 1～2m，按平面跨度钢架计算）。为了确定计算单元的牛腿上吊车梁的计算值，应首先根据吊车产品样本查出的轮距等参数来确定吊车荷载的计算值（可由大车轮子数乘以 P_{max} 或 P_{min} ，以及 T_h算出），并由图 14-24 的几种荷载组合，分别进行衬砌内力计算。最后，根据各组合的内力确定最危险截面，并作强度验算。

这里必须指出，由于衬砌内力计算在当前仍属繁琐，加之有几种荷载组合，而每种情况的吊车荷载均系不对称荷载，从而使计算工作量成倍增加。但是，在某些埋设在丙类围岩中，跨度为 20m 左右的贴壁式直墙拱形衬砌，当直墙上有整浇连续牛腿吊车梁来支承起重量为 20t 以下的桥式吊车时，按围岩垂直压力与吊车荷载组合来计算衬砌内力的过程中，发现对拱圈内力的影响不大（与仅有围岩垂直压力作用时算得拱圈的内力比较，其内力值相差在 5% 以内），而对直墙内力的影响，较之拱圈要大（与不考虑吊车荷载作用相比较，不少截面内力值相差在 5% 以上），但起控制作用的还是围岩压力。因此，凡遇上述情况，在采用力法计算衬砌内力值时，可将计算简化（但能满足精度要求）。例如，为求图 14-28（*a*）所示的衬砌内力，则可在求拱圈（顶部）多余未知力时，完全不考虑吊车荷载对直墙的影响，即按图 14-28（*b*）计算拱圈多余未知力；当解出该未知力后，在计算直墙内力时，则需要考虑吊车荷载作用，即按图 14-28（*c*）计算直墙内力。这样，就将吊车荷载与围岩垂直压力的几种组合，简化成基本上与第 6 章的贴墙式直墙拱形衬砌的计算方法和工作量相同。如吊车起重量较上述情况大，且围岩垂直压力较小时，最好采用图 14-12 所示的肋形衬砌支承吊车梁的结构方案。此时，宜考虑围岩垂直压力和吊车荷载的几种组合的内力计算。这种情况，如利用不均衡力矩及侧力传播法解衬砌内力，要方便些。

（2）有单独牛腿支承吊车梁的整体式直墙拱形衬砌计算

有单独牛腿支承吊车梁的吊车载荷，按公式(14-4)～式(14-6)计算。衬砌内力的计算，可在有单独牛腿的位置沿洞室纵轴方向切取 1～2m 作为计算单元（图 14-19 的阴影部分），按图 14-26 的几种荷载组合进行分析。图 14-19 中无阴影部分的计算，系一般整体式直墙拱形衬砌。有阴影的计算单元中，由于作用在单独牛腿上的吊车荷载，较之同吨位的吊车作用在连续牛腿吊车梁上的吊车荷载要大得多，此时，吊车荷载对拱圈内力的影响，也要明显得多。因此，不宜采用图14-28所示的方法简化。鉴于衬砌在几种荷载组合情况下，均需进行单独计算，如再采用力法计算衬砌内力，势必相当繁琐，此时，利用不均衡力矩及侧力传播方法要方便些。

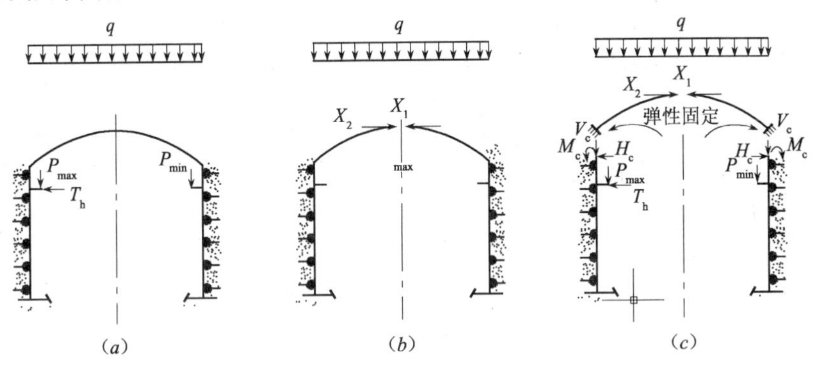

图14-28　围岩垂直压力与吊车荷载组合的衬砌内力计算简化图
(a) 荷载组合图；(b) 拱顶多余未知力计算简图；(c) 直墙内力计算简图

当桥式吊车起重量在5t以下，且在丙类围岩中的洞室跨度在15m以内，而单独牛腿的间距（即吊车梁长）为4~6m时，衬砌的内力计算，可以不考虑吊车荷载对拱圈内力的影响，仍可参考图14-28所示的方法计算，但应对单独牛腿的强度和构造问题加以细致计算和考虑。

必须强调，在有桥式吊车的地下建筑中，除对衬砌的计算有特点外，对牛腿（连续牛腿吊车梁或单独牛腿）的设计和构造，也是很重要的内容。有关这方面的设计和构造，均可参照地面工业厂房钢筋混凝土柱上的牛腿有关规定进行。

对于单跨多层有桥式吊车的地下建筑衬砌的内力计算，可以根据本书介绍的方法，结合本章有关内容，综合分析各种因素后进行简化计算。

本章所述的各种地下建筑结构的衬砌内力计算，目前除围岩压力的问题有待进一步研究外，衬砌结构内力计算的理论和方法，也还不够完善。当前，只凭一些工程实践经验作适当简化，带有一定的局限性。今后，对于衬砌结构本身的内力计算等问题，肯定会随着生产实践的发展和科学研究的深入，而对当前的一些处理方法加以修正，并推动这个学科领域的理论发展。

参 考 文 献

［1］中华人民共和国交通部．JTG D63—2007 公路桥涵地基与基础设计规范［S］．北京：人民交通出版社，2007.

［2］中华人民共和国建设部、国家质量监督检验检疫总局．GB 50007—2002 建筑地基基础设计规范［S］．北京：中国建筑工业出版社，2002.

［3］中华人民共和国交通部．JTG D30—2004 公路路基设计规范［S］．北京：人民交通出版社，2004.

［4］中华人民共和国铁道部．TB 10003—2005 J449—2005 铁路隧道设计规范［S］．北京：中国铁道出版社，2005.

［5］中华人民共和国建设部．GB 50157—2003 地铁设计规范［S］．北京：中国计划出版社，2003.

［6］中华人民共和国建设部．JGJ 120—99 建筑基坑支护技术规程［S］．北京：中国建筑工业出版社，1999.

［7］北京市建筑设计标准化办公室．防空地下室结构设计手册［S］．北京：中国建筑工业出版社，2008.

［8］孙钧，侯学渊．地下结构（上、下册）［M］．北京：科学出版社，1987.

［9］朱合华等．地下建筑结构［M］．北京：中国建筑工业出版社，2005.

［10］天津大学建筑工程系地下建筑工程教研室．地下结构静力计算［M］．北京：中国建筑工业出版社，1979.

［11］同济大学．土层地下建筑结构［M］．北京：中国建筑工业出版社，1982.

［12］重庆建筑工程学院等．岩石地下建筑结构［M］．北京：中国建筑工业出版社，1979.

［13］清华大学．地下防护结构［M］．北京：中国建筑工业出版社，1982.

［14］龚维明，童小东，缪林昌，穆保岗．地下结构工程［M］．南京：东南大学出版社，2004.

［15］李志业，曾艳华．地下结构设计原理与方法［M］．成都：西南交通大学出版社，2003.

［16］孙钧．地下工程设计理论与实践［M］．上海：上海科学技术出版社，1996.

［17］尉希成，周美玲．支挡结构设计手册［M］．北京：中国建筑工业出版社，2004.

［18］耿永常，赵晓红．城市地下空间建筑［M］．哈尔滨：哈尔滨工业大学出版社，2001.

［19］莫海鸿，杨小平．基础工程［M］．北京：中国建筑工业出版社，2003.

［20］［美］H·F 温特科恩，方晓阳主编，钱鸿缙，叶书麟等译校．基础工程手册［M］．北京：中国建筑工业出版社，1983.

［21］［美］约瑟夫·E. 波勒斯著，童小东等译．基础工程分析与设计［M］．北京：中国建筑工业出版社，2004.

［22］黄绍铭，高大钊主编．孙更生主审．软土地基与地下工程（第二版）［M］．北京：中国建筑工业出版社，2005.

［23］侯学渊，刘建航．盾构法隧道［M］．北京：中国建筑工业出版社，1993.

［24］宰金珉，宰金璋．高层建筑分析与设计—土与结构物共同作用的理论与应用［M］．北京：中国建筑工业出版社，1993.

［25］王协群，章宝华．基础工程［M］．北京：北京大学出版社，2006.

［26］铁道部第二版设计院主编．铁路工程设计技术手册隧道［M］．人民铁道出版社，1978.

[27] 铁道部公布，铁路工程技术规范第三篇隧道［M］. 人民铁道出版社，1975.
[28] 国家基本建设委员会建筑科学研究院. 工业与民用建筑地基基础设计规范 TJ 7—74［S］. 北京：中国建筑工业出版社，1974.
[29] 辽宁省革命委员会基本建设委员会. 硅石结构设计规范 GBJ 3—73 试行［S］. 北京：中国建筑工业出版社，1973.
[30] 国家基本建筑委员会. 钢筋混凝土结构设计规范 TJ 10—74 试行［S］. 北京：中国建筑工业出版社，1974.
[31] 工程结构教材选编小组. 钢筋混凝土结构土［M］. 中国建筑工业出版社，1961.
[32]《建筑结构静力计算手册》编写组. 建筑结构静力计算手册［M］. 北京：中国建筑工业出版社，1975.
[33] 华东水利学院等. 水工钢筋混凝土结构下［M］. 北京：水利电力出版社，1975.